人工智能前沿理论与技术应用丛书

深度学习与神经网络

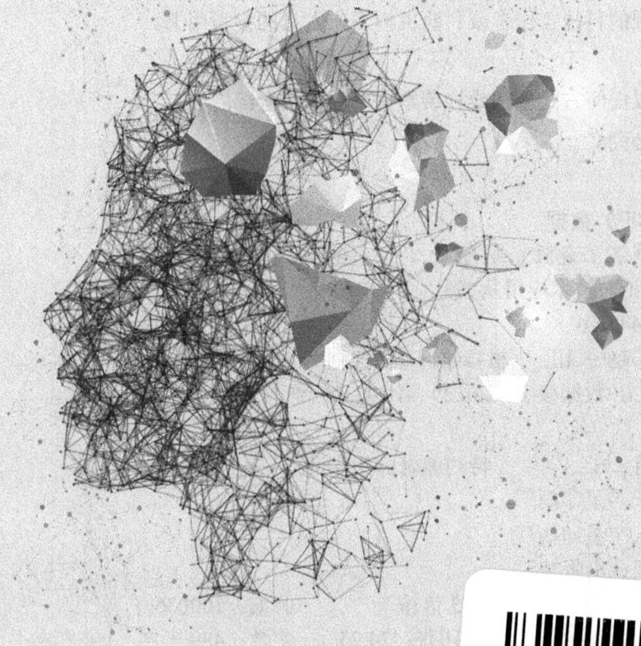

赵眸光　编著

電子工業出版社
Publishing House of Electronics Industry
北京 • BEIJING

内 容 简 介

神经网络与深度学习是人工智能研究的重要领域，是机器学习的重要组成部分。人工智能是研究理解和模拟人类智能、智能行为及其规律的科学。本书紧紧围绕神经网络和深度学习的基础知识体系进行系统的梳理，力求从基础理论、经典模型和前沿应用展开论述，便于读者能够较为全面地掌握深度学习的相关知识。

全书共 16 章。第 1 章是绪论，简要介绍人工智能、机器学习、神经网络与深度学习的基本概念及相互关系，并对神经网络的发展历程和产生机理进行阐述；第 2 章介绍神经网络的基本神经元模型、网络结构、学习方法、学习规则、正则化方法、模型评估方法等基础知识；第 3～8 章介绍多层感知器神经网络、自组织竞争神经网络、径向基函数神经网络、卷积神经网络、循环神经网络、注意力机制与反馈网络；第 9 章介绍深度学习网络优化的相关内容；第 10～13 章介绍受限玻尔兹曼机和深度置信网络、栈式自编码器、生成对抗网络和图神经网络；第 14 章介绍深度强化学习；第 15 章介绍深度学习的可解释性；第 16 章介绍多模态预训练模型。

深度学习是源于对含有多个隐藏层的神经网络结构进行的研究，以便建立和模拟人脑的学习过程。本书整理了人工神经网络从简单到复杂的模型，归纳和总结了神经网络的理论、方法和应用实践。本书可以作为高等院校人工智能及相关专业或非计算机专业的参考用书，也可以作为人工智能领域的科技工作者或科研机构工作人员的参考用书。

图书在版编目（CIP）数据

深度学习与神经网络 / 赵眸光编著. —北京：电子工业出版社，2023.1

（人工智能前沿理论与技术应用丛书）

ISBN 978-7-121-44429-6

Ⅰ. ①深… Ⅱ. ①赵… Ⅲ. ①机器学习②人工神经网络 Ⅳ. ①TP18

中国版本图书馆 CIP 数据核字（2022）第 192309 号

责任编辑：牛平月　　　　特约编辑：田学清

印　　刷：北京天宇星印刷厂

装　　订：北京天宇星印刷厂

出版发行：电子工业出版社

　　　　　北京市海淀区万寿路 173 信箱　　　邮编：100036

开　　本：720×1000　1/16　印张：24.25　字数：489 千字

版　　次：2023 年 1 月第 1 版

印　　次：2023 年 8 月第 4 次印刷

定　　价：98.00 元

凡所购买电子工业出版社图书有缺损问题，请向购买书店调换。若书店售缺，请与本社发行部联系，联系及邮购电话：(010)88254888，88258888。

质量投诉请发邮件至 zlts@phei.com.cn，盗版侵权举报请发邮件至 dbqq@phei.com.cn。

本书咨询联系方式：niupy@phei.com.cn。

前　言

人工智能科学是研究理解人的心智和模拟人类的思维与智能，建立人机结合（人机一体化）的系统的理论。它以整体论和还原论为指导思想，采用从定性到定量的综合集成法，以人机结合为指导方针，把各方面有关专家的知识及才能、各种类型的信息及数据、计算机软件有机地结合起来，构成一个系统，发挥系统的整体优势和综合优势。人工智能科学的重点在于人的智能与计算机的高性能两者的结合，构建人机结合的智能系统；思维科学着重研究思维的规律，旨在建立人工智能的基础；认知科学着重研究人的认知，并扩展为研究动物智能及机器智能。深度学习是人工智能发展的高级阶段，是机器学习重要的研究领域，采用包含多个隐藏层的神经网络结构，目的是建立模拟人脑学习过程的人工神经网络。近年来，随着数字经济的全面深化发展，深度学习已经在自然语言处理、计算机视觉、机器人学、城市计算、智慧医疗、智能交通等领域取得了重要的成果。

《新一代人工智能发展规划》提出，到 2025 年人工智能基础理论实现重大突破，部分技术与应用达到世界领先水平，人工智能成为带动我国产业升级和经济转型的主要动力，智能社会建设取得积极进展；到 2030 年人工智能理论、技术与应用总体达到世界领先水平，成为世界主要人工智能创新中心，智能经济、智能社会取得明显成效，为跻身创新型国家前列和经济强国奠定重要基础。

本书从深度学习的理论基础和应用实践出发，以神经网络的时间轴（发展顺序）为主线，以深度学习的知识体系为骨架，尽量系统地梳理了深度学习所涉及的基础理论和算法，力图做到以下几点。

（1）知识框架清晰且知识范围重点突出。

深度学习作为机器学习的后起之秀，涉及知识面广、研究方向多，在知识体系的组织方面，以神经网络的生物原理和神经元模型作为开端，由浅入深地逐章讲解几种典型的神经网络模型，包括多层感知器神经网络、自组织竞争神经网络、径向基函数神经网络、卷积神经网络、循环神经网络、注意力机制与反馈网络、受限玻尔兹曼机和深度置信网络、栈式自编码器、生成对抗网络、图神经网络、深度强化学习等，基本构成深度学习的学习方法、学习规则、模型评估方法、正则化方法、优化算法等。知识点间考虑详略布局、突出重点、层次清楚。

（2）重视基础理论及知识点关联关系。

本书以机器学习、神经网络及深度学习为基础理论。由于深度学习知识关系错综复杂，并且新知识层出不穷，所以本书尽量厘清各知识点的相关概念、机理，以及知识点间的相互关系。对于各个知识点，注重由基础到扩展，形成本书深度学习相关的基础知识体系。

（3）强化理论与实践应用相结合。

深度学习将人工智能技术推向新的热点、高度及前所未有的应用。机器学习是实践性很强的综合学科，本书尽量在罗列深度学习知识、概念、理论和方法的基础上，紧密结合实际应用，除在介绍相关模型算法后附有算法代码实现、工具说明或实验数据外，还有与实际应用紧密结合的经典案例，有利于读者通过应用灵活掌握知识、融会贯通，从而解决工作中的智能问题。

全书共 16 章。第 1 章是绪论，简要介绍人工智能、机器学习、神经网络与深度学习的基本概念及相互关系，并对神经网络的发展历程和产生机理进行阐述。

第 2 章介绍神经网络的基本神经元模型、网络结构、学习方法、学习规则、正则化方法、模型评估方法等基础知识。

第 3～8 章主要介绍几种基础的典型神经网络，包括多层感知器神经网络、自组织竞争神经网络、径向基函数神经网络、卷积神经网络、循环神经网络、注意力机制与反馈网络。

第 9 章介绍深度学习网络优化的相关内容。网络优化主要包括参数初始化、数据预处理、逐层归一化、超参数优化、优化算法。

第 10～13 章介绍受限玻尔兹曼机和深度置信网络、栈式自编码器、生成对抗网络和图神经网络。这几章介绍的是比较复杂的神经网络。其中，受限玻尔兹曼机是一种概率图模型，Carreira-Perpinan 等提出了对比散度算法，使得受限玻尔兹曼机的训练非常高效。对于自编码器，主要介绍稀疏编码器、栈式自编码器、降噪自编码器。生成对抗网络是一种深度生成模型，通过让两个神经网络相互博弈的方式进行学习。图神经网络（Graph Neural Network，GNN）是斯坦福大学 Jure Leskovec 教授在 ICLR 2019 中提出的图深度生成模型，图生成模型的方法和应用在第 13 章阐述。

第 14 章介绍深度强化学习。强化学习是机器学习的一种重要方法，通过智能体不断与环境进行交互，并根据经验调整其策略，使其长远的所有奖励的累积值最大化。本章主要介绍马尔可夫决策过程的价值函数、策略函数，以及 Q-Learning、Deep Q-Network、AlphaGo、蒙特卡罗算法等。

第 15 章介绍深度学习的可解释性。长期以来，深度学习作为一种黑盒系统在发挥作用。2016 年以后，越来越多的研究者建议通过对深度学习的可解释性来解释深度学习的黑盒。本章介绍可解释性的方法和分类，并进一步对卷积神经网络特征可视化进行原理分析。

第 16 章介绍多模态预训练模型。本章梳理多模态预训练的理论基础和模型特征，主要基于 Transformer 模型架构基础，以及扩展的 BERT、GPT、OPT 模型对预训练的自监督学习方法及预训练模型的微调进行阐述。

本书是人工智能系列内容的深度学习部分，选编的内容主要以神经网络和深度学习的理论知识为主，但限于篇幅和写作时间，有些前沿或专业方面的知识未能列入其中，更多专业和高阶的知识还需要读者在专业领域内深入学习。

深度学习是综合性较高的交叉学科，不仅包含较深的概率论、微积分、数学优化知识，还包括统计学、信息论、计算机知识等，再加上现有深度学习算法大多数还需要大量的标注数据，即使有相当多的预训练模型通过自监督完成了一些任务，但在完成其他任务时，也需要进行迁移学习、预训练微调等，需要做大量的调参或训练工作，因此，通用人工智能还有很长的路要走。本书立足神经网络与深度学习的发展历程，总结和梳理经典理论、方法和应用场景，试图逐步总结出人工智能理论体系和最佳应用实践，但人工智能知识体系错综复杂、头绪比较多，可能离目标还相距甚远。

本书在编著的过程中参阅了大量人工智能与深度学习方面的书籍并收集了大量的资料，参考和引用了国内外许多著名专家、学者的著作和论文，也得益于这些年在我参与的一些智慧工程项目（如智慧医疗、智能交通、服务推荐等）中获得的一些专家专著的知识分享和经验总结，在此表示衷心的感谢。另外，还要感谢我的家人给予的支持和鼓励，使我顺利完成写作。深度学习已经成为人工智能发展一颗璀璨的明珠，新的技术快速发展。由于时间仓促，加上我对深度学习领域的研究和知识水平都有很大的局限性，书中难免存在疏漏，敬请读者批评指正。

赵眸光

2022 年 6 月于清华园

目　录

第1章 绪论

神经网络与深度学习（Neural Network and Deep Learning）是人工智能研究的重要领域，是机器学习的重要组成部分。神经网络源自模拟类脑计算，人脑神经系统是一个由生物神经元组成的高度复杂网络，是一个并行的非线性信息处理系统。人工神经网络系统由人工神经元和神经元之间的连接构成，一方面，接受输入层的外部信息，经过隐藏层对信息特征进行加工、处理，最终得到初始信息的语义表示；另一方面，通过输出神经元将分类或可预测的特征信息输出。由于人工神经网络模型结构可以非常复杂，信息传递路径较长，更有利于特征的自动组合和抽象，并且它也用有限的采样数据通过复杂的算法模型总结出一般性的规律，即知识。因此，复杂神经网络的学习可以看作深度机器学习。

神经网络与深度学习属于相交关系，即深度学习可以采用神经网络，也可以采用其他模型，如强化学习、概率图模型等。神经网络既可以是浅层网络，又可以是深层复杂网络（称为深度学习）。但神经网络模型更好地解决了贡献度分配问题（Credit Assignment Problem，CAP）。神经网络借助其特有的特征强组合、超参数等优势，在通用人工智能的推理、决策和学习方面发挥了重要的作用。

本章主要介绍神经网络与深度学习在人工智能领域的基本概念和基础知识。

1.1 与深度学习有关的几个概念

深度学习（Deep Learning）是近年来发展非常迅速并将人工智能推向新的高潮的重要研究领域，在人工智能的诸多应用子领域中都取得了巨大的成功。深度学习的概念源于人工神经网络的研究，含多个隐藏层的多层感知器就是一种深度学习结构。深度学习通过组合底层特征形成更加抽象的高层表示属性类别或特征，以现有数据的分布式特征表示。

深度学习是机器学习的一个分支，是人工智能解决问题的一类重要方法。下面围绕深度学习的有关概念进行简要阐述。

1.1.1 人工智能

人工智能（Artificial Intelligence，AI）是指使计算机能够具有人的智能行为。人工智能是关于知识的科学，研究知识的表示、获取和应用。目前，人工智能研究的领域主要体现在以下几方面：①智能感知，通过模拟人的感知能力（视觉、听觉和嗅觉等）对外部信息进行感知和识别，并能够对信息进行加工和处理，从而做出反应，如计算机视觉、语音识别、环境监控等；②智能学习，学习是人工智能的主要标志和获取知识的重要手段，研究机器通过模拟人的学习能力，如何从小样本、大数据或从环境交互中学习，主要有监督学习、非监督学习、半监督学习和强化学习等；③认知推理，模拟人的认知能力，主要研究知识表示、推理、规划和决策等，主要有自然语言处理、脑科学等。

1. 人工智能的定义

下面结合部分学者对人工智能概念的理解和描述来理解人工智能的定义。

（1）Turing 定义。1950 年，英国数学家阿兰 • 图灵（Alan Turing）在论文 *Can machines think* 中提出，交谈能检验智能，如果一台计算机能像人一样交谈，那么它就能像人一样思考。

如果机器在某些现实的条件下能够非常好地模仿人回答问题，以致使提问者在相当长的时间内误认为它不是机器，那么机器就可以被认为是能思考的。

（2）Feigenbanm 定义。对于 Feigenbanm 定义，即只告诉机器做什么，而不告诉它怎么做，机器就能完成工作，便可说机器有了智能。

（3）人工智能是一种使计算机能够思考，使机器具有智力的激动人心的新尝试。

（4）人工智能就是要让机器的行为看起来就像是人所表现出的智能行为一样。

（5）人工智能是研究那些使理解、推理和行为成为可能的计算。

（6）人工智能是一门通过计算过程力图理解和模仿智能行为的学科。

所谓智能，就是指理解和思考的能力。智能机器是指能够在各种环境中执行各种拟人任务的机器。

概括地讲，人工智能是研究理解和模拟人类智能、智能行为及其规律的科学，主要任务是建立智能信息处理理论、认知理论、行为控制理论等，进而设计出可以模仿人类智能行为的计算系统。

2. 人工智能学派

不同科学或学科背景的学者对人工智能有不同的理解，曾先后出现了 3 个主流学派。

（1）符号主义，又称为逻辑主义、心理学派、计算机学派。它基于物理符号系统（符号操作系统）假设和有限合理性原理，以基本的逻辑运算和推理为依据，通过符号系统分析人类的智能行为。人工智能源于数理逻辑，数理逻辑的形式化方法和计算机科学不谋而合，计算机应用后，实现了逻辑演绎系统。正是这一系列的成就，使早期的符号主义者在 1956 年的达特茅斯（Dartmouth）会议上首先采用“人工智能”这个术语。后来又发展了启发式算法→专家系统→知识工程理论与技术，并在 20 世纪 80 年代取得很大的发展。在人工智能的其他学派出现后，符号主义仍然是人工智能的主流派别。这个学派的代表人物有纽厄尔（Newell）、西蒙（Simon）和尼尔逊（Nilsson）等。

（2）连接主义，又称为仿生学派或生理学派，是认知科学研究领域的理论和方法。它认为人工智能源于仿生学，特别是对人脑模型的研究。认知科学认为人类的认知过程是一种信息处理过程，大脑的工作过程就是由大量的简单神经元构成的复杂神经网络的信息处理过程。因此，连接主义在以感知机为代表的脑模型的启发下，通过信息处理单元（神经元）构造出具有层次和网络分布的人工神经网络模型，具有非线性、分布式、并发性、局部计算、自学习及自适应等特性。在深度学习兴起后，人工神经网络（ANN）的研究又被推向新的高潮。

（3）行为主义，又称进化主义或控制论学派，其原理为控制论及感知-动作型控制系统，认为人工智能源于控制论。维纳（Wiener）和麦克洛克（McCulloch）等人提出的控制论与自组织系统，以及钱学森等人提出的工程控制论和生物控制论影响了许多领域。控制论把神经系统的工作原理与信息理论、控制理论、逻辑及计算机联系起来。早期的研究工作重点是模拟人在控制过程中的智能行为和作用，如对自寻优、自适应、自镇定、自组织和自学习等控制论系统的研究，并进行“控制论动物”的研制。20 世纪 80 年代，诞生了智能控制和智能机器人系统。行为主义是在 20 世纪末以人工智能新学派的面孔出现的，引起了许多人的兴趣。这一学派的代表首推布鲁克斯（Brooks）的六足行走机器人，被看作新一代的“控制论动物”，是一个基于感知-动作模式模拟昆虫行为的控制系统。

符号主义、连接主义和行为主义既形成了独立的理论学派并不断完善，又相互借鉴、相互促进和相互融合发展。神经网络是一种连接主义模型，可解释性比较差。随着深度学习的应用不断深入，研究者更希望通过符号主义和连接主义的融合设计来探索一种可解释性较好且性能稳定的神经网络模型。

1.1.2 机器学习

机器学习是人工智能的一个重要分支，并逐渐成为推动人工智能发展的关键因素。学习是人类具有的一种重要的智能行为，但如何准确定义学习，长期以来众说纷纭。社会学家、逻辑学家和心理学家各有其不同的看法。按照西蒙的观点，学习就是系统在不断重复的工作中对本身能力的增强或改进，使得系统在下一次执行相同任务或类似任务时，会比现在做得更好或效率更高。

对于机器学习，至今还没有形成统一的定义，确实也很难给出一个公认和准确的定义。为了便于讨论和估计学科的进展，有必要对机器学习给出定义，即使这种定义是不完备的和不充分的。

定义 1.1 顾名思义，机器学习是研究如何使用机器模拟人类学习活动的一门学科。

定义 1.2 机器学习是一门研究机器获取新知识和新技能，并识别现有知识的学问。

定义 1.3 机器学习是用数据或以往的经验优化计算机程序的性能标准。

定义 1.4 A computer program is said to learn from experience E with respect to some class of tasks T and performance measure P，if its performance at tasks in T，as measured by P，improves with experience E.

综合上述定义，给出如下定义。

定义 1.5 机器学习是研究机器模拟人类的经验、学习活动、获取知识和技能的理论与方法，以改善系统性能的学科。

机器学习是近 20 多年来兴起的一门多领域交叉学科，涉及概率论、统计学、逼近论、凸分析、算法复杂度理论等多门学科。机器学习理论主要是设计和分析一些让计算机可以自动“学习”的算法。机器学习算法是一类从数据中自动分析获得规律，并利用规律对未知数据进行预测的算法。因为机器学习算法中涉及大量的统计学理论，机器学习与统计推断学联系尤为密切，所以也被称为统计学习理论。在算法设计方面，机器学习理论关注可以实现的、行之有效的学习算法。很多推论问题都是难以用特征工程（Feature Engineering）表示的，因此，部分机器学习研究是开发容易处理的近似算法。

1. 机器学习的数学表述

机器学习（Machine Learning，ML）是指从有限的观测数据中总结出具有一般性的规律，并利用这些规律对未知数据进行预测。机器学习的目的是根据给定的训练样本求得某系统输入与输出之间的依赖关系的估计，使得机器学习能够对未知输出做出尽可能准确的预测。机器学习问题在数学上可以表述为“一个基于经验数据的函数估计问题”。最常见的最小二乘法数据拟合问题可以看作机器学习的一个最简单的实例，通过对已知数据进行学习，预测未知数据点处的函数值，从这个问题中可以看出机器学习的基本思想，如图 1-1 所示。

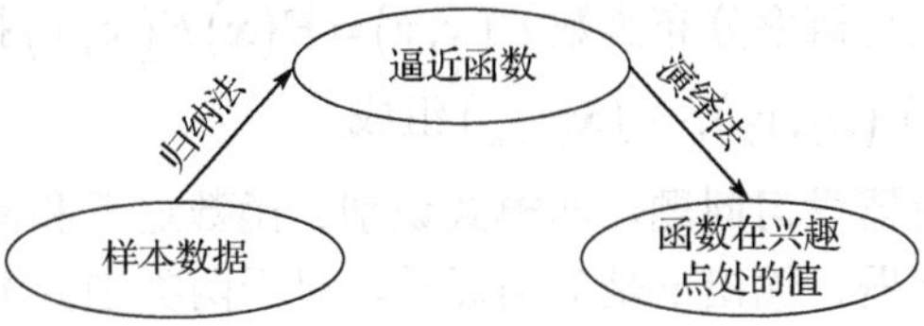

图 1-1 机器学习的基本思想

机器学习问题可以更一般地表示为：变量 $\boldsymbol{y}$ 与 $\boldsymbol{x}$ 存在一定的未知依赖关系，即遵循某一未知的联合概率分布 $F(\boldsymbol{x},\boldsymbol{y})$（$\boldsymbol{y}$ 和 $\boldsymbol{x}$ 之间的确定性关系可以看作其特例）。机器学习问题就是根据 n 个独立同分布观测样本

$$(\boldsymbol{x}_1,y_1),(\boldsymbol{x}_2,y_2),\cdots,(\boldsymbol{x}_n,y_n) \tag{1-1}$$

在一组函数 $\{f(\boldsymbol{x},\boldsymbol{w})\}$ 中求一个最优函数 $f(\boldsymbol{x},\boldsymbol{w}_0)$，对依赖关系进行估计，使期望风险

$$R(\boldsymbol{w})=\int\mathcal{L}\left[\boldsymbol{y},f(\boldsymbol{x},\boldsymbol{w})\right]\mathrm{d}F(\boldsymbol{x},\boldsymbol{y}) \tag{1-2}$$

最小。其中，$\boldsymbol{w}$ 为函数的广义参数；$\{f(\boldsymbol{x},\boldsymbol{w})\}$ 称为预测函数集，可以表示任何函数集；$\mathcal{L}\left[\boldsymbol{y},f(\boldsymbol{x},\boldsymbol{w})\right]$ 为用 $f(\boldsymbol{x},\boldsymbol{w})$ 对 y 进行预测而造成的损失，用来度量学习方法对实际函数关系的逼近程度。不同类型的机器学习问题有不同形式的损失函数。预测函数也称为学习函数、学习模型或学习机器。

对于机器学习，更一般的数学描述可参见图 1-2，各部分的含义如下。

（1）G 为产生器，产生随机向量 $\boldsymbol{x}$，从固定但未知的概率分布函数 $F(\boldsymbol{x})$ 中独立抽取。

（2）S 为训练器，对于每一个输入向量 $\boldsymbol{x}$ 返回一个输出值 y，根据固定但未知的条件概率分布函数 $F(y\,|\,\boldsymbol{x})$ 产生。

（3）LM 为函数学习机，能够实现一定的函数集 $f(\boldsymbol{x},\boldsymbol{w})$，函数学习的过程即特征处理的过程，包括特征提取和特征转换，其中 $\boldsymbol{w}\in\Lambda$，Λ 是参数集合。

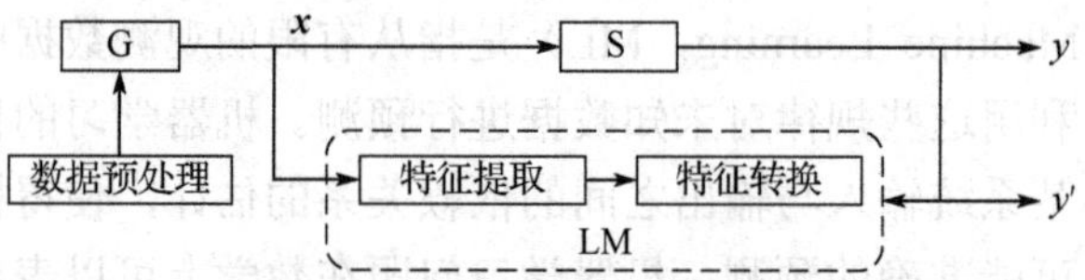

图 1-2　机器学习的一般模型

对该模型而言，机器学习问题就是从给定的函数集 $f(\boldsymbol{x},\boldsymbol{w})$ 中选择能够更好地逼近训练器的相应函数，即使用期望风险最小的函数。这种选择是基于训练集的，训练集由根据联合概率分布函数 $F(\boldsymbol{x},y)=F(\boldsymbol{x})F(\boldsymbol{x}\mid y)$ 抽取出的 n 个独立同分布观测样本 $(\boldsymbol{x}_1,y_1),(\boldsymbol{x}_2,y_2),\cdots,(\boldsymbol{x}_n,y_n)$ 组成。

有 3 类基本的机器学习问题，即模式识别、函数逼近和概率密度估计。

对于模式识别问题，输出 y 是类别标号，对于两类别分类问题，$y\in[-1,1]$，预测函数称为指示函数，损失函数可以定义为

$$\mathcal{L}\left[y,f(\boldsymbol{x},\boldsymbol{w})\right]=\begin{cases}0, & y=f(\boldsymbol{x},\boldsymbol{w})\\1, & y\neq f(\boldsymbol{x},\boldsymbol{w})\end{cases}\tag{1-3}$$

风险最小就是在贝叶斯决策中使错误率最小。

在函数逼近问题中，y 是连续变量（这里假设为单值函数），损失函数可以定义为

$$\mathcal{L}\left[y,f(\boldsymbol{x},\boldsymbol{w})\right]=\left[y-f(\boldsymbol{x},\boldsymbol{w})\right]^2\tag{1-4}$$

即采用最小平方误差准则。

对于概率密度估计问题，学习的目的是根据训练样本确定 $\boldsymbol{x}$ 的概率密度。记估计的密度函数为 $p(\boldsymbol{x},\boldsymbol{w})$，此时损失函数可以定义为

$$\mathcal{L}\left[p(\boldsymbol{x},\boldsymbol{w})\right]=-\log p(\boldsymbol{x},\boldsymbol{w})\tag{1-5}$$

在上面的问题表述中，学习的目标在于使期望风险最小。但是，由于可利用的信息只有式（1-1）所示的样本，式（1-2）的期望风险无法计算，因此，在传统的学习方法中，采用了经验风险，即

$$R_{\text{emp}}(\boldsymbol{w})=\frac{1}{n}\sum_{i=1}^{n}\mathcal{L}\left[y_i,f(\boldsymbol{x}_i,\boldsymbol{w})\right]\tag{1-6}$$

作为对式（1-2）的估计，设计学习算法使经验风险最小。上述原则称为经验风险最小化（Empirical Risk Minimization，ERM）归纳原则，简称 ERM 原则。

2. 机器学习的相关理论

在理解机器学习的过程中，有几个非常重要的理论需要熟悉，有助于更好地掌握机器学习。

（1）PAC 学习理论。

可能近似正确（Probably Approximately Correct，PAC）学习理论是机器学习的理论基础。机器学习的实质就是用优化算法从假设空间中选择一个假设，能够符合给定的数据描述。而 PAC 学习（PAC Learning）实际上只要求学习算法能以一定的概率学习到一个近似正确的假设。一种 PAC 可学习（PAC-Learnable）的算法是指该学习算法能够在多项式时间内，从合理数量的训练数据中学习到一个近似正确的 $f(\boldsymbol{x},\boldsymbol{w})$。

PAC 学习可满足以下两点。

① 近似正确（Approximately Correct）：一个假设 $f \in \mathcal{H}$ 是"近似正确"的是指其泛化误差（Generalization Error）小于一个界限 ϵ。ϵ 一般为 0 到 $\frac{1}{2}$ 之间的数，即 $0<\epsilon<\frac{1}{2}$。如果泛化误差比较大，则说明该模型不能用来做正确的"预测"。

② 可能正确（Probably Correct）：一种学习算法有"可能"以 $1-\delta$ 的概率学习到一个"近似正确"的假设。δ 一般为 0 到 $\frac{1}{2}$ 之间的数，即 $0<\delta<\frac{1}{2}$。

因此，PAC 学习可以表示为

$$P\Big(\big(R(f)-R_{\text{emp}}(f)\big)\leqslant\epsilon\Big)\geqslant 1-\delta$$

其中，ϵ、δ 是与样本数量 N 及假设空间 $\mathcal{H}$ 相关的变量。为了提高模型的泛化能力，通常需要正则化（Regularization）来限制模型复杂度。

PAC 学习理论也可以帮助分析一种机器学习算法在什么条件下可以学习到一个近似正确的分类器。如果样本数量 $N \geqslant \frac{1}{2\epsilon^2}\left(\log|\mathcal{H}|+\log\frac{2}{\delta}\right)$，就能保证模型在当前条件下是可学习的。如果希望模型的假设空间越大，泛化误差越小，那么需要的样本数量就越多。

（2）没有免费午餐定理。

没有免费午餐（No Free Lunch，NFL）定理是由 Wolpert 和 Macerday 在最优化理论中提出的。没有免费午餐定理证明：对于基于迭代的最优化算法，不存在某种算法对所有问题（在有限的搜索空间内）都有效。如果某算法对某些问题有效，那么它一定在另外一些问题上比纯随机搜索算法的效果更差。也就是说，不能脱离具体问题来谈论算法的优劣，任何算法都有局限性，必须要“具体问题具体分析”。没有免费午餐定理对机器学习算法同样适用。不存在一种机器学习算法适合任何领域或任务。如果有人宣称自己的模型在所有问题上都优于其他模型，那么肯定是虚假的。

（3）奥卡姆剃刀原理。

奥卡姆剃刀（Occam's Razor）原理是由逻辑学家 William of Occam 提出的一个解决问题的法则：“如无必要，勿增实体”。奥卡姆剃刀的思想和机器学习中的正则化思想十分类似：简单模型的泛化能力更好。也就是说，如果有两个性能相近的模型，那么应该选择更简单的模型。因此，在机器学习的学习规则上，经常会引入参数正则化来限制模型的泛化能力，避免过拟合。奥卡姆剃刀的一种形式化是最小描述长度（Minimum Description Length，MDL）原则，即对于一个数据集 D，最好的模型 $f \in \mathcal{H}$ 会使数据集的压缩效果最好，即编码长度最小。

最小描述长度也可以通过贝叶斯学习的观点来解释。模型 f 在数据集 D 上的对数后验概率为

$$\begin{aligned}\max_f \log p(f \mid D) &= \max_f \log p(D \mid f) + \log p(f) \\ &= \min_f - \log p(D \mid f) - \log p(f)\end{aligned} \tag{1-7}$$

其中，$-\log p(f)$ 和 $-\log p(D \mid f)$ 可以分别看作模型 f 的编码长度与在该模型下数据集 D 的编码长度。也就是说，我们不仅要使模型 f 可以编码数据集 D，还要使模型 f 尽可能简单。

（4）丑小鸭定理。

丑小鸭定理（Ugly Duckling Theorem）是在 1969 年由渡边慧提出的。这里的“丑小鸭”是指白天鹅的幼雏，而不是“丑陋的小鸭子”。丑小鸭定理即“丑小鸭和白天鹅之间的区别与两只白天鹅之间的区别一样大”。这个定理初看好像不符合常识，但是仔细思考后是非常有道理的。因为世界上不存在相似性的客观标准，一切相似性的标准都是主观的。如果从体型大小或外貌的角度来看，丑小鸭和白天鹅之间的区别大于两只白天鹅之间的区别；但是如果从基因的角度来看，丑小鸭与其父母之间的差别要小于其父母与其他白天鹅之间的差别。

3. 机器学习的主要分类

如果按照学习的方式分类，那么机器学习主要可分为监督学习、无监督学习、半监督学习、强化学习。

（1）监督学习。

监督学习（Supervised Learning）表示机器学习的数据是带标记的，这些标记

可以包括数据类别、数据属性及特征点位置等。这些标记作为预期效果，不断修正机器的预测结果。

具体实现过程是：首先通过大量带有标记的数据训练机器，机器将预测结果与期望结果进行比对；接着根据比对结果修改模型中的参数，再一次输出预测结果；然后将预测结果与期望结果进行比对，重复多次，直至收敛；最终生成具有一定鲁棒性的模型来实现智能决策的能力。

常见的监督学习有分类、回归和结构化学习。

分类（Classification）是指将一些实例数据分到合适的类别中，其预测结果是离散的。

回归（Regression）是指将数据归到一条“线”上，即为离散数据生成拟合曲线，因此其预测结果是连续的。

结构化学习（Structured Learning）是一种特殊的分类问题，这一类标签数据通常是结构化的对象，如序列、树或图等。

（2）无监督学习。

无监督学习（Unsupervised Learning）表示机器学习的数据是没有标记的。机器从无标记的数据中探索并推断出潜在的联系。

常见的无监督学习有聚类和降维。

在聚类（Clustering）工作中，由于事先不知道数据类别，因此只能通过分析数据样本在特征空间中的分布，如基于密度或基于统计学概率模型等，从而将不同数据分开，把相似数据聚为一类。

降维（Dimensionality Reduction）是指将数据的维度降低。例如，要描述一个西瓜，若只考虑外皮颜色、根蒂、敲声、纹理、大小及含糖率这 6 个属性，则这 6 个属性表示西瓜数据的维度为 6。进一步考虑降维，由于数据本身具有庞大的数量和各种属性特征，若对全部数据信息进行分析，则会增加训练的负担和存储空间，因此可以通过主成分分析等其他方法，考虑主要影响因素，舍弃次要因素，从而平衡准确度与效率。

（3）半监督学习。

监督学习往往需要大量的标注数据，而标注数据的成本比较高，因此可以利用大量的无标注数据来提高学习的效率。这种利用少量标注数据和大量无标注数据进行学习的方式称为半监督学习（Semi-Supervised Learning）。常用的半监督学习算法有自训练和协同训练。

（4）强化学习。

强化学习（Reinforcement Learning）是一类通过智能体和环境的交互不断学习并调整策略的机器学习算法。这种算法带有一种激励机制，如果智能体根据环境做出的一个动作是正确的，则将施予一定的“正激励”；如果动作是错误的，则会给出一个惩罚（也可称为“负激励”）。通过不断地累加激励，以期获得激励最大化的回报。

强化学习最为火热的应用就是谷歌 AlphaGo 的升级品——AlphaGo Zero。相较于 AlphaGo，AlphaGo Zero 舍弃了先验知识，不再需要人为设计特征，直接将棋盘上黑、白棋子的摆放情况作为原始数据输入模型中，机器使用强化学习来自我博弈，不断提升自己，最终出色地完成下棋任务。AlphaGo Zero 的成功证明，在没有人类的经验和指导下，深度强化学习依然能够出色地完成指定任务。

1.1.3 表示学习

为了提高机器学习系统的准确率，需要将输入信息转化为有效的特征，或者更一般性地称为表示（Representation）。如果有一种算法可以自动地学习有效的特征，并提高最终机器学习模型的性能，那么这种学习就可以叫作表示学习（Representation Learning）。表示学习的关键是解决语义鸿沟（Semantic Gap）问题。语义鸿沟问题是指输入数据的底层特征与高层语义信息之间的不一致性和差异性。例如，在计算里如何表述花、楼房、颜色等，如果要表示一朵花的大小，则首先可以将其想象成一个圆形，花蕊是这个圆形的圆心；然后测量这个圆形的半径，这个半径就是一个可以被计算机使用的描述信息。这种描述信息在机器学习中一般被称为特征（Feature）。与特征有关的另外一个词是向量（Vector），可以看作空间中的一条有方向的线段，在计算机中一般用一维数组表示。从数学的角度来讲，向量也称为欧几里得向量、几何向量或矢量，指具有大小和方向的量。向量存在于向量空间中，可以进行加法或乘法操作。当使用向量表示特征时，无形中也为这些向量定义了一个向量空间。向量空间同时具备范数空间、内积空间和完备性等性质，更为详细的内容这里不再赘述。通常会定义一个性质较为优良的空间来表示特征，把特征向量所在的空间称为特征空间。在机器学习中，经常使用两种方式表示特征：局部表示（Local Representation）和分布式表示（Distributed Representation）。

如果认为颜色是有限的，那么颜色这一维度就是从有限的颜色集合中选择出来的。如果用某种颜色坐标系来表示颜色，如 RGB（Red，Green，Blue）、HSV（Hue，Saturation，Value），那么颜色特征本身就是一个三维向量，被限定在一个向量空间的子集中。如果在计算机中表示颜色，则一般有以下两种表示方法。

一种表示颜色的方法是以不同的名字来命名不同的颜色，这种表示方法叫作局部表示，也称为离散表示或符号表示。局部表示通常可以表示为 one-hot 向量的

形式。假设所有颜色的名字构成一个词表 $\boldsymbol{V}$，词表大小为 $|V|$。此时，可以用一个 $|V|$ 维的 one-hot 向量来表示每一种颜色，在第 i 种颜色对应的 one-hot 向量中，第 i 维的值为 1，其他都为 0。

局部表示有两个优点：①具有很好的可解释性，有利于人工归纳和特征总结，并通过特征组合进行高效的特征工程；②通过多种特征组合得到的表示向量通常是稀疏的二值向量，用于线性模型时计算效率非常高。但局部表示也有两个缺点：①one-hot 向量的维数很高，且不能扩展，如果有一种新的颜色，就需要增加一维来表示；②不同颜色之间的相似度都为 0，即无法知道“红色”和“中国红”的相似度要高于“红色”和“黑色”的相似度。

另一种表示颜色的方法是用 RGB 值来表示颜色，不同颜色对应 R、G、B 三维空间中的一个点，这种表示方法叫作分布式表示。分布式表示通常可以表示为低维的稠密向量。

与局部表示相比，分布式表示的表示能力要强很多。分布式表示的向量维度一般都比较低，只需用一个三维的稠密向量就可以表示所有颜色。并且，分布式表示也很容易表示新的颜色，不同颜色之间的相似度也很容易计算。局部表示和分布式表示示例如表 1-1 所示。

表 1-1　局部表示和分布式表示示例

颜　色	局 部 表 示	分布式表示
琥珀色	$[1,0,0,0]^T$	$[1.00,0.75,0.00]^T$
天蓝色	$[0,1,0,0]^T$	$[0.00,0.5,1.00]^T$
中国红	$[0,0,1,0]^T$	$[0.67,0.22,0.12]^T$
咖啡色	$[0,0,0,1]^T$	$[0.44,0.31,0.22]^T$

我们可以使用神经网络将高维的局部表示空间 $\mathbb{R}^{|V|}$ 映射到一个非常低维的分布式表示空间 $\mathbb{R}^D$ 中，$D \ll |V|$。在这个低维空间中，每个特征不再是坐标轴上的点，而是分散在整个低维空间中，在机器学习中，这个过程也称为嵌入（Embedding）。嵌入通常指将一个度量空间中的一些对象映射到另一个低维的度量空间中，并尽可能保持不同对象之间的拓扑关系。例如，自然语言中词的分布式表示也经常叫作词嵌入。

图 1-3 展示了一个三维 one-hot 向量空间与一个二维嵌入空间的对比。在 one-hot 向量空间中，每个特征都位于坐标轴上，每个坐标轴上都有一个特征。而在低维的嵌入空间中，特征都不在坐标轴上，特征之间可以计算相似度。

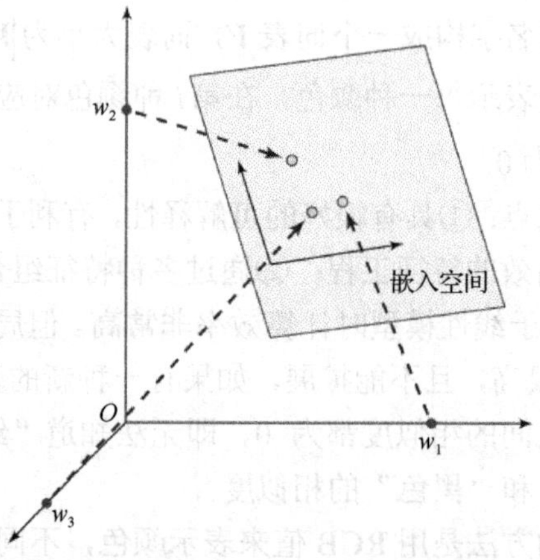

图 1-3　三维 one-hot 向量空间与二维嵌入空间的对比

要学习到一种好的高层次语义表示（一般为分布式表示），通常只有从底层特征开始，经过多步非线性转换才能得到。深层结构的优点是可以提高特征的重用性，从而指数级地增强表示能力。因此，表示学习的关键是构建具有一定深度的多层次特征表示（参见文献[29]）。

在传统的机器学习中，也有很多有关特征学习的方法，如主成分分析、线性判别分析、独立成分分析等。但是，传统的特征学习一般人为地设计一些准则，根据这些准则选取有效的特征。这种特征的学习和最终预测模型的学习是分开进行的，因此学习到的特征不一定可以提升最终模型的性能。

1.1.4　机器学习、神经网络与深度学习的关系

前面提到，深度学习是机器学习的一个重要的、新的研究领域，源于对神经网络的进一步研究，通常采用包含多个隐藏层的神经网络结构，目的是建立、模拟人脑学习过程的人工神经网络。

人工神经网络（Artificial Neural Network，ANN）是指一系列受生物学和神经科学启发的数学模型。这些模型主要通过对人脑的神经元网络进行抽象，构建人工神经元，并按照一定的拓扑结构建立人工神经元之间的连接，以此来模拟生物神经网络。连接主义的神经网络有着多种多样的网络结构及学习方法，虽然早期模型强调模型的生物学合理性（Biological Plausibility），但后期更关注对某种特定认知能力的模拟，如物体识别、语言理解等。尤其在引入误差反向传播来改进其学习能力之后，神经网络越来越多地应用在各种机器学习任务中。随着训练数据的增多及（并行）计算能力的增强，神经网络在很多机器学习任务上已经取得了

很大的突破，尤其在语音、图像等感知信号的处理上，神经网络表现出了卓越的学习能力。

深度学习算法是一类基于生物学对人脑进行进一步认识，将神经-中枢-大脑的工作原理设计成一个不断迭代、不断抽象的过程，以便得到最优数据特征表示的机器学习算法。该算法从原始信号开始，先做底层抽象，然后逐渐向高层抽象迭代，由此组成深度学习的基本框架。深度学习通过组合底层特征形成更加抽象的高层表示属性类别或特征，呈现数据的分布式特征表示。

深度学习框架将特征和分类器结合到一个框架中，用数据学习特征，减少了人工提取特征的工作量。无监督学习的定义是不需要通过人工方式进行样本类别的标注来完成学习。因此，深度学习是一种自动学习特征的方法。

一般来讲，深度学习算法具有以下特点。

（1）使用多重非线性变换对数据进行多层抽象。该类算法采用级联模式的多层非线性处理单元组织特征提取及特征转换。在这种级联模型中，后继层的数据输入由其前一层的输出数据充当。按学习类型划分，该类算法又可归为监督学习（如分类）或无监督学习（如模式分析）。

（2）以寻求更合适的概念表示方法为目标。这类算法通过建立更好的模型学习数据表示方法。对于学习所有的概念特征，或者说数据的表示，一般采用多层结构进行组织，这也是该类算法的一个特色。高层特征值由底层特征值通过推演归纳得到，由此组成一个层次分明的数据特征或抽象概念的表示结构。在这种特征值的层次结构中，每一层的特征数据对应着相关整体知识或概念在不同程度或层次上的抽象。

（3）形成一类具有代表性的特征表示学习方法。在大规模无标识的数据背景下，一个观测值可以使用多种方式表示，如一幅图像、人脸识别数据、面部表情数据等，而某些特定的表示方式可以让机器学习算法学习起来更加容易。因此，深度学习算法的研究也可以看成是在概念表示基础上，对更广泛的机器学习方法的研究。深度学习的一个很突出的前景便是它使用无监督或半监督的特征学习方法，加上层次性的特征提取策略，替代过去手工方式的特征提取。

深度学习可通过学习一种深层非线性网络结构来表征输入数据，实现复杂函数逼近，具有很强的从少数样本集中学习数据集本质特征的能力。深度机器学习方法包含监督学习与非监督学习两类。在不同的学习框架下建立的学习模型库存在差异。其中，卷积神经网络（Convolutional Neural Network，CNN）是一种深度的监督学习下的机器学习模型；深度置信网络是一种无监督学习下的机器学习模型。在深层网络训练中，梯度消失问题的解决方案为通过无监督预训练对权值进行初始化，并结合有监督训练进行微调。深度神经网络优于基于其他机器学习技术及手工设计功能的人工智能系统。深度学习的主要思想是通过自学习的方法学习到训练数据的结构，并在该结构上进行有监督训练微调。分层预训练方法对神经网络进行了更深层次的优化，解决了新的梯度衰减问题，可用于训练150层的神经网络。

在一些复杂任务中，传统机器学习方法需要将一个任务的输入和输出人为地切割成很多子模块（或多个阶段），每个子模块分开学习。例如，要完成一个自然语言理解任务，一般需要分词、词性标注、句法分析、语义分析、语义推理等步骤。 这种学习方式有两个问题：一是每个模块都需要单独优化，并且其优化目标和任务总体目标并不能保证一致；二是错误传播，即前一步的错误会对后续的模型造成很大的影响。这样就增加了机器学习方法在实际应用中的难度。

端到端学习（End-to-End Learning）也称端到端训练，是指在学习过程中不进行分模块或分阶段训练，而直接优化任务的总体目标。在端到端学习中，一般不需要明确地给出不同模块或阶段的功能，中间过程不需要人为干预。端到端学习的训练数据为“输入-输出”对的形式，无须提供其他额外信息。因此，端到端学习和深度学习一样，都要解决贡献度分配问题。目前，大部分采用神经网络模型的深度学习也可以看作一种端到端学习，如图1-4所示。

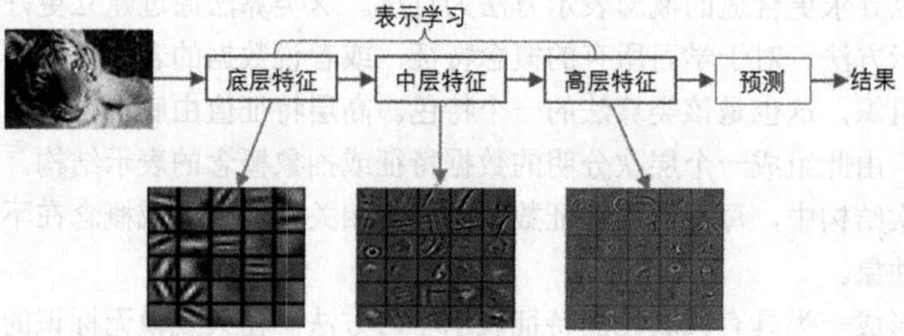

图1-4　端到端深度学习过程

1.1.5　深度学习常用的框架

在深度学习中，一般通过误差反向传播算法进行参数学习。而且，深度学习模型需要的计算机资源比较多，一般需要在CPU和GPU之间不断切换，开发难度也比较大。因此，一些支持自动梯度计算、无缝CPU和GPU切换等功能的深度学习框架就应运而生，比较有代表性的框架包括Theano、Caffe、TensorFlow、PyTorch、飞桨（PaddlePaddle）、Chainer和MXNet等。

（1）Theano：由蒙特利尔大学开发的Python工具包。Theano项目目前已停止维护，用来高效地定义、优化和计算张量数据的数学表达式。Theano可以透明地使用GPU和高效地进行符号微分。

（2）Caffe：由加利福尼亚大学伯克利分校开发的针对卷积神经网络的计算框架，主要用于计算机视觉。Caffe 用 C++和 Python 实现，但可以通过配置文件实现所要的网络结构，不需要编码。Caffe 已经被并入 PyTorch 中。

（3）TensorFlow：由谷歌开发的深度学习框架，可以在任意具备 CPU 或 GPU 的设备上运行。TensorFlow 的计算过程使用数据流图来表示。TensorFlow 的名字来源于其计算过程中的操作对象为多维数组，即张量（Tensor）。TensorFlow 1.0 版本采用静态计算图，2.0 版本之后也支持动态计算图。

（4）PyTorch：由 Facebook、NVIDIA、Twitter 等公司开发维护的深度学习框架，其前身为 Lua 语言的 Torch。PyTorch 也是基于动态计算图的框架，在需要动态改变神经网络结构的任务中有着明显的优势。

（5）飞桨（PaddlePaddle）：由百度开发的一个高效和可扩展的深度学习框架，同时支持动态图和静态图。飞桨提供强大的深度学习并行技术，可以同时支持稠密参数和稀疏参数场景的超大规模深度学习并行训练，支持千亿规模参数和数百个节点的高效并行训练。

（6）MindSpore：由华为开发的一种适用于端边云场景的新型深度学习训练/推理框架。MindSpore 为 Ascend AI 处理器提供原生支持，以及软硬件协同优化。

（7）Chainer：一个最早采用动态计算图的深度学习框架，其核心开发团队为来自日本的一家机器学习创业公司 Preferred Networks。与 TensorFlow、Theano、Caffe 等框架使用的静态计算图相比，动态计算图可以在运行时动态地构建计算图，因此非常适合进行一些复杂的决策或推理任务。

（8）MXNet：由亚马逊、华盛顿大学和卡内基梅隆大学等开发维护的深度学习框架。MXNet 支持混合使用符号和命令式编程来最大化效率与生产率，并可以有效地扩展到多个 GPU 和多台机器上。

另外，还有一些建立在这些框架之上的高度模块化的神经网络库，使得构建一个神经网络模型就像搭积木一样容易。其中比较有名的模块化神经网络框架有：①基于 TensorFlow 和 Theano 的 Keras（目前，Keras 已经被集成到 TensorFlow 2.0 版本中）；②基于 Theano 的 Lasagne；③面向图结构数据的 DGL。

1.2　神经网络与深度学习的发展历程

神经网络经历了起伏跌宕、波澜壮阔的发展周期，其中有 3 个标志性的高潮，分别是 1943 年的神经网络的诞生、1983 年的神经网络的复兴和 2006 年的深度学习的崛起。

1.2.1 神经网络的诞生

模型提出阶段为1943—1969年，是神经网络发展的第一个高潮期。在此期间，科学家提出了许多神经元模型和学习规则。

1943年，心理学家McCulloch和数学家Pitts提出了一种基于简单逻辑运算的人工神经网络，这种神经网络模型称为M-P模型，由此拉开了人工神经网络研究的序幕。1948年，Alan Turing提出了一种“B型图灵机”，可以基于Hebbian法则进行学习。1951年，McCulloch和Pitts的学生Marvin Minsky建造了第一台神经网络机SNARC。1958年，Rosenblatt提出了一种可以模拟人类感知能力的神经网络模型，称为感知器（Perceptron），并提出了一种接近人类学习过程（迭代、试错）的学习算法。

在这一时期，神经网络以其独特的结构和处理信息的方法在许多实际应用领域（自动控制、模式识别等）取得了显著的成效。

神经网络在1969年进入长达十几年的冰河期，此段时间为1969—1983年，是神经网络发展的第一个低谷期。在此期间，神经网络的研究处于长年停滞及低潮状态。1969年，Marvin Minsky出版《感知器》一书，指出了神经网络的两个关键缺陷：一是感知器无法处理“异或”回路问题；二是当时的计算机无法支持处理大型神经网络所需的计算能力。这些论断使得人们对以感知器为代表的神经网络产生怀疑，并导致神经网络的研究进入了冰河期。

但在这一时期，依然有不少学者提出了很多有用的模型或算法。1974年，哈佛大学的Paul Werbos提出了反向传播（Back Propagation，BP）算法，但当时未受到应有的重视。1980年，福岛邦彦提出了一种带卷积和子采样操作的多层神经网络——新知机（Neocognitron）。新知机的提出受到了动物初级视皮层简单细胞和复杂细胞的感受野的启发，但新知机并没有采用反向传播算法，而是采用了无监督学习的方式来训练，因此也没有得到足够的重视。

1.2.2 神经网络的复兴

反向传播算法引起的复兴阶段为1983—1995年，是神经网络发展的第二个高潮期。反向传播算法重新激发了人们对神经网络的兴趣。

1983年，物理学家Hopfield提出了一种用于联想记忆（Associative Memory）的神经网络，称为Hopfield网络。Hopfield网络当时在旅行商问题上取得了最好的结果，并引起了轰动。1984年，Geoffrey Hinton提出了一种随机化版本的Hopfield网络，即玻尔兹曼机（Boltzmann Machine）。

真正引起神经网络第二个研究高潮的是反向传播算法。20 世纪 80 年代中期，一种连接主义模型开始流行，即分布式并行处理（PDP）模型。反向传播算法也逐渐成为 PDP 模型的主要学习算法。这时，神经网络才又开始引起人们的注意，并重新成为研究热点。随后，Lecun 等将反向传播算法引入了卷积神经网络，并在手写体数字识别上取得了很大的成功。反向传播算法是迄今较成功的神经网络学习算法。在深度学习中，主要使用的自动微分可以看作反向传播算法的一种扩展。

然而，梯度消失问题（Vanishing Gradient Problem）阻碍神经网络的进一步发展，特别是循环神经网络。为了解决这个问题，Schmidhuber 采用两步来训练一个多层的循环神经网络：①通过无监督学习的方式逐层训练每层循环神经网络，即预测下一个输入；②通过反向传播算法进行精调。

1995—2006 年，神经网络的流行度又开始降低，在此期间，支持向量机和其他更简单的方法（如线性分类器）在机器学习领域的流行度逐渐超过了神经网络。

虽然神经网络可以很容易地增加层数、神经元数量，从而构建复杂的网络，但其计算复杂度也会随之增加，当时的计算机性能和数据规模不足以支持训练大规模神经网络。20 世纪 90 年代中期，统计学习理论和以支持向量机为代表的机器学习模型开始兴起，相比之下，神经网络的理论基础不清晰、优化困难、可解释性差等缺点更加凸显，因此神经网络的研究又一次陷入低潮。

1.2.3 深度学习的崛起

2006 年，深度学习诞生。在这一时期，研究者逐渐掌握了训练深层神经网络的方法，使得神经网络重新崛起。

深度学习的概念由 Hinton 等于 2006 年提出，基于深度置信网络（Deep Belief Network，DBN）提出非监督贪心逐层训练算法，以及多层自编码器深层架构，为解决深层结构相关的优化难题带来希望。Lecun 等提出的卷积神经网络是第一个真正的多层结构学习算法。该算法利用空间相对关系减少参数数目以提高训练性能。深度学习是机器学习中一种基于对数据进行表征学习的方法。深度学习的优势是用无监督或半监督的特征学习和分层特征提取算法替代手工获取特征。

Hinton 提出了两个观点：①具有多个隐藏层的人工神经网络具有非常突出的特征学习能力，如果用机器学习算法得到的特征刻画数据，则可以更加深层次地描述数据的本质特征，这在可视化或分类应用中非常有效；②深度神经网络在训练上存在一定的难度，但这些可以通过“逐层预训练”来有效克服。

Hinton 等首先通过逐层预训练来学习一个深度神经网络，并将其权重作为一个多层前馈神经网络的初始化权重，再用反向传播算法进行精调。这种“预训练+精调”的方式可以有效地解决深度神经网络难以训练的问题。随着深度神经网络在语音识别和图像分类等任务上获得的巨大成功，以神经网络为基础的深度学习迅速崛起。近年来，随着大规模并行计算及 GPU 设备的普及，计算机的计算能力得以大幅提高。此外，可供机器学习的数据规模也越来越大。在强大的计算能力和海量的数据规模支持下，计算机已经可以端到端地训练一个大规模神经网络而不再需要借助预训练的方式了。很多科技公司投入巨资研究深度学习，神经网络迎来第三个研究高潮。

1.3 神经网络的产生机理

神经科学是旨在研究人、动物和机器的认知、意识、智能的本质与规律的科学，是人类社会面临的基础科学问题之一。神经科学和类脑人工智能科技的进步不但有助于人类理解自然和认识自我，而且对有效改善精神卫生和防治神经疾病、护航健康社会、发展类脑和人工智能系统、抢占未来智能社会发展先机都十分重要。在 21 世纪的第二个十年，神经科学和类脑人工智能迎来全新机遇。神经科学和类脑人工智能已成为西方发达国家的科技战略重点或力推的核心科技发展领域。近年来，我国在类脑与认知科学领域加强研究部署和机构协同，投入和产出都比较明显。我国科技、经济、社会发展对神经科学和类脑人工智能发展有巨大的需求。

脑科学研究不仅是当前国际科技前沿的热点领域，还是理解自然和人类本身的“终极疆域”。在 21 世纪的第二个十年，神经科学和类脑人工智能的革命性突破不断涌现，脑科学领域迎来“第二次浪潮”。神经科学和类脑人工智能是在当代多学科交叉会聚的背景下，传统经典学科重新崛起的重大研究领域的典型代表，与遗传学、化学、物理学、材料学、工程学、计算科学、数学、心理科学、社会学及其他基础学科高度交叉，NBIC（纳米科技、生物技术、信息技术、认知科学）会聚技术、生物大数据、第四范式概念的提出等为记忆、思维、意识和语言等重大神经问题提供了全新的研究思路与有效方法。我国在突触与可塑性、神经环路、计算神经科学、认识神经科学、疾病神经科学、脑机接口、类脑与人工智能等领域形成新热点，多项重大突破被列入 *Science* 等权威杂志近年来年度十大突破中。

1.3.1 大脑研究的基本情况

人脑是世界上最复杂的物质，由数万种不同类型的上千亿个神经细胞构成。理解大脑的结构与功能是 21 世纪最具挑战性的前沿科学问题；理解认知、思维、意识和语言的神经基础是人类认识自然与自身的终极挑战。现代神经科学的起点是神经解剖学和组织学对神经系统结构的认识与分析。从宏观层面上来看，布洛卡（Paul Broca）和韦尼克（Wernicke）对大脑语言区的定位，布罗德曼（Brodmann）对脑区的组织学分割，彭菲尔德（Penfield）对大脑运动和感觉皮层所对应的身体部位进行图谱绘制及功能核磁共振成像，通过对活体进行定位时可以观察到脑内依赖电活动的血流信号等，使我们对大脑各脑区可能参与某种脑功能已有相当的了解。神经元种类图谱、介观神经联结图谱、介观神经元电活动图谱的制作将是脑科学界长期坚持的工作。

神经系统和脑的功能从本质上来看是接受内外环境中的信息，加以处理、分析和存储，从而控制、调节机体各部分做出适应的反应。因此，神经系统和脑是两种活动的信息处理系统。从神经元的真实生物物理模型、它们的动态交互关系及神经网络的学习，到脑的组织和神经类型计算的量化理论等，从计算角度理解脑；研究非程序的、适应性的、大脑风格的信息处理的本质和能力，探索新型的信息处理机制和途径，从而创造脑。

美国提出“推进创新神经技术脑研究”（Brain Research through Advancing Innovative Neurotechnologies，BRAIN）计划。美国的脑计划侧重于新型脑研究技术的研发，从而揭示脑的工作原理和脑的重大疾病发生机制，目标是像人类基因组计划那样，不仅要引领前沿科学发展，还要带动相关高科技产业的发展。BRAIN 计划提出了 9 项优先发展的研究目标，主要有鉴定神经细胞的类型并达成共识，绘制大脑结构图谱，研发新的大规模神经网络电活动记录技术，研发一套调控神经环路电活动的工具集，建立神经元电活动与行为的联系，整合理论、模型和统计方法，解析人脑成像技术的基本机制，建立人脑数据采集的机制，脑科学知识的传播与人员培训。

2014 年，日本启动“脑智”（Brain/MIND）计划，目标是使用整合性神经技术制作有助于脑疾病研究的大脑图谱（Brain Mapping by Integrated Neurotechnologies for Disease Studies，Brain/MINDS），为期 10 年，第一年投入 2700 万美元，以后逐年增加。此计划聚焦在使用狨猴为动物模型，绘制从宏观到微观的脑联结图谱，并以基因操作手段建立脑疾病的狨猴模型。

中国脑计划以理解脑认知功能的神经基础为研究主体，以脑机智能技术和脑重大疾病诊治手段研发为两翼，目标是在未来 15 年内使我国的脑认知基础研究、类脑研究和脑重大疾病研究达到国际先进水平，并在部分领域起到引领作用，如图 1-5 所示。

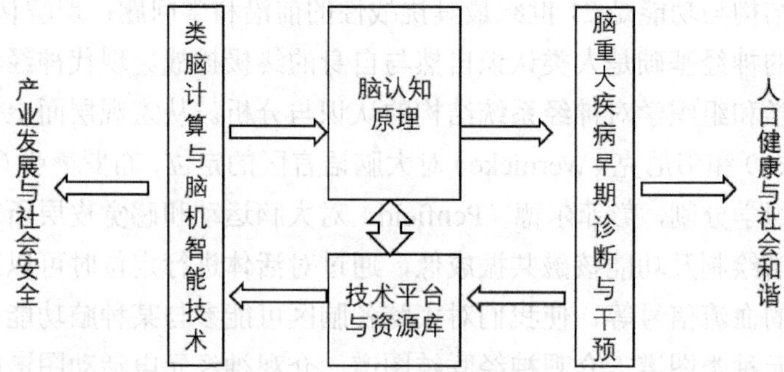

图 1-5　中国脑计划的总体布局

1.3.2　脑组织的基本组成

人脑由前脑、中脑、后脑组成。脑组织构成如图 1-6 所示。脑的各部分具有不同的功能，并有层次上的差别。脑的任何部分都与大脑皮质有联系，通过这种联系，把来自各处的信息汇集在大脑皮质中进行加工、处理。前脑包括大脑和间脑。

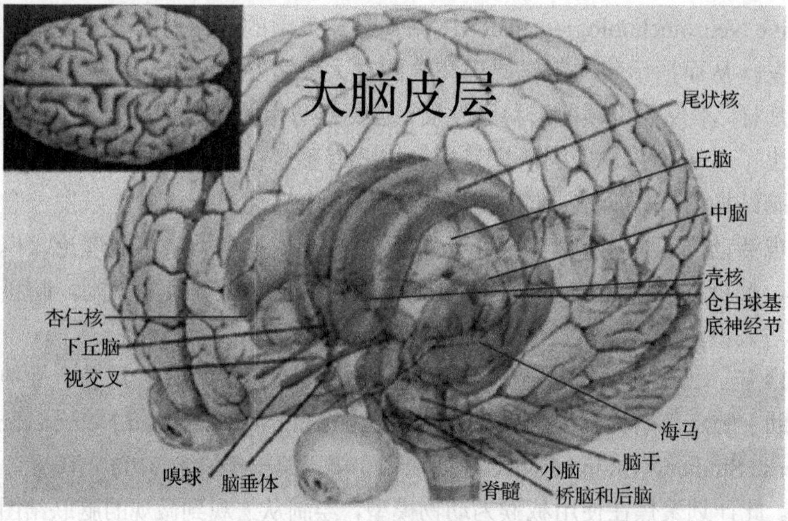

图 1-6　脑组织构成

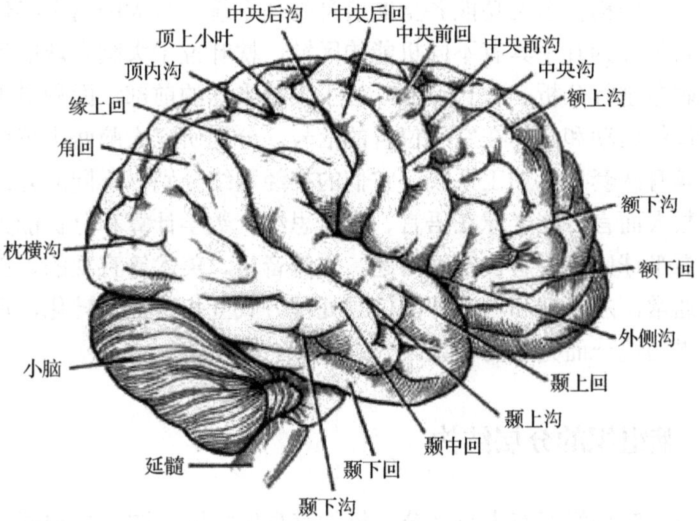

图1-6 脑组织构成（续）

（1）大脑（Cerebrum）由左右两个大脑半球构成，其间留有一纵裂，裂的底部由被称为胼胝体的横行纤维连接。两个大脑半球内均有间隙，左右对称，称侧脑室。大脑半球表面层为灰质，称为大脑皮层，表面有许多沟和回，增加了皮层的表面面积；内层为髓质，其内藏有灰质核团，为苍白球基底神经节、海马和杏仁核。大脑皮质分为额叶、颞叶、顶叶和枕叶。

（2）间脑（Diencephalon）是围成第三脑室的脑区，上壁很薄，由第三脑室脉络丛构成。间脑两侧壁上部的灰质团称为丘脑。丘脑背面覆盖一薄层纤维，称为带状层。在丘脑内部，有与此带状层相连的Y形白质板，称为内髓板，将丘脑分为前、内和外侧三大核团。上丘脑位于第三脑室顶部周围，下丘脑包括第三脑室侧壁下部的一些核团，位于丘脑的前下方。后丘脑是丘脑向后的延伸部分，由内（与听觉有关）与外（与视觉有关）膝状体构成。有底丘脑为间脑与中脑尾侧的移行地带。丘脑编码和转输传向大脑皮质的信息；下丘脑协调植物性、内分泌和内脏功能。

（3）中脑（Mesencephalon）由大脑脚和四叠体构成，协调感觉与运动功能。

（4）后脑（Metencephalon）由桥脑、小脑、延脑构成。小脑由蚓部和两侧的小脑半球构成，协调运动功能。桥脑宛如将两侧的小脑半球连接起来的桥，主要传输从大脑半球向小脑传送的信息。延脑介于桥脑与脊柱之间，是控制心跳、呼吸和消化等的植物神经中枢。桥脑与延脑的背侧面共同形成第四脑室底，呈菱形窝，窝顶为小脑所覆盖，即由三者共同围成第四脑室。此脑室上接中脑水管与第三脑室相通，下与脊髓中央管相通。

人脑是一个结构复杂且功能齐全的信息处理系统。从大脑两个半球的全局来看，可以把它划分为几个具有不同机能的区域，枕叶位于大脑半球的后部，是视区，对视觉刺激进行分析、综合；额叶位于大脑半球的前部，面积最大，其后部报道关于身体的运动和身体在空间位置的信号。分别研究大脑两半球就会发现，大脑两半球具有两套信息加工系统，它们的神经网络分别以不同的方式来反映世界。对大多数人而言，左半球在语言、逻辑思维、数学计算和分析能力方面起主导作用；而右半球则善于解决空间问题，主管音乐、美术等直观的、创造性的综合性活动。通常，左半球和右半球的信息处理方式互相穿插、转化，形成整个人脑对客观世界的统一而完善的认识。

1.3.3 脑组织的分层结构

在人脑中，解剖组织有大小之分，机能有高低之别。图 1-7 根据复杂性水平给出了人脑中不同脑组织的层次结构。突触的活动依赖分子和离子，是分层结构中最基本的层次，其后的层次有神经微电路、树突和神经元。其中，神经微电路指突触集成，组织成可以完成某种功能操作的连接模式。局部电路的复杂性水平高于神经元，由具有相似或不同性质的神经元组成，这些神经元集成完成脑局部区域的特征操作。复杂性水平更高的是区域间电路，由通路、柱子和局部解剖图组成，涉及脑中不同部分的多个区域。

结构分层组织是人脑的独有特征，但在人工神经网络中还无法近似地重构。目前，人们构造的网络只相当于人脑中初级的局部电路和区域间电路，但研究工作一直在按图 1-7 中的层状结构缓慢推进。通过不断从模拟和借鉴人脑生物神经网络中获得灵感，推进神经网络的研究。

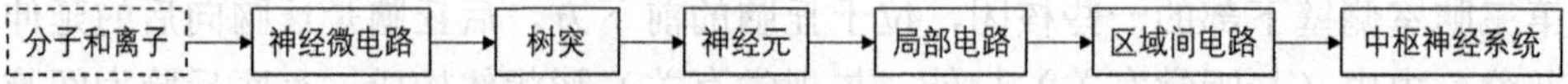

图 1-7 脑组织分层结构图

1.3.4 大脑的基本工作原理

现代神经生理学家认为，脑的高级功能的出现与神经网络的活动有着密切关系。美国著名神经生理学家、诺贝尔奖获得者斯佩里认为人的主观意识和思维是脑过程的一个组成部分，取决于神经网络及其有关的生理特性，是大脑高层次活动的结果。法国神经生理学家尚格也说过，行为、思维和情感等来源于大脑中产生的物理与化学现象，是相应神经元组合的结果。

19 世纪以来，经过生理学家、医生等多方面的实验研究和临床观察，以及把临床观察、手术治疗和科学实验相结合，得到了关于大脑皮质技能的许多知识。20 世纪 30 年代，彭菲尔德等对人的大脑皮质机能定位进行了大量的研究。他们在进行神经外科手术时，在局部麻醉的条件下，用电流刺激患者的大脑皮质，观察患者的运动反应，询问患者的主观感觉。Brodmann 根据细胞构筑的不同，将人的大脑皮质分成 52 个区（见图 1-8）。从功能上分，大脑皮质由感觉皮层、运动皮层和联合皮层组成。感觉皮层包括视皮层（17 区）、听皮层（41、42 区）、躯体感觉皮层（1、2、3 区）、味觉皮层（43 区）和嗅觉皮层（28 区）；运动皮层包括初级运动区（4 区）、运动前区和辅助运动区（6 区）；联合皮层包括顶叶联合皮层、颞叶联合皮层和前额叶联合皮层。联合皮层不参与纯感觉或运动功能，而是接受来自感觉皮层的信息并对其进行整合，将信息传至运动皮层，从而对行为活动进行调控。联合皮层之所以被这样称呼，就是因为它在感觉输入与运动输出之间起着联合作用。

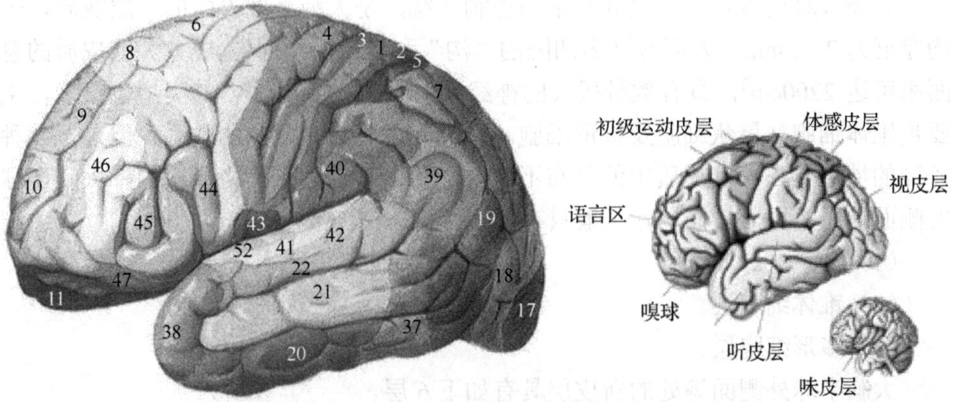

图 1-8 人类大脑皮质分区

人类顶叶联合皮层包括 5、7、39 和 40 区。其中，5 区主要接受初级躯体感觉皮层（1、2、3 区）和丘脑后外侧核的投射，而 7 区主要接受纹状前视区、丘脑后结叶、颞上回、前额叶皮层和扣带回（23、24 区）的投射。5、7 区尽管有着不同的输入来源，却有着共同的投射靶区，包括运动前区、前额叶皮层、额叶皮层、扣带回、岛回和基底神经节。不同的是，5 区更多地投射到运动前区和运动区，而 7 区投射到那些与边缘结构有联系的颞叶亚区（5 区没有这种投射）。此外，7 区还直接向海马旁回投射，并接受来自蓝斑和缝际核的投射。因此，5 区可能更多地参与躯体感觉信息及运动信息的处理；而 7 区则可能主要参与视觉信息处理，并参与运动、注意和情绪调节等功能。

人类前额叶联合皮层由 9～14 区及 45～47 区组成。其中，11～14 区及 47 区总称为前额叶眶回；9、10、45 和 46 区总称为前额叶背外侧部，有些学者把 8 和 4 区也归纳到前额叶联合皮层的范畴。前额叶联合皮层在解剖学上具有几个显著的特征：位于大脑新皮层的最前方，具有显著发达的颗粒第Ⅳ层，接受丘脑背内侧核的直接投射，具有广泛的传入、传出纤维联系。动物从低等向高等进化，前额叶联合皮层面积也相应地越来越大。灵长类动物（包括人类）具有最发达的前额叶联合皮层，其面积占整个大脑皮质面积的 29%左右。

前额叶联合皮层有着极丰富的皮层及皮层下纤维联系。前额叶联合皮层与纹状前视区、颞叶联合皮层、顶叶联合皮层有着交互的纤维联系。前额叶联合皮层是唯一与丘脑背内侧核有交互纤维联系的新皮层，也是唯一向下丘脑进行直接投射的新皮层。前额叶联合皮层与基底前脑、扣带回及海马回有直接或间接的纤维联系。前额叶联合皮层发出纤维投射到基底神经节（尾核和壳核）等。这种复杂的纤维联系决定了前额叶联合皮层功能上的复杂性。

人类大脑皮质是一个极其复杂的控制系统，是大脑半球表面的一层灰质，平均厚度为 2～3mm，表面有许多凹陷的“沟”和隆起的“回”。成人大脑皮质的总面积可达 $2200cm^2$，具有数量极大的神经元，约为 140 亿个，其类型也很多，主要是锥体细胞、星状细胞及梭形细胞。神经元之间具有复杂的联系。但是，各种各样的神经元在大脑皮质中的分布不是杂乱的，而是具有严格层次的。大脑半球内侧面的古皮层比较简单，一般只有如下 3 层。

（1）分子层。

（2）锥体细胞层。

（3）多形细胞层。

大脑半球外侧面等处的新皮层具有如下 6 层。

（1）分子层，细胞很少，但有许多与表面平行的神经纤维。

（2）外颗粒层，主要由许多小的锥体细胞和星状细胞组成。

（3）锥体细胞层，主要为中型和小型的锥体细胞。

（4）内颗粒层，由星状细胞密集而成。

（5）节细胞层，主要含中型和大型锥体细胞，中央前回的锥体细胞特别大，它们的树突顶端伸到第一层，粗长的轴突下行达脑干及脊髓，是锥体束的主要成分。

（6）多形细胞层，主要是梭形细胞，它们的轴突一部分与节细胞层细胞的轴突组成传出神经纤维下达脑干及脊髓外，一部分走到半球的同侧或对侧，构成联系大脑皮质各区的联合纤维。

从机能上看，大脑皮质的分子层、外颗粒层、锥体细胞层、内颗粒层主要接受神经冲动和联络有关神经，特别是从丘脑来的特定感觉纤维，直接进入第（4）层。第（5）、（6）层的锥体细胞和梭形细胞的轴突组成传出神经纤维，下行到脑干与脊髓，并通过脑神经或脊神经将冲动传到身体有关部位，调节各器官、系统的活动。这样，大脑皮质的结构不但具有反射通路的性质，而且是各种神经元之间的复杂连锁系统。由于联系的复杂性和广泛性，使大脑皮层具有分析和综合的能力，从而构成人类思维活动的物质基础。

对大脑体表感觉区皮层结构和功能的研究指出，皮层细胞的纵向柱状排列构成大脑皮层最基本的功能单位，称为功能柱。这种柱状结构的直径为 200～500μm，垂直走向脑表面，贯穿整个 6 层。同一柱状结构内的神经元都具有同一种功能，如都对同一感受野的同一类型感觉刺激起反应。在同一刺激后，这些神经元发生放电的潜伏期很接近，仅相差 2～4ms，说明先激活的神经元与后激活的神经元之间仅有几个神经元接替；也说明同一柱状结构内的神经元联系环路只需通过几个神经元接替就能完成。一个柱状结构是一个传入、传出信息整合处理单位，传入冲动先进入内颗粒层，并由内颗粒层和外颗粒层的细胞在柱内垂直扩布，最后由锥体细胞层、节细胞层、多形细胞层发出传出冲动，离开大脑皮质。锥体细胞层细胞的水平纤维还有抑制相邻细胞柱的作用，因此，当一个细胞柱发生兴奋活动时，其相邻细胞柱就受到抑制，形成兴奋和抑制镶嵌的模式。这种柱状结构的形态功能特点在第二感觉区、视区、听区皮层和运动区皮层中也存在。

1.4 生物神经网络基础

神经系统的主要细胞组成是神经细胞和神经胶质细胞。神经系统表现出来的一切兴奋、传导和整合等机能特性都是神经细胞的机能。神经胶质细胞占脑容积的一半以上，数量大大超过了神经细胞，但在机能上只起辅助作用。

1.4.1 神经元的基本结构

神经细胞是构成神经系统最基本的单位，故通称为神经元，一般包括神经细胞体（Soma）、树突（Dendrites）、轴突（Axon）和突触（Synapse）4 部分。神经元的一般结构如图 1-9 所示。

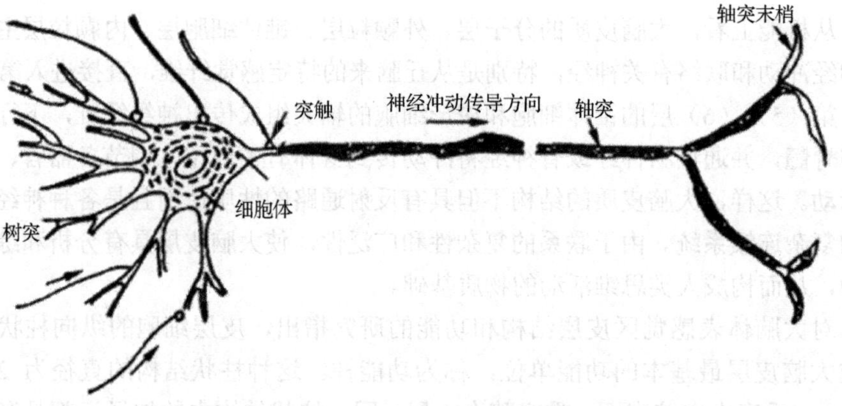

图 1-9　神经元的一般结构

（1）细胞体（Soma or Cell Body）：神经元的主体，由细胞核、细胞质和细胞膜组成。细胞核占据细胞体的很大一部分，进行着呼吸和新陈代谢等许多生化过程。细胞体的外部是细胞膜，将膜内外细胞液分开。由于细胞膜对细胞液中的不同离子具有不同的通透性，使得膜内外存在着离子浓度差，从而出现内负外正的静息电位。

（2）树突（Dendrite）：从细胞体发出的一至多个突起，呈放射状。细胞体起始部分较粗，经反复分支而变细，形如灌木丛状，这些突起称为树突。树突的结构与细胞体的结构相似，细胞质内含有尼氏体、线粒体和平行排列的神经原纤维等，但无高尔基复合体。在特殊银染标本上，树突表面可见许多棘状突起，长 0.5～1.0μm，粗 0.5～2.0μm，称树突棘（Dendritic Spine），是形成突触的部位。在一般电镜下，树突棘内含有数个扁平的囊泡，称棘器（Spine Apparatus）。树突的分支和树突棘可扩大神经元接受刺激的表面积。树突具有接受刺激并将冲动传入细胞体的功能。

（3）轴突（Axon）：每个神经元只有一根，在细胞体上发出的轴突多呈锥形，称轴丘（Axon Hillock），其中没有尼氏体，主要有神经原纤维。轴突自细胞体伸出后开始的一段称为起始段，长 15～25μm，通常较树突细，粗细均匀，表面光滑，分支较少，无髓鞘包卷；离开细胞体一定距离后，有髓鞘包卷，即有髓神经纤维。轴突末端多呈纤细分支，称轴突末梢（Axon Terminal），与其他神经元或效应细胞接触。轴突表面的细胞膜称轴膜（Axolemma），轴突内的细胞质称轴质（Axoplasm）或轴浆。轴质内有很多与轴突长轴平行的神经原纤维和细长的线粒体，但无尼氏体和高尔基复合体，因此，轴突内不能合成蛋白质。轴突成分代谢更新及突触小泡内神经递质均在细胞体内合成，通过轴突内微管、神经丝流向轴突末梢。轴突的主要功能是将神经冲动由细胞体传至其他神经元或效应细胞。轴突传导神经冲动的起始部位在轴突的起始段，沿轴膜传导。轴突末梢经连续分支，以球形膨大的梢足与其他神经元或效应细胞构成突触（Synapse）联系。

（4）突触（Synapse）：神经元与神经元之间，神经元与非神经细胞（肌细胞、腺细胞等）之间的一种特化的细胞连接。它是神经元之间的联系和进行生理活动的关键性结构。通过它的传递作用实现细胞与细胞之间的通信。在神经元之间的连接中，最常见的是一个神经元的轴突末梢与另一个神经元的树突、树突棘或细胞体连接，分别构成轴-树、轴-棘、轴-体突触。此外，还有轴-轴和树-树突触等。突触可分为化学突触和电突触两大类。前者以化学物质（神经递质）作为通信的媒介；后者是缝隙连接，是以电流（电信号）传递信息的。哺乳动物的神经系统以化学突触占大多数，通常所说的突触就是指化学突触。突触可由突触前、突触间隙和突触后 3 部分组成。突触前是第一个神经元的轴突末梢部分，呈膨大球状，附着在另一神经元的细胞体或树突上，也称突触扣结；突触后是指第二个神经元的树突或细胞体等受体表面；突触在轴突末梢与其他神经元的受体表面相接触的地方有 15～30nm 的间隙，称为突触间隙，内含糖蛋白和一些细丝。突触间隙在电学上把突触前和突触后断开，如图 1-10 所示。每个神经元有 10^3～10^5 个突触，多个神经元以突触连接即形成神经网络。

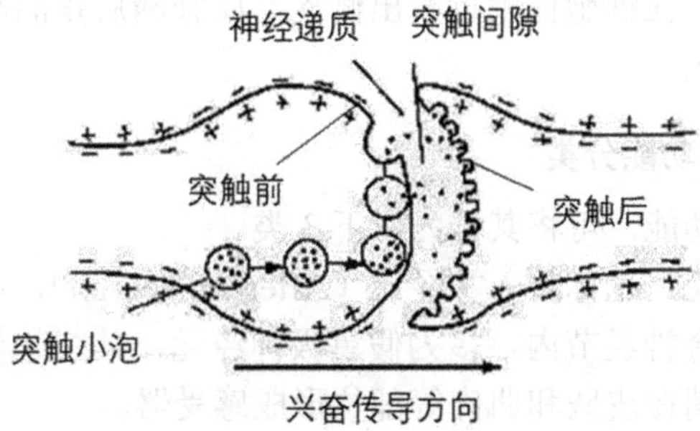

图 1-10 突触结构示意图

在长期的进化过程中，神经元在各自的机能和形态上都特化了，直接与感受器相联系，把信息传向中枢的神经元称为感觉神经元或传入神经元；直接与效应器相联系，把冲动从中枢传到效应器的神经元称为运动神经元或传出神经元。除上述传入/传出神经元外，其余大量的神经元都是中间神经元，由它们形成了神经网络。

人体中枢神经系统的传出神经元的数目总计为数十万个。传入神经元是传出神经元的 1～3 倍。而中间神经元的数目最多，单就以中间神经元组成的大脑皮质来看，一般认为有 140 亿～150 亿个。

1.4.2 神经元的基本分类

神经元的分类有多种方法，常以神经元突起的数目和功能进行分类。

1. 按神经元突起的数目分类

根据神经元突起的数目，可将其分为以下 3 类。

（1）假单极神经元（Pseudounipolar Neuron）：从细胞体发出一个突起，在离细胞体不远处呈 T 形分为两支，因此称假单极神经元。其中一个分支突起细长，结构与轴突相同，伸向周围，称周围突（Peripheral Process），其功能相当于树突，能感受刺激并将冲动传向细胞体；另一个分支突起伸向中枢，称中枢突（Central Process），将冲动传给另一个神经元，相当于轴突，如脊神经节内的感觉神经元等。

（2）双极神经元（Bipolar Neuron）：从细胞体两端各发出一个突起，一个是树突，另一个是轴突，如耳蜗神经节内的感觉神经元等。

（3）多极神经元（Multipolar Neuron）：有一个轴突和多个树突，是人体中数量最多的一种神经元，如脊髓前角运动神经元和大脑皮质的锥体细胞等。多极神经元又可依轴突的长短和分支情况分为两型：高尔基 I 型神经元，其细胞体大，轴突长，在行径途中发出侧支，如脊髓前角运动神经元；高尔基 II 型神经元，其细胞体小，轴突短，在细胞体附近发出侧支，如脊髓后角的小神经元，以及大、小脑内的联合神经元。

2. 按神经元的功能分类

根据神经元的功能，可将其分为以下 3 类。

（1）感觉神经元：也称传入神经元（Afferent Neuron），用来传导感觉冲动。它的细胞体在脑、脊神经节内，多为假单极神经元，其突起构成周围神经的传入神经，神经纤维末梢在皮肤和肌肉等部位形成感受器。

（2）运动神经元：也称传出神经元，是传导运动冲动的神经元，多为多极神经元。它的细胞体位于中枢神经系统的灰质和植物神经节内，其突起构成传出神经纤维，神经纤维末梢分布在肌组织和腺体中，形成效应器。

（3）中间神经元：也称联合神经元，是在神经元之间起联络作用的神经元，是多极神经元，是人类神经系统中数量最多的神经元，构成中枢神经系统内的复杂网络。它的细胞体位于中枢神经系统的灰质内，其突起一般也位于灰质内。

1.4.3 神经元的信息传递机理

在神经元中，突触承载神经冲动信息传导功能，树突和细胞体为输入接口，接受突触点的输入信号；细胞体类似于一个微处理器，对各树突和细胞体各部位获取的来自其他神经元的输入信息进行组合，并在一定条件下触发，形成神经冲动输出信号；输出信号沿轴突传至轴突末梢，轴突末梢作为输出端，通过突触将这一输出信号传向其他神经元的树突和细胞体。下面对神经元之间信息的产生、传递和整合进行阐述。

1. 神经元之间信息的产生

研究表明，神经元之间信息的产生、传递和整合是一种电化学活动。由于细胞膜本身对不同离子具有不同的通透性，所以使膜内外细胞液中的离子存在浓度差。神经元在无神经信号输入时，其细胞膜内外由离子浓度差造成的电位差在-70mV（内负外正）左右，称为静息电位，此时，细胞膜的状态为极化状态（Polarization），神经元的状态为静息状态。当神经元受到外界刺激时，如果膜电位从静息电位向正方向偏移，则称为去极化（Depolarization），此时神经元的状态为兴奋状态；如果膜电位从静息电位向负方向偏移，则称为超极化（Hyperpolarization），此时神经元的状态为抑制状态。神经元细胞膜的去极化和超极化程度反映了神经元的兴奋和抑制的强烈程度。在某一时刻，神经元总是处于静息、兴奋和抑制 3 种状态之一。神经元之间信息的产生与兴奋程度相关，在外界刺激下，当神经元的兴奋程度超过了某个限度，即细胞膜去极化程度超过了某个阈值电位时，神经元被激发而输出神经脉冲。每个神经脉冲产生的经过如下：当膜电位以静息电位为基准高出 15mV，即超过阈值电位（-55mV）时，该神经细胞变成活性细胞，其膜电位自发地急速升高，在 1ms 内，相比于静息电位上升 100mV 左右，此后膜电位又急速下降，回到静止时的值。这一过程称为细胞的兴奋过程，兴奋的结果是产生一个宽度为 1ms、振幅为 100mV 的电脉冲，又称神经冲动，如图 1-11 所示。

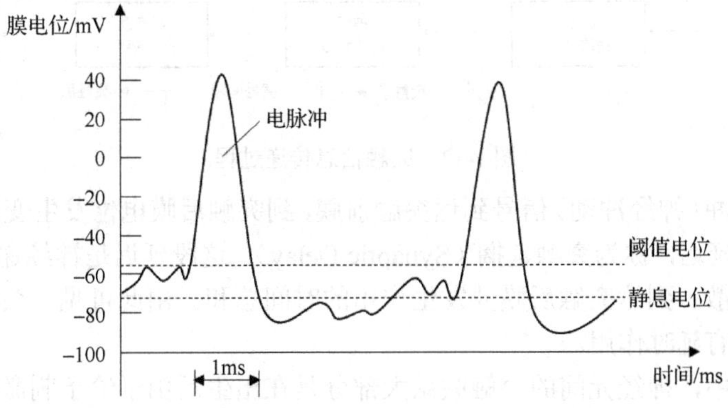

图 1-11 膜电位变化

值得注意的是，当细胞体产生一个电脉冲后，即使受到很强的刺激，也不会立刻产生兴奋性电脉冲，这是因为神经元在发放电脉冲时，阈值电位急速升高，持续 1ms 后慢慢下降到-55mV 这一正常状态，这段时间约为数毫秒，称为不应期。不应期结束后，若细胞受到很强的刺激，则会再次产生兴奋性电脉冲。由此可见，神经元产生的信息是具有电脉冲形式的神经冲动，各电脉冲的宽度和幅度相同，而其间隔是随机变化的。神经元的输入电脉冲密度越大，其兴奋程度越高，单位时间内产生的电脉冲串的平均频率也越高。

2. 神经元之间信息的传递

神经冲动信号沿轴突传向其末端的各个分支，在轴突的末端触及突触前时，突触前的突触小泡能释放一种化学物质（神经递质）。在前一个神经元发放电脉冲并传到其轴突末梢后，这种神经递质从突触前膜释放出，经突触间隙的液体扩散，在突触后膜与特殊受体相结合。受体的性质决定了神经递质的作用是兴奋还是抑制，并据此改变突触后膜的离子通透性，从而使突触后膜电位发生变化。根据突触后膜电位的变化，可将突触分为两种：兴奋性突触和抑制性突触。兴奋性突触的后膜电位随神经递质与受体结合数量的增加而向正电位方向变化，抑制性突触的后膜电位随递质与受体结合数量的增加而向负电位方向变化。从化学角度看，当兴奋性神经递质传到突触后膜时，后膜对离子通透性的改变使流入细胞膜内的正离子增加，从而使突触后膜成分去极化，产生兴奋性突触后电位；当抑制性神经递质传送到突触后膜时，突触后膜对离子通透性的改变使流出细胞膜外的正离子增加，从而使突触后膜成分超极化，产生抑制性突触后电位。

当突触前膜释放的兴奋性神经递质使突触后膜的去极化电位超过了某个阈值电位时，后一个神经元就有神经冲动输出，从而把前一个神经元的信息传递给后一个神经元，如图 1-12 所示。

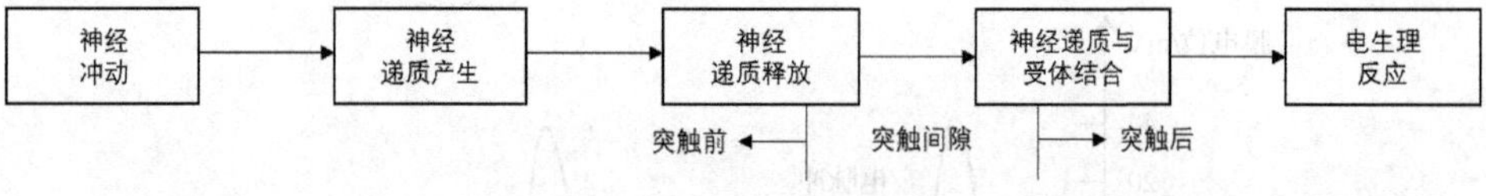

图 1-12　突触信息传递过程

从电脉冲（神经冲动）信号到达突触前膜，到突触后膜电位发生变化，有 0.2～1ms 的时间延迟，称为突触延搁（Synaptic Delay）。这段延迟是神经递质分泌、向突触间隙扩散、到达突触后膜并发生作用的时间总和。由此可见，突触对神经冲动的传递具有延时作用。

在人脑中，神经元间的突触联系大部分是在出生后由于给予刺激而成长起来的。外界刺激的性质不同，能够改变神经元之间的突触联系，即突触后膜电位变化的方向与大小，从突触信息传递的角度看，表现为放大倍数和极性的变化。正是由于各神经元之间的突触连接强度和极性有所不同并可进行调整，人脑才具有学习和存储信息的功能。

3. 神经元之间信息的整合

神经元对信息的接受和传递都是通过突触来进行的。单个神经元可以与多达上千个其他神经元的轴突末梢形成突触连接，接受从各个轴突传来的脉冲输入。这些输入可到达神经元的不同部位，输入部位不同，对神经元影响的权重也不同。在同一时刻产生的刺激引起的膜电位变化大致等于各单独刺激引起的膜电位变化的代数和，这种累加求和称为空间整合。另外，各输入脉冲抵达神经元的先后时间也不一样。由一个脉冲引起的突触后膜电位很低，但在其持续时间内有另一个脉冲相继到达时，总的突触后膜电位升高，这种现象称为时间整合。

输入一个神经元的信息在时间和空间上常呈现一种复杂多变的形式，神经元需要对它们进行积累和整合加工，从而决定其输出的时机和强弱。正是由于神经元的这种时空整合作用，才使得神经元在神经系统中可以有条不紊、夜以继日地处理着各种复杂的信息，执行着生物中枢神经系统的各种信息处理功能。

1.4.4 生物神经网络的构成

多个生物神经元以确定的方式和拓扑结构相互连接即形成生物神经网络。它是一种更为灵巧、复杂的生物信息处理系统，如图 1-13 所示。研究表明，每个生物神经网络系统均是一个有层次的、多单元的动态信息处理系统，它们有其独特的运行方式和控制机制，以接受生物系统内外环境的输入信息，加以综合分析处理，从而调节控制机体对环境做出适当反应。生物神经网络的功能不是单个神经元信息处理功能的简单叠加。每个神经元都有许多突触与其他神经元连接，任何一个单独的突触连接都不能完全表现一项信息，只有当它们集合成总体时，才能对刺激的特殊性质给出明确的答复。由于神经元之间的突触连接方式和连接强度不同且具有可塑性，所以生物神经网络在宏观上呈现出千变万化的、复杂的信息处理能力。

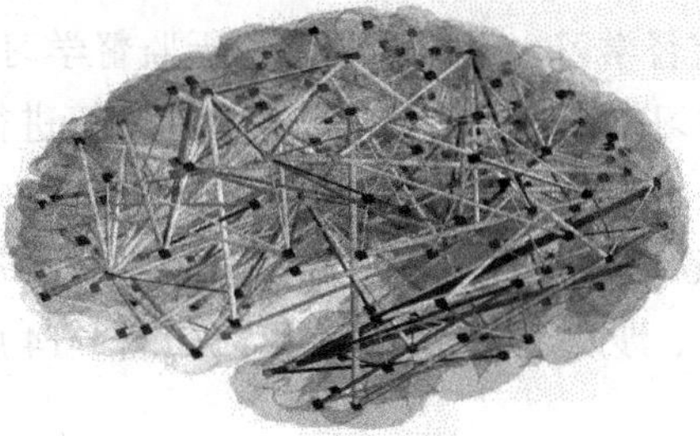

图 1-13 生物神经网络

神经细胞是构筑神经系统和人脑的基本单元。它既具有结构和功能的动态特性，又具有时间和空间的动态特性，其简单有序的编排构成了完美复杂的大脑。神经细胞之间的通信是通过其具有可塑性的突触耦合实现的，这使它们成为一个有机的整体。

1.5 本书的知识框架体系

本书的知识框架体系如图1-14所示，主要涉及神经网络和深度学习相关知识。

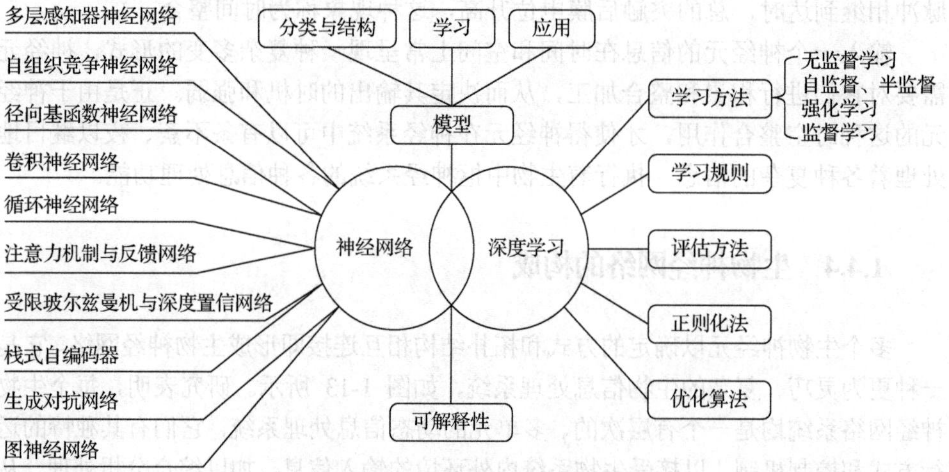

图1-14 本书的知识结构框架体系

神经网络作为一类非线性的机器学习模型，是深度学习的重要组成部分。第3～8章介绍多层感知器神经网络、自组织竞争神经网络、径向基函数神经网络、卷积神经网络、循环神经网络、注意力机制与反馈网络。第10～13章介绍受限玻尔兹曼机和深度置信网络、栈式自编码器、生成对抗网络及图神经网络。

机器学习可分为监督学习、半监督学习、无监督学习和强化学习。第1、2章对机器学习方法、学习规则、评估方法、正则化法等进行概括介绍。第9章介绍深度学习的优化算法。第14章介绍深度强化学习有关知识。第15章介绍深度学习的可解释性。第16章介绍多模态预训练模型相关知识和方法。

深度学习知识面广、涉及领域多，本书仅在如图1-14所示的框架体系下进行研究和探索。

1.6 本章小结

本章围绕神经网络和深度学习的概念、内涵、研究内容及学习意义等深入展开论述。要理解深度学习的意义或重要性，就得从机器学习或人工智能的更广的视角来分析。在机器学习中，除了模型和学习算法，特征表示也是影响最终学习效果的重要因素，甚至在很多任务上比算法更重要。在实际开发一个机器学习的应用时，往往需要花费大量的时间和精力，尝试不同的特征及特征组合，以此来提高系统的鲁棒性，这就是所谓的特征工程问题。其中表示学习是机器学习中的问题关键，早期的表示学习方法（如特征提取和特征选择）都是引入一些人工的主观假设来进行学习的。这种表示学习方法不是端到端的学习方式，得到的表示不一定对后续的机器学习任务有效。而深度学习则是对表示学习和预测模型的学习进行端到端的学习，中间不需要人工干预。深度学习要解决的问题是贡献度分配问题，而神经网络恰好是解决这个问题的有效模型。目前，深度学习主要以神经网络模型为基础，研究模型架构设计，并能够有效地学习模型的参数，通过优化模型性能，使其在不同任务中都能得到很好的应用。神经网络研究主要依据脑组织的结构和机理，是从生物神经网络的构成上得到启发的。

深度学习的研究进展非常迅速。因此，最新的文献一般会发表在学术会议上。与深度学习相关的学术会议主要如下。

（1）国际表征学习大会（International Conference on Learning Representations，ICLR）：主要聚焦深度学习。

（2）神经信息处理系统大会（Annual Conference on Neural Information Processing Systems，NeurIPS）：交叉学科会议，但偏重于机器学习，主要包括神经信息处理、统计方法、学习理论及应用等。

（3）国际机器学习会议（International Conference on Machine Learning，ICML）：机器学习顶级会议。深度学习作为近年来的热点，也占据了 ICML。

（4）国际人工智能联合会议（International Joint Conference on Artificial Intelligence，IJCAI）：人工智能领域顶尖的综合性会议，历史悠久，从 1969 年开始举办。

（5）国际人工智能协会（AAAI Conference on Artificial Intelligence，AAAI）：人工智能领域的顶级会议，每年二月份左右召开，地点一般在北美。

另外，人工智能的很多子领域也都有非常好的专业学术会议。在计算机视觉领域，有 IEEE 国际计算机视觉与模式识别会议（IEEE Conference on Computer Vision and Pattern Recognition，CVPR）和计算机视觉国际大会（International Conference on Computer Vision，ICCV）；在自然语言处理领域，有国际计算语言学协会（Annual Meeting of the Association for Computational Linguistics，ACL）和自然语言处理实证方法会议（Conference on Empirical Methods in Natural Language Processing，EMNLP）等。

第 2 章

人工神经网络计算

20 世纪 80 年代中后期，最流行的一种连接主义模型是分布式并行处理（Parallel Distributed Processing，PDP）模型。它有 3 个主要特性：①信息表示是分布式的（非局部的）；②记忆和知识存储在单元之间的连接上；③通过逐渐改变单元之间的连接强度来学习新的知识。神经网络可以构造多样的网络结构和学习算法，在深度学习任务上，已经取得了很大的突破，尤其在自然语言处理和计算机视觉方面，表现出了非凡的学习能力。

在本章中，主要介绍人工神经网络的基本组成单元——非线性激活函数的神经元模型，以及通过大量神经元之间的连接组成的几种神经网络结构。神经元之间的连接权重就是需要学习的参数，可以通过梯度下降法来进行学习。另外，还对神经网络的学习规则、损失函数、正则化方法及模型评估方法进行阐述。

2.1 神经网络概述

人脑是由密集的相互连接的神经细胞（也称为神经元和基本信息处理单元）组成的。与人脑神经系统类似，人工神经网络是由大量相互连接的人工神经元组成的系统，通过人工神经元间的并行协作实现对人类智能的模拟。而系统的知识则隐含在神经元的连接和相互作用上。人工神经网络的主要特征包括以下内容：第一，通过神经元之间的并行协作和协同作用实现信息处理过程，具有并行性、动态性和全局性；第二，通过神经元分布式的物理联系存储知识和信息，因而可以实现联想记忆功能。人工神经网络在模式识别、机器视觉、机器阅读、机器人控制、信号处理、组合问题优化、联想记忆、机器人学、金融决策和数据挖掘等方面取得了卓有成效的应用。另外，它还有模拟人类的形象思维过程；在求解问题时，可以比较快地求出一个近似解等。生理学家、心理学家和计算机科学家共同研究脑神经网络得出的结论是，人脑是一个功能特别强大、结构异常复杂的信息处理系统，其基础是神经元及其互相联系的作用，在此研究基础上提出了大量的神经网络模型。

2.2 人工神经元模型

人工神经元（Artificial Neuron）（或称神经元）是神经网络操作的基本信息处理单位，主要模拟生物神经元的结构和特性，接受一组输入信息后，经过信号处理、加工产生输出。目前，人们提出的神经元模型已有很多，其中最早被提出且影响较大的是 1943 年由心理学家 McCulloch 和数学家 Pitts 在分析总结神经元基本特性的基础上首先提出的 McCulloch-Pitts 模型，简称 M-P 模型，又称为处理单元（PE）。该模型经过不断改进后，现在成为被广泛应用的形式神经元模型。该模型在简化的信息处理基础上提出了以下 6 点假定进行描述。

（1）每个神经元都是一个多输入、单输出的信息处理单元。

（2）神经元输入分兴奋性输入和抑制性输入两种类型。

（3）神经元具有空间整合特性和阈值特性。

（4）神经元输入与输出间有固定的时滞，主要取决于突触延搁。

（5）忽略时间整合作用和不应期。

（6）神经元本身是非时变的，即其突触时延和突触强度均为常数。

显然，上述假定是对生物神经元信息处理过程的简化和概括，清晰地描述了生物神经元信息处理的特点。

2.2.1 基本神经元模型

为了便于形式化表达，上述假定可用如图 2-1 所示的神经元的非线性模型表示。

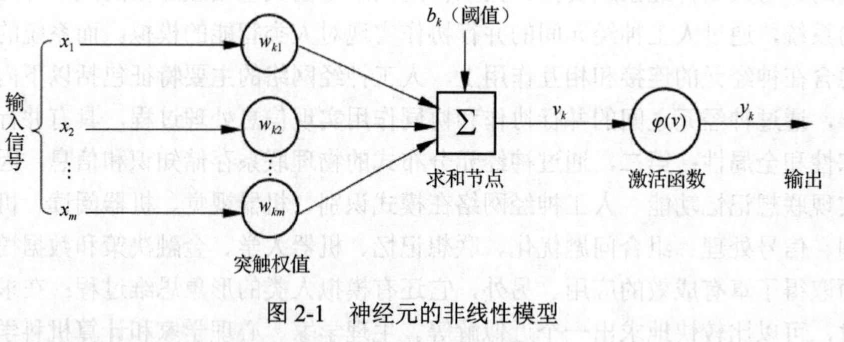

图 2-1 神经元的非线性模型

下面给出神经元非线性模型的 3 种基本元素。

（1）突触，用其权值标识。在神经元 k 的突触 j 上的输入信号 x_j 乘以 k 的权值 w_{kj} 中，第一个下标指输出神经元，第二个下标指权值所在的突触输入端。人工神经元的突触权值有一个范围，可以取正值，也可以取负值。

（2）加法器，用于求输入信号被神经元的相应突触权值加权的和。这个操作构成一个线性组合器。

（3）激活函数，用来限制神经元的输出振幅。由于它将输出信号压制（限制）为允许范围内的一个定值，所以激活函数也称为压制函数。通常，一个神经元输出的正常幅度范围可写成闭区间[0,1]或[−1,1]。

在图 2-1 中，b_k 表示外部偏置，根据其参数的正负性，增大或减小激活函数的网络输入。

设 m 个输入信号分别用 $x_1, x_2, \cdots, x_m$ 表示，它们对应的神经元 k 的突触权值依次为 $w_{k1}, w_{k2}, \cdots, w_{km}$，所有的输入及对应的连接权值分别构成输入向量 $\boldsymbol{X}$ 和连接权向量 $\boldsymbol{W}$：

$$\boldsymbol{X} = \left(x_1, x_2, \cdots, x_m\right) \tag{2-1}$$

$$\boldsymbol{W} = \left(w_{k1}, w_{k2}, \cdots, w_{km}\right)^{\mathrm{T}} \tag{2-2}$$

神经元 k 可以由式（2-3）和式（2-4）表示：

$$u_k = \sum_{j=1}^{m} w_{kj} x_j \tag{2-3}$$

$$y_k = \varphi\left(u_k + b_k\right) \tag{2-4}$$

若将式（2-3）写成向量形式，则有

$$u_k = \boldsymbol{XW} \tag{2-5}$$

其中，u_k 为输入信号的线性组合器的输出；b_k 为阈值；$\varphi(v)$ 为激活函数；y_k 为神经元输出信号。

阈值 b_k 的作用是对神经元模型中的线性组合器的输出 u_k 做仿射变换（见图 2-2）：

$$v_k = u_k + b_k \tag{2-6}$$

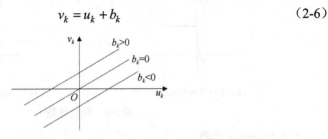

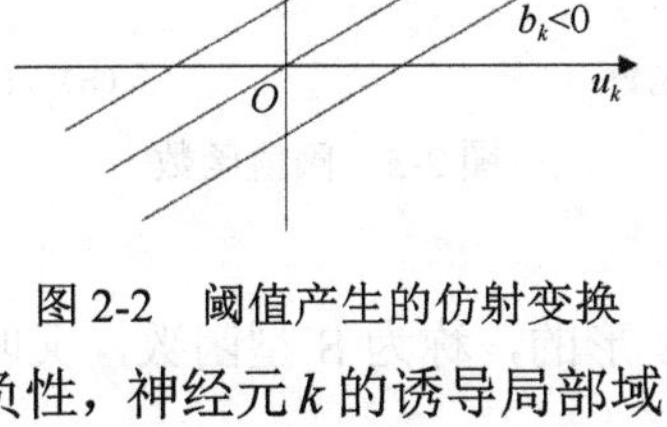

图 2-2 阈值产生的仿射变换

特别地，根据 b_k 的正负性，神经元 k 的诱导局部域 v_k 和线性组合器的输出 u_k

的关系如图 2-2 所示，当 b_k=0 时， $v_k = u_k$。

b_k 是人工神经元 k 的外部参数。可以像在式（2-4）中一样考虑它。同样，可以结合式（2-3）和式（2-6）得到如下公式：

$$v_k = \sum_{j=0}^{m} w_{kj} x_j \tag{2-7}$$

$$y_k = \varphi(v_k) \tag{2-8}$$

在式(2-7)中，相当于加了一个新的突触，输入是 $x_0 = 1$，突触权值是 $w_{k0} = b_k$。

2.2.2 常用激活函数

人工神经元模型采用不同的变换函数，用来执行对该神经元获得的网络输入的变换，这个就是激活函数，也称为激励函数、活化函数，使神经元具有不同的信息处理特征。用 φ 表示为 $y = \varphi(v)$，利用诱导局部域 v 定义神经元的输出。下面介绍几种常用的激活函数。

（1）阈值函数。

阈值函数又叫阶跃函数，图 2-3（a）所示为常用的单极性阈值函数，用下式定义：

$$\varphi(v) = \begin{cases} 1, & v \geqslant 0 \\ 0, & v < 0 \end{cases} \tag{2-9}$$

有时还将式（2-9）中的 0 变为−1，此时就变成了双极形式，如图 2-3（b）所示，定义为

$$\varphi(v) = \begin{cases} 1, & v \geqslant 0 \\ -1, & v < 0 \end{cases} \tag{2-10}$$

（a）单极性阈值函数　　（b）双极性阈值函数

图 2-3　阈值函数

（2）Sigmoid 函数。

Sigmoid 函数图形是 S 形的，称为 S 型函数，又叫压缩函数，是严格递增函

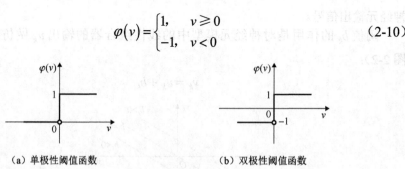

数。它对信号有较好的增益控制，当 v 的值比较小时，$\varphi(v)$ 有较大的增益；当 v 的值比较大时，$\varphi(v)$ 有较小的增益，这为防止网络进入饱和状态提供了良好的支持。常用下面两种形式。

① logistic 函数。

logistic 函数叫逻辑特斯函数，应用非常广泛，其一般形式为

$$\varphi(v)=\frac{1}{1+\exp(-av)} \tag{2-11}$$

其中，a 是 Sigmoid 函数的倾斜参数。实际上，它在原点的倾斜度等于 $a/4$，其值域是[0,1]，其图形如图 2-4（a）所示。

② tanh 函数。

tanh 函数也称为双曲正切函数，定义为

$$\varphi(v)=\tanh(v)=\frac{1-\mathrm{e}^{-v}}{1+\mathrm{e}^{-v}} \tag{2-12}$$

tanh 函数的值域是[−1,1]，其图形如图 2-4（b）所示。

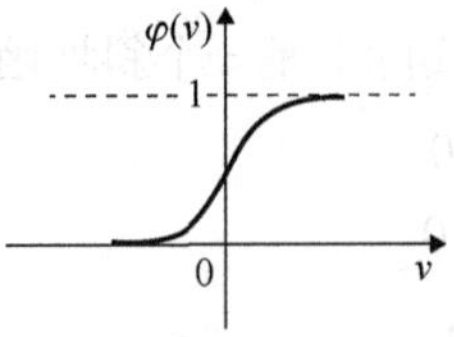

（a）logistic 函数

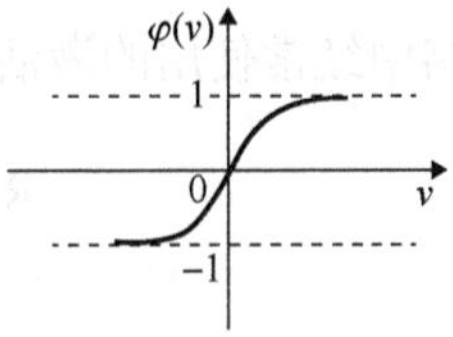

（b）tanh 函数

图 2-4　Sigmoid 函数图形

③ 分段线性函数。

分段线性函数也称为非线性斜面函数，是简单的非线性函数，在一定区间内满足线性关系。单极性分段线性函数表达式为

$$\varphi(v)=\begin{cases}1, & v\geqslant\theta \\ kv, & -\theta<v<\theta \\ 0, & v\leqslant 0\end{cases} \tag{2-13}$$

其中，k 为线性段的斜率，图 2-5（a）给出了该函数的曲线。而双极性分段线性函数的曲线如图 2-5（b）所示，其表达式如下：

$$\varphi(v)=\begin{cases}1, & v\geqslant\theta \\ kv, & -\theta<v<\theta \\ -1, & v\leqslant-\theta\end{cases} \tag{2-14}$$

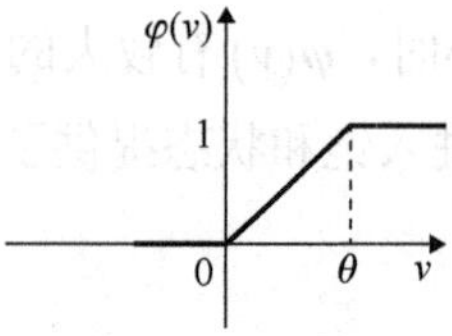

（a）单极性分段线性函数

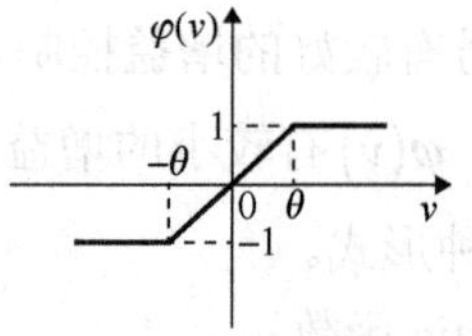

（b）双极性分段线性函数

图 2-5　分段线性函数图形

④ 概率型激活函数。

概率型激活函数的神经元模型的输入与输出之间的关系是不确定的，需要一个随机函数来描述其输出状态为 1 或 0 的概率。设神经元模型输出为 1 的概率为

$$P(1)=\frac{1}{1+\mathrm{e}^{-x/T}} \tag{2-15}$$

其中，T 为温度参数。由于该函数的神经元模型的输出状态分布与热力学中的玻尔兹曼（Boltzmann）分布相类似，因此这种神经元模型也称为热力学模型。

（3）ReLU 函数。

ReLU（Rectified Linear Unit，修正线性单元）函数也叫 Rectifier 函数，是目前深度神经网络中经常使用的激活函数。ReLU 函数实际上是一个斜坡函数，定义为

$$\begin{aligned}\mathrm{ReLU}(x)&=\begin{cases}0, & x<0\\ x, & x\geqslant 0\end{cases}\\ &=\max(0,x)\end{aligned} \tag{2-16}$$

在实际使用中，为了避免上述情况，有几种 ReLU 函数的变种也会被广泛使用。

① 带泄漏的 ReLU（Leaky ReLU）函数。

在输入 $x<0$ 时，保持一个很小的梯度 γ。这样，当神经元处于非激活状态时，也能有一个非零的梯度可以更新参数，避免永远不能被激活。带泄漏的 ReLU 函数的定义如下：

$$\begin{aligned}\mathrm{LeakyReLU}(x)&=\begin{cases}x, & x>0\\ \gamma x, & x\leqslant 0\end{cases}\\ &=\max(0,x)+\gamma\min(0,x)\end{aligned} \tag{2-17}$$

其中，γ 是一个很小的常数，如 0.01。当 $\gamma<1$ 时，带泄漏的 ReLU 函数也可以写为

$$\mathrm{LeakyReLU}(x)=\max(x,\gamma x)$$

② 带参数的 ReLU 函数。

带参数的 ReLU（Parametric ReLU，PReLU）函数引入一个可学习的参数，不同神经元可以有不同的参数。对于第 i 个神经元，其 PReLU 函数的定义为

$$\text{PReLU}(x)=\begin{cases}x, & x>0\\ \gamma_i x, & x\leqslant 0\end{cases} \tag{2-18}$$
$$=\max(0,x)+\gamma_i\min(0,x)$$

其中，γ_i 为 $x\leqslant 0$ 时函数的斜率。因此，PReLU 是非饱和函数，如果 $\gamma_i=0$，那么 PReLU 函数就退化为 ReLU 函数；如果 γ_i 为一个很小的常数，则 PReLU 函数可以看作带泄漏的 ReLU 函数。PReLU 函数可以允许不同神经元具有不同的参数，也可以一组神经元共享一个参数。

③ ELU 函数。

ELU（Exponential Linear Unit，指数线性单元）是一个近似的零中心化非线性函数，其定义为

$$\text{ELU}(x)=\begin{cases}x, & x>0\\ \gamma(\exp(x)-1), & x\leqslant 0\end{cases} \tag{2-19}$$
$$=\max(0,x)+\gamma\min\big(0,\gamma(\exp(x)-1)\big)$$

其中，$\gamma\geqslant 0$，是一个超参数，决定 $x\leqslant 0$ 时的饱和曲线，并调整输出均值在 0 附近。

④ Softplus 函数。

Softplus 函数可以看作 ReLU 函数的平滑版本，其定义为

$$\text{Softplus}(x)=\log\big(1+\exp(x)\big) \tag{2-20}$$

Softplus 函数的导数刚好是 logistic 函数。Softplus 函数虽然也具有单侧抑制、宽兴奋边界的特性，却没有稀疏激活性。

图 2-6 给出了 ReLU、Leaky ReLU、ELU 及 Softplus 函数的示例。

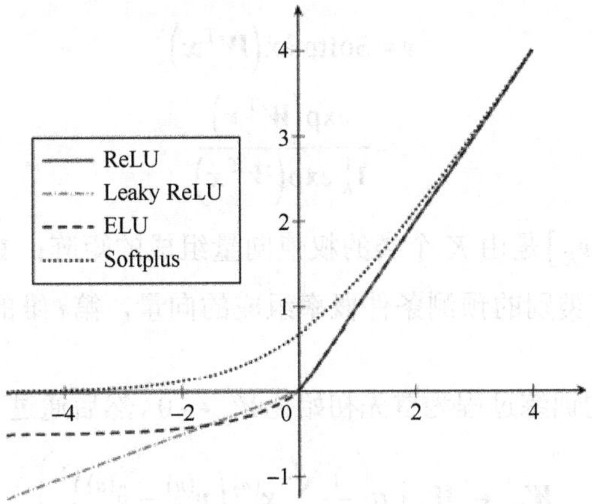

图 2-6 ReLU、Leaky ReLU、ELU 及 Softplus 函数的示例

2.2.3 Softmax 输出分类

Softmax 函数也称归一化指数函数或多项（Multinomial）、多类（Multi-Class）的回归。将一个含任意实数的 K 维向量 $\boldsymbol{Z}$ 压缩到一个 K 维实向量 $\sigma(\boldsymbol{z})$ 中，使得向量中每一个元素的值都在 $(0,1)$ 区间，且所有元素的和为 1，即向量离散概率分布的梯度对数归一化。

在人工神经网络中，该函数主要用于解决多分类问题。对于多分类任务，类别标签 $y \in \{1,2,\cdots,K\}$，可以有 K 个取值。Softmax 回归预测的属于每个分类 i 的概率为

$$P(z_i)=\frac{\mathrm{e}^{z_i}}{\sum_{j=1}^{K}\mathrm{e}^{z_j}}，\ i=1,2,\cdots,K \tag{2-21}$$

其中，分母充当了正则项的作用，有 $\sum_{k=1}^{K} z_k = 1$。

对于一个有 K 个神经元 $\boldsymbol{x}$ 的输出层，式（2-21）中的每个分类 i 的条件概率为

$$\begin{bmatrix} P(z_1 \mid \boldsymbol{x}) \\ \vdots \\ P(z_K) \mid \boldsymbol{x} \end{bmatrix} = \frac{1}{\sum_{j=1}^{K}\exp(\boldsymbol{w}_j^{\mathrm{T}}\boldsymbol{x})} \begin{bmatrix} \exp(\boldsymbol{w}_1^{\mathrm{T}}\boldsymbol{x}) \\ \vdots \\ \exp(\boldsymbol{w}_K^{\mathrm{T}}\boldsymbol{x}) \end{bmatrix} \tag{2-22}$$

其中，$\boldsymbol{w}_i$ 是分类 i 的权重向量。

式（2-22）的向量形式表示为

$$\begin{aligned} \hat{\boldsymbol{y}} &= \mathrm{Softmax}(\boldsymbol{W}^{\mathrm{T}}\boldsymbol{x}) \\ &= \frac{\exp(\boldsymbol{W}^{\mathrm{T}}\boldsymbol{x})}{\mathbf{1}_K^{\mathrm{T}}\exp(\boldsymbol{W}^{\mathrm{T}}\boldsymbol{x})} \end{aligned} \tag{2-23}$$

其中，$\boldsymbol{W}=[\boldsymbol{w}_1,\cdots,\boldsymbol{w}_K]$ 是由 K 个类的权值向量组成的矩阵；$\mathbf{1}_K$ 为 K 维的全 1 向量；$\hat{\boldsymbol{y}}=\mathbb{R}^K$ 为所有类别的预测条件概率组成的向量，第 i 维的值是分类 i 的预测条件概率。

Softmax 模型的训练过程为首先初始化 $\boldsymbol{W}_0 \leftarrow 0$，然后通过下式进行迭代更新：

$$\boldsymbol{W}_{t+1} \leftarrow \boldsymbol{W}_t + \eta\left(\frac{1}{N}\sum_{n=1}^{N}\boldsymbol{x}^{(n)}\left(\boldsymbol{y}^{(n)}-\hat{\boldsymbol{y}}_{\boldsymbol{W}_t}^{(n)}\right)^{\mathrm{T}}\right) \tag{2-24}$$

其中，η 是学习率；$\hat{y}_{W_t}^{(n)}$ 是当参数为 W_t 时，Softmax 模型的输出。

例 2.1 某个神经元网络有 7 个输出值，向量为[1.0, 2.0, 3.0, 10.0, 1.0, 2.0, 3.0]。求 Softmax 函数的值，并输出一个 one-hot 编码形式的二分类结果。

解：因为 $e^1 \approx 2.72$，$e^2 \approx 7.39$，$e^3 \approx 20.09$，$e^4 \approx 22\,026.47$，$e^5 \approx 2.72$，$e^6 \approx 7.39$，$e^7 \approx 20.09$，所以有

$$P_1 = \frac{e^1}{e^1 + e^2 + \cdots + e^7} = \frac{2.72}{22\,086.87} \approx 0.000\,12$$

$$P_2 = \frac{e^2}{e^1 + e^2 + \cdots + e^7} = \frac{7.39}{22\,086.87} \approx 0.000\,33$$

$$P_3 = \frac{e^3}{e^1 + e^2 + \cdots + e^7} = \frac{20.09}{22\,086.87} \approx 0.000\,91$$

$$P_4 = \frac{e^4}{e^1 + e^2 + \cdots + e^7} = \frac{22\,026.47}{22\,086.87} \approx 0.997\,27$$

$$P_5 \approx 0.000\,12$$

$$P_6 \approx 0.000\,33$$

$$P_7 \approx 0.000\,91$$

因此最后输出二分类 one-hot 编码形式的结果为[0, 0, 0, 1, 0, 0, 0]。以下为例 2.1 的代码实现过程。

```
import math
z = [1.0, 2.0, 3.0, 10.0, 1.0, 2.0, 3.0]
z_exp = [math.exp(i) for i in z]
print(z_exp)
sum_z_exp = sum(z_exp)
print(sum_z_exp)
softmax = [round(i / sum_z_exp, 5) for i in z_exp]
print(softmax)
```

2.3 神经网络结构

大量神经元组成庞大的神经网络，实现对复杂信息的处理与存储，并表现出各种优越的特性。神经网络强大的功能与其大规模并行互联、非线性处理及互联结构的可塑性密切相关。因此，必须按一定的规则将神经元连接成神经网络，并

使网络中各神经元的连接权按一定规则变化。人工神经网络就是通过神经元的建模和连接来模拟人脑神经系统功能，构造具有学习、联想、记忆和模式识别等智能信息处理功能的人工系统。

人工神经网络中的神经元常称为节点或处理单元，每个节点均具有相同的结构，其动作在时间和空间上均同步。神经网络的构造和模型算法紧密相关，一般来说，可以分为 3 种基本不同的网络结构：前馈网络、反馈网络、图网络。

2.3.1 单层前馈网络

在分层网络中，神经元以层的形式组织。在最简单的分层网络中，源节点构成输入层，直接投射到神经元输出层（计算节点）上，这种网络就是严格地无圈或前馈网络。如图 2-7 所示，输入层有 m 个节点，输入向量 $\boldsymbol{X}=\left(x_1,x_2,\cdots,x_m\right)$，输出层有 n 个节点，输出向量 $\boldsymbol{O}=\left(o_1,o_2,\cdots,o_n\right)$。此网络称为单层网，“单层”指的是计算节点（神经元）输出层。这里不把输入层计算在内，因为这一层没有计算。

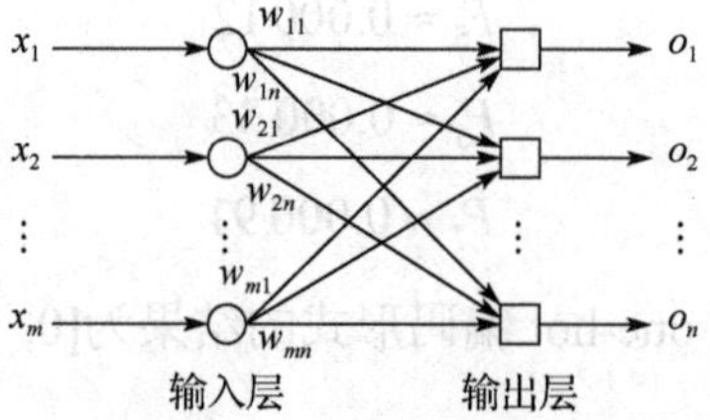

图 2-7　单层前馈网络

设输入层的第 i 个神经元到输出层的第 j 个神经元的连接强度为 w_{ij}，即 $\boldsymbol{X}$ 的第 i 个分量以权值 w_{ij} 输入到输出层的第 j 个神经元中，取所有的权值构成（输入）权值矩阵 $\boldsymbol{W}$，即

$$\boldsymbol{W}=\left(w_{ij}\right)$$

输出层的第 j 个神经元的网络输入记为 v_j：

$$v_j=x_1w_{1j}+x_2w_{2j}+\cdots+x_mw_{mj} \tag{2-25}$$

其中，$1\leqslant j\leqslant m$。如果取

$$\boldsymbol{Y}=\left(v_1,v_2,\cdots,v_n\right)$$

则

$$\boldsymbol{Y}=\boldsymbol{X}\boldsymbol{W} \tag{2-26}$$

$$O = F(Y) \tag{2-27}$$

其中，$\boldsymbol{F}$ 为输出层神经元的激活函数的向量形式。这里约定，$\boldsymbol{F}$ 对应每个神经元有一个分量，而且它的第 j 个分量对应作用在 $\boldsymbol{Y}$ 的第 j 个分量 y_j 上，一般认为各个分量是相同的。

2.3.2 多层前馈网络

单层网络的功能是有限的，适当增加网络的层数是提高网络计算能力的一个途径，这也部分模拟了人脑某些部位的分级结构特征。多层前馈网络有一个或多个隐藏节点中间层，相应的计算节点也被称为隐藏神经元。隐藏神经元的功能是以某种有用的方式介入外部输入和网络输出中。加上一个或多个隐藏层，网络可以得到高阶统计特性。即时网络为局部连接，由于额外的突触连接和神经交互作用，使网络在不那么严格的意义下获得一个全局关系。当输入层覆盖面很大时，隐藏层的提取高阶统计特性的能力就更有价值了。

从拓扑结构上来看，多层前馈网络是由多个单层网络连接而成的。图 2-8 所示为一个典型的多层前馈网络，又叫作非循环多层网络。在这种网络中，信号只被允许从较低层流向较高层，各层的层号按如下方式递归定义。

（1）输入层。与单层网络一样，该层只起到输入信号的输出作用，因此，在计算网络的层数时不被计入。该层负责接收来自网络外部的信息，记作第 0 层。

（2）第 j 层。该层是第 $j-1$ 层的直接后继层（$j>0$），直接接受第 $j-1$ 层的输出。

（3）输出层。它是网络的最后一层，具有该网络的最大层号，负责输出网络的计算结果。

（4）隐藏层。除输入层和输出层以外的其他各层叫作隐藏层。隐藏层不直接接受外界的信号，也不直接向外界发送信号。

图 2-8 所示的网络也可以称为完全连接网络，相邻层的任意一对节点都有连接。如果不是这样，就称为部分连接网络。

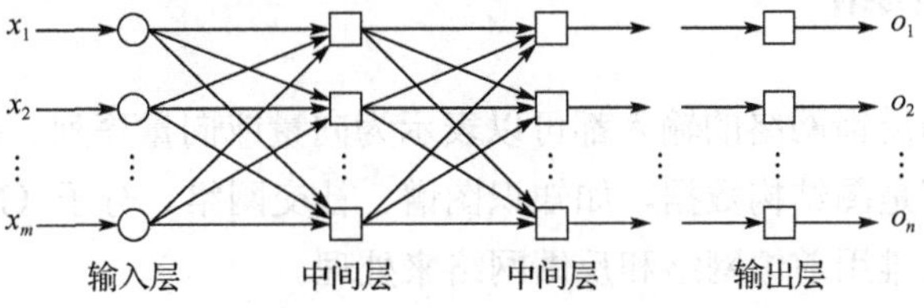

图 2-8 多层前馈网络

2.3.3 反馈网络

反馈网络（Recurrent Network）又称联想记忆网络，网络中的神经元不但可以接受其他神经元的信息，也可以接受自己的历史信息。与前馈网络（FeedForward Network）的区别在于它至少有一个反馈环，如图 2-9 所示，其中的反馈连接还可以是其他的形式。

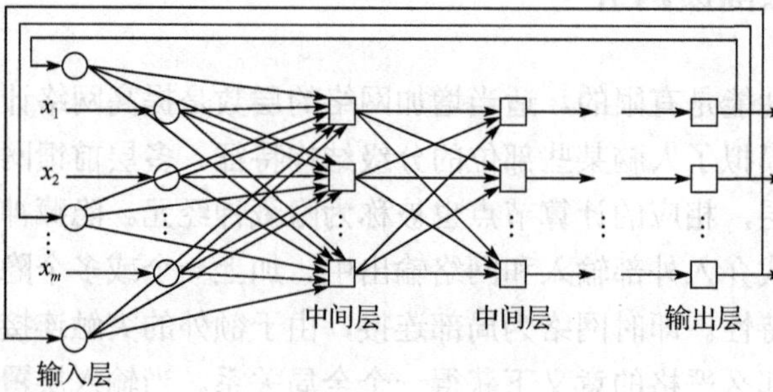

图 2-9 反馈网络

引入反馈的主要目的是解决非循环网络对上一次输出无记忆的问题。在非循环网络中，输出仅仅由当前的输入和权值矩阵决定，而和较前的计算无关。在反馈网络中，需要将输出送回输入端，从而使当前的输出受到上次输出的影响，进而又受到前一个输入的影响，如此形成一个迭代。也就是说，在这个迭代过程中，输入的原始信号被逐步加强、修复。

这种性能在一定程度上反映了人类大脑的短期记忆特征——看到的东西不是一下子就从脑海里消失的。

反馈环的存在对网络的学习能力和性能有深刻的影响。当然，这种反馈信号会引起网络输出的不断变化。如果这种变化逐渐减小，并且最后消失，那么一般来说，这种变化就是所希望的变化。当变化最后消失时，称网络达到了平衡状态。如果这种变化不能消失，则称该网络是不稳定的。

2.3.4 图网络

前馈网络和反馈网络的输入都可以表示为向量或向量序列。在实际应用中，其实很多数据都是图结构数据，如知识图谱、社交网络、分子（Molecular）网络等，这些数据很难用前馈网络和反馈网络来处理。

图网络是定义在图结构数据上的神经网络，图中每个节点都由一个或一组神经元构成；节点之间的连接可以是有向的，也可以是无向的；每个节点可以收到来自相邻节点或自身的信息。

图网络是前馈网络和反馈网络的泛化，包含很多不同的实现方式，如图卷积网络（Graph Convolutional Network，GCN）、图注意力网络（Graph Attention Network，GAN）、消息传递神经网络（Message Passing Neural Network，MPNN）等。

图网络结构如图 2-10 所示。

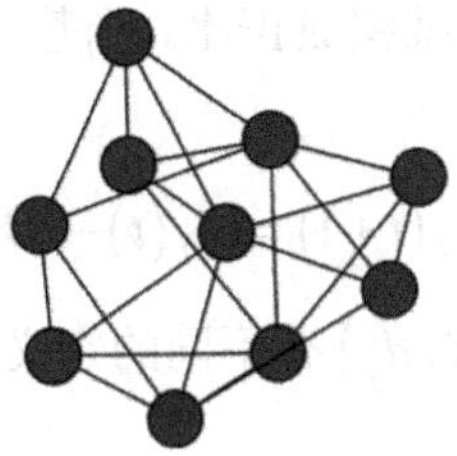

图 2-10　图网络结构

2.4　神经网络的学习方法

人工神经网络最具有吸引力的特点是其学习能力。1962 年，Rosenblatt 给出了人工神经网络著名的学习定理：人工神经网络可以学会它能够表达的任何东西。但是，人工神经网络的表达能力是有限的，这就极大地限制了它的学习能力。

人工神经网络的学习过程就是对它的训练过程。所谓训练，就是指在将由样本向量构成的样本集合（简称样本集、训练集）输入人工神经网络的过程中，按照一定的方式调整神经元之间的连接权，使得网络能将样本集的内涵以连接权值矩阵的方式存储起来，从而使得网络在接受输入时可以给出适当的输出。

从学习的高级形式来看，一种是监督学习，另一种是无监督学习，而前者看起来更为普遍。监督学习和无监督学习网络的运行一般分为训练阶段与工作阶段。训练阶段的目的是从训练数据中提取隐含的知识和规律，并存储于网络中供工作阶段使用。

可以认为，一个神经元就是一个自适应单元，其权值可以根据它所接收的输入信号、输出信号及对应的监督信号进行调整。日本著名神经网络学者 Amari 于 1990 年提出了一种神经网络权值调整的通用学习规则，该规则的图解表示如图 2-11 所示。在图 2-11 中，神经元 j 是神经网络中的某个节点，其输入用向量 $\boldsymbol{X}$ 表示，该输入可以来自网络外部，也可以来自其他神经元的输出；第 i 个输入与神经元 j 的连接权值用 w_{ij} 表示，连接到神经元 j 的全部权值构成了权向量 $\boldsymbol{W}_j$，其

中，该神经元的阈值 $T_j = w_{0j}$，对应的输入分量 x_0 恒为-1。通用学习规则的数学表达式为

$$\Delta \boldsymbol{W}_j = \eta r\left[\boldsymbol{W}_j(t), \boldsymbol{X}(t), d_j(t)\right]\boldsymbol{X}(t) \tag{2-28}$$

其中，$r(\boldsymbol{W}_j, \boldsymbol{X}, d_j)$ 为学习信号；d_j 为导师信号；η 为正数，称为学习常数，其值决定了学习率。式（2-28）表明，权向量 $\boldsymbol{W}_j$ 在 t 时刻的调整量 $\Delta \boldsymbol{W}_j$ 与 t 时刻的输入向量 $\boldsymbol{X}(t)$ 和学习信号 r 的乘积成正比。当基于离散时间调整时，下一时刻的权向量应为

$$\boldsymbol{W}_j(t+1) = \boldsymbol{W}_j(t) + \Delta \boldsymbol{W}_j \tag{2-29}$$

不同的学习规则对 $r(\boldsymbol{W}_j, \boldsymbol{X}, d_j)$ 有不同的定义，从而形成不同的神经网络。

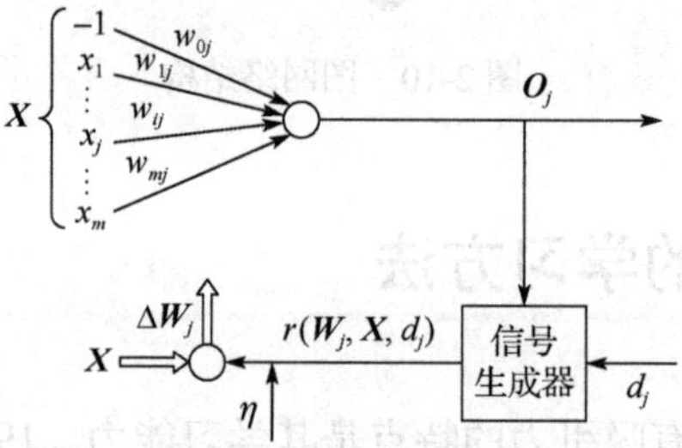

图 2-11　权值调整的图解表示

2.4.1　无监督学习的 Hebb 算法

神经网络的无监督学习与无监督训练相对应，该方法最早由 Kohonen 等提出。

神经网络主要的无监督训练方法有 Hebb 学习律、竞争与协同学习、随机连接学习等。其中，Hebb 学习律是最早被提出的学习算法，目前的大多数算法都来源于此算法。

Hebb 算法是由 Hebb 在 1961 年提出的。该算法认为，连接两个神经元的突触的强度按下列规则变化：当两个神经元同时处于激活状态时，强度被加强；否则被减弱。用数学形式表示如下：

$$W_{ij}(t+1) = W_{ij}(t) + \eta o_i(t) o_j(t) \tag{2-30}$$

其中，$W_{ij}(t+1)$ 和 $W_{ij}(t)$ 分别表示神经元 AN_i 到 AN_j 的连接在时刻 $t+1$ 与时刻 t 的强度；$o_i(t)$ 和 $o_j(t)$ 为这两个神经元在时刻 t 的输出；η 为给定的学习率。

2.4.2 监督学习的 Delta 规则

监督学习也称为有导师学习，采用的是纠错规则，在学习训练过程中，需要不断给网络成对地提供一个输入模式和一个期望网络正确输出的模式，称为“教师信号”；将神经网络的实际输出同期望输出进行比较，当网络的实际输出与期望的“教师信号”不符时，根据差错的方向和大小按一定的规则调整权值，以使下一步网络的输出更接近期望输出。对于监督学习，网络在能执行工作任务前，必须先经过学习，当网络对各种给定的输入均能产生所期望的输出时，即认为网络已经在导师的训练下“学会”了训练数据集中包含的知识和规则，可以用来进行工作了。

在这种训练中，要求用户在给出输入向量的同时给出对应的期望输出向量。因此，采用这种训练方式训练的网络实现的是异相联的映射，输入向量与其对应的输出向量构成一个训练对。

监督学习训练算法的主要步骤如下。

（1）从样本集中取一个样本(A_i, B_i)。

（2）计算网络的实际输出 $\boldsymbol{O}$。

（3）求$\boldsymbol{D}=B_i-\boldsymbol{O}$。

（4）根据 $\boldsymbol{D}$ 调整权值矩阵$\boldsymbol{W}$。

（5）对每个样本重复上述过程，直到对整个样本集来说误差不超过规定范围。

在监督学习训练算法中，最为重要、应用最普遍的是 Delta 规则。1960 年，Widrow 和 Hoff 提出了如下形式的 Delta 规则：

$$W_{ij}(t+1)=W_{ij}(t)+\eta\left[y_i-a_i(t)\right]o_i(t) \tag{2-31}$$

也可以写为

$$W_{ij}(t+1)=W_{ij}(t)+\Delta W_{ij}(t) \tag{2-32}$$

$$\Delta W_{ij}(t)=\eta\delta_i o_i(t) \tag{2-33}$$

$$\delta_i=y_i-a_j(t) \tag{2-34}$$

Grossberg 的写法为

$$\Delta W_{ij}(t)=\eta a_i(t)\left[o_j(t)-W_{ij}(t)\right] \tag{2-35}$$

更一般的 Delta 规则为

$$\Delta W_{ij}(t)=\eta\left[a_i(t), y_i, o_j(t), W_{ij}(t)\right] \tag{2-36}$$

在上述式子中，$W_{ij}(t+1)$、$W_{ij}(t)$ 分别表示神经元 AN_i 到 AN_j 的连接在时刻 $t+1$ 和时刻 t 的强度；$o_i(t)$、$o_j(t)$ 为这两个神经元在时刻 t 的输出；y_i 为神经元 AN_i 的期望输出；$a_i(t)$、$a_j(t)$ 分别为神经元 AN_i 到 AN_j 的激活状态；η 为给定的学习率。

2.5 神经网络的损失函数

损失函数（Loss Function）也称为代价函数（Cost Function），是用来评价模型的预测值和真实值不一样的程度的。通常损失函数定义得越好，模型的性能就越好。常用的损失函数有均方差损失函数、均方根误差损失函数、平均绝对误差损失函数、交叉熵损失函数等。

2.5.1 均方差损失函数

均方差（Mean Squared Error，MSE）损失函数也称为二次损失函数：

$$\text{MSE} = \frac{1}{2N}(\boldsymbol{T}-\boldsymbol{Y})^2 = \frac{1}{2N}\sum_{i=1}^{N}(t_i - y_i)^2 \tag{2-37}$$

其中，$\boldsymbol{T}$ 表示真实标签；$\boldsymbol{Y}$ 表示网络输出；i 表示第 i 个数据；N 表示训练样本的个数。均方差损失函数用于解决回归问题。

通过 $\boldsymbol{T}-\boldsymbol{Y}$ 可以得到每个训练样本与真实标签的误差，误差的值有正有负，通过求平方可以把所有的误差值变成正值，并除以 $2N$。这里的 2 没有特别的含义，主要是在对均方差损失函数求导数时，可以使公式更加简单。除以 N 表示求每个样本的平均误差值。

2.5.2 平均绝对误差损失函数

平均绝对误差（Mean Absolute Error，MAE）又称为 L1 范数损失：

$$\text{MAE} = \frac{1}{N}\sum_{i=1}^{N}|t_i - y_i| \tag{2-38}$$

其中，t_i 表示真实标签；y_i 表示预测值；N 表示样本数。

2.5.3 交叉熵损失函数

交叉熵损失函数（Cross Entropy Loss Function）是分类问题中最常用的损失函数。这个概念不是很容易理解，下面先对熵和交叉熵的概念进行介绍。

1．熵的含义

为了便于理解，这里引入“风险度”，即 $f\left(p(x)\right)$，$p(x)$ 为某个随机事件发生的概率，这样有助于理解熵的含义。熵的最初想法是考虑需要满足以下 5 条性质。

（1）$f(1)=0$，即一定发生的事件几乎没有风险。

（2）如果 $p(x)<p(y)$，那么 $f\left(p(x)\right)>f\left(p(y)\right)$，即一个事件发生的概率越小，风险度会越大，从而带来的风险就会越大。

（3）函数 f 在输入空间是连续的。

（4）两个互不相关的独立事件同时发生的概率等于各个独立事件发生概率的和。

（5）$f(0.5)=1$。这条性质主要用于归一化。

能够满足上面几条性质的函数后来被定义为熵。

定义 2.1 熵（Entropy）是由所有可能结果的信息量的总和组成的，可以表示为

$$\text{entropy}(p)=-\sum_{x}p(x)\log p(x) \tag{2-39}$$

例 2.2 假设硬币字面朝上的概率为 p，那么花面朝上的概率就是 $1-p$。这样，熵的公式就可以表示为

$$\text{entropy}(p)=-p\log p-(1-p)\log(1-p) \tag{2-40}$$

为了直观表示函数的关系，可以用以下代码生成图像，如图 2-12 所示。

```
import numpy as np
import matplotlib.pyplot as plt
x=np.linspace(0,1,101)
y=-x*np.log2(x)-(1-x)*np.log2(1-x)
y[np.isnan(y)]=0
plt.plot(x,y)
plt.show()
```

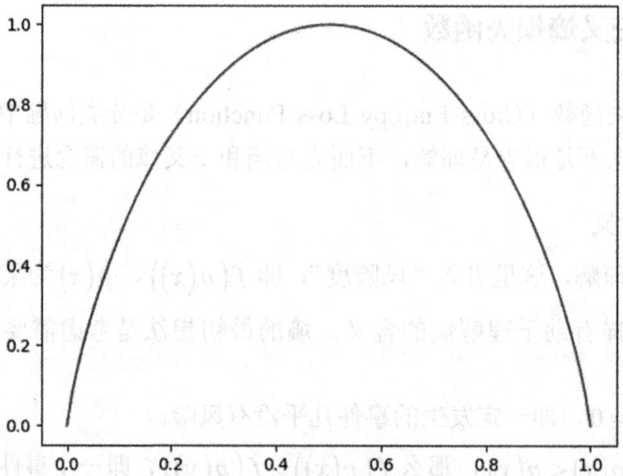

图 2-12　熵最大值图

由以上信息可知，熵表征的是期望的稳定性，其值越小越稳定，当熵为 0 时，该事件为必然事件；熵越大，表示该事件发生的可能性越小，风险度会越大。如图 2-12 所示，当两个面朝上的概率相同（ $p=0.5$ ）时，熵最大。

2. 交叉熵

定义 2.2　交叉熵主要用于度量两个概率分布间的差异性。假设有两个服从伯努利分布的随机变量 P 和 Q，它们的交叉熵 $H(P,Q)$ 为

$$H(P,Q) = -P(0)\log Q(0) - (1-P(0))\log(1-Q(0)) \tag{2-41}$$

式（2-41）是交叉熵函数的表达式，下面给出函数的代码实现，以便于理解交叉熵的性质：

```
import matplotlib.pyplot as plt
import numpy as np
from mpl_toolkits.mplot3d import Axes3D
fig=plt.figure()
ax=Axes3D(fig)
X=np.linspace(0.01,0.99,101)
Y=np.linspace(0.01,0.99,101)
X,Y=np.meshgrid(X,Y)
Z=-X*np.log2(Y)- (1-X)*np.log2(1-Y)
ax.plot_surface(X,Y,Z,rstride=1, cstride=1,cmap='rainbow')
plt.show()
```

上述代码实现的图像如图 2-13 所示，x、y 轴表示一个伯努利分布的概率值，z 轴表示交叉熵值。

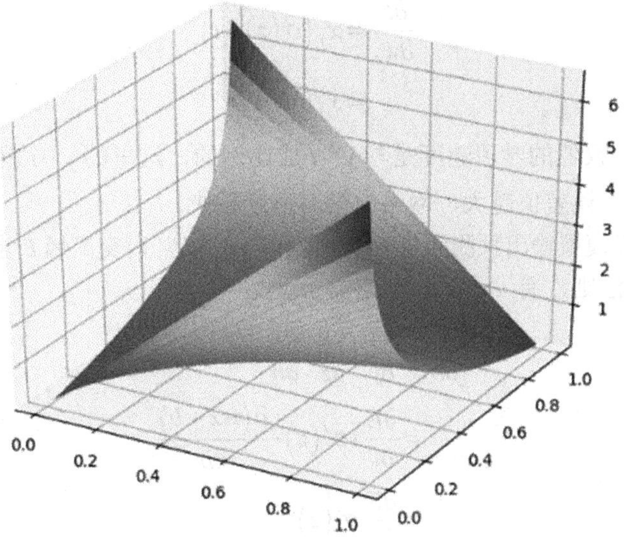

图 2-13 两个随机变量的交叉熵值

根据图 2-13，可得出以下几条性质。

性质 2.1 当分布的取值完全相同时，交叉熵的取值最小。

性质 2.2 交叉熵的值是非负的，并且网络的预测值越接近目标值，交叉熵的值就越小。

推论 2.1 对损失函数而言，如果模型输出预测值与目标值相同，那么损失函数的目标就是让交叉熵值变得更小。

例 2.3 设模型输出预测向量为 $\boldsymbol{y}$，目标向量为 $\boldsymbol{t}$，对交叉熵 E 求 w 的偏导数。当 $N=1$ 时，有

$$\begin{aligned}\frac{\partial E}{\partial w_j} &= -\left(\frac{t_i}{\sigma(z)_i} - \frac{1-t_i}{1-\sigma(z)_i}\right)\frac{\partial \sigma}{\partial w_j} \\ &= -\left(\frac{t}{\sigma(z)} - \frac{1-t}{1-\sigma(z)}\right)\sigma'(z)x_i \\ &= \left(\frac{\sigma'(z)x_i}{\sigma(z)(1-\sigma(z))}\right)(\sigma(z)-t)\end{aligned} \tag{2-42}$$

Sigmoid 函数的导数为

$$\sigma'(z) = \sigma(z)(1-\sigma(z)) \tag{2-43}$$

将式（2-43）代入式（2-42），得

$$\frac{\partial E}{\partial w_j}=x_j\left(\sigma(z)-t\right)$$
$$=x_j\left(y-t\right) \tag{2-44}$$

推论 2.2 权值的学习速度是与 $y-t$ 成比例的，这里的 $y-t$ 就是网络的误差值。由此可知，误差值越大，网络的学习速度越快。

例 2.4 设模型输出预测向量为 $\boldsymbol{y}$，目标向量为 $\boldsymbol{t}$，对交叉熵 E 求 b 的偏导数。

根据链式法则，有

$$\begin{aligned}\frac{\partial E}{\partial b}&=\frac{\partial E}{\partial y}\cdot\frac{\partial y}{\partial z}\cdot\frac{\partial z}{\partial b}\\&=\frac{\partial E}{\partial y}\cdot\sigma'(z)\cdot\frac{\partial(wx+b)}{\partial b}\\&=\frac{\partial E}{\partial y}\sigma'(z)\\&=\frac{\partial E}{\partial y}\sigma(z)\left(1-\sigma(z)\right)\\&=\frac{\partial E}{\partial y}y(1-y)\end{aligned} \tag{2-45}$$

设 b 对 E 的导数是与网络误差值 $y-t$ 成正比的，则由式（2-45）可得

$$\frac{\partial E}{\partial y}y(1-y)=y-t \tag{2-46}$$

$$\frac{\partial E}{\partial y}=\frac{y-t}{y(1-y)}=-\left(\frac{t}{y}-\frac{1-t}{1-y}\right) \tag{2-47}$$

对式（2-47）两边求积分，可得

$$E=-\left[t\log y+(1-t)\log(1-y)\right] \tag{2-48}$$

由式（2-48）和推论 2.1 可得到交叉熵损失函数的一般表示形式。上述推导是在一个神经元下进行的，如果将输出向量的所有神经元的交叉熵损失累加起来，就是交叉熵损失函数的计算公式。

3. 交叉熵损失函数的表达式

交叉熵损失函数是用来衡量人工神经网络的预测值与目标值的一种方式，是分类任务中最常用的损失函数，根据式（2-48）的结论和分类任务的类型，具体可分为以下几种。

（1）当分类任务为二分类任务时，模型最后需要预测的结果只有两种情况，

因此对于每个类别，预测得到的概率为 y 和 $1-y$，表达式为

$$E=-\frac{1}{N}\sum_{i=1}^{N}\left[t_i\log y_i+\left(1-t_i\right)\log\left(1-y_i\right)\right] \tag{2-49}$$

其中，N 是训练样本数量；y_i 是样本 i 预测为正类的概率；t_i 是样本 i 的目标值，正类为 1，负类为 0。

（2）当分类任务为多分类任务时（实际上，多分类任务的情况就是二分类的扩展），其表达式为

$$E=-\frac{1}{N}\sum_{i}\sum_{c=1}^{M}\left(t_i\log y_i\right) \tag{2-50}$$

其中，N 是训练样本数量；M 是类别的数量；y_i 是观察样本 i 属于类别 c 的预测概率；t_i 是符号函数（0 或 1），如果样本 i 的真实类别等于 c，则取 1，否则取 0。

2.6 神经网络的学习规则

神经网络的学习规则和机器学习规则是基本一致的，就是希望模型的损失最小，即风险最小化准则。

2.6.1 极大似然估计

估计类条件概率（“似然”）的一种常用策略是先假定其具有某种确定的概率分布形式，再基于训练样本对概率分布的参数进行估计。下面先看似然函数（Likelihood Function）的定义。

1. 似然函数

定义 2.3 似然函数是统计模型中参数的函数。当给定联合样本值 $\boldsymbol{x}$ 时，关于参数 $\boldsymbol{\theta}$ 的似然函数 $L(\boldsymbol{\theta}\mid\boldsymbol{x})$ 在数值上等于给定参数 $\boldsymbol{\theta}$ 后变量 $\boldsymbol{X}$ 的概率：

$$L(\boldsymbol{\theta}\mid\boldsymbol{x})=P(\boldsymbol{X}=\boldsymbol{x}\mid\boldsymbol{\theta}) \tag{2-51}$$

由似然函数的定义可知，实际上，概率模型的训练过程就是参数估计过程。似然函数的重要性不是它的取值，而是当参数变化时，概率密度函数到底是变大还是变小。

对于参数估计，统计学界的两个学派分别提供了不同的解决方案：频率主义

学派（Frequentist）认为参数虽然未知，但是客观存在的固定值，因此，可通过优化似然函数等准则来确定参数值；贝叶斯学派（Bayesian）认为参数是未观测到的随机变量，其本身也可有分布，因此，可先假定参数服从一个先验分布，然后基于观测到的数据计算参数的后验分布。本节主要介绍源自频率主义学派的极大似然估计（Maximum likelihood Estimation，MLE）这个根据数据采样估计概率分布参数的经典方法。

2．极大似然估计算法

极大似然估计是一种概率论在统计学中的应用，是参数估计的方法之一，是通过给定的观测数据评估模型参数的方法。似然函数取得最大值表示相应的参数能够使统计模型最合理。

极大似然估计法就是由样本集 D 挑选参数 $\boldsymbol{\theta}$，使得

$$L\left(D,\hat{\boldsymbol{\theta}}\right)=\max L\left(D,\hat{\boldsymbol{\theta}}\right) \tag{2-52}$$

其中，参数 $\hat{\boldsymbol{\theta}}$ 与样本值有关，$\hat{\boldsymbol{\theta}}(D)$ 称为参数 $\boldsymbol{\theta}$ 的极大似然估计值，其相应的统计量 $\hat{\boldsymbol{\theta}}(D)$ 称为 $\boldsymbol{\theta}$ 的极大似然估计量。

在式（2-52）中，假设样本集中的样本都是独立同分布的，且样本集 D 中只有一类样本，那么用联合概率密度函数 $P\left(D\,|\,\boldsymbol{\theta}\right)$ 来估计参数 $\boldsymbol{\theta}$ 的似然函数为

$$L\left(\boldsymbol{\theta}\right)=P\left(D\,|\,\boldsymbol{\theta}\right)=\prod_{x\in D}P\left(\boldsymbol{x}\,|\,\boldsymbol{\theta}\right) \tag{2-53}$$

对 $\boldsymbol{\theta}$ 进行极大似然估计，就是要求出使这一似然函数 $P\left(D\,|\,\boldsymbol{\theta}\right)$ 的最大参数估计值 $\hat{\boldsymbol{\theta}}$。从直观上理解，即极大似然估计是试图在 $\boldsymbol{\theta}$ 所有可能的取值中找到一个能使数据出现的“可能性”最大的值。

在式（2-53）中，连乘操作易造成下溢，通常使用对数似然：

$$\begin{aligned}\mathrm{LL}\left(\boldsymbol{\theta}\right)&=\log P\left(D\,|\,\boldsymbol{\theta}\right)\\&=\sum_{x\in D}\log P\left(\boldsymbol{x}\,|\,\boldsymbol{\theta}\right)\end{aligned} \tag{2-54}$$

此时参数 $\boldsymbol{\theta}$ 的极大似然估计 $\hat{\boldsymbol{\theta}}$ 为

$$\hat{\boldsymbol{\theta}}=\underset{\boldsymbol{\theta}}{\operatorname{argmax}}\,\mathrm{LL}\left(\boldsymbol{\theta}\right)=\underset{\boldsymbol{\theta}}{\operatorname{argmax}}\sum_{x\in D}\log P\left(\boldsymbol{x}\,|\,\boldsymbol{\theta}\right) \tag{2-55}$$

假如在连续属性情形下，概率密度函数 $P\left(\boldsymbol{x}\,|\,c\right)\sim N\left(\boldsymbol{\mu},\boldsymbol{\sigma}^2\right)$，服从正态分布，则似然函数为

$$L\left(\boldsymbol{\mu},\boldsymbol{\sigma}^2\right)=\prod_{i=1}^{N}\frac{1}{\sqrt{2\pi}\sigma}\mathrm{e}^{\frac{(\boldsymbol{x}-\boldsymbol{\mu})^2}{2\sigma^2}}=\left(2\pi\boldsymbol{\sigma}_c^2\right)^{-\frac{\pi}{2}}\mathrm{e}^{-\frac{1}{2\sigma^2}\sum_{i=1}^{n}(\boldsymbol{x}-\boldsymbol{\mu})^2} \tag{2-56}$$

其中，参数 $\boldsymbol{\mu}$ 和 $\boldsymbol{\sigma}^2$ 的极大似然估计为

$$\hat{\boldsymbol{\mu}}=\frac{1}{|D|}\sum_{x\in D}\boldsymbol{x} \tag{2-57}$$

$$\hat{\boldsymbol{\sigma}}^2=\frac{1}{|D|}\sum_{x\in D}(\boldsymbol{x}-\hat{\boldsymbol{\mu}})(\boldsymbol{x}-\hat{\boldsymbol{\mu}})^{\mathrm{T}} \tag{2-58}$$

可以看出，通过极大似然法得到的正态分布均值就是样本均值，方差就是 $(\boldsymbol{x}-\hat{\boldsymbol{\mu}})(\boldsymbol{x}-\hat{\boldsymbol{\mu}})^{\mathrm{T}}$ 的均值。在离散属性情形下，也可通过类似的方式估计类条件概率。

2.6.2 经验风险最小化准则

对于一个好的神经元模型 $f(\boldsymbol{x};\boldsymbol{\theta})$，评价的标准就是要有一个比较小的期望错误，但由于不知道真实的数据分布和映射函数，所以实际上无法计算模型的期望风险 $R(\boldsymbol{\theta})$。给定一个训练集 $D=\left\{\left(\boldsymbol{x}_i,y_i\right)\right\}_{i=1}^{N}$，可以计算的是经验风险（Empirical Risk），也称经验错误（Empirical Error），即在训练集上的平均损失：

$$R_D^{\mathrm{emp}}(\boldsymbol{\theta})=\frac{1}{N}\sum_{i=1}^{N}L\left(y_i,f\left(\boldsymbol{x}_i;\boldsymbol{\theta}\right)\right) \tag{2-59}$$

因此，最优的学习规则就是能够找到一组参数 $\boldsymbol{\theta}^*$，使得经验风险最小，即

$$\boldsymbol{\theta}^*=\underset{\boldsymbol{\theta}}{\operatorname{argmin}}\,R_D^{\mathrm{emp}}(\boldsymbol{\theta}) \tag{2-60}$$

这就是经验风险最小化（Empirical Risk Minimization，ERM）准则。

2.6.3 过拟合与欠拟合

定义 2.4 过拟合：给定一个假设空间 F，一个假设 f 属于 F，如果存在其他的假设 f' 也属于 F，使得在训练集上 f 的损失比 f' 的损失小，但在整个样本空间上 f' 的损失比 f 的损失小，就说假设 f 过度拟合训练数据。

根据大数定理可知，当训练集大小 $|D|$ 趋向于无穷大时，经验风险就趋向于期望风险。然而，在通常情况下，我们无法获取无限的训练样本，并且训练样本往往是真实数据的一个很小的子集或包含一定的噪声数据，不能很好地反映全部数

据的真实分布。经验风险最小化准则很容易使模型在训练集上的错误率很低，但是在未知数据上的错误率很高，这就是所谓的过拟合（Overfitting）。

过拟合问题往往是由于训练数据少，以及噪声和模型能力强等原因造成的。为了解决过拟合问题，一般在经验风险最小化的基础上引入参数的正则化（Regularization）来限制模型能力，使其不要过度地最小化经验风险。这种准则就是结构风险最小化（Structure Risk Minimization，SRM）准则，即

$$\boldsymbol{\theta}^* = \underset{\boldsymbol{\theta}}{\operatorname{argmin}} \frac{1}{N}\sum_{i=1}^{N} L\left(y_i, f\left(\boldsymbol{x}_i;\boldsymbol{\theta}\right)\right) + \frac{1}{2}\lambda\|\boldsymbol{\theta}\|^2 \tag{2-61}$$

其中，$\|\boldsymbol{\theta}\|$是 L2 范数的正则化项，用来减小参数空间，避免过拟合；λ用来控制正则化的强度。这里的正则化项也可以使用 L1 范数。L1 范数通常会使得参数有一定的稀疏性，因此也在一些算法中经常使用。

与过拟合相反的一个概念是欠拟合（Underfitting），即模型不能很好地拟合训练数据，在训练集上的错误率比较高。欠拟合一般是由于模型能力不足造成的。图 2-14 给出了欠拟合和过拟合的示例。

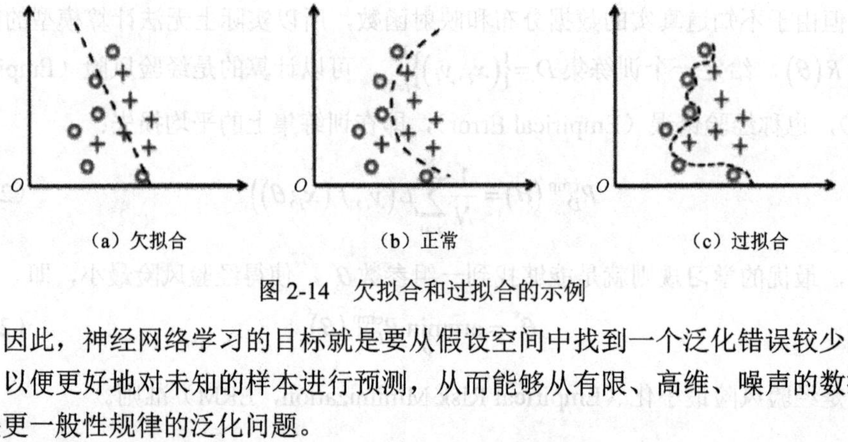

（a）欠拟合　　（b）正常　　（c）过拟合

图 2-14　欠拟合和过拟合的示例

因此，神经网络学习的目标就是要从假设空间中找到一个泛化错误较少的模型，以便更好地对未知的样本进行预测，从而能够从有限、高维、噪声的数据中解决更一般性规律的泛化问题。

2.7　梯度下降法

定义 2.5　梯度的定义为

$$\nabla f\left(x_0, x_1, \cdots, x_n\right) = \left(\frac{\partial f}{\partial x_0}, \cdots, \frac{\partial f}{\partial x_i}, \cdots, \frac{\partial f}{\partial x_n}\right) \tag{2-62}$$

对$f\left(x_0, x_1, \cdots, x_n\right)$上的某一点来说，存在很多个方向导数，梯度的方向是函数

$f(x_0,x_1,\cdots,x_n)$在某一点增长最快的方向，梯度的模是该点方向导数的最大值。梯度的模为

$$\left|\nabla f(x_0,x_1,\cdots,x_n)\right|=\sqrt{\left(\frac{\partial f}{\partial x_0}\right)^2+\cdots+\left(\frac{\partial f}{\partial x_i}\right)^2+\cdots+\left(\frac{\partial f}{\partial x_n}\right)^2} \tag{2-63}$$

由式（2-62）和式（2-63）可得出以下几点结论。

（1）梯度是一个向量，既有方向，又有大小。

（2）梯度的方向是最大方向导数的方向。

（3）梯度的值是最大方向导数的值。

2.7.1 一维梯度下降

定义 2.6 梯度下降法又称最速下降法，目标函数$f(x_i)$在某点x_i处的梯度是一个向量，其方向是$f(x_i)$增长最快的方向。显然，负梯度方向是$f(x_i)$减小最快的方向。在梯度下降法中，当求某函数的极大值时，沿着梯度方向走，可以最快到达极大点；反之，沿着负梯度方向走，可以最快到达极小点。如图 2-15 所示，如果从x_i点出发，沿着$f'(x_i)$梯度方向走一步，步长为$\eta>0$的常数，则得到新点x_{i+1}，迭代算法公式表示为

$$x_{i+1}=x_i+\eta f'(x_i) \tag{2-64}$$

这里的$f'(x_i)$是函数f在点x_i处的梯度。一维函数的梯度是一个标量，也称导数。对于式（2-64），如果通过

$$\boldsymbol{x}\leftarrow\boldsymbol{x}-\eta f'(\boldsymbol{x}) \tag{2-65}$$

来迭代$\boldsymbol{x}$，那么函数$f(\boldsymbol{x})$的值收敛于最小的解x^*。因此，在梯度下降法中，先选取一个初始值x_0和学习率$\eta>0$，然后不断通过式（2-65）来迭代$\boldsymbol{x}$，直到达到停止条件。

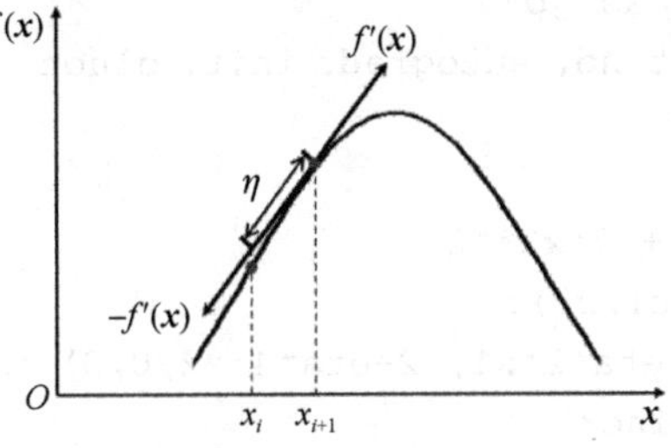

图 2-15 梯度下降法

2.7.2 多维梯度下降

定义 2.7 目标函数 $f(\boldsymbol{x})$ 有关 $\boldsymbol{x}$ 的梯度是一个由 d 个偏导数组成的向量：

$$\nabla f(\boldsymbol{x})=\left(\frac{\partial f(\boldsymbol{x})}{\partial x_1},\frac{\partial f(\boldsymbol{x})}{\partial x_2},\cdots,\frac{\partial f(\boldsymbol{x})}{\partial x_d}\right)^{\mathrm{T}} \tag{2-66}$$

其中，梯度中的每个偏导数元素 $\frac{\partial f(\boldsymbol{x})}{\partial x_i}$ 表示 f 在点 $\boldsymbol{x}$ 处有关输入 x_i 的变化率。为了测量 f 在单位向量 $\boldsymbol{u}$（$\boldsymbol{u}=\mathbf{1}$）方向上的变化率，在多元微积分中，定义 f 在 $\boldsymbol{x}$ 上沿着 $\boldsymbol{u}$ 的方向的方向导数为

$$\boldsymbol{D}_{\boldsymbol{u}}f(\boldsymbol{x})=\lim_{h\to 0}\frac{f(\boldsymbol{x}+h\boldsymbol{u})-f(\boldsymbol{x})}{h} \tag{2-67}$$

方向导数 $\boldsymbol{D}_{\boldsymbol{u}}f(\boldsymbol{x})$ 给出了 f 在 $\boldsymbol{x}$ 上沿着所有可能方向的变化率。为了最小化 f，希望找到 f 最快减小的方向。这里可以通过单位向量 $\boldsymbol{u}$ 来最小化方向导数 $\boldsymbol{D}_{\boldsymbol{u}}f(\boldsymbol{x})$。

由于 $\boldsymbol{D}_{\boldsymbol{u}}f(\boldsymbol{x})=\nabla f(\boldsymbol{x})\cdot\boldsymbol{u}\cdot\cos(\theta)=\nabla f(\boldsymbol{x})\cdot\cos(\theta)$，其中 θ 为梯度 $\nabla f(\boldsymbol{x})$ 和单位向量 $\boldsymbol{u}$ 之间的夹角，当 $\theta=\pi$ 时，$\cos(\theta)$ 取得最小值-1。因此，当 $\boldsymbol{u}$ 的方向为梯度方向 $\nabla f(\boldsymbol{x})$ 的相反方向时，方向导数 $\boldsymbol{D}_{\boldsymbol{u}}f(\boldsymbol{x})$ 被最小化。因此，可以通过梯度下降算法来不断减小目标函数 f 的值：

$$\boldsymbol{x}\leftarrow\boldsymbol{x}-\eta\boldsymbol{D}_{\boldsymbol{u}}f'(\boldsymbol{x}) \tag{2-68}$$

其中，η（取正数）称为学习率。

二维梯度下降的代码实现过程如下：

```
import math
import matplotlib
import numpy as np
import gluonbook as gb
from mxnet import nd, autograd, init, gluon
eta = 0.1
def f_2d(x1,x2):
    return x1**2 + 2*x2**2
def gd_2d(x1,x2,s1,s2):
    return (x1 - eta*2*x1,x2-eta*4*x2,0,0)
def train_2d(trainer):
    x1, x2, s1, s2 = -5, -2, 0, 0
    results = [(x1,x2)]
```

```
    for i in range(20):
        x1, x2, s1, s2 = trainer(x1,x2,s1,s2)
        results.append((x1,x2))
    return results
def show_trace_2d(f,results):
    gb.plt.plot(*zip(*results),'-o',color='#ff7f0e')
    x1,x2 =
np.meshgrid(np.arange(-5.5,1.0,0.1),np.arange(-3.0,1.0,0.1))
    gb.plt.contour(x1,x2,f(x1,x2),colors='#1f77b4')
    gb.plt.xlabel('x1')
    gb.plt.ylabel('x2')
show_trace_2d(f_2d,train_2d(gd_2d))
```

2.7.3 随机梯度下降

梯度下降法每次更新都要对全体样本重新计算整个梯度，这种方法叫作批量梯度下降法（Batch Gradient Descent，BGD），当样本点很多时，这种方法的速度很慢。于是，人们不再追求精确计算梯度方向，而是采取一种近似计算的思想，每次只利用一个训练样本计算梯度，以此来更新 $\boldsymbol{x}$，这种方法叫作随机梯度下降法（Stochastic Gradient Descent，SGD）。设 $f_i(\boldsymbol{x})$ 是有关索引为 i 的训练样本的损失函数，n 是训练样本数，$\boldsymbol{x}$ 是模型的参数向量，那么目标函数定义为

$$f(\boldsymbol{x})=\frac{1}{n}\sum_{i=1}^{N}f_i(\boldsymbol{x}) \tag{2-69}$$

目标函数在 $\boldsymbol{x}$ 处的梯度计算为

$$\nabla f(\boldsymbol{x})=\frac{1}{n}\sum_{i=1}^{N}\nabla f_i(\boldsymbol{x}) \tag{2-70}$$

如果使用梯度下降法，则每次自变量迭次的计算开销为 $O(n)$，并随着 n 线性增长。因此，当训练样本数很大时，梯度下降每次迭代的计算开销很大。

随机梯度下降法减小了每次迭代的计算开销。在随机梯度下降的每次迭代中，随机均匀采样的一个样本索引 $i\in\{1,2,\cdots,n\}$，计算梯度 $\nabla f_i(\boldsymbol{x})$ 以迭代 $\boldsymbol{x}$：

$$\boldsymbol{x}\leftarrow\boldsymbol{x}-\eta\nabla f_i(\boldsymbol{x}) \tag{2-71}$$

其中，η 表示学习率。可以发现，每次迭代的计算开销从梯度下降的 $O(n)$ 减小到了常数 $O(1)$。值得强调的是，随机梯度 $\nabla f_i(\boldsymbol{x})$ 是对梯度 $\nabla f(\boldsymbol{x})$ 的无偏估计：

$$E_i \nabla f_i(\boldsymbol{x}) = \frac{1}{n}\sum_{i=1}^{N} \nabla f_i(\boldsymbol{x}) = \nabla f(\boldsymbol{x}) \tag{2-72}$$

批量梯度下降和随机梯度下降的区别在于每次迭代的优化目标是对所有样本的平均损失函数还是对单个样本的损失函数。由于随机梯度下降实现简单，收敛速度也非常快，因此使用非常广泛。随机梯度下降相当于在批量梯度下降的梯度上引入随机噪声。在非凸优化问题中，随机梯度下降更容易逃离局部最优点，更适合于大数据的计算。

2.8 网络正则化方法

在深度学习中，模型的关键问题是如何提高泛化能力。由于神经网络的拟合能力非常强，因此，在训练数据上的错误率往往都可以降到非常低，甚至可以为0，从而导致过拟合。正则化（Regularization）方法就是在此时向原始模型中引入额外信息或通过限制模型复杂度来避免过拟合的。提高泛化能力的方法有数据增强、引入约束、提前停止等。

在深度神经网络中，由于过度参数化（Over-Parameterization），有时L1和L2正则化的效果往往不如在浅层机器学习模型中显著。因此，在训练深度学习模型时，还需要使用其他正则化方法，如以下介绍的数据增强、提前停止、权重衰减、丢弃法等。

2.8.1 L1和L2正则化

L1 和 L2 正则化是机器学习中最常用的正则化方法，通过约束参数的 L1 和 L2 范数来减轻模型在训练数据上的过拟合现象。

通过加入 L1 和 L2 正则化，优化问题可以表示为

$$\theta^* = \underset{\theta}{\operatorname{argmin}} \frac{1}{N}\sum_{n=1}^{N} L\left(y^{(n)}, f\left(\boldsymbol{x}^{(n)};\theta\right)\right) + \lambda L_p(\theta) \tag{2-73}$$

其中，$L(\cdot)$为损失函数；N为训练样本数量；$f(\cdot)$为待学习的神经网络；θ为待学习神经网络的参数；L_p为范数函数，p的取值通常为$\{1,2\}$，表示L1和L2范数；λ为正则化系数。

带正则化的优化问题等价于下面带约束条件的优化问题：

$$\theta^* = \underset{\theta}{\operatorname{argmin}} \frac{1}{N} \sum_{n=1}^{N} L\left(y^{(n)}, f\left(\boldsymbol{x}^{(n)}; \theta\right)\right) \tag{2-74}$$

$$\text{s.t. } L_p(\theta) \leqslant 1 \tag{2-75}$$

L1范数在零点不可导，因此经常用下式近似：

$$L_1(\theta) = \sum_{d=1}^{D} \sqrt{\theta_d^2 + \varepsilon} \tag{2-76}$$

其中，D 为参数数量；ε 为一个非常小的常数。

在 5.2 节中，通过插值法也可以证明正则化原理。

其实，L1 和 L2 正则化的使用就是在普通的损失函数（如均方差损失函数或交叉熵损失函数）后面加上一个正则项，如加上 L1 正则项的交叉熵为

$$E = -\frac{1}{N} \sum_{i=1}^{N} \left[t_i \log y_i + (1 - t_i) \log(1 - y_i) \right] + \frac{\lambda}{2N} \sum_{w} |w| \tag{2-77}$$

加上 L2 正则项的交叉熵为

$$E = -\frac{1}{N} \sum_{i=1}^{N} \left[t_i \log y_i + (1 - t_i) \log(1 - y_i) \right] + \frac{\lambda}{2N} \sum_{w} w^2 \tag{2-78}$$

式（2-78）可以写为

$$E = E_0 + \frac{\lambda}{2N} \sum_{w} w^2 \tag{2-79}$$

其中，E_0 是原始的损失函数；N 表示样本总数；w 表示所有的权值参数和偏置值；λ 是正则项的系数，$\lambda \geqslant 0$，其值越大，正则项的影响就越大；其值越小，正则项的影响也就越小；当 $\lambda = 0$ 时，相当于正则项不存在。

2.8.2 提前停止

提前停止（Early Stop）对深度神经网络来说是一种简单有效的正则化方法。由于深度神经网络的拟合能力非常强，因此比较容易在训练集上产生过拟合。在使用梯度下降法进行优化时，可以使用一个与训练集相互独立的样本集合，称为验证集（Validation Set），并用验证集上的错误来代替期望错误。当验证集上的错误率不再下降时，停止迭代。

然而，在实际操作中，验证集上的错误率变化曲线并不一定是固定的平衡曲

线，有可能是平缓下降的，也有可能是先升高再降低的。因此，提前停止的具体停止标准需要根据实际任务进行优化。

2.8.3 权重衰减

权重衰减（Weight Decay）是一种有效的正则化方法，在每次参数更新时，引入一个衰减系数：

$$\theta_t \leftarrow (1-\beta)\theta_{t-1} - \eta \boldsymbol{g}_t \tag{2-80}$$

其中，$\boldsymbol{g}_t$ 为第 t 步更新时的梯度；η 为学习率；β 为权重衰减系数，一般取值比较小，如 0.0005。在标准的随机梯度下降中，权重衰减正则化和 L2 正则化的效果相同。因此，权重衰减在一些深度学习框架中通过 L2 正则化来实现。但是在较为复杂的优化方法（如 Adam）中，权重衰减正则化和 L2 正则化并不等价。

2.8.4 丢弃法

在有些深度神经网络的训练过程中，可以采用随机丢弃一部分神经元（同时对应的连接边也不起作用）的方法来避免过拟合，这种方法称为丢弃法（Dropout Method）。在每一轮训练中，选择丢弃的神经元是随机的，因此也称随机丢弃法，主要为了解决当用一个复杂的前馈网络来训练小的数据集时容易造成过拟合的问题。该方法通常在神经网络的隐藏层的部分使用，在全连接层、卷积层的后面，通常设置一个固定的概率 p 来丢弃神经元。对于一个神经层 $\boldsymbol{y} = f(\boldsymbol{W}\boldsymbol{x}+\boldsymbol{b})$，通过掩码函数 $\mathrm{mask}(\cdot)$ 使得 $\boldsymbol{y} = f(\boldsymbol{W}\mathrm{mask}(\boldsymbol{x})+\boldsymbol{b})$。$\mathrm{mask}(\cdot)$ 定义为

$$\mathrm{mask}(\boldsymbol{x}) = \begin{cases} \boldsymbol{m} \odot \boldsymbol{x}, & \text{训练阶段} \\ p\boldsymbol{x}, & \text{测试阶段} \end{cases} \tag{2-81}$$

其中，$\boldsymbol{m} \in \{0,1\}^D$ 是丢弃掩码（Dropout Mask），D 为输入 $\boldsymbol{x}$ 的维度。丢弃掩码通过以概率为 p 的伯努利分布随机生成。在训练时，激活神经元的平均数量为原来的 p 倍；而在测试时，所有的神经元都是可以被激活的，这会造成训练和测试时网络的输出不一致。为了缓解这个问题，在测试时，需要将神经层的输入 $\boldsymbol{x}$ 乘以 p，相当于把不同的神经网络做了平均。对于保留率 p，可以通过验证集来选取一个最优的值。一般来讲，对于隐藏层的神经元，其保留率 p=0.5 时的效果最好，这对大部分的网络和任务都比较有效。当 p=0.5 时，在训练时有一半的神经元被丢弃，剩余一半的神经元是可以被激活的，随机生成的网络结构最具多样性。对于输入层的神经

元，其保留率通常被设为更接近 1 的数，使得输入变化不会太大。在对输入层神经元进行丢弃时，相当于给数据增加了噪声，以此来提高网络的鲁棒性。

丢弃法一般针对神经元进行随机丢弃，但是也可以扩展到对神经元之间的连接进行随机丢弃，或者对每一层进行随机丢弃。对如图 2-16 所示的标准的神经网络使用丢弃法的过程如下。

（1）以概率 p 随机丢弃网络中的一些隐藏神经元，输入、输出神经元保持不变。图 2-17 所示为处于 Dropout 状态的网络结构。在模型训练阶段，需要先设置 Dropout 参数，如 0.6。此时，大约 40%的神经元在工作，而 60%的神经元则处于非工作状态。

（2）把输入 $\boldsymbol{x}$ 通过修改后的网络进行前向传播，把得到的损失结果通过修改后的网络进行后向传播。在一小批训练样本执行完这个过程后，对没有被丢弃的神经元按照随机梯度下降法更新其对应的参数 $(\boldsymbol{w},\boldsymbol{b})$。

（3）不断迭代下述过程。

① 恢复被丢弃的神经元，更新网络参数。

② 临时删除从隐藏层神经元中随机选择的一部分神经元，同时对要被临时删除的神经元的参数进行复制。

③ 对一小批训练样本，先前向传播损失，然后反向传播损失，最后根据随机梯度下降法更新参数 $(\boldsymbol{w},\boldsymbol{b})$。其中，没有被删除的那一部分参数更新，被删除的神经元的参数保持被删除前的结果。

在模型的测试阶段，所有神经元保持激活状态，并且将每个神经元的权重参数乘以概率 p，将 $\boldsymbol{x}$ 输入网络，得到预测结果。

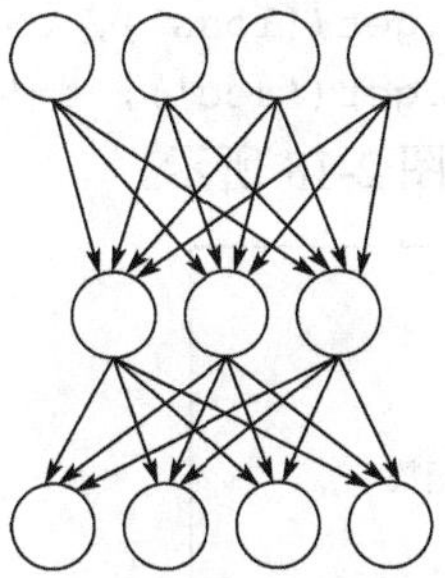

图 2-16 标准的神经网络

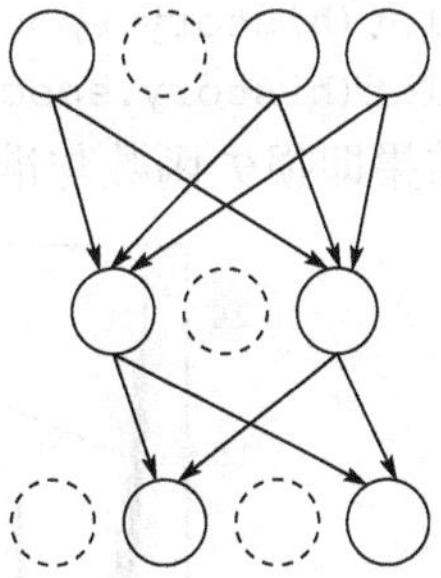

图 2-17 处于 Dropout 状态的网络结构

每次训练随机丢弃部分神经元，相当于从原始网络中采样得到一个子网络。如果一个神经网络有 n 个神经元，那么总共可以采样得到 2^n 个子网络。每次迭代都相当于训练一个不同的子网络，这些子网络共享原始网络的参数。最终的网络可以近似看作集成了指数级个不同网络的组合模型。

以下是使用丢弃法的程序示例。

```
import keras
from keras import layers
import pandas as pd
import numpy as np
import matplotlib.pyplot as plt
%matplotlib inline
#读取数据文件
data = pd.read_csv('./dataset/credit-a.csv', header=None)
data.iloc[:, -1].unique()
x = data.iloc[:, :-1].values
y = data.iloc[: , -1].replace(-1, 0).values.reshape(-1, 1)
y.shape, x.shape
#模型初始化并添加层
model = keras.Sequential()
model.add(layers.Dense(128, input_dim=15, activation='relu'))
model.add(layers.Dense(128, activation='relu'))
model.add(layers.Dense(128, activation='relu'))
model.add(layers.Dense(1, activation='sigmoid'))
model.summary()
#模型编译
model.compile(optimizer='adam',loss='binary_crossentropy',metrics=
['acc'])
#模型运行
history = model.fit(x, y, epochs=1000)
history.history.keys()
plt.plot(history.epoch, history.history.get('loss'), c='r')
plt.plot(history.epoch, history.history.get('acc'), c='b')
```

运行结果即损失函数与准确率的变化趋势，如图 2-18 所示。

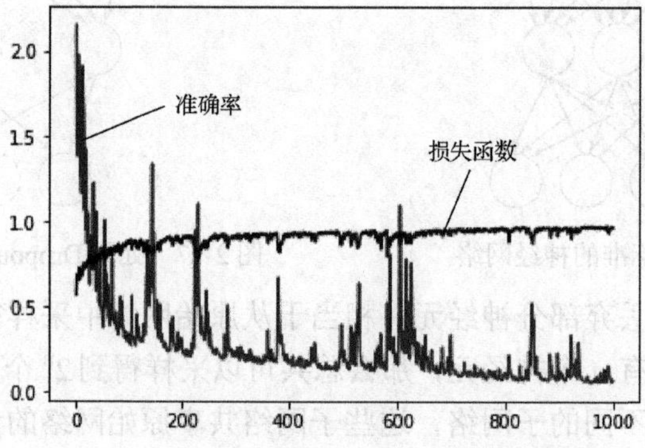

图 2-18　损失函数与准确率的变化趋势

```
#预处理输入数据
x_train = x[:int(len(x)*0.75)]
x_test = x[int(len(x)*0.75):]
y_train = y[:int(len(x)*0.75)]
y_test = y[int(len(x)*0.75):]
x_train.shape, x_test.shape, y_train.shape, y_test.shape
#模型初始化并添加层
model = keras.Sequential()
model.add(layers.Dense(128, input_dim=15, activation='relu'))
model.add(layers.Dense(128, activation='relu'))
model.add(layers.Dense(128, activation='relu'))
model.add(layers.Dense(1, activation='sigmoid'))
#模型编译
model.compile(optimizer='adam',loss='binary_crossentropy',metrics=
['acc'])
#根据训练数据拟合模型
history=model.fit(x_train, y_train, epochs=1000, validation_data=
(x_test, y_test))
plt.plot(history.epoch, history.history.get('val_acc'), c='r',
label='val_acc')
plt.plot(history.epoch, history.history.get('acc'), c='b',
label='acc')
plt.legend()
```

运行结果即测试集和验证集的精确度变化趋势，如图 2-19 所示。

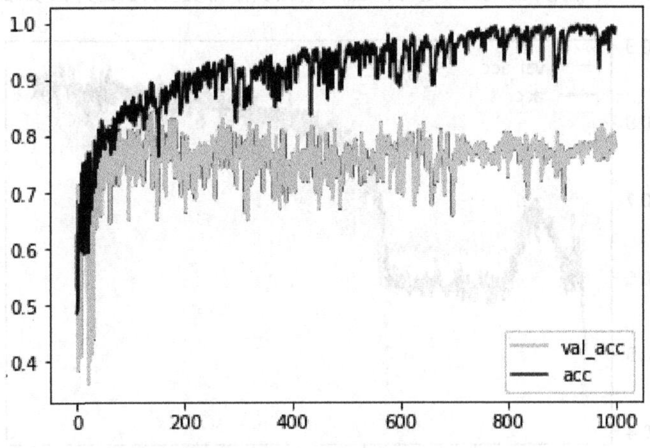

图 2-19　测试集和验证集的精确度变化趋势

```
model.evaluate(x_train, y_train)
model.evaluate(x_test, y_test)
```

```
#定义模型架构
model = keras.Sequential()
model.add(layers.Dense(128, input_dim=15, activation='relu'))
model.add(layers.Dropout(0.5))
model.add(layers.Dense(128, activation='relu'))
model.add(layers.Dropout(0.5))
model.add(layers.Dense(128, activation='relu'))
model.add(layers.Dropout(0.5))
model.add(layers.Dense(1, activation='sigmoid'))
model.summary()
#模型编译
model.compile(optimizer='adam',loss='binary_crossentropy',metrics=
['acc'])
#根据训练数据拟合模型
history = model.fit(x_train, y_train, epochs=1000, validation_data=
(x_test, y_test))
#根据测试数据评估模型
model.evaluate(x_train, y_train)
model.evaluate(x_test, y_test)
plt.plot(history.epoch, history.history.get('val_acc'), c='r',
label='val_acc')
plt.plot(history.epoch, history.history.get('acc'), c='b',
label='acc')
plt.legend()
```

运行结果即评估模型的测试集和验证集的精确度变化趋势，如图 2-20 所示。

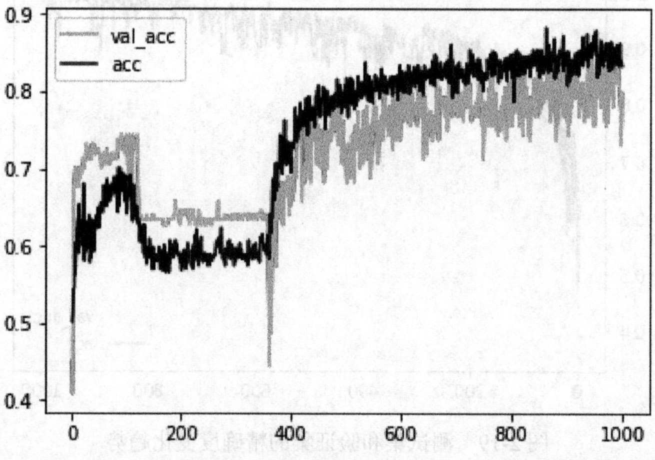

图 2-20　评估模型的测试集和验证集的精确度变化趋势

2.8.5 数据增强

数据增强（Data Augmentation）的目的是减轻网络的过拟合现象，通过对训练数据（如图像）进行变换可以得到泛化能力更强的网络。数据对训练模型来说非常重要，通常来说，数据量越多，模型训练得就越好；数据量较少，而神经网络模型又较复杂，就容易产生过拟合。

常用的数据增强方法（以图像数据为例）主要如下。

（1）旋转/反射变换（Rotation/Reflection）：随机旋转图像；改变图像内容的朝向。

（2）翻转变换：沿着水平或垂直方向翻转图像。

（3）缩放变换：按照一定的比例放大或缩小图像。

（4）平移变换：在图像平面上对图像以一定方式进行平移。

可以采用随机或人为定义的方式指定平移范围和平移步长，沿水平或垂直方向平移，改变图像内容的位置。

（5）尺度变换：对图像按照指定的尺度因子进行放大或缩小；或者参照 SIFT 特征提取思想，利用指定的尺度因子对图像进行滤波，构造尺度空间。尺度变换用来改变图像内容的大小或模糊程度。

（6）对比度变换：在图像的 HSV 颜色空间下，改变饱和度和亮度分量，保持色调不变，对每个像素的饱和度和亮度分量进行指数运算（指数因子为 0.25～4），增加光照变化。

（7）噪声扰动：对图像的每个像素 RGB 进行随机扰动。常用的噪声模式是椒盐噪声和高斯噪声。

（8）颜色变化：在图像通道上添加随机扰动。

2.8.6 标签平滑

我们知道，在数据增强中，给样本特征加入随机噪声可以避免过拟合。同样，也可以对样本的标签进行一定的噪声处理，避免“过分”相信训练样本的标签。假设训练集中有一些样本的标签是被错误标注的，那么最小化这些样本上的损失函数会导致过拟合。一种改善这种过拟合的正则化方法是标签平滑（Label Smoothing），或者称为标签平滑正则化（Label-Smoothing Regularization），即在输出标签中添加噪声来避免模型过拟合。

通常我们会把样本的标签变成 one-hot 编码。例如，一个样本标签可表示为

$$y = [0,\cdots,0,1,0,\cdots,0]^{\mathrm{T}} \tag{2-82}$$

这种标签可以看作硬目标（Hard Target）。如果使用 Softmax 分类器并使用交叉熵损失函数，则最小化损失函数会使正确类和其他类的权重差异变得很大。由 Softmax 函数的性质可知，如果要避免机器学习的样本中存在少量的错误标签（这些错误标签会影响预测的效果），则标签平滑采用如下思路解决这个问题：在训练时，假设标签可能存在错误，避免"过分"相信训练样本的标签。

这时可以引入一个噪声，对标签进行平滑，即假设样本为其他类的概率为ε。平滑后的标签为

$$\hat{y} = \left[\frac{\varepsilon}{K-1},\cdots,\frac{\varepsilon}{K-1},1-\varepsilon,\frac{\varepsilon}{K-1},\cdots,\frac{\varepsilon}{K-1}\right]^{\mathrm{T}} \tag{2-83}$$

其中，K为标签数量，这种标签可以看作软目标（Soft Target）。标签平滑可以避免模型的输出过拟合到硬目标上，并且通常不会损害其分类能力。上面的标签平滑方法是赋予其他$K-1$个标签以相同的概率$\frac{\varepsilon}{K-1}$，没有考虑标签之间的相关性。一种更好的做法是按照类别相关性来赋予其他标签以不同的概率。例如，先训练另外一个更复杂（一般为多个网络的集成）的教师网络（Teacher Network），并使用该教师网络的输出作为软目标来训练学生网络（Student Network）。这种方法也称为知识蒸馏（Knowledge Distillation）。

2.9 模型评估方法

在深度学习中，用来衡量模型的好坏标准有很多分类模型评价指标，如混淆矩阵、准确率、精确率、召回率和F值等。

2.9.1 混淆矩阵

混淆矩阵（Confusion Matrix）又称为误差矩阵，是一种特定的矩阵，是用于监督学习中的一种可视化工具，是主要用于比较分类结果和实例的真实信息的一种标准格式。混淆矩阵的每一列代表预测类别，每一列的总数表示预测为该类别的数据的数目；每一行代表数据的真实归属类别，每一行的数据总数表示该类别的数据实例的数目。假如要预测水果的分类，其中苹果、橙子、梨各有 50 个，分

类后得到的混淆矩阵如表 2-1 所示。

表 2-1 水果预测混淆矩阵

单位：个

		预测类别		
		苹果	橙子	梨
真实类别	苹果	43	5	2
	橙子	4	45	1
	梨	2	1	47

在表 2-1 中，在苹果这行数据中，表示在 50 个苹果中，43 个被预测成苹果，5 个被预测成橙子，2 个被预测成梨；在橙子这行数据中，表示在 50 个橙子中，4 个被预测成苹果，45 个被预测成橙子，1 个被预测成梨；在梨这行数据中，表示在 50 个梨中，2 个被预测成苹果，1 个被预测成橙子，47 个被预测成梨。

2.9.2 准确率、精确率、召回率

对于类别 c 的分类问题，模型最终在测试集上预测的结果分为以下 4 种情况。

（1）真正例（True Positive，TP）：一个样本的真实类别为 c 且模型正确地预测为类别 c，样本数记为 TP_c。

（2）假负例（False Negative，FN）：一个样本的真实类别为 c，模型错误地预测为其他类，样本数记为 FN_c。

（3）假正例（False Positive，FP）：一个样本的真实类别为其他类，模型错误地预测为类别 c，样本数记为 FP_c。

（4）真负例（True Negative，TN）：一个样本的真实类别为其他类，模型也预测为其他类，样本数记为 TN_c。

这 4 种情况的关系可以用如表 2-2 所示的类别 c 预测混淆矩阵来表示。

表 2-2 类别 c 预测混淆矩阵

		预测类别	
		$\hat{y}=c$	$y\neq c$
真实类别	$y=c$	TP_c	FN_c
	$y\neq c$	FP_c	TN_c

根据表 2-2，可以求出准确率、精确率和召回率等指标。

（1）准确率（Accuracy）又称正确率，为最常用的分类评价指标，表示正确预测的各分类的数量/总数：

$$A_c = \frac{\mathrm{TP}_c + \mathrm{TN}_c}{\mathrm{TP}_c + \mathrm{FN}_c + \mathrm{FP}_c + \mathrm{TN}_c} \tag{2-84}$$

（2）精确率（Precision）也叫精度或查准率。类别 c 的精确率是所有预测为类别 c 的样本中预测正确的比例：

$$P_c = \frac{\mathrm{TP}_c}{\mathrm{TP}_c + \mathrm{FP}_c} \tag{2-85}$$

（3）召回率（Recall）也叫查全率。类别 c 的召回率是所有真实标签为类别 c 的样本中预测正确的比例：

$$R_c = \frac{\mathrm{TP}_c}{\mathrm{TP}_c + \mathrm{FN}_c} \tag{2-86}$$

（4）F 值（F Measure）是一个综合指标，为精确率和召回率的调和平均：

$$F_c = \frac{\left(1+\beta^2\right)\times P_c \times R_c}{\beta^2 \times P_c + R_c} \tag{2-87}$$

其中，β 用于平衡精确率和召回率的重要性，一般取值为 1。$\beta = 1$ 时的 F 值称为 F_1 值，是精确率和召回率的调和平均，精确率和召回率同等重要，权重相同：

$$F_1 = \frac{2 \times P_c \times R_c}{P_c + R_c} \tag{2-88}$$

在有些情况下，如果精确率更重要些，那么将 β 的值调整为小于 1 的值；如果召回率更重要些，那么将 β 的值调整为大于 1 的值。

2.9.3 ROC/AUC/PR 曲线

1. ROC 曲线

ROC（Receiver Operating Characteristic）曲线又称为接受者操作特征曲线。ROC 曲线以“真正例率”（TPR）为 y 轴，以“假正例率”（FPR）为 x 轴，对角线对应于“随机猜测”模型，而(0,1)则对应“理想模型”。ROC 曲线示例如图 2-21 所示。

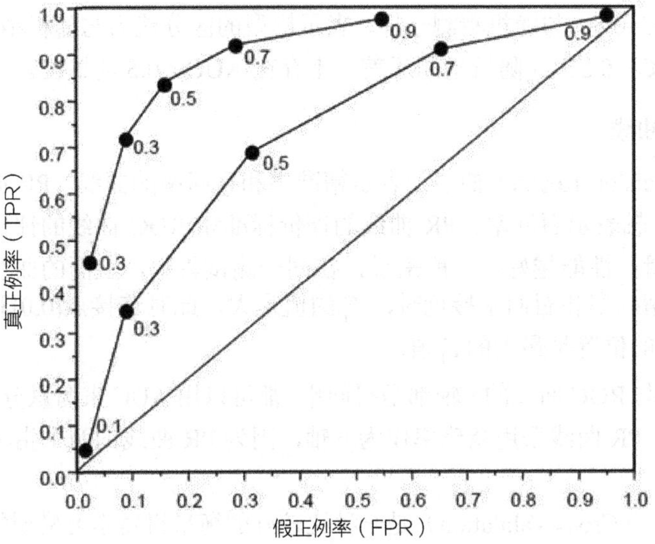

图 2-21　ROC 曲线示例

（1）点(0,1)：FPR=0、TPR=1，意味着 FN=0 且 FP=0，将所有的样本都正确分类。

（2）点(1,0)：FPR=1、TPR=0，是最差分类器，避开了所有正确的答案。

（3）点(0,0)：FPR=TPR=0、FP=TP=0，分类器把每个样本都预测为负例。

（4）点(1,1)：FPR=TPR=1、FP=TP=1，分类器把每个样本都预测为正例。

利用 ROC 曲线能够很容易地查出任意阈值对分类器泛化性能的影响。ROC 曲线有助于选择最佳的阈值。ROC 曲线越靠近左上角，模型的准确性就越高，而且一般来说，如果 ROC 曲线是光滑的，那么基本可以判断没有太大的过拟合。最靠近左上角的 ROC 曲线上的点是分类错误最少的最好阈值，其假正例样本和假负例样本总数最少。可以通过 ROC 曲线比较不同分类器的性能，将各个分类器的 ROC 曲线绘制到同一坐标系中，直观地鉴别其优劣。

2. AUC 曲线

AUC（Area Under Curve）的值为 ROC 曲线下面的面积，若分类器的性能极好，则 AUC 的值为 1。但在现实生活中，尤其在工业界，不会有如此完美的模型，一般 AUC 的值在 0.5 到 1 之间。AUC 的值越大的分类器，模型的性能越好。

（1）AUC=1：绝对完美的分类器，100%识别真正例和假负例，不管阈值如何设置，都会得出完美预测。

（2）$0.5<AUC<1$：优于随机猜测。如果这个分类器的阈值设置得好，则可能有预测价值。

（3）AUC=0.5：与随机猜测一样，表示模型的区分能力与随机猜测没有差别。

（4）AUC < 0.5：比随机猜测还差，不存在 AUC < 0.5 的情况。

3. PR 曲线

PR（Precision-Recall）曲线是表示精准率和召回率的曲线。PR 曲线以 y 轴表示精准率，x 轴表示召回率。PR 曲线的评价标准和 ROC 曲线的评价标准一样，即曲线越平滑，性能越好。一般来说，在同一测试集中，上面的曲线比下面的曲线要好。当精确率和召回率接近时，F_1 的值最大，此时连接点(0,0)和(0,1)的线与 PR 曲线交叉的位置是最大的 F_1 值。

PR 曲线与 ROC 曲线的 x 轴都是召回率，都可以用 AUC 来衡量分类器的效果；而不同的是，PR 曲线采用精确率作为 y 轴，因为 PR 曲线的两个指标都聚焦于正样本。

交叉验证（Cross-Validation）是一种比较好的衡量机器学习模型的统计分析方法，可以有效避免划分训练集和测试集时的随机性对评价结果造成的影响。我们可以把原始数据集平均分为 K 组不重复的子集，每次选 $K-1$ 组子集（K 一般大于 3）作为训练集，剩下的一组子集作为验证集。这样可以进行 K 次试验并得到 K 个模型，将这 K 个模型在各自验证集上的错误率的平均作为分类器的评价标准。

2.10 本章小结

本章主要围绕人工神经网络模型展开论述，详细介绍了人工神经元。神经网络模型是一种典型的分布式并行处理模型，通过大量神经元之间的交互来处理信息，每个神经元都发送兴奋和抑制的信息到其他神经元。神经网络中的激活函数一般为连续可导函数。在一个神经网络中，选择合适的激活函数是非常重要的。另外，还介绍了神经网络中常用的一些激活函数和神经网络的输出分类函数。

神经网络的结构主要分为 3 大类：前馈网络、反馈网络和图网络。本章围绕这几类神经网络的结构，详细介绍了一些常用的、典型的神经网络模型。同时介绍了神经网络和深度学习的学习方法、常用损失函数、学习规则、梯度下降法、评估方法等。在传统机器学习模型上比较有限的 L1 或 L2 正则化在深度神经网络中作用也比较有限，而一些经验做法（如提前停止、丢弃法、数据增强等）会更有效。

在学习的过程中，如果需要了解机器学习的基本概念和体系，则可以阅读 *Pattern Classification*、*Machine Learning: a Probabilistic Perspective*、《机器学习》和《统计学习方法》。

第 3 章

多层感知器神经网络

多层感知器（Multilayer Perceptron，MLP）是一种前馈神经网络（Feedforward Neural Network，FNN），是神经网络中的一种典型结构，是最早被设计并实现的人工神经网络。在前馈神经网络中，各神经元分别属于不同的层。每层的神经元都可以接收前一层的神经元信号，并产生信号输出到下一层。它由输入层、中间层（也称为隐藏层）和输出层（最后一层）构成。

我们主要关注采用误差反向传播进行学习的神经网络，神经元之间的连接权重就是需要学习的参数，可以在机器学习的框架下通过梯度下降法来进行学习。作为对人工神经网络的初步认识，本章主要介绍感知器神经网络和反向传播网络。

3.1 感知器及其发展过程

1943 年，McCulloch 和 Pitts 发表了他们关于人工神经网络的第一个系统研究。1947 年，他们又开发出了一个用于模式识别的网络模型——感知器，通常就叫作 M-P 模型，即阈值加权和模型。感知器模拟人的视觉接受环境信息，并由神经网络进行信息传递。图 3-1 所示为一个单输出的感知器，其实就是一个典型的人工神经元。按照 M-P 模型的要求，该人工神经元的激活函数是阈值函数。为了适应更广泛的问题求解，可以按如图 3-2 所示的结构，用多个这样的神经元构成一个多输出的感知器。

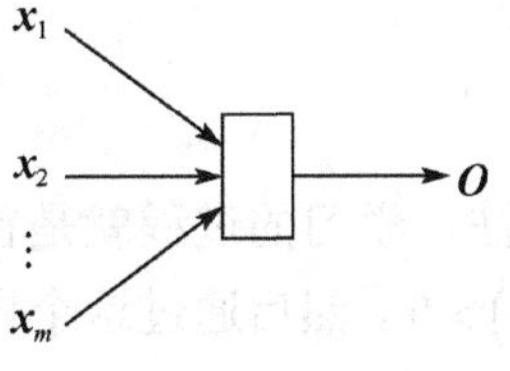

图 3-1 单输出的感知器

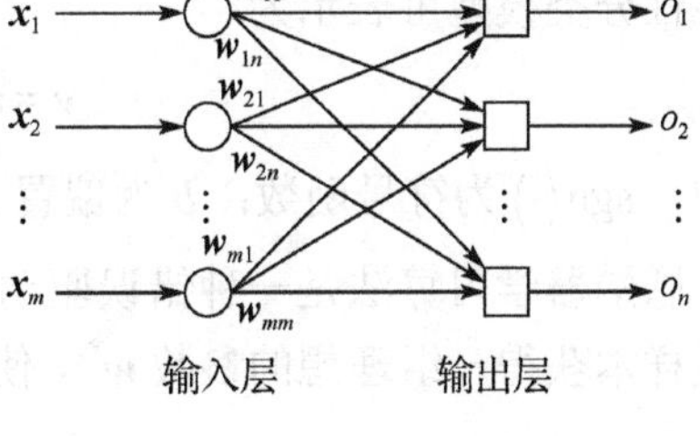

图 3-2 多输出的感知器

由于感知器的出现，使得人工神经网络在 20 世纪 40 年代初步呈现出其功能及诱人的发展前景。M-P 模型的建立标志着已经有了构造人工神经网络系统的最基本构件。20 世纪 60 年代，感知器的研究获得了较大的发展，并展示出较为乐观的前景。1962 年，美国心理学家 Rosenblatt 证明了关于感知器的学习能力的重要结论，并宣布人工神经网络可以学会它能表示的任何东西。从此，人工神经网络进入“此起彼伏”的研究探索阶段。

3.2 感知器学习算法

感知器学习是监督学习。感知器训练算法的基本原理来源于著名的 Hebb 学习律，其基本思想是：逐步将样本集中的样本输入网络中，根据输出结果和期望输出之间的差别来调整网络中的权值矩阵。本章从最基本的感知器模型开始，逐步深入浅出地引导读者掌握神经网络的实现方法。

3.2.1 离散单输出感知器学习算法

离散单输出感知器是最简单的神经网络，是对生物神经元的简单模拟，如图 3-1 所示，如权重（突触）、偏置（阈值）及激活函数（细胞体）。如果激活函数选择阈值函数，那么输出值应为+1 或−1，简称为二值函数。我们把使用阈值函数作为激活函数的网络称为二值网络。另外，设 $\boldsymbol{W}$ 为网络的权向量，$\boldsymbol{X}$ 为输入向量，则

$$\boldsymbol{W} = \left(\boldsymbol{w}_1, \boldsymbol{w}_2, \cdots, \boldsymbol{w}_N\right) \tag{3-1}$$

$$\boldsymbol{X} = \left(\boldsymbol{x}_1, \boldsymbol{x}_2, \cdots, \boldsymbol{x}_N\right) \tag{3-2}$$

给定 N 个样本的训练集 $D = \left\{\boldsymbol{x}^i, y^i\right\}_{i=1}^{N}$，其中 $y^i \in \{-1, +1\}$，离散单输出感知器的线性分类模型可表示为

$$y = \operatorname{sgn}\left(\boldsymbol{wx} + b\right) \tag{3-3}$$

其中，$\operatorname{sgn}(\cdot)$ 为符号函数；b 为偏置。

感知器学习算法是一种错误驱动的在线学习算法，学习的过程就是首先对误分类样本获得一组理想的参数 $\boldsymbol{w}^*$，使得 $-y_i\left(\boldsymbol{wx}_i + b\right) > 0$，然后通过这个样本更新权重：

$$w \leftarrow w + yx \tag{3-4}$$

根据感知器学习规则，可知损失函数为

$$L(w,b) = \max\left(0, -y(wx + b)\right) \tag{3-5}$$

采用随机梯度下降法，损失函数每次更新的梯度为

$$\frac{\partial L(w,b)}{\partial w} = \begin{cases} -yx, & y(wx + b) < 0 \\ 0, & y(wx + b) > 0 \end{cases} \tag{3-6}$$

以下为离散单输出感知器学习算法。

算法 3.1　离散单输出感知器学习算法

输入：训练集 $D = \left\{ x^i, y^i \right\}_{i=1}^{N}$，最大迭代次数为 T

输出：w_k

1　　初始化：$w_0 \leftarrow 0, k \leftarrow 0, t \leftarrow 0$
2　　repeat
3　　　　对训练集 D 中的样本 (x_i, y_i) 进行随机排序
4　　　　for $i = 1$ to N
5　　　　　　选取一个样本 (x_i, y_i)
6　　　　　　if $w_k(y_i x_i) \leqslant 0$ then
7　　　　　　　　$w_{k+1} \leftarrow w_k + y_i x_i$
8　　　　　　　　$k \leftarrow k + 1$
9　　　　　　end if
10　　　　　$t \leftarrow t + 1$
11　　　　　if $t = T$ then break
12　　　end for
13　　until $t = T$

3.2.2　离散多输出感知器学习算法

离散单输出感知器是一种二分类模型，但也可以很容易地扩展为多分类问题，甚至更一般的结构化学习问题。如图 3-2 所示，设 f 为网络中神经元的激活函数，W 为权值矩阵，w_{ij} 为输入向量的第 i 个分量到第 j 个神经元的连接权：

$$W = \left(w_{ij} \right) \tag{3-7}$$

网络的训练样本集为

$$\{(X, Y) \mid X \text{ 为输入向量，} Y \text{ 为 } X \text{ 对应的输出向量}\}$$

这里，假定 X 和 Y 分别是维数为 m 的输入向量和维数为 n 的期望输出向量：

$$X = (x_1, x_2, \cdots, x_m) \tag{3-8}$$

$$Y = (y_1, y_2, \cdots, y_n) \tag{3-9}$$

$$O = (o_1, o_2, \cdots, o_n) \tag{3-10}$$

其中，Y 为输入向量 X 对应的期望输出向量；O 为 X 对应的实际输出向量。因为人工神经网络是对实际系统的模拟，所以需要不断地进行参数调优迭代，只有这样才能使实际输出向量 O 更加接近期望输出向量 Y。

离散多输出感知器含有多个输出神经元，此时，可有如下离散多输出感知器学习算法。

算法 3.2　离散多输出感知器学习算法

输入：训练样本集合 $X = \{x^i\}_{i=1}^{N}$，最大迭代次数为 T

输出：网络输出 O

1　　初始化：$w_0 \leftarrow 0, t \leftarrow 0$

2　　repeat

3　　　　对于样本集中的每个样本 (x_i, y_i)

4　　　　for $i = 1$ to N

5　　　　　　选取一个样本 (x_i, y_i)；$o_i = f(w_i x_i)$

6　　　　　　if $o_i \neq o_j$ then

7　　　　　　　　if $o_i = 0$ then for $j = 1$ to m

8　　　　　　　　　　$w_{ij} = w_{ij} + x_i$

9　　　　　　　　else for $j = 1$ to m

10　　　　　　　　　$w_{ij} = w_{ij} - x_i$

11　　　　　　　　end if

12　　　　　　end if

13　　　　　　$t \leftarrow t + 1$

14　　　　　　if $t = T$ then break

15　　　　end for

16　　until $t = T$

同理，连续多输出感知器学习算法可以转化为离散多输出感知器学习算法。为了使感知器能够处理更为复杂的输出，也可以引入一个构建在输入/输出联合空间上的特征函数 $\phi(x, y)$，将样本对 (x, y) 映射到一个特征向量空间。

在联合空间中，可以建立一个广义的感知器模型，表示为

$$\hat{y}=\underset{y\in \text{Gen}(x)}{\text{argmax}}\ \boldsymbol{w}\phi(\boldsymbol{x},y) \tag{3-11}$$

其中，$\boldsymbol{w}$ 为权向量；Gen($\boldsymbol{x}$)表示输入 $\boldsymbol{x}$ 所有的输出目标集合。

3.2.3　多层感知器线性处理问题

Rosenblatt 给出的感知器的学习定理表明，感知器可以学会它能表达的任何东西。与人类的大脑相似，表达能力和学习能力是不同的，表达是指感知器模拟特殊功能的能力，而学习则要求有用于调整连接权以产生具体表示的一个过程。显然，如果感知器不能够表达响应的问题，就无从考虑它是否能够学会该问题了。因此，这里的“它能表达”成为问题的关键。也就是说，是否存在一些不能被感知器表达的问题呢？

Minsky 在 1969 年就指出感知器甚至无法解决像“异或”这样简单的问题。下面从“异或”问题入手进行相应的分析，希望找出这一类问题的特性，以寻找相应的解决方法。

1. “异或”问题

Minsky 得出的最令世人失望的结果是感知器无法实现最基本的“异或”运算，而“异或”运算是电子计算机最基本的运算之一。这就预示着人工神经网络将无法解决电子计算机可以解决的大量问题。因此，它的功能是极为有限的。那么感知器为什么无法解决“异或”问题呢？下面先看“异或”运算的定义：

$$g(x,y)=\begin{cases}0, & x=y\\ 1, & x\neq y\end{cases} \tag{3-12}$$

相应的真值表如表 3-1 所示。

表 3-1　相应的真值表

$g(x,y)$		y	
		0	1
x	0	0	1
	1	1	0

由定义可知，这是一个双输入、单输出的问题。也就是说，如果感知器能够表达它，则此感知器的输入应该是一个二维向量，输出为标量。因此，该感知器可以只含有一个神经元。为方便起见，设输入向量为(x,y)，输出为o，神经元的

阈值为θ，该感知器如图 3-3 所示，图 3-4 所示为网络函数图像。显然，无论如何选择a、b、θ的值，都无法使得直线将点(0,0)和(1,1)（它们对应的函数值为 0）与点(0,1)和(1,0)（它们对应的函数值为 1）划分开来。即使使用 S 型函数，也难以做到这一点。这种由单神经元感知器不能表达的问题被称为线性不可分问题。

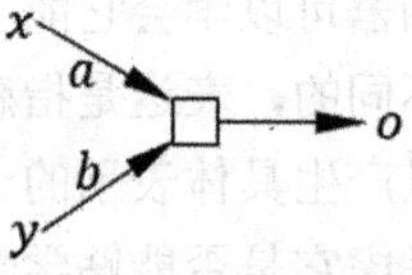

图 3-3　单神经元感知器

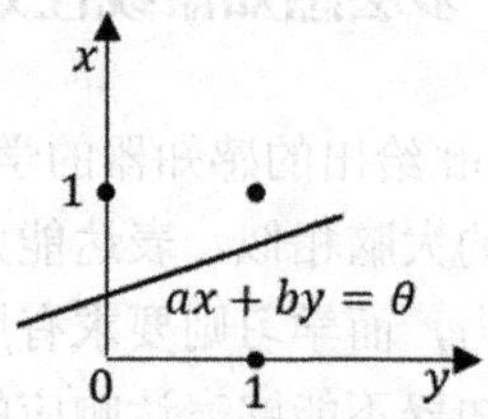

图 3-4　网络函数图像

有了上述思路，下面来考察只有两个自变量且自变量只取 0 或 1 的函数的基本情况，表 3-2 给出了所有这种函数的定义。其中，f_7、f_{10}是线性不可分的，其他均是线性可分的。然而，当变量的个数较多时，难以找到一个较简单的方法来确定一个函数是否是线性可分的。事实上，这种线性不可分的函数随着变量个数的增加而快速增多，甚至远远超过了线性可分函数的个数。现在仍然只考虑二值函数的情况，设函数有两个自变量，因为每个自变量的值只可以取 0 或 1，所以函数共有2^2个输入模式。在不同的函数中，每个模式的值可以为 0 或 1，总共可以得到2^{2^n}个不同的函数。表 3-3 是 Windner 在 1960 年给出的n为 1～6 时的二值函数的个数，以及其中的线性可分函数的个数的研究结果。从表 3-3 中可以看出，当$n \geqslant 4$时，线性不可分函数的个数远远超过线性可分函数的个数，而且随着n的增大，这种差距会在数量级上越来越大。这表明感知器不能表达的问题的数量远远超过了它能表达的问题的数量。因此，当 Minsky 给出感知器的这一致命缺陷时，使人工神经网络的研究跌入漫长的黑暗期。

表 3-2　含两个自变量的所有二值函数

自变量		函数及其值															
x	y	f_1	f_2	f_3	f_4	f_5	f_6	f_7	f_8	f_9	f_{10}	f_{11}	f_{12}	f_{13}	f_{14}	f_{15}	f_{16}
0	0	0	0	0	0	0	0	0	0	1	1	1	1	1	1	1	1
0	1	0	0	0	0	1	1	1	1	0	0	0	0	1	1	1	1
1	0	0	0	1	1	0	0	1	1	0	0	1	1	0	0	1	1
1	1	0	1	0	1	0	1	0	1	0	1	0	1	0	1	0	1

表 3-3　二值函数与线性可分函数的个数

自变量的个数（n）	函数的个数	线性可分函数的个数
1	4	4
2	6	14
3	256	104
4	65536	1882
5	4.3×10^{9}	94572
6	1.8×10^{19}	5028134

2．线性不可分问题的克服

20 世纪 60 年代后期，人们就弄清楚了线性不可分问题，并且知道单级网络的这种限制可以通过增加网络的层数来解决。

事实上，一个单级网络可以将平面划分成两部分，将多个单级网络组合在一起，并用其中的一个综合其他单级网络的结果，就可以构成一个两级网络，该网络可以用来在平面上划分出一个封闭或开放的凸域。如图 3-5 所示，如果第 1 层含有 n 个神经元，则每个神经元可以确定一条 n 维空间中的直线，其中，AN_i 用来确定第 i 条边，输出层的 AN_0 用来实现对它们的综合。这样就可以用一个两级单输出网络在 n 维空间划分出一个 m 边凸域。在这里，图 3-5 中的第 2 层神经元相当于一个与门。当然，根据实际需要，输出层的神经元可以有多个，这可以根据网络要模拟的实际问题来决定。

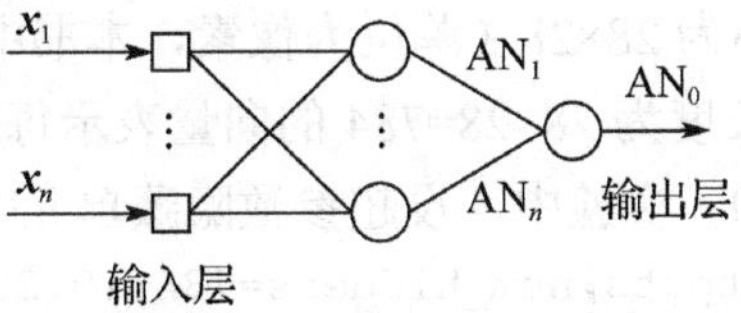

图 3-5　两级单输出网络

按照这些分析，很容易构造出一个第 1 层含 2 个神经元、第 2 层含 1 个神经元的两级网络来实现“异或”运算。

输出层的神经元不仅可以实现“与”运算，还可以实现其他类型的函数运算。

此外，网络的输入、输出也可以是二值的，这样，网络识别出来的就是一个连续的域，而不仅仅是域中的有限个离散的点。一个非凸域可以拆分成多个凸域，因此，三级网络将会更一般些，可以用它识别出一些非凸域。而且在一定的范围内，网络表现出来的分类功能主要受到神经元的个数和各个连接权的限制。这些问题显然又是与线性不可分问题紧密相关的。

多级网络虽然很好地解决了线性不可分问题，但是由于无法知道网络隐藏层的神经元的理想输出，所以感知器的训练算法难以直接用于多层网络的训练。因此，在多级网络训练算法的设计中，解决好隐藏层连接权的调整问题是非常关键的。

3.3 多层感知器的算法实现

在前面的多层感知器原理和算法训练学习中，我们实现了一个多层感知器。首先导入实现多层感知器所需的包或模块：

```
%matIn[1]:%matplotlib inline
 from numpy import np
 from pandas import pd
 from mxnet import nd
 from mxnet.gluon import loss as gloss
```

1. 读取数据集

这里使用 Fashion-MNIST 数据集，使用多层感知器对图像进行分类：

```
batch_size=256
train_iter,test_iter=d21.load_data_fashion_mnist(batch_size)
```

2. 定义模型参数

该模型定义图像大小为 28×28（单位为像素，本书中图像的单位均为像素），类别数为 10。本节使用长度为 28×28=784 的向量表示每一幅图像。因此，输入个数为 784，输出个数为 10。实验中，设超参数隐藏单元个数为 256：

```
num_inputs,num_outputs,num_hiddens=784,10,256
    W1=nd.random.normal(scale=0.01,shape=(num_inputs,num_hiddens))
    b1=nd.zeros(num_hiddens)
    W2=nd.random.normal(scale=0.01,shape=(num_hiddens, num_outputs))
    b2=nd.zeros(num_outputs)
    params=[W1,b1,W2,b2]
    for param in params:
    param.attach_grad()
```

3. 定义激活函数

这里使用基础的 maximum 函数来实现 ReLU 函数，而非直接调用 MXNet 的

ReLU 函数：

```
def relu(X):
    return nd.maximum(X,0)
```

4. 定义模型

同 Softmax 回归一样，首先通过 reshape 函数将每幅原始图像改成长度为 num_inputs 的向量，然后实现多层感知器的计算表达式：

```
def net(X):
    X =X.reshape((-1,num_inputs))
    H = relu(nd.dot(x,w1)+b1)
    return nd.dot(H,w2)+b2
```

5. 定义损失函数

为了得到更好的数值稳定性，直接使用 Gluon 提供的包括 Softmax 运算和交叉熵损失计算的函数：

```
loss=gloss.SoftmaxCrossEntropyLoss()
```

6. 定义训练模型

将训练多层感知器的步骤定义为 train_ch3 函数，设超参数迭代周期数为 5、学习率为 0.5：

```
num_epochs,lr=5,0.5
def  train_ch3(net,train_iter,test_iter,loss,num_epocs,batch_size,
            params=None,Lr=None,trainer=None):
        for epoch in range(num_epochs):
          train_l_sum,train_acc_sum,n=0.0,0.0,0
          for x,y in train_iter:
              with autograd.record():
                  y_hat = net(X)
                  l=loss(y_hat,y).sum()
              l.backward()
              if trainer is None:
                  d2l.sgd(params,lr,batch_size)
              else:
                  trainer.step(batch_size)
              y=y.astype('float32')
              train_l_sum+=l.asscalar()
              train_acc_sum+=(y_hat.argmax(axis=1)==y).sum().
asscalar()
              n+=y.size
          test_acc=evaluate_accuracy(test_iter, net)
```

```
                    print('epoch %d,loss %.4f,train acc %.3f,test
acc %.3f '
                      %(epoch+1,train_l_sum/n,train_acc_sum /n,
test_acc))
    train (net,train_iter,test_iter,loss,num_epochs,batch_size,params,lr)
       epoch 1,loss 0.7941,train acc 0.704,test acc 0.817
       epoch 2,loss 0.4859,train acc 0.821,test acc 0.846
       epoch 3,loss 0.4289,train acc 0.840,test acc 0.864
       epoch 4,loss 0.3949,train acc 0.855,test acc 0.867
       epoch 5,loss 0.3717,train acc 0.863,test acc 0.873
```

3.4 反向传播算法

误差反向传播算法基于误差纠正学习规则。误差反向传播学习由两次通过网络不同层的传播组成：一次前向传播和一次反向传播。在前向传播中，一个活动模式（输入向量）作用于网络的感知节点，其影响通过网络一层接一层地传播，最终产生一个输出来作为网络的实际输出。在前向传播中，网络的突触权值全被固定了。在反向传播中，突触权值全部根据突触修正规则调整。在感知器算法中，期望输出和实际输出用来估计直接到达该神经元的连接权重的误差。这个误差信号通过网络反向传播，与突触连接方向相反，因此叫作误差反向传播。突触权值被调整，使得网络的实际响应从统计意义上接近目标响应。误差反向传播算法通常称为反向传播算法或简称反向传播。反向传播算法的发展是神经网络发展史上的一个新的里程碑，因为它为训练多层感知器提供了一个有效的计算方法。

3.4.1 反向传播多层感知器模型

反向传播算法的多层感知器是至今应用较为广泛的神经网络。如图 3-6 所示，在前馈多层感知器的应用中，它含有输入层、输出层，以及处于输入层和输出层之间的若干隐藏层。隐藏层中的神经元称为隐藏单元。隐藏层虽然和外界不连接，但是它们的状态影响输入和输出之间的关系。因此，改变隐藏层的权系数，可以改变整个多层神经网络的性能。实验表明，增加隐藏层的层数和隐藏单元的个数不一定能够提高网络的精度与表达能力。通常，反向传播算法网络一般都选择两级网络。为了给出多层感知器的一个一般形式的描述，这里说的网络是全连接的。也就是说，任意层上的一个神经元与它上一层上的所有节点/神经元都连接起来了。信号在一层接一层的基础上逐步传播，方向是向前的，即从左到右。

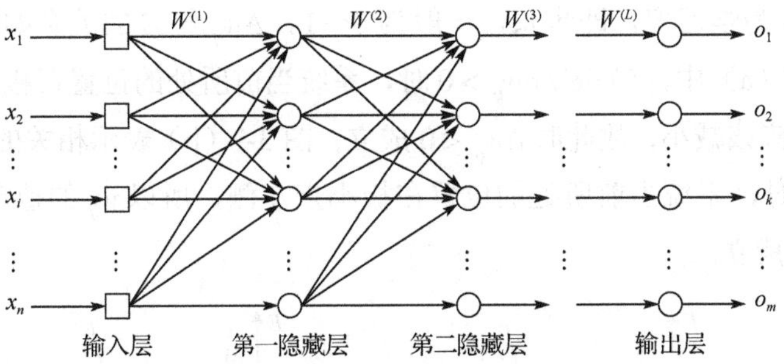

图 3-6　反向传播多层感知器网络结构

定义 3.1　设有一个 m 层的神经网络，并在输入层加有样本 $\boldsymbol{X}$；设第 k 层的第 i 个神经元的输入总和表示为 $\boldsymbol{U}_i^k$；从第 $k-1$ 层的第 j 个神经元到第 k 层的第 i 个神经元的权系数为 $\boldsymbol{W}_{ij}$，各个神经元的激活函数为 f，则各个变量的关系可用下面的数学式表示：

$$\boldsymbol{X}_i^k = f\left(\boldsymbol{U}_i^k\right) \tag{3-13}$$

$$\boldsymbol{U}_i^k = \sum_j \boldsymbol{W}_{ij}\boldsymbol{X}_i^{k-1} \tag{3-14}$$

3.4.2　反向传播算法的原理

反向传播算法对网络的训练被看作在一个高维空间中寻找一个多元函数的极小点。这种算法采用非线性规划中的梯度下降法，按误差函数的负梯度方向修改权系数。为了说明误差算法，定义第 n 次迭代误差函数 e，取期望输出和实际输出之差的平方和为误差函数，有

$$E = \frac{1}{2}\sum_{k=1}^{m}\left(y_k - o_k\right)^2 \tag{3-15}$$

按照梯度下降法，要求出 E 的极小点，应该有

$$\Delta w_{ij} \propto -\frac{\partial E}{\partial w_{ij}} \tag{3-16}$$

也可以写为

$$\Delta w_{ij} \propto -\eta\frac{\partial E}{\partial w_{ij}} \tag{3-17}$$

这是因为 $\partial E / \partial w_{ij}$ 为 E 关于 w_{ij} 的增长率，为了使误差减小，取 Δw_{ij} 与它的负

值成正比。η 为学习率，即步长，一般为 0～1。Δw_{ij} 与 E 的关系如图 3-7 所示。

在图 3-7（a）中，当 $\partial E / \partial w_{ij} > 0$ 时，系统当前所处的位置在极小点的右侧，所以 w_{ij} 的值应该减小，故此时 $\Delta w_{ij} < 0$ 成立；图 3-7（b）表示相关的情况，此时，$\partial E / \partial w_{ij} < 0$ 时，系统当前所处的位置在极小点左侧，所以 w_{ij} 的值应该增大，故此时 $\Delta w_{ij} > 0$ 成立。

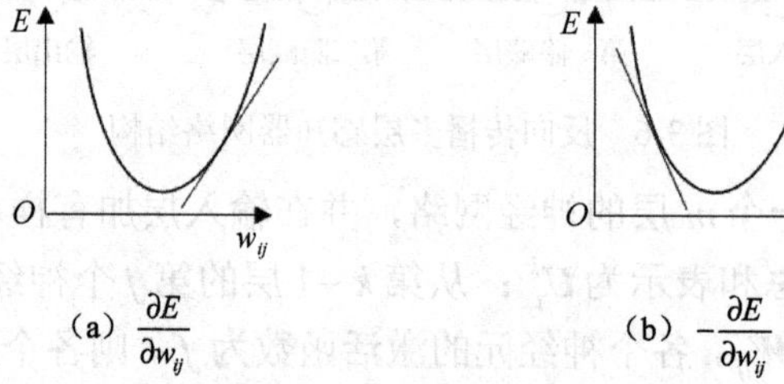

图 3-7　Δw_{ij} 与 E 的关系

很明显，根据反向传播算法原则，求 $\frac{\partial E}{\partial w_{ij}}$ 最为关键。

根据微分的链式规则，可以将 $\frac{\partial E}{\partial w_{ij}}$ 表示为

$$\frac{\partial E}{\partial w_{ij}} = \frac{\partial E}{\partial U_i^k} \cdot \frac{\partial U_i^k}{\partial w_{ij}} \tag{3-18}$$

由于 $\frac{\partial U_i^k}{\partial w_{ij}} = \frac{\partial \left(\sum_j W_{ij} X_j^{k-l} \right)}{\partial w_{ij}} = X_j^{k-l} |_{l=j}$ 故

$$\frac{\partial E}{\partial w_{ij}} = \frac{\partial E}{\partial U_i^k} \cdot X_j^{k-l} \tag{3-19}$$

令

$$\Delta W_{ij} = -\eta \frac{\partial E}{\partial w_{ij}} = -\eta \frac{\partial E}{\partial U_i^k} \cdot X_j^{k-l} \tag{3-20}$$

$$d_i^k = \frac{\partial E}{\partial U_i^k} \tag{3-21}$$

则有以下学习公式：

$$\Delta W_{ij} = -\eta d_i^k \cdot X_j^{k-l} \tag{3-22}$$

其中，η 为学习率。

上面实际仍未给出求 d_i^k 的计算公式。求 d_i^k 的计算公式如下：

$$d_i^k = \frac{\partial E}{\partial U_i^k} = \frac{\partial E}{\partial X_i^k} \cdot \frac{\partial X_i^k}{\partial U_i^k} \tag{3-23}$$

由于

$$\frac{\partial X_i^k}{\partial U_i^k} = f'\left(U_i^k\right) \tag{3-24}$$

因此，为了方便求导，取 f 为连续函数。一般取非线性连续函数，如 Sigmoid 函数。当取 f 为非对称 Sigmoid 函数时，有

$$f\left(U_i^k\right) = \frac{1}{1+\exp\left(-U_i^k\right)} \tag{3-25}$$

则有

$$f'\left(U_i^k\right) = f\left(U_i^k\right)\left(1-f\left(U_i^k\right)\right) = X_i^k\left(1-X_i^k\right) \tag{3-26}$$

再考虑式（3-23）中的偏微分项 $\frac{\partial E}{\partial X_i^k}$，有以下两种情况。

（1）如果 $k=m$，则该层是输出层，这时 Y_i 是输出期望值，是常数。由式（3-26）可得

$$\frac{\partial E}{\partial X_i^k} = \frac{\partial E}{\partial X_i^m} = \left(X_i^m - Y_i\right) \tag{3-27}$$

从而有

$$d_i^k = X_i^m\left(1-X_i^m\right)\left(X_i^m - Y_i\right) \tag{3-28}$$

（2）如果 $k<m$，则该层是隐藏层，这时应考虑上一层对它的作用，故有

$$\frac{\partial E}{\partial X_i^k} = \sum_l \frac{\partial E}{\partial U_l^{k+1}} \cdot \frac{\partial U_l^{k+1}}{\partial X_i^k} \tag{3-29}$$

由式（3-23）可得

$$\frac{\partial E}{\partial U_l^{k+1}} = d_l^{k+1} \tag{3-30}$$

由式（3-14）可得

$$\frac{\partial U_l^{k+1}}{\partial X_i^k}=\frac{\partial\left(\sum_j W_{ij}X_j^{k-l}\right)}{\partial X_i^k}=w_{li}\mid_{j=i} \tag{3-31}$$

$$\frac{\partial E}{\partial X_i^k}=\sum_l w_{li}\cdot d_l^{k+1} \tag{3-32}$$

最终有

$$d_i^k=X_i^k\left(1-X_i^k\right)\cdot\sum_l w_{li}\cdot d_l^{k+1} \tag{3-33}$$

从上述过程可知，多层网络的训练方法是把一个样本加到输入层，并根据向前传播的规则 $X_i^k=f\left(U_i^k\right)$ 不断地一层一层向输出层传递，最终在输出层可以得到输出 X_i^m。

把 X_i^m 和期望输出 Y_i 进行比较，如果两者不等，则产生误差信号 E，接着按下面的公式进行反向传播，修改权系数：

$$\Delta W_{ij}=-\eta d_i^k\cdot X_j^{k-l}U_i^k=\sum_j W_{ij}X_j^{k-1} \tag{3-34}$$

其中，$d_i^k=X_i^k\left(1-X_i^k\right)\cdot\sum_l w_{li}\cdot d_l^{k+1}$。

在式（3-34）中，当求取本层 d_i^k 时，要用到高一层的 d_i^k+1；可见，误差函数的求取过程是从输出层到输入层的反向传播过程。在这个过程中，不断进行递归以求误差。

通过多个样本的反复训练，同时向误差逐渐减小的方向对权系数进行修正，最终减小误差。根据式（3-34）也可以知道，当网络的层数较多时，所需的计算量很大，导致收敛的速度不快。

为了加快收敛速度，一般以上一次的权系数作为本次修正的依据之一，故而有以下修正公式：

$$\Delta W_{ij}\left(t+l\right)=-\eta d_i^k\cdot X_j^{k-l}+\alpha\Delta W_{ij}\left(t\right) \tag{3-35}$$

其中，η 为学习率，即步长，η 取 0.1～0.4；α 为权系数修正常数，取 0.7～0.9。

式（3-34）也称为通用的 Delta 法则。对于没有隐藏层的神经网络，可取

$$\Delta W_{ij}=\eta\left(Y_j-X_j\right)\cdot X_i \tag{3-36}$$

其中，Y_j 为期望输出；X_j 为输出层的实际输出；X_i 为输入层的输入。这显然是一种十分简单的情况，式（3-36）也称为简单 Delta 法则。

在实际应用中，只有通用的 Delta 法则，即只有式（3-34）或式（3-35）才有意义；简单 Delta 法则，即式（3-36）只在理论推导上有用。

下面看一个模型结构相对简单的初级神经网络，如图 3-8 所示。

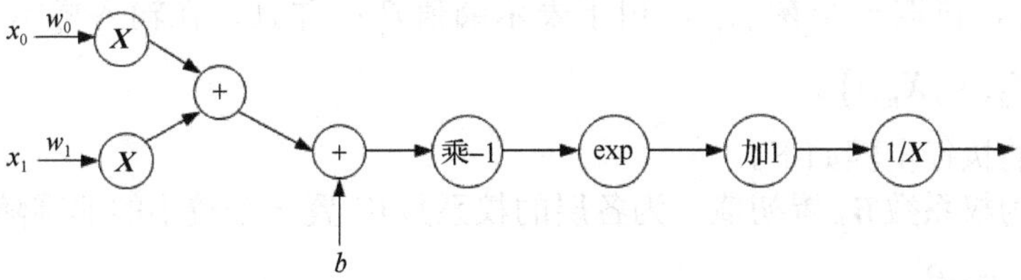

图 3-8　简单反向传播网络

假设输入 $x_0=1$、$x_1=1$，偏置 $b=-1$，权重 $w_0=0.5$、$w_1=0.5$，使用 Sigmoid 函数作为该神经网络的激活函数，就可以得到前向传播的计算函数，即 $f=\dfrac{1}{1+\mathrm{e}^{-(x_0w_0+x_1w_1+b)}}$，令 $h=x_0w_0+x_1w_1+b=0$，将相应的参数代入函数进行计算，得到 $f(h)=\dfrac{1}{1+\mathrm{e}^{-h}}=0.5$，之后对函数进行求导，$\dfrac{\partial h}{\partial x_0}=w_0=0.5$，$\dfrac{\partial h}{\partial x_1}=w_1=0.5$。下面来看 x_0、x_1 的后向传播微调值。

x_0 的后向传播微调值为

$$\frac{\partial f}{\partial x_0}=\frac{\partial f}{\partial h}\frac{\partial h}{\partial x_0}=(1-f(h))f(h)\times0.5=(1-0.5)\times0.5\times0.5=0.125$$

x_1 的后向传播微调值为

$$\frac{\partial f}{\partial x_1}=\frac{\partial f}{\partial h}\frac{\partial h}{\partial x_1}=(1-f(h))f(h)\times0.5=(1-0.5)\times0.5\times0.5=0.125$$

3.4.3　反向传播算法的执行步骤

反向传播（BP）算法的特点是信号的前向计算和误差的反向传播。图 3-9 清楚地表达了该算法的信号流向特点。

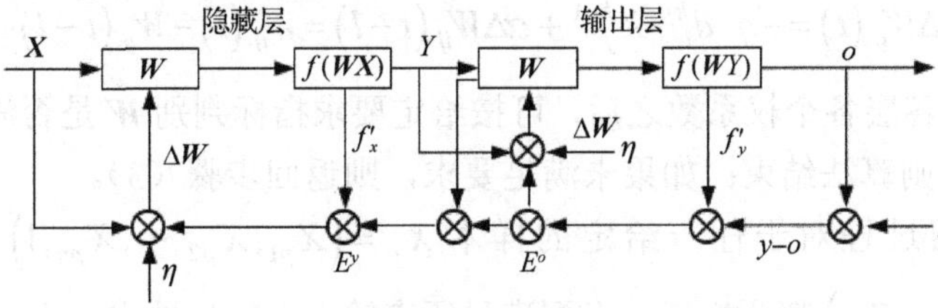

图 3-9　反向传播算法的信号流向

在把反向传播算法应用于前馈多层网络并采用 Sigmoid 函数为激活函数时，可用下列步骤对网络的权系数W_{ij}进行递归求取。注意：当每层有n个神经元时，即有$i=1,2,\cdots,n$，$j=1,2,\cdots,n$；对于第k层的第i个神经元，有n个权系数，即W_{i1}，$W_{i2},\cdots,W_{in}$，再取一个$W_{i(n+1)}$，用于表示阈值θ_i；并且，在输入样本X时，取$X=\left(X_1,X_2,\cdots,X_n,1\right)$。

算法的执行步骤如下。

（1）为权系数W_{ij}置初值。为各层的权系数W_{ij}置一个较小的非零随机数，但其中$W_{i(n+1)}=-\theta$。

（2）输入一个样本$X=\left(X_1,X_2,\cdots,X_n,1\right)$，对应期望输出$Y=\left(Y_1,Y_2,\cdots,Y_n\right)$。

（3）计算各层的输出。

对于第k层第i个神经元的输出X_i^k，有

$$U_i^k=\sum_j W_{ij}X_i^{k-1}\text{，}\quad X_{n+1}^{k-1}=1\text{，}\quad W_{i(n+1)}=-\theta\text{，}\quad X_i^k=f\left(U_i^k\right) \tag{3-37}$$

（4）求各层的学习误差d_i^k。

对于输出层$k=m$，有

$$d_i^m=X_i^m\left(1-X_i^m\right)\left(X_i^m-Y_i\right) \tag{3-38}$$

对于其他各层，有

$$d_i^k=X_i^k\left(1-X_i^k\right)\cdot\sum_l W_{li}\cdot d_l^{k+l} \tag{3-39}$$

（5）修正权系数W_{ij}和阈值θ，当采用式（3-38）时，有

$$\Delta W_{ij}\left(t+l\right)=\Delta W_{ij}\left(t+l\right)-\eta\cdot d_i^k\cdot X_j^{k-1} \tag{3-40}$$

当采用式（3-39）时，有

$$\Delta W_{ij}\left(t+l\right)=\Delta W_{ij}\left(t\right)-\eta\cdot d_i^k\cdot X_j^{k-1}+\alpha\Delta W_{ij}\left(t\right) \tag{3-41}$$

其中

$$\Delta W_{ij}\left(t\right)=-\eta\cdot d_i^k\cdot X_j^{k-1}+\alpha\Delta W_{ij}\left(t-l\right)=W_{ij}\left(t\right)-W_{ij}\left(t-l\right)$$

（6）求出各层各个权系数之后，可按给定要求指标判别W是否满足要求，如果满足要求，则算法结束；如果未满足要求，则返回步骤（3）。

这个学习过程对于任一给定的样本$X_p=\left(X_{p1},X_{p2},\cdots,X_{pn},1\right)$和期望输出$Y_p=\left(Y_{p1},Y_{p2},\cdots,Y_{pn}\right)$都要执行，直到满足所有输入、输出要求。

通常，反向传播算法不能证明其收敛性，并且没有公认的、好的准则停止其运行。本书建议的收敛准则如下。

当每个回合的均方误差变化的绝对速率足够低时，认为反向传播算法已经收敛。如果每个回合均方误差变化的绝对速率都为 0.1%～1%，则一般认为它足够低。有时，每个回合都会用到 0.01%这样小的值。可是，这个准则可能会导致学习过程过早终止。有另外一个有用的且有理论支持的收敛准则：在每一次学习迭代后，都要检查网络的泛化性能，当泛化性能是适当的或明显达到峰值时，学习过程终止。

3.4.4　梯度消失和梯度爆炸问题

梯度消失和梯度爆炸问题是由于神经网络中的梯度不稳定造成的，在前面的层中可能会消失，可能会激增。这种不稳定性是深度神经网络中基于梯度学习的根本问题。

在误差反向传播网络的上述推导过程中会发现，权值的调整 ΔW 是与学习率 η 和学习误差 d_i^k 有关的，而学习误差 d_i^k 与激活函数的导数有关。其中，激活函数的值越大，ΔW 的值就越大；激活函数的值越小，ΔW 的值也就越小。

1．梯度消失

（1）当使用激活函数 Sigmoid 时，即 $f(x)=\dfrac{1}{1+\mathrm{e}^{-x}}$，而 $f'(x)=f(x)\left[1-f(x)\right]$，其中，当 $x=0$ 时，$f'(0)=0.25$，为最大值。x 的绝对值越大，$f'(x)\approx 0$，在取值范围内 $f'(x)<1$。学习率 η 乘以小于 1 的数，ΔW 的值就会越小。在反向传播网络中，随着反向传播层数的增加，权值 ΔW 的值接近 0，这时该层的参数不会发生改变，不能进行优化。既然参数不能优化，那么整个网络也就不能再进行学习了。学习率随着网络传播逐步下降的问题被称为梯度消失问题（Vanishing Gradient Problem）。

（2）当使用激活函数 tanh 时，即 $f(x)=\dfrac{\mathrm{e}^{x}-\mathrm{e}^{-x}}{\mathrm{e}^{x}+\mathrm{e}^{-x}}$，而 $f'(x)=1-\left(f(x)\right)^2$，其中，当 $x=0$ 时，$f'(0)=1$ 取得最大值。x 的绝对值越大，$f'(x)\approx 0$，且在取值范围内 $f'(x)\leqslant 1$。由此可见，tanh 函数在作为激活函数时也会存在梯度消失问题，但效果明显比 Sigmoid 函数好很多。

2. 梯度爆炸

由上述推理可知，在使用 Sigmoid、tanh 函数作为激活函数时，由于它们的导数的取值都小于或等于 1，所以会产生梯度消失问题。由此可见，如果学习率 η 乘以一个导数大于 1 的数，那么 ΔW 的值就会变大。经过多层传播后，权值 ΔW 接近无穷大。当前该层网络参数处于一种极不稳定的状态，网络工作就会不正常。因此，学习率 η 随着 ΔW 的增大而增大的问题被称为梯度爆炸问题（Exploding Gradient Problem）。

通过以上讨论发现，既然激活函数的导数小于 1 或大于 1 在多层网络中不利于参数传递，有可能产生梯度消失或梯度爆炸问题，那么我们自然会想到使用导数为 1 的线性函数 $y=x$ 作为激活函数，此时的效果是不是更好一些呢？但实验证明，采用线性函数作为激活函数处理一些线性问题的性能非常好，而在实际生活中，更多的是一些非线性问题，在解决这一类问题（如异或分类问题）时，会存在很大的局限性。下面介绍一种更好的激活函数来解决此类问题。

3. 梯度消失或梯度爆炸问题的解决

我们知道，ReLU 函数的表达式为 $f(x)=\max(0,x)$，当 $x<0$ 时，$f(x)=0$；当 $x\geqslant 0$ 时，$f(x)=x$。ReLU 函数的导数如图 3-10（a）所示，当 $x<0$ 时，$f'(x)=0$；当 $x\geqslant 0$ 时，$f'(x)=1$。导数为 1 是激活函数最佳的选择，不会造成梯度消失或梯度爆炸问题，并且计算方便，可以加快网络的训练速度。另外，ReLU 函数还是一个非线性激活函数，可以处理非线性问题。Sigmoid、tanh 函数的导数分别如图 3-10（b）、（c）所示。

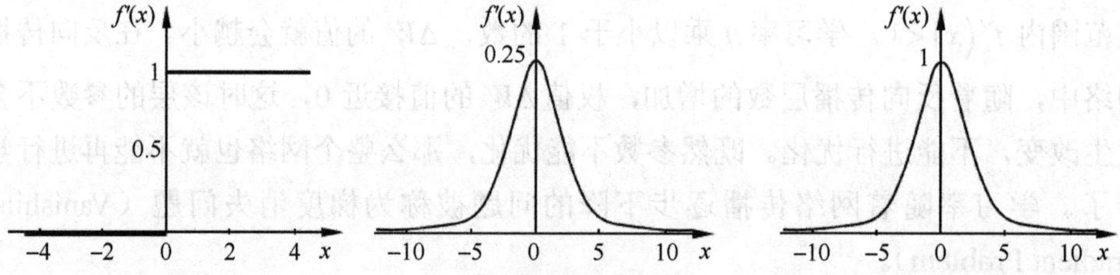

（a）ReLU 函数的导数　　（b）Sigmoid 函数的导数　　（c）tanh 函数的导数

图 3-10　几种常用的激活函数的导数

3.4.5 反向传播网络的数据拟合问题

使用非线性 Sigmoid 函数的反向传播学习方法获得对如下函数的拟合：

$$g(p)=1+\sin\left(\frac{\pi}{4}p\right)，\ -2\leqslant p\leqslant 2$$

要求：①建立两个数据集，一个用于网络训练，另一个用于测试；②假设具有单个隐藏层，利用训练集计算网络的突触权重；③通过使用数据给网络的计算精度赋值；④使用单个隐藏层，但隐藏神经元的数目可变，研究网络性能是如何受隐藏层大小变化的影响的。

下面选择一个网络并将反向传播算法用在其上解决一个特定问题。假定用此网络逼近函数，首先，采用 1-2-1 网络，如图 3-11 所示；然后，采用 1-2-1 反向传播网络逼近一个函数，如图 3-12 所示。

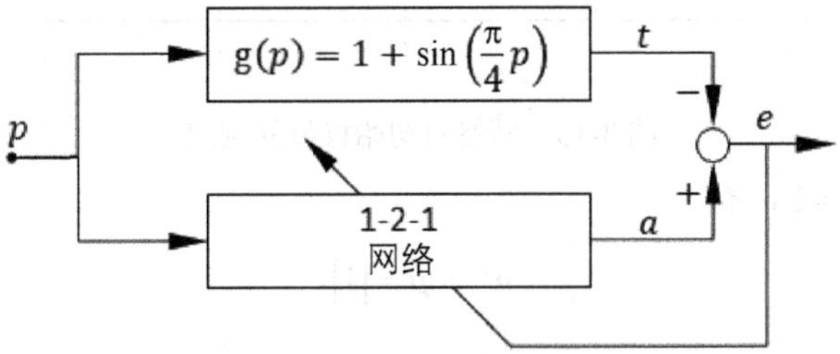

图 3-11　1-2-1 网络示意图

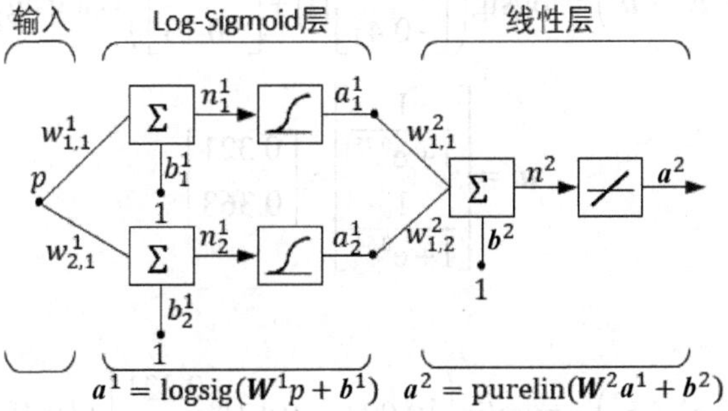

图 3-12　采用 1-2-1 反向传播网络逼近一个函数

训练集可以通过计算函数在几个 p 值上的函数值得到。在开始执行反向传播算法前，需要选择网络权值和偏置值的初始值，通常选择较小的随机值：

$$\boldsymbol{W}^1(0)=\begin{bmatrix}-0.27\\-0.41\end{bmatrix}\qquad \boldsymbol{b}^1(0)=\begin{bmatrix}-0.48\\-0.13\end{bmatrix}$$

$$\boldsymbol{W}^2(0)=[0.09–0.17]\quad \boldsymbol{b}^2(0)=[0.48]$$

网络对初始权值的响应如图 3-13 所示。

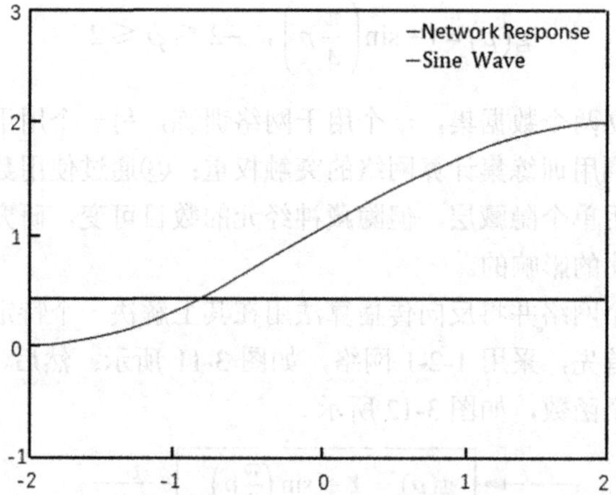

图 3-13　网络对初始权值的响应

这里选择 $p=1$，有

$$\boldsymbol{a}^0 = p = [1]$$

第一层输出：

$$\boldsymbol{a}^1 = f^1\left(\boldsymbol{W}^1\boldsymbol{a}^0 + \boldsymbol{b}^1\right) = \text{logsig}\left(\begin{bmatrix}-0.27\\-0.41\end{bmatrix}[1] + \begin{bmatrix}-0.48\\-0.13\end{bmatrix}\right) = \text{logsig}\left(\begin{bmatrix}-0.75\\-0.54\end{bmatrix}\right)$$

$$\boldsymbol{a}^1 = \begin{bmatrix}\dfrac{1}{1+\mathrm{e}^{0.75}}\\ \dfrac{1}{1+\mathrm{e}^{0.54}}\end{bmatrix} \approx \begin{bmatrix}0.321\\0.368\end{bmatrix}$$

第二层输出：

$$\boldsymbol{a}^2 = f^2\left(\boldsymbol{W}^2\boldsymbol{a}^1 + \boldsymbol{b}^2\right) = \text{purelin}\left(\begin{bmatrix}0.09 & -0.17\end{bmatrix}\begin{bmatrix}0.321\\0.368\end{bmatrix} + [0.48]\right) = [0.446]$$

误差：

$$e = t - a = \left\{1 + \sin\left(\frac{\pi}{4}p\right)\right\} - a^2 = \left\{1 + \sin\left(\frac{\pi}{4}\times 1\right)\right\} - 0.446 \approx 1.261$$

下面求反向传播敏感性值。先求传输函数的导数，对第一层：

$$\dot{f}^1(n) = \frac{\mathrm{d}}{\mathrm{d}n}\left(\frac{1}{1+\mathrm{e}^{-n}}\right) = \frac{\mathrm{e}^{-n}}{\left(1+\mathrm{e}^{-n}\right)^2} = \left(1 - \frac{1}{1+\mathrm{e}^{-n}}\right)\left(\frac{1}{1+\mathrm{e}^{-n}}\right) = \left(1-\boldsymbol{a}^1\right)\boldsymbol{a}^1$$

对第二层：

$$\dot{f}^2\left(n^2\right)=\frac{\mathrm{d}}{\mathrm{d}n}\left(n^2\right)=1$$

再执行反向传播，起始点在第二层：

$$\boldsymbol{s}^2=-2\dot{\boldsymbol{F}}^2\left(\boldsymbol{n}^2\right)\left(t-a\right)=-2\left[\dot{f}^2\left(n^2\right)\right]\left(1.261\right)=-2[1]\left(1.261\right)=-2.522$$

第一层敏感性值由计算第二层的敏感性值反向传播得到：

$$\begin{aligned}\boldsymbol{s}^1=\dot{\boldsymbol{F}}^1\left(\boldsymbol{n}^1\right)\left(\boldsymbol{W}^2\right)^{\mathrm{T}}\boldsymbol{s}^2&=\begin{bmatrix}\left(1-a_1^1\right)a_1^1 & 0\\ 0 & \left(1-a_2^1\right)a_2^1\end{bmatrix}\begin{bmatrix}0.09\\ -0.17\end{bmatrix}[-2.522]\\&=\begin{bmatrix}\left(1-0.321\right)\left(0.321\right) & 0\\ 0 & \left(1-0.368\right)\left(0.368\right)\end{bmatrix}\begin{bmatrix}0.09\\ -0.17\end{bmatrix}[-2.522]\\&\approx\begin{bmatrix}0.218 & 0\\ 0 & 0.233\end{bmatrix}\begin{bmatrix}-0.227\\ 0.429\end{bmatrix}\approx\begin{bmatrix}-0.0495\\ 0.0997\end{bmatrix}\end{aligned}$$

最后更新权值。将学习率设为 0.1，即 $\eta=0.1$：

$$\begin{aligned}\boldsymbol{W}^2(1)=\boldsymbol{W}^2(0)-\eta\boldsymbol{s}^2\left(\boldsymbol{a}^1\right)^{\mathrm{T}}&=[0.09\quad -0.17]-0.1[-2.522][0.321\quad 0.368]\\&\approx[0.171\quad -0.0772]\end{aligned}$$

$$\boldsymbol{b}^2(1)=\boldsymbol{b}^2(0)-\eta\boldsymbol{s}^2=[0.48]-0.1[-2.522]\approx[0.732]$$

$$\boldsymbol{W}^1(1)=\boldsymbol{W}^1(0)-\eta\boldsymbol{s}^1\left(\boldsymbol{a}^0\right)^{\mathrm{T}}=\begin{bmatrix}-0.27\\ -0.41\end{bmatrix}-0.1\begin{bmatrix}-0.0495\\ 0.0997\end{bmatrix}[1]\approx\begin{bmatrix}-0.265\\ -0.420\end{bmatrix}$$

$$\boldsymbol{b}^1(1)=\boldsymbol{b}^1(0)-\eta\boldsymbol{s}^1=\begin{bmatrix}-0.48\\ -0.13\end{bmatrix}-0.1\begin{bmatrix}-0.0495\\ 0.0997\end{bmatrix}\approx\begin{bmatrix}-0.475\\ -0.140\end{bmatrix}$$

这就完成了反向传播算法的第一次迭代。下一步可以选择另一个输入，执行算法的第二次迭代过程。迭代过程一直进行下去，直到网络响应和目标函数之差达到某一可接受的水平。

通过反向传播算法数据拟合训练可知，在体系结构关于如下函数拟合问题的选择中：

$$\mathrm{g}(p)=1+\sin\left(\frac{i\pi}{4}p\right),\quad -2\leqslant p\leqslant 2$$

当选择隐藏层神经元的数目为 3 且 i 分别等于 1、2、4 时，拟合效果较好；当 i 等于 8 时，拟合效果较差；在使用单个隐藏层且神经元数目可变的情况下，选择神经元数目较少的网络，泛化能力较好。关于这个问题，可以在课后做反向传播网络训练实验进行验证。

```
%
clf reset
figure(gcf)
%set fsize(500,200);
echo on
clc
%initff——对前向网络进行初始化
%trainbpx——用算法对前向网络进行训练
%sImuff——对前向网络进行仿真
pause
clc
p=-1:.1:1;
t=[-.9602 -.5770 -.0729 .3771 .6405 .6600 .4609 .1336 -.2013 -.4344
-.5000 ...
-.3930 -.1647 .0988 .3072 .3960 .3449 .1816 -.0312 -.2189 -.3201];
pause
clc
plot(p,t,'+');
title('training vectors');
xlabel('input vector p');
ylabel('target vector t');
pause
clc
s1=5;
[w1,b1,w2,b2]=initff(p,s1,'tansig',t,'purelin');
echo off
k=pickic;
if k==2
w1=[3.5000;3.5000;3.5000;3.5000;3.5000];
b1=[-2.8562;1.0744;0.5880;1.4083;2.8722];
w2=[0.2622;-.2375;-.4525;.2361;-.1718];
b2=(.1326);
end
echo on
clc
df=10;        %学习过程显示频率
me=8000;      %最大训练步数
eg=0.02;      %误差指标
lr=0.01;      %学习率
```

```
tp=[df me eg lr];
[w1,b1,w2,b2,ep,tr]=trainbp(w1,b1,'tansig',w2,b2,'purelin',p,t,tp);
pause
clc
ploterr(tr,eg);
pause
clc
p=0.5;
a=simuff(p,w1,b1,'tansig',w2,b2,'purelin');
echo off
```

3.5 本章小结

本章介绍了前馈神经网络的感知器神经网络。前馈神经网络相邻两层的神经元之间为全连接关系，也称为全连接神经网络（Fully Connected Neural Network，FCNN）或多层感知器。前馈神经网络作为一种机器学习方法，在很多模式识别和机器学习的教材中都有介绍，如 *Pattern Classification*（参见文献[8]）和 *Pattern Recognition and Machine Learning*（参见文献[9]）等。前馈神经网络作为一种能力很强的非线性模型，其详细介绍可以参考文献[52]。前馈神经网络在 20 世纪 80 年代后期就已被广泛使用，但是大部分都采用两层网络结构（一个隐藏层和一个输出层），神经元的激活函数基本上都是 Sigmoid 函数，使用的损失函数也大多数是均方差损失。虽然当时前馈神经网络的参数学习依然有很多难点，但其作为一种连接主义的典型模型，标志着人工智能开始从高度符号化的知识期向低度符号化的学习期转变。

第 4 章

自组织竞争神经网络

自组织竞争神经网络采用有导师学习规则的神经网络，要求对多学习的样本给出“正确答案”，以便网络据此判断输出的误差，根据误差的大小改进自身的权值，提高正确解决问题的能力。然而，在很多情况下，人在认知过程中没有预知的正确模式，人获得大量知识常常靠的是“无师自通”，即对客观事物的反复观察、分析与比较，自行揭示其内在规律，并对具有共同特征的事务进行正确归类。对于人的这种学习方式，基于有导师学习的神经网络是无能为力的。自组织竞争神经网络的无导师学习更类似于人类大脑中生物神经网络的学习方式，其最重要的特点是自动寻找样本中的内在规律和本质特性，自组织、自适应地改变网络参数与结构。这种学习方式大大拓展了神经网络在模式识别与分类方面的应用。

自组织竞争神经网络属于层次型网络，有多种类型，其共同特点是都具有竞争层，输入层负责接收外界信息并将输入模式向竞争层传递，竞争层负责对该模式进行分析与比较，找出规律以正确分类。

4.1 竞争学习的概念与原理

竞争学习采用的规则是“胜者为王”，以下结合竞争学习的思想进一步学习该规则。

4.1.1 竞争学习规则

在竞争学习规则中，采用的典型学习规则称为胜者为王（Winner Take All）。该算法可分为 3 个步骤。

（1）向量归一化。

对自组织竞争神经网络中的当前输入模式向量 $\boldsymbol{X}$ 和竞争层中各神经元对应的内星权向量 $\boldsymbol{W}_j$（$j=1,2,\cdots,m$）进行归一化处理，得到 $\hat{\boldsymbol{X}}$ 和 $\hat{\boldsymbol{W}}_j$（$j=1,2,\cdots,m$）。

（2）寻找获胜神经元。

当网络得到一个输入模式向量 $\hat{\boldsymbol{X}}$ 时，竞争层的所有神经元对应的内星权向量 $\hat{\boldsymbol{W}}_j$（$j=1,2,\cdots,m$）均与 $\hat{\boldsymbol{X}}$ 进行相似性比较，将与 $\hat{\boldsymbol{X}}$ 最相似的内星权向量判为竞争获胜神经元，其权向量记为 $\hat{\boldsymbol{W}}_{j^*}$。测量相似性的方法是对 $\hat{\boldsymbol{W}}_j$ 和 $\hat{\boldsymbol{X}}$ 计算欧式距离（或夹角余弦）：

$$\left\|\hat{\boldsymbol{X}}-\hat{\boldsymbol{W}}_{j^*}\right\| = \min_{j\in\{1,2,\cdots,m\}}\left\{\left\|\hat{\boldsymbol{X}}-\hat{\boldsymbol{W}}_j\right\|\right\} \tag{4-1}$$

将式（4-1）展开并根据单位向量的特点可得

$$\begin{aligned}\left\|\hat{\boldsymbol{X}}-\hat{\boldsymbol{W}}_{j^*}\right\| &= \sqrt{\left(\hat{\boldsymbol{X}}-\hat{\boldsymbol{W}}_{j^*}\right)^{\mathrm{T}}\left(\hat{\boldsymbol{X}}-\hat{\boldsymbol{W}}_{j^*}\right)} \\ &= \sqrt{\hat{\boldsymbol{X}}^{\mathrm{T}}\hat{\boldsymbol{X}}-2\hat{\boldsymbol{W}}_{j^*}{}^{\mathrm{T}}\hat{\boldsymbol{X}}+\hat{\boldsymbol{W}}_{j^*}{}^{\mathrm{T}}\hat{\boldsymbol{W}}_{j^*}} \\ &= \sqrt{2\left(1-\hat{\boldsymbol{W}}_{j^*}{}^{\mathrm{T}}\hat{\boldsymbol{X}}\right)}\end{aligned} \tag{4-2}$$

从式（4-2）可以看出，想要使两个单位向量的欧式距离最小，需要使两个向量的点积最大，即

$$\hat{\boldsymbol{W}}_{j^*}{}^{\mathrm{T}}\cdot\hat{\boldsymbol{X}} = \max_{j\in\{1,2,\cdots,m\}}\left(\hat{\boldsymbol{W}}_j{}^{\mathrm{T}}\cdot\hat{\boldsymbol{X}}\right) \tag{4-3}$$

权向量的转置与输入向量的点积正是竞争层神经元的净输入。

（3）网络输出与权值调整。

胜者为王竞争学习算法规定，竞争获胜神经元的输出为 1，其余神经元的输出为 0，即

$$o_j(t+1)=\begin{cases}1, & j=j^*\\ 0, & j\neq j^*\end{cases} \tag{4-4}$$

只有竞争获胜神经元才有权调整其权向量 $\boldsymbol{W}_{j^*}$，调整后的权向量为

$$\begin{cases}\boldsymbol{W}_{j^*}(t+1)=\hat{\boldsymbol{W}}_{j^*}(t)+\Delta\boldsymbol{W}_{j^*}=\hat{\boldsymbol{W}}_{j^*}(t)+\eta\left(\hat{\boldsymbol{X}}-\hat{\boldsymbol{W}}_{j^*}\right) & (4\text{-}5)\\ \boldsymbol{W}_j(t+1)=\hat{\boldsymbol{W}}_j(t),\quad j\neq j^* & (4\text{-}6)\end{cases}$$

其中，$\eta\in(0,1]$ 为学习率，一般其值随着学习的进展而减小。可以看出，当 $j\neq j^*$ 时，对应神经元的权值得不到调整，其实质是“胜者”对它们进行了强侧抑制，不允许它们兴奋。

应当指出，归一化后的权向量经过调整得到的新向量不再是单位向量，因此需要对调整后的向量重新进行归一化。步骤（3）完成后回到步骤（1）继续训练，直到学习率 η 衰减到 0 或规定值。

4.1.2 竞争学习原理

设输入模式为二维向量，归一化后其矢端可以看作分布在单位圆上的点，用“o”表示。设竞争层有 4 个神经元，对应的 4 个内星权向量归一化后也标在同一单位圆上，用“*”表示。从输入模式点的分布可以看出，它们大体上聚集为 4 簇，因而可以分为 4 类。然而，自组织竞争神经网络的训练样本中只提供了输入模式而没有提供关于分类的指导信息，那么网络是如何通过竞争机制自动发现样本空间的类别划分的呢？

自组织竞争神经网络在开始训练前先对竞争层的权向量进行随机初始化。因此，在初始状态时，单位圆上的“*”是随机分布的。前面已经证明，两个等长向量的点积越大，两者越相似，因此，以点积最大获胜的神经元对应的权向量应最接近当前输入模式。从图 4-1 可以看出，如果当前的输入模式用“o”表示，单位圆上各“*”点代表的权向量依次同“o”点代表的输入向量比较距离，结果是离得最近的那个“*”点获胜。从竞争获胜神经元的权值调整式可以看出，调整的结果是使 $\boldsymbol{W}_{j^*}$ 进一步接近当前输入 $\boldsymbol{X}$，这一点从图 4-1 中可以看得很清楚。调整后，获胜“*”点的位置进一步移向“o”点及其所在的簇。显然，当下次出现与“o”点相像的同簇内的输入模式时，上次获胜的“*”点更容易获胜。依此方式进行充分训练后，单位圆上的 4 个“*”点会逐渐移入各输入模式的簇中心，从而使竞争层每个神经元的权向量成为一类输入模式的聚类中心。当向网络输入一个模式时，竞争层中哪个神经元获胜使其输出为 1，当前输入模式就归为哪类。

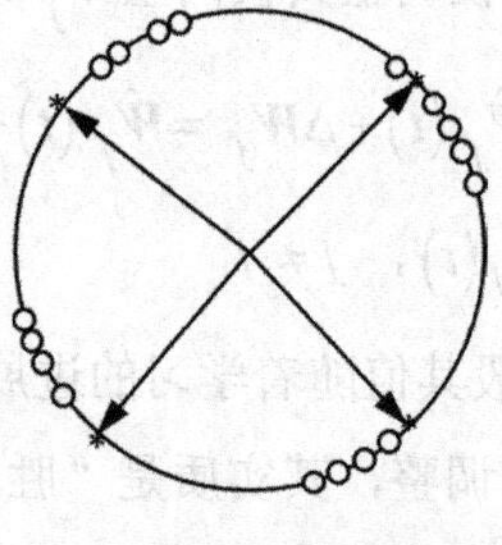

图 4-1 自组织竞争神经网络

4.2 SOFM 网络

1981 年，芬兰赫尔辛基大学的 Kohonen 教授提出了一种自组织特征映射网络（Self-Organizing Feature Map，SOFM），又称 Kohonen 网络。Kohonen 认为，一个神经网络在接受外界输入模式时，将会分成不同的对应区域，各区域对输入模式具有不同的响应特征，而且这个过程是自动完成的。自组织映射正是基于此提出来的，其特点与人脑的自组织特性相类似。

4.2.1 SOFM 网络结构

SOFM 网络分为输入层和输出层，输入层的任意一个单元 x_n（$n=1,2,\cdots,N$）通过权值 W_{mn} 与输出层的每一个单元 y_m（$m=1,2,\cdots,M$）相连接。输出层各单元常排成一维、二维或多维阵列。在图 4-2（a）中，输入 $\boldsymbol{x}$ 是 N 维向量，图中每条连线表示一个 N 维权向量。

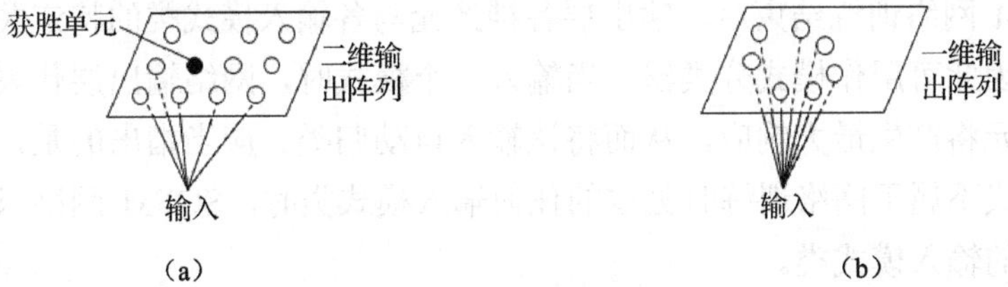

图 4-2　SOFM 网络结构

为了满足学习过程的需要，可以用各种方式对输出层的每个单元 y_c 定义其 l 阶（$l=0,1,2,\cdots$）邻域 $N_c^{(l)}$，如图 4-3（a）所示，这里 $y_c = N_c^{(0)} \in N_c^{(1)} \subset N_c^{(2)} \cdots$。

对于阵列边缘上的输出单元 y_c 的邻域的定义，应做相应的修改，参见图 4-3（b），将输出层单元排列成一个圆圈。对输出单元 y_c，设另一个输出单元 $y_m \notin N_c^{(q-1)}$，定义 y_c 与 y_m 的距离为

$$d_{mc} = q \tag{4-7}$$

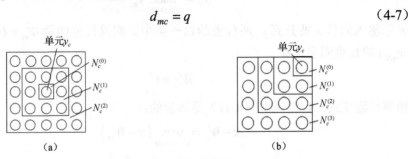

图 4-3　输出单位的邻域

4.2.2 运行原理

SOFM 网络的运行分训练和工作两个阶段，在训练阶段，对网络随机输入训练集中的样本。对某个特定的输入模式，输出层会有某个神经元产生最大响应而获胜，而在训练开始阶段，输出层哪个位置的神经元将对哪类输入模式产生最大响应是不确定的。当输入模式的类别改变时，二维平面的竞争获胜神经元也会改变。竞争获胜神经元周围的神经元因侧向相互兴奋作用也产生较大响应，于是竞争获胜神经元及其邻域内的所有神经元所连接的权向量均向输入向量的方向做程度不同的调整，调整力度依邻域内各神经元距竞争获胜神经元的距离（由远到近）而逐渐衰减。网络通过自组织方式，用大量训练样本调整网络的权值，使输出层各神经元成为对特定模式类敏感的神经细胞，对应的内星权向量成为各输入模式类的中心向量。并且当两个输入模式类的特征接近时，代表这两个输入模式类的神经元在位置上也接近，从而在输出层形成能够反映样本模式类分布情况的有序特征图。

SOFM 网络训练结束后，输出层各神经元与各输入模式类的特定关系就完全确定了，因此可用作模式分类器。当输入一个模式时，网络输出层代表该模式的特定神经元将产生最大响应，从而将该输入自动归类。应当指出的是，当向网络输入的模式不属于网络训练时见过的任何输入模式类时，SOFM 网络只能将它归入最接近的输入模式类。

假设网络的权值矩阵 $\boldsymbol{W}$ 已经给定，则由网络输入 $\boldsymbol{x}=\left(x_1,x_2,\cdots,x_N\right)$ 可以得到输出，即

$$y_m=\sum_{n=1}^{N}W_{mn}x_n,\ \ m=1,2,\cdots,M \tag{4-8}$$

全体输出单元竞争后，选出唯一的获胜单元 y_c：

$$y_c=\max_{1\leqslant m\leqslant M} y_m \tag{4-9}$$

表示输入向量 $\boldsymbol{x}$ 被分到 y_c 所代表的这一类中。假设权值向量 $\boldsymbol{W}_m=(w_{m1},w_{m2},\cdots,w_{mN})$ 的长度固定，即

$$\boldsymbol{W}_m=C \tag{4-10}$$

则容易验证式（4-9）与式（4-11）是等价的：

$$\boldsymbol{x}-\boldsymbol{W}_c=\max_{1\leqslant m\leqslant M}\left(\boldsymbol{x}-\boldsymbol{W}_m\right) \tag{4-11}$$

由式（4-11）可见，SOFM 方法就像选取 M 个旗杆 $\boldsymbol{W}_m=\left(w_{m1},w_{m2},\cdots,w_{mN}\right)$，输入向量离哪个旗杆近就是哪个旗杆下的兵。

4.2.3 学习过程

利用给定的训练样本 $\left\{x^{(j)}\right\}_{j=1}^{J}\subset R^{(N)}$，可以通过下述学习过程确定网络权值矩阵 $\boldsymbol{W}$。

（1）网络初始化。将训练样本 $\left\{x^{(j)}\right\}_{j=1}^{J}=1$ 按出现概率排列成序列 $\left\{x^{(j)}\right\}$，随机选取初始权值矩阵 $\boldsymbol{W}^{(0)}$，令 $k=0$。

（2）相似性检测。将样本 $x^{(k)}$ 输入网络，按式（4-9）得到获胜单元 y_c。

（3）权值更新。利用适当选定的距离函数 $h\left(d_{mc},k\right)$，按下式修改权值：

$$W_m^{(k+1)}=W_m^{(k)}+h\left(d_{mc},k\right)\left(x^{(k)}-W_m^{(k)}\right) \tag{4-12}$$

（4）权值归一化。将权值矩阵 $\boldsymbol{W}$ 的各行分别乘以适当的常数，使式（4-10）成立。

（5）收敛性检测。若权值迭代过程按某种规则收敛，则停止；否则 $k=k+1$，转到步骤（2）。

由式（4-12）可得

$$W_m^{(k+1)}-x^{(k)}=\left[1-h\left(d_{mc},k\right)\right]\left(W_m^{(k)}-x^{(k)}\right) \tag{4-13}$$

因此，当 $\left|1-h\left(d_{mc},k\right)\right|<1$ 时，有

$$\left|W_m^{(k+1)}-x^{(k)}\right|<\left|W_m^{(k)}-x^{(k)}\right| \tag{4-14}$$

选出获胜单元 y_c 后，应该调整 y_c 及其适当邻域内的各输出单元的相应权向量，使其对 $x^{(k)}$ 做出更大的响应或更接近 $x^{(k)}$，调整的幅度应随着各单元与 y_c 距离的增大而减小。另外，在学习过程中，开始时，应该在 y_c 的较大调整邻域[使得 $h\left(d_{mc},k\right)$ 非零的那些邻点 m]内修改权值，然后随着迭代步数 k 的增加而逐渐收缩调整邻域。这样，随着学习过程的进行，每个输出单元的"专业化程度"越来越高。最后，权值修改的幅度 $h_{\max}=\max\limits_{d}h(d,k)$ 也应随着迭代步数 k 的增加而减小。总之，距离函数 $h\left(d_{mc},k\right)$ 应随着 d_{mc} 的增大而减小，而它的支集（调整邻域）

及最大值 $h_{\max}$ 都随着 k 的增加而减小。例如，假设限定总的迭代步数为 3000（各个样本向量在学习过程中一共使用了 3000 次），则在前 1000 步，可令调整邻域为 $N_c^{(3)}$、$h_{\max}=\eta$，而在其后的第 2、3 个 1000 步中，调整邻域分别为 $N_c^{(2)}$ 和 $N_c^{(1)}$，$h_{\max}$ 分别为 $\eta/2$ 和 $\eta/8$。

常用的几种距离函数分别为阶梯函数、三角形函数、高斯函数和墨西哥草帽函数。其中，墨西哥草帽函数是两个高斯函数的差，即

$$h(d)=\eta_1\exp\left(-\frac{d^2}{2\sigma_1^2}\right)-\eta_2\exp\left(-\frac{d^2}{2\sigma_2^2}\right) \tag{4-15}$$

墨西哥草帽函数具有对邻域边缘消除刺激的功能，会增强输出平面上分类边界的对比度，但是若这种对比度过强，则会使分类边界上出现不表示任何类的“无人区”。

4.2.4 两阶段学习

（1）自组织（粗分类）阶段。这一阶段一般需要上千次迭代，使训练样本经网络映射后得到位置大致正确的获胜单元。采用高斯函数：

$$h(d_{mc},k)=\eta_k\exp\left(-\frac{d_{mc}^2}{2\sigma_k^2}\right) \tag{4-16}$$

其中

$$\eta_k=\eta_0\exp\left(-\frac{k}{\tau_1}\right),\quad \sigma_k=\sigma_0\exp\left(-\frac{k}{\tau_2}\right) \tag{4-17}$$

其中，η_0、σ_0、τ_1 和 τ_2 是可选参数。例如，选 σ_0 为输出层的“半径”，即邻域 $N_c^{(l)}$ 中 l 可取的最大值；其他参数选为

$$\eta_0=0.1,\quad \tau_1=1000,\quad \tau_2=\frac{1000}{\ln\sigma_0}$$

（2）收敛（细化）阶段。这一阶段可以得到更加精细和准确的分类（获胜单元），通常至少需要迭代 500（$M+N$）次，其中 M 和 N 分别为输出单元和输入单元的个数。在这一阶段，η_k 应该取数量级为 0.01 的某一较小的数值。注意：η_k 不应太小，以免迭代过程无法有效进行。另外，这时 $h(d_{mc},k)$ 的支集应该集中在 y_c 的 $N_c^{(1)}$ 和 $N_c^{(2)}$ 邻域中。

4.3 ART 网络

1976 年，美国波士顿大学学者 Carpenter 和 Grossberg 提出了自适应共振理论（Adaptive Resonance Theory，ART）。他们多年来一直试图为人类的心理和认知活动建立统一的数学理论，ART 就是这一理论的核心部分。随后，Carpenter 又与 Grossberg 提出了 ART 网络。经过多年的研究和不断发展，ART 已有 3 种形式：ART Ⅰ型，用于处理双极型或二进制信号；ARTⅡ型，是 ART Ⅰ型的扩展形式，用于处理连续型模拟信号；ART Ⅲ型，是分级搜索模型，兼容前两种结构的功能并将两层神经元网络扩大为任意多层神经元网络。由于 ART Ⅲ型在神经元的运行模型中纳入了生物神经元的生物电化学反应机制，因而具备很强的功能和可扩展能力。

以前讲到的各种神经网络有一个共同的特点，即在利用一组新的样本重新训练一个神经网络时，之前的学习成果（利用旧样本已经得到的记忆）有被遗忘的倾向。若想不被遗忘，就必须将新旧样本放在一起来重新训练，这样就使学习新样本的成本大大增加。ART 网络的提出正是为了解决这种稳定性（旧记忆不被遗忘）与灵活性（新样本快速记忆）的矛盾。

在 ART 网络中，每一类模式都由一个典型权向量来表示，这一点与 SOFM 网络类似，若对神经网络输入一个新样本，则按某种标准确定其是否与某个典型权向量相匹配。如果匹配，则将此样本归入这一类，并对这一类的典型权向量加以调整，使其更匹配于该输入向量；而对其他类相对应的典型权向量（权值）则不加以改变。如果不匹配，即新样本不与任何一个已有典型权向量相匹配，则以此新样本为标准建立一个新的典型权向量，表示一个新的输入模式类。可见，ART 网络的学习和应用过程不是截然分开的。新样本可以很快找到归属或建立新的输入模式类，同时不会太影响原有记忆。在这一方面，ART 网络更加接近人脑的记忆机制，在很大程度上解决了稳定性和灵活性的矛盾。

4.3.1 ART 网络结构

ART 网络的基本结构如图 4-4 所示。网络中单元的取值为二进制数（0 或 1），网络结构可分为 3 组：比较层、识别层和控制信号（包括逻辑控制信号 G_1、G_2 和重置信号 Reset）。在图 4-4 中，ρ 表示相似度标准，即警戒值。下面对各部分功能及其相互关系做简单介绍。

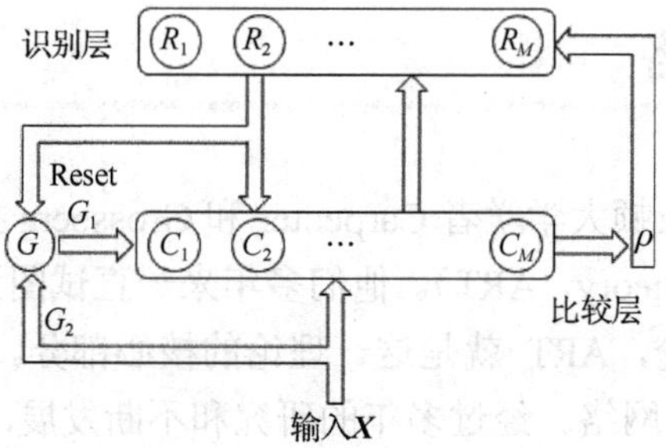

图 4-4　ART 网络的基本结构

1．比较层

比较层有 N 个单元，每个单元 C_n（$n=1,2,\cdots,N$）接受 3 个信号：输入向量 $\boldsymbol{X}\in\mathbb{R}^{(n)}$ 的第 n 个分量 X_n、识别层发回的反馈信号 T_{mn} 及控制信号 G_1。C_n 的输出值按"2/3 多数表决"规则产生，即 C_n 的取值与 3 个输入信号中占多数的那个信号相同。

2．识别层

识别层有 M 个单元 $R_1,R_2,\cdots,R_M$，表示 M 个输出模式类。M 可以动态增大，以适应设立新模式的需要。识别层的功能相当于一种前向竞争网络，恰如一个 SOFM 网络。比较层的输出向量 $\boldsymbol{C}=\left(C_1,C_2,\cdots,C_N\right)$ 通过权值 $\boldsymbol{B}_m=\left(B_{1m},B_{2m},\cdots,B_{Nm}\right)$ 与识别层的每个单元 R_m 前向连接。

3．控制信号

G_2 的值为输入向量 $\boldsymbol{X}=\left(X_1,X_2,\cdots,X_N\right)$ 各分量的逻辑"或"，即

$$G_2=\begin{cases}0, & \boldsymbol{X}=0\\ 1, & \text{其他}\end{cases} \tag{4-18}$$

G_1 的取值为

$$G_1=G_2\overline{R_0} \tag{4-19}$$

其中，R_0 是 $\boldsymbol{R}=\left(R_1,R_2,\cdots,R_m\right)$ 的逻辑"或"；$\overline{R_0}$ 为 R_0 的反。因此，只有当 $\boldsymbol{R}$=**0**（输出层没有任何单元被激活）且输入向量 $\boldsymbol{X}$ 不为零时，才有 $G_1=1$；否则 $G_1=0$。

若按照某种事先给定的测量标准，输入向量 $\boldsymbol{X}=\left(X_1,X_2,\cdots,X_N\right)$ 不属于输出层获胜单元 R_c 所代表的模式，则向识别层发出 Reset 信号，使得识别层本次的获胜单元 R_c 无效。

4.3.2　网络运行与训练

ART 网络的运行与训练不是截然分开的。下面首先给出一个完成运行和训练的流程，然后加以说明。

算法 4.1　ART 网络训练

输入：噪音样本集 z，训练样本集 x，小批量的大小 m，学习率 η

输出：训练后的判别器参数 θ_{d}，训练后的生成器参数 θ_{g}

1　初始化。令 $t=0$

$$T_{mn}(0)=1,\qquad m=1,2,\cdots,M;\ n=1,2,\cdots,N$$

$$B_{mn}(0)=\frac{1}{0.5+N},\quad m=1,2,\cdots,M;\ n=1,2,\cdots,N$$

选择相似度的标准为 $0<\rho<1$

2　向网络输入一个样本模式 $\boldsymbol{X}=(X_1,X_2,\cdots,X_N)\in\{0,1\}^{(N)}\neq 0$。令下标集合 $\varGamma=\{1,2,\cdots,M\}$，令识别层输出 $\boldsymbol{R}=(R_1,R_2,\cdots,R_m)=0$。此时，$G_2=1$。按“2/3 多数表决”规则产生比较层输出 $\boldsymbol{C}=(C_1,C_2,\cdots,C_N)=\boldsymbol{X}$

3　计算与 R_m 的前向连接权值 $\boldsymbol{B}_m=(B_{1m},B_{2m},\cdots,B_{Nm})^{\mathrm{T}}$ 的匹配度，$\mu_m=\boldsymbol{CB}_m$

4　识别层竞争选出最佳匹配，$\mu_c=\max\limits_{m\in\varGamma}\mu_m$，并令 $R_c=1$

5　激活获胜单元 R_c 的后向连接权值 $\boldsymbol{T}_c=(T_{c1},T_{c2},\cdots,T_{cN})$，分别回传到比较层各单元，产生新的比较层输出，这时 $G_1=0$，$C_n=T_{cn}X_n$

6　警戒线测试。记向量 $\boldsymbol{X}$ 中等于 1 的分量个数为 $\|\boldsymbol{X}_1\|$，则

$$\|\boldsymbol{X}_1\|=\sum_{n=1}^{N}X_n\,,\ \ \|\boldsymbol{C}_1\|=\sum_{n=1}^{N}T_{cn}X_n$$

if $\dfrac{\boldsymbol{C}_1}{\boldsymbol{X}_1}>\rho$

　　接受 R_c 为获胜单元，转向步骤 9

else

　　转向步骤 7

end if

7　发送 Reset 信号，即令 $R_c=0$，并在 $\varGamma$ 中去掉 c。若 $\varGamma$ 这时成为空集，则执行步骤 8；否则转向步骤 4

8　M 增加 1，在识别层启用一个新单元 R_{M+1}，并令 c=M+1

9　按下式调整前向与后向连接权值：

$$T_{cn}(t+1)=T_{cn}(t)X_n,\qquad n=1,2,\cdots,N$$

$$B_{nc}(t+1)=\frac{T_{cn}(t)X_n}{0.5+\sum\limits_{n=1}^{N}T_{cn}(t)X_n},\quad n=1,2,\cdots,N$$

10　取消步骤 8 中设立的 Reset 信号，即恢复识别层所有单元的竞争资格，t 增加 1，返回步骤 2

4.3.3 网络运行的参数说明

识别层中单元 R_m 的前向连接权值向量 $\boldsymbol{B}_m$ 和后向连接权值向量 $\boldsymbol{T}_m$ 都可以看作 R_m 类典型代表向量，称为长期记忆（Long Term Memory，LTM）。只不过 $\boldsymbol{T}_m$ 属于 $\{0,1\}^{(N)}$ 空间，而 $\boldsymbol{B}_m \in \mathbb{R}^{(N)}$ 上的 L1 范数（各分量绝对值的和）做归一化后得到的。比较层和识别层的状态称为短期记忆（Short Term Memory，STM）。短期记忆用来激活长期记忆，并在必要时修正长期记忆。只有当输入向量在识别层的竞争和在比较层的匹配一致指明其归属（共振）时，才表示完成联想或分类任务。

警戒值 ρ 的选择是很重要的，ρ 值越接近 1，对样本区分的精细度就越高，能区分的类就越多，但对噪声的敏感度也就越高。在学习过程开始时，可以选择较小的 ρ 值，然后逐渐增大。一般来说，相比于其他神经网络，ART 网络的抗噪声能力较差。

利用某个训练样本集，按上述流程确定权值矩阵 $\boldsymbol{T}=(T_{mn})$ 和 $\boldsymbol{B}=(B_{nm})$ 后，在将网络用于一般输入向量时，可以有两种规则：一种规则是保持权值不变，若输入向量 $\boldsymbol{X}$ 按给定警戒值 ρ 不属于网络中已经存储的任意一类时，则简单地作为数据处理，并采用其他方法个别处理此种输入向量；另一种规则是根据输入向量，按 4.3.2 节中的步骤 1～10 随时修改网络权值，这样，当检测出输入向量属于已存储的某一类时，对该类的代表向量 $\boldsymbol{T}_m$ 和 $\boldsymbol{B}_m$ 做相应的修改，只是新分配一个识别层单元及相应的向下和向上权值。显然，后一种规则更能体现 ART 网络的特点，即新学到的知识只影响旧的知识中与此密切相关的一小部分，或者只产生新的知识存储。

4.4 自组织竞争神经网络的算法实现

有 100 个输入向量均匀地分布在单位圆从 0° 到 90° 的圆周上，试设计训练一个特性图将其取代。

根据题意可知，输入向量定义为：

```
angles = 0:0.5*pi/99:0.5*pi;
P = [sin(angles); cos(angles)];
```

输入向量图如图 4-5 所示。

所设计网络为一维特性图，取识别层神经元数为 20，程序实现如下（结果如图 4-6 所示）：

```
% 一维自组织映射程序示例
angles = 0:0.5*pi/99:0.5*pi;
P = [sin(angles); cos(angles)];
plot(P(1,:),P(2,:),'+r')
pause
net = newsom([0 1;0 1],[20]);
net.trainParam.epochs = 20;
net = train(net,P);
plotsom(net.iw{1,1},net.layers{1}.distances)
pause
p = [1;0];
a = sim(net,p)
```

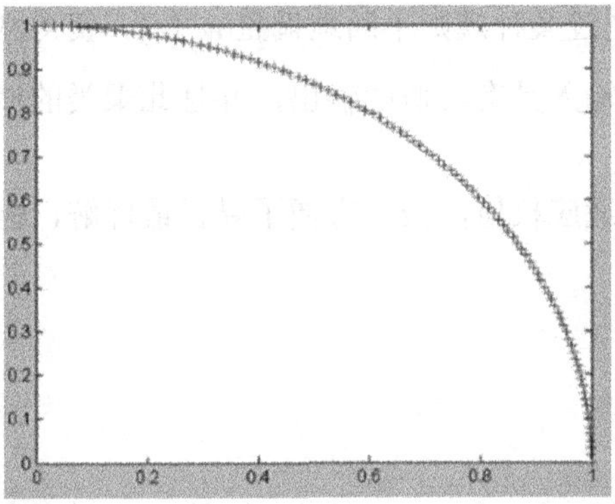

图 4-5　输入向量图

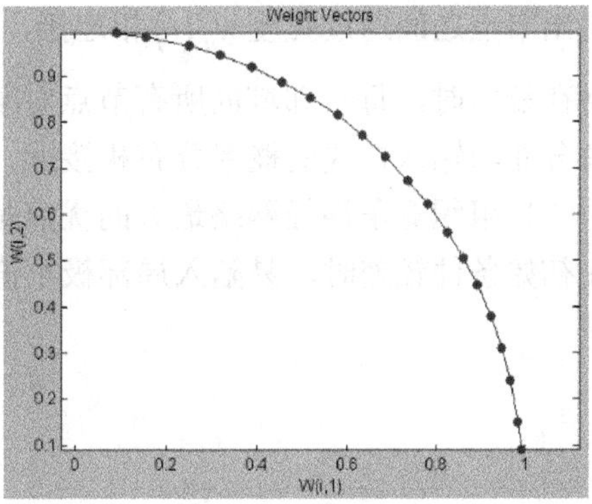

图 4-6　一维特性图

4.5　本章小结

自组织竞争神经网络是一种无监督学习神经网络，通过自组织地调整网络参数与结构发现输入数据的内在规律。

竞争型神经网络是基于无监督学习方法的神经网络的一种重要类型，经常作为基本的网络形式，构成其他一些具有自组织能力的网络，如自组织映射网络、自适应共振理论网络、学习向量量化网络等。

生物神经网络存在一种侧抑制的现象，即一个神经元兴奋后，通过它的分支会对周围其他神经元产生抑制作用，这种抑制使神经元之间出现竞争：在开始阶段，各神经元对相同的输入具有相同的响应机会，但产生的兴奋程度不同，其中兴奋最强的一个神经元对周围神经元的抑制作用也最强，从而使其他神经元的兴奋得到最大程度的抑制，兴奋最强的神经元“战胜”了其他神经元的抑制作用而脱颖而出，成为竞争的胜利者，并且因为获胜而使其兴奋程度得到进一步加强。

脑神经科学研究表明，传递感觉的神经元排列是按某种规律有序进行的，这种排列往往反映所感受的外部刺激的某些物理特征。例如，在听觉系统中，神经元和纤维是按照其最敏感的频率分布排列的。为此，Kohonen 认为，神经网络在接受外界输入时，将会分成不同的区域，不同的区域对不同的模式具有不同的响应特征，即不同的神经元以最佳方式响应不同性质的信号激励，从而形成一种拓扑意义上的有序图，这种有序图也称为特征图。它实际上是一种非线性映射关系，将信号空间中各模式的拓扑关系几乎不变地反映出来，即各神经元的输出响应。由于这种映射是通过无监督的自适应过程完成的，所以也称为自组织特征图。

在这种网络中，输出节点与其邻域节点广泛相连，并相互激励。输入节点和输出节点之间通过强度 $w_{ij}(t)$ 相连接，并通过某种规则不断地调整 $w_{ij}(t)$，使得网络在稳定时，每一邻域的所有节点对某种输入具有类似的输出，并且此聚类的概率分布与输入模式的概率分布相接近。

自组织竞争神经网络最大的优点是自适应权值，极大方便了寻找最优解，但在初始条件较差时，易陷入局部极小值。

第 5 章 径向基函数神经网络

从神经网络的函数逼近功能这个角度来分，神经网络可以分为全局逼近网络和局部逼近网络。如果神经网络的一个或多个可调参数（权值和阈值）对任何一个输出都有影响，则称该神经网络为全局逼近网络，前面介绍的多层前馈网络是全局逼近网络的典型例子。对于每个输入-输出数据对，网络的每个连接权都需要调整，从而导致全局逼近网络的学习速度很慢，这对有实时性要求的应用来说常常是不可容忍的。如果网络输入空间的某个局部区域只有少数几个连接权影响网络的输出，则称该网络为局部逼近网络。对于每个输入-输出数据对，只有少量的连接权需要调整，从而使局部逼近网络具有学习速度快的优点，这对有实时性要求的应用来说至关重要。目前，常用的局部逼近网络有径向基函数（RBF）神经网络、小脑模型（CMAC）神经网络等。

5.1 径向基函数介绍及结构

1985 年，Powell 提出了多变量插值的径向基函数（Radial Basis Function，RBF）方法。1988 年，Broomhead 和 Lowe 率先将径向基函数应用于神经网络设计，从而构成了径向基函数神经网络。

径向基函数神经网络的结构与多层前向网络的结构相似，也是一种前馈神经网络，且是一种 3 层前向网络：第 1 层是输入层，由信号源点组成；第 2 层为隐藏层，单元数视所描述问题的需要而定；第 3 层为输出层，对输入模式的作用做出响应。从输入层空间到隐藏层空间的变换是非线性的，而从隐藏层空间到输出层空间的变换是线性的。隐藏单元的变换函数是径向基函数，是一种局部分布的对中心点径向对称衰减的非负非线性函数。

构成径向基函数神经网络的基本思想是：用径向基函数作为隐藏单元的“基”，构成隐藏层空间，这样就可将输入向量直接（不通过权连接）映射到隐藏层空间。当径向基函数的中心点确定以后，这种映射关系也就确定了。而从隐藏层空间到输出层空间的映射是线性的，即网络的输出是隐藏单元输出的线性加权和，此处的权即网络可调参数。由此可见，从总体上看，网络由输入到输出的映射是非线性的，而网络输出对可调参数而言又是线性的。这样，网络的权就可由线性方程组直接解出或用递归最小二乘法（Recursive Least Squares，RLS）进行递归计算，从而大大加快学习速度并避免局部极小值问题。

5.2 函数逼近与内插

5.2.1 插值问题的定义

定义 5.1 如果有一个由 N 维输入空间到 1 维输出空间的映射，设 N 维空间有 P 个输入向量 $\boldsymbol{X}^p$，$p=1,2,\cdots,P$，则它们在输出空间相对应的目标值为 d_p，$p=1,2,\cdots,P$，P 对输入-输出样本构成了训练样本集。插值的目标是寻找一个非线性映射函数 F，使其满足下述插值条件：

$$F\left(\boldsymbol{X}^p\right)=d_p,\quad p=1,2,\cdots,P \tag{5-1}$$

其中，函数 F 表示一个插值曲面。所谓严格插值或精确插值，就是指完全内插，即该插值曲面必须通过所有训练数据点。

5.2.2 径向基函数的一般形式

采用径向基函数技术解决插值问题的方法是，选择 P 个基函数，每个基函数对应一个训练数据。各基函数的形式为

$$\varphi\left(\boldsymbol{X}-\boldsymbol{X}^p\right),\quad p=1,2,\cdots,P \tag{5-2}$$

其中，基函数 φ 为非线性函数，训练数据点 $\boldsymbol{X}^p$ 是 φ 的中心。基函数以输入空间的点 $\boldsymbol{X}$ 与中心 $\boldsymbol{X}^p$ 的距离作为函数的自变量。由于距离是径向同性的，故函数 φ 被称为径向基函数。基于径向基函数技术的插值函数定义为基函数的线性组合：

$$F\left(\boldsymbol{X}^p\right)=\sum_{p=1}^{P}w^p\varphi\left(\boldsymbol{X}-\boldsymbol{X}^p\right) \tag{5-3}$$

将式（5-1），即插值条件代入式（5-3），得到 P 个关于未知系数 w^p（$p=1,2,\cdots,P$）的线性方程组：

$$
\begin{aligned}
&\sum_{p=1}^{P} w^1 \varphi\left(\boldsymbol{X}^1-\boldsymbol{X}^p\right)=d_1 \\
&\sum_{p=1}^{P} w^2 \varphi\left(\boldsymbol{X}^2-\boldsymbol{X}^p\right)=d_2 \\
&\qquad\vdots \\
&\sum_{p=1}^{P} w^P \varphi\left(\boldsymbol{X}^P-\boldsymbol{X}^p\right)=d_p
\end{aligned} \tag{5-4}
$$

令 $\varphi_{ip}=\varphi\left(X^i-\boldsymbol{X}^p\right)$，$i=1,2,\cdots,P$，$p=1,2,\cdots,P$，则上述方程组可改写为

$$
\begin{bmatrix}
\varphi_{11} & \varphi_{12} & \cdots & \varphi_{1P} \\
\varphi_{21} & \varphi_{22} & \cdots & \varphi_{2P} \\
\vdots & \vdots & & \vdots \\
\varphi_{P1} & \varphi_{P2} & \cdots & \varphi_{PP}
\end{bmatrix}
\begin{bmatrix} w^1 \\ w^2 \\ \vdots \\ w^p \end{bmatrix}
=
\begin{bmatrix} d_1 \\ d_2 \\ \vdots \\ d_p \end{bmatrix} \tag{5-5}
$$

令 $\boldsymbol{\phi}$ 表示元素为 φ_{ip} 的 $P\times P$ 矩阵，$\boldsymbol{W}$ 和 $\boldsymbol{d}$ 分别表示系数向量和期望输出向量，式（5-5）还可写成下面的向量形式：

$$
\boldsymbol{\phi W}=\boldsymbol{d} \tag{5-6}
$$

其中，$\boldsymbol{\phi}$ 称为插值矩阵。若 $\boldsymbol{\phi}$ 为可逆矩阵，就可以从式（5-6）中解出系数向量 $\boldsymbol{W}$，即

$$
\boldsymbol{W}=\boldsymbol{\phi}^{-1}\boldsymbol{d} \tag{5-7}
$$

5.2.3 径向基函数的性质

如何保证插值矩阵的可逆性呢？Micchelli 定理给出了如下条件：对于一大类函数，如果 $\boldsymbol{X}^1,\boldsymbol{X}^2,\cdots,\boldsymbol{X}^P$ 各不相同，则 P 阶插值矩阵 $\boldsymbol{\phi}$ 是可逆的。

大量径向基函数满足 Micchelli 定理，如式（5-8）～式（5-10）所示。

（1）Gauss（高斯）函数：

$$
\varphi(r)=\exp\left(-\frac{r^2}{2\sigma^2}\right) \tag{5-8}
$$

（2）Reflected Sigmoidal（反型 S 型）函数：

$$\varphi(r)=\frac{1}{1+\exp\left(\dfrac{r^2}{\sigma^2}\right)} \tag{5-9}$$

（3）Inverse Multiquadrics（逆多二次）函数：

$$\varphi(r)=\frac{1}{\sqrt{r^2+\sigma^2}} \tag{5-10}$$

在式（5-8）～式（5-10）中，σ 称为该径向基函数的扩展常数或宽度。从图 5-1 中可以看出，径向基函数的宽度越小，就越具有选择性。

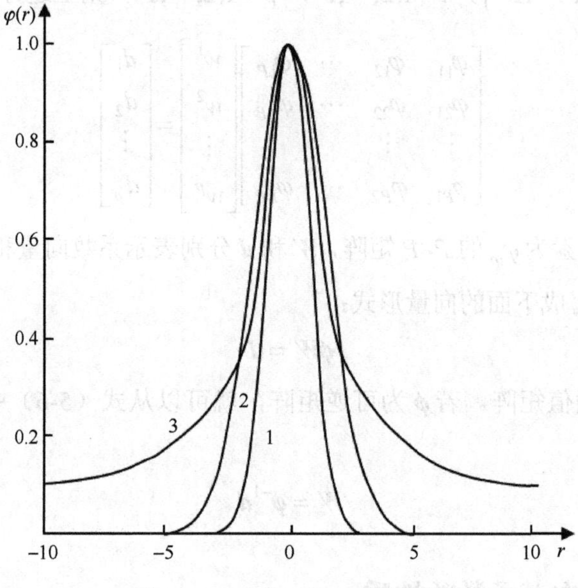

图 5-1　几种常用的径向基函数

5.3　正则化理论

正则化理论（Regularization Theory）是 Tikhonov 于 1963 年提出的一种用以解决不适定问题的方法。正则化的基本思想是通过加入一个含有解的先验知识的约束来控制映射函数的光滑性，若输入-输出映射函数是光滑的，则重建问题的解是连续的，意味着相似的输入对应着相似的输出。

逼近函数用 $F(X)$ 表示；为简单起见（不失一般性），假设函数的输出是一维的，用 y 表示；要用函数逼近的一组数据为

输入数据：$\boldsymbol{X}^p$， $p=1,2,\cdots,P$
输出期望：d_p， $p=1,2,\cdots,P$

传统的寻找逼近函数的方法是通过最小化目标函数（标准误差项）实现的，即

$$E_s(F)=\frac{1}{2}\sum_{p=1}^{P}\left(d_p-y^p\right)^2=\frac{1}{2}\sum_{p=1}^{P}\left(d_p-F\left(X^p\right)\right)^2 \tag{5-11}$$

该函数体现了期望输出与实际输出之间的距离，由训练集样本数据决定。而所谓的正则化方法，就是指在标准误差项基础上增加一个控制逼近函数光滑程度的项，称为正则化项，该正则化项体现了逼近函数的几何特性，即

$$E_c(F)=\frac{1}{2}DF^2 \tag{5-12}$$

其中，D 为线性微分算子，表示对 $F(X)$ 的先验知识，从而使其与所解问题相关。

正则化理论要求最小化的量为

$$E(F)=E_s(F)+\lambda E_c(F)=\frac{1}{2}\sum_{p=1}^{P}\left(d_p-F\left(\boldsymbol{X}^p\right)\right)^2+\frac{1}{2}\lambda DF^2 \tag{5-13}$$

其中，第一项取决于所给样本数据；第二项取决于先验知识；λ 是正实数，称为正则化参数，其值控制着正则化项的相对重要性，从而也控制着函数 $F(X)$ 的光滑程度。

使式（5-13）最小的解函数用 $F_\lambda(\boldsymbol{X})$ 表示，当 $\lambda\to 0$ 时，表明该问题不受约束，问题解 $F_\lambda(\boldsymbol{X})$ 完全取决于所给样本数据；当 $\lambda\to\infty$ 时，意味着样本数据完全不可信，仅由 D 定义的先验光滑条件就足以得到 $F_\lambda(\boldsymbol{X})$；当 λ 在上述两个极限之间取值时，使得样本数据和先验知识都对 $F_\lambda(\boldsymbol{X})$ 有贡献。因此，正则化项表示一个对模型复杂性的惩罚函数，曲率过大（光滑程度低）的 $F_\lambda(\boldsymbol{X})$ 通常有着较大的 DF 值，因此将受到较重的惩罚。

正则化理论涉及泛化知识，考虑到一般读者的数学基础，下面直接给出上述正则化问题的解：

$$F(\boldsymbol{X})=\sum_{p=1}^{P}w^p G\left(\boldsymbol{X},\boldsymbol{X}^p\right) \tag{5-14}$$

其中，$G\left(\boldsymbol{X},\boldsymbol{X}^p\right)$ 为格林函数；$\boldsymbol{X}$ 为函数的自变量；$\boldsymbol{X}^p$ 为函数的参数，对应于训练样本数据；w^p 为权系数，相应的权向量为

$$\boldsymbol{W}=\left(\boldsymbol{G}+\lambda\boldsymbol{I}\right)^{-1}\boldsymbol{d} \tag{5-15}$$

其中，$\boldsymbol{I}$ 为 $P\times P$ 单位矩阵；$\boldsymbol{G}$ 为格林矩阵。

格林函数 $G\left(\boldsymbol{X},\boldsymbol{X}^{p}\right)$ 的形式与 D 的形式有关，即与所解问题的先验知识有关。如果 D 具有平移不变性和旋转不变性，则格林函数取决于 $\boldsymbol{X}$ 和 $\boldsymbol{X}^{p}$ 之间的距离：

$$G\left(\boldsymbol{X},\boldsymbol{X}^{p}\right)=G\left(\boldsymbol{X}-\boldsymbol{X}^{p}\right) \tag{5-16}$$

显然，格林函数是一个中心对称的径向基函数。此时，式（5-14）可表示为

$$F\left(\boldsymbol{X}\right)=\sum_{p=1}^{P}w^{p}G\left(\boldsymbol{X}-\boldsymbol{X}^{p}\right) \tag{5-17}$$

这类格林函数的一个重要例子是多元高斯函数，定义为

$$G\left(\boldsymbol{X},\boldsymbol{X}^{p}\right)=\exp\left(-\frac{1}{2\sigma_{p}^{2}}\boldsymbol{X}-\boldsymbol{X}^{p2}\right) \tag{5-18}$$

式（5-17）描述的解是严格插值解，因为所有（P 个）已知训练数据都被用于生成插值函数 $F\left(\boldsymbol{X}\right)$。但是，式（5-17）与式（5-14）表示的解有根本的不同：式（5-14）表示的解基于完全内插，而式（5-17）表示的解则基于正则化。

上面的分析可归纳为以下命题。

对于任意定义在紧支子集 $\mathbb{R}^{P}$ 上的连续函数 $F\left(\boldsymbol{X}\right)$，以及任意分段连续的自伴随算子的格林函数 $G\left(\boldsymbol{X},\boldsymbol{X}^{p}\right)$，存在一个函数 $F^{*}\left(\boldsymbol{X}\right)=\sum_{p=1}^{P}w^{p}G\left(\boldsymbol{X},\boldsymbol{X}^{p}\right)$，使之对于所有的 $\boldsymbol{X}$ 和任意正数 ε 满足如下等式：

$$\left|F\left(\boldsymbol{X}\right)-F^{*}\left(\boldsymbol{X}\right)\right|<\varepsilon \tag{5-19}$$

由正则化理论构成的神经网络如图 5-2 所示。它是一个 3 层网络，输入层直接和隐藏层相连；隐藏层有 N 个单元，其变换函数为格林函数；网络输出层为隐藏层输出的线性组合，由式（5-17）计算得到。

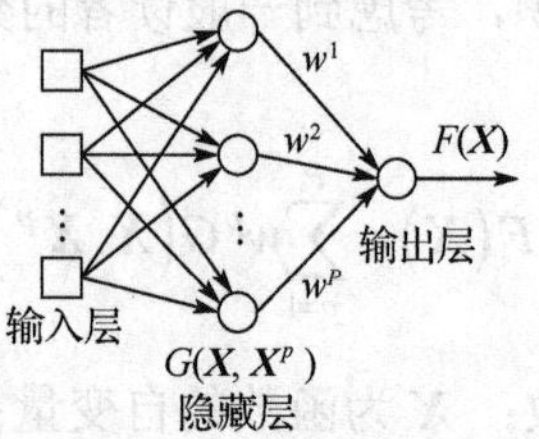

图 5-2　由正则化构成的神经网络

图 5-2 所示的网络假设格林函数 $G\left(\boldsymbol{X},\boldsymbol{X}^{p}\right)$ 对于所有的输入都是正定的。若

该假设成立，则正则化网络具有以下 3 条期望的性质。

（1）正则化网络是一种通用逼近器，只要有足够的隐藏节点，它就可以以任意精度逼近训练集上的任意多元连续函数。

（2）正则化网络具有最佳逼近特性，即任意给定一个未知的非线性函数 f，总可以找到一组权值，使得正则化网络对 f 的逼近优于所有其他可能的选择。

（3）正则化网络得到的解是最佳的，所谓“最佳”，体现在同时满足对样本的逼近误差和逼近曲线平滑性两方面。

5.4 径向基函数神经网络学习

在径向基函数神经网络中，输出层和隐藏层完成的任务是不同的，因而它们的学习策略（规则）也不相同。输出层对线性权值进行调整，采用的是线性优化策略，因而学习速度较快；而隐藏层对变换函数（格林函数）的参数进行调整，采用的是非线性优化策略，因而学习速度较慢。由此可见，两个层次的学习过程的时标（Timescale）也是不同的，因而学习一般分两个层次进行。下面介绍径向基函数神经网络常用的学习方法。

5.4.1 随机选取径向基函数中心

随机选取径向基函数中心（直接计算法）是一种比较简单的方法。在此方法中，隐藏单元径向基函数的中心是在输入样本数据中随机选取的，且中心固定。径向基函数的中心确定以后，隐藏单元的输出是已知的，这样，网络的连接权就可通过求解线性方程组来确定了。对于给定问题，如果样本数据的分布具有代表性，则此方法不失为一种简单可行的方法。

当径向基函数选用高斯函数时，可表示为

$$G\left(X - t_i^2\right) = \exp\left(-\frac{M}{2d_m^2} X - t_i^2\right) \tag{5-20}$$

其中，M 为中心数（隐藏层单元数）；d_m 为所选中心之间的最大距离；t_i 为初始化的聚类中心。在此情况下，高斯径向基函数的均方差（宽度）固定为

$$\sigma = \frac{d_m}{\sqrt{2M}} \tag{5-21}$$

这样，选择 σ 的目的是使高斯函数的形状适度，既不太尖，又不太平。

网络的连接权向量可由式（5-20）和式（5-21）计算得到，即

$$\boldsymbol{W}=\boldsymbol{G}^{+}\boldsymbol{d} \tag{5-22}$$

其中，$\boldsymbol{d}$ 是期望向量；$\boldsymbol{G}^{+}$ 是 $\boldsymbol{G}$ 的伪逆矩阵，$\boldsymbol{G}$ 由下式确定：

$$\boldsymbol{G}=\left(g_{ji}\right)$$

其中

$$\mathrm{g}_{ji}=\exp\left(-\frac{M}{2d_m^2}\boldsymbol{X}_j-t_i^{\ 2}\right),\quad j=1,2,\cdots,N\ ;\quad i=1,2,\cdots,M \tag{5-23}$$

其中，$\boldsymbol{X}_j$ 是第 j 个输入样本数据向量。矩阵伪逆的计算可以用奇异值分解方法。

5.4.2 自组织学习选取径向基函数中心

自组织学习选取的径向基函数中心是可以移动的，并通过自组织学习确定其位置，而输出层的线性权则通过监督学习规则进行计算。由此可见，这是一种混合的学习方式。自组织学习部分在某种意义上对网络的资源进行分配，学习的目的是使径向基函数中心位于输入层空间的重要区域。径向基函数中心的选择可以采用 K 均值聚类算法。这是一种无监督学习方式，在模式识别中有广泛应用。具体步骤如下。

（1）初始化聚类中心 t_i（$i=1,2,\cdots,M$）。一般是从输入样本 $\boldsymbol{X}_i$（$i=1,2,\cdots,N$）中选择 M 个样本作为聚类中心。

（2）将输入样本按最邻近规则分组，即将 $\boldsymbol{X}_i$（$i=1,2,\cdots,N$）中的 M 个样本分配给中心 t_i（$i=1,2,\cdots,M$）的输入样本聚类集合 θ_i（$i=1,2,\cdots,M$），即 $\boldsymbol{X}_j\in\theta_i$，且满足以下关系：

$$d_i=\min\boldsymbol{X}_j-t_i,\quad j=1,2,\cdots,N\ ;\ i=1,2,\cdots,M \tag{5-24}$$

其中，d_i 表示最小欧氏距离。

（3）计算 θ_i 中样本的平均值（聚类中心 t_i）：

$$t_i=\frac{1}{M_i}\sum_{\boldsymbol{X}_j\in\theta_j}\boldsymbol{X}_j \tag{5-25}$$

其中，M_i 为 θ_i 的输入样本数。

按以上步骤计算，直到聚类中心分布不再变化。径向基函数中心确定以后，如果径向基函数是高斯函数，则可用式（5-21）计算其均方差 σ，从而可以计算隐藏单元的输出。

对于输出层线性权的计算，可以采用误差校正学习算法，如最小二乘（LMS）算法。这时，隐藏层的输出就是 LMS 算法的输入。

5.4.3　监督学习选取径向基函数中心

在监督学习选取径向基函数中心这种方法中，径向基函数中心及网络的其他自由参数都是通过监督学习来确定的。这是径向基函数神经网络学习的最一般化形式。对于这种情况，监督学习可以采用简单有效的梯度下降法。

不失一般性，考虑网络为单变量输出。定义目标函数为

$$\xi = \frac{1}{2}\sum_{j=1}^{N} e_j^2 \tag{5-26}$$

其中，N 为训练样本数；e_j 为误差信号，由下式定义：

$$\begin{aligned} e_j &= d_j - F^*\left(\boldsymbol{X}_j\right) \\ &= d_j - \sum_{i=1}^{M} w_i G\left(\boldsymbol{X}_j - t_{ic_i}\right) \end{aligned} \tag{5-27}$$

对网络学习的要求是：寻求网络的自由参数 w_j、t_i 和 $\boldsymbol{R}_i^{-1}$（$\boldsymbol{R}_i^{-1}$ 与权范数矩阵 $\boldsymbol{C}_i$ 有关），使目标函数 ξ 达到最小。当上述问题用梯度下降法实现时，可得网络自由参数优化计算的公式如下。

（1）线性权 w_i（输出层）：

$$\frac{\partial \xi(n)}{\partial w_i(n)} = \sum_{j=1}^{N} e_j(n) G\left(\boldsymbol{X}_j - t_{ic_i}\right) \tag{5-28}$$

$$w_i(n+1) = w_i(n) - \eta_i \frac{\partial \xi(n)}{\partial w_i(n)}, \quad i = 1, 2, \cdots, M \tag{5-29}$$

（2）径向基函数中心 t_i（隐藏层）：

$$\frac{\partial \xi(n)}{\partial t_i(n)} = 2 w_i(n) \sum_{j=1}^{N} e_j(n) G'\left(\boldsymbol{X}_j - t_i(n)_{c_i}\right) \boldsymbol{R}_i^{-1}\left(\boldsymbol{X}_j - t_i(n)_{c_i}\right) \tag{5-30}$$

$$t_i(n+1) = t_i(n) - \eta_2 \frac{\partial \xi(n)}{\partial t_i(n)}, \quad i = 1, 2, \cdots, M \tag{5-31}$$

（3）径向基函数的扩展 $\boldsymbol{R}^{-1}$（隐藏层）：

$$\frac{\partial \xi(n)}{\partial R^{-1}(n)}=-w_i(n)\sum_{j=1}^{N}e_j(n)G'\left(\left\|\boldsymbol{X}_j-t_i(n)\right\|_{C_i}\right)\boldsymbol{\Omega}_{ji} \tag{5-32}$$

$$\boldsymbol{\Omega}_{ji}=\left[\boldsymbol{X}_j-t_i(n)\right]\left[\boldsymbol{X}_j-t_i(n)\right]^{\mathrm{T}} \tag{5-33}$$

$$\boldsymbol{R}_i^{-1}(n+1)=\boldsymbol{R}_i^{-1}(n)-\eta_3\frac{\partial \xi(n)}{\partial \boldsymbol{R}_i^{-1}(n)}，\ i=1,2,\cdots,M \tag{5-34}$$

其中，$G'(\cdot)$是格林函数对自变量的一阶导数。

以上计算公式说明了以下几点。

（1）目标函数ξ对线性权w_i是凸的，而对t_i和$\boldsymbol{R}^{-1}$则是非线性的。对于后一种情况，t_i和$\boldsymbol{R}^{-1}$最优值的搜索可能卡在参数空间的局部极小点。

（2）学习率η_1、η_2和η_3一般是不相同的。

（3）与反向传播算法不同，上述的梯度下降算法没有误差回传。

（4）当径向基函数为高斯函数时，参数$\boldsymbol{R}_i^{-1}$表示高斯函数的均方差（宽度）σ。

（5）梯度向量$\partial\xi/\partial t_i$具有与聚类相似的效应，即使t_i成为输入样本聚类的中心。

初始化问题的递归算法是一个极为重要的问题。为了减小学习过程中收敛到局部极小值的可能性，搜索应始于参数空间某个有效区域。为了达到这一目的，可以先用径向基函数神经网络实现一个标准的高斯分类算法，然后以分类结果作为搜索的起点。

为了使网络的结构尽可能简单（隐藏单元数尽可能少），优化径向基函数的参数是必要的，特别是径向基函数中心。当然，同样的扩展性能也可采用增加网络复杂性的方法来实现，即中心固定而隐藏单元数增加。这时，网络只有输出层线性权w_i一个自由参数，可用线性优化策略进行调整。

5.5 本章小结

径向基函数神经网络能够逼近任意的非线性函数，可以处理系统内难以解析的规律，具有良好的泛化能力，并具有很快的学习收敛速度，已成功应用于非线性函数逼近、时间序列分析、数据分类、模式识别、信息处理、图像处理、系统建模、控制和故障诊断等方面。

本章通过介绍径向基函数的逼近与插值原理、正则化理论，以及径向基函数神经网络学习的几种方法，包括随机选取径向基函数中心、自组织学习选取径向基函数中心、监督学习选取径向基函数中心。通过比较说明了径向基函数神经网络的收敛性。

如果输入空间的某个局部区域只有少数几个连接权值影响输出，则该网络称为局部逼近网络。常见的局部逼近网络有径向基函数神经网络、小脑模型（CMAC）神经网络、B 样条神经网络等。

第 6 章
卷积神经网络

卷积神经网络（Convolutional Neural Network，CNN）最初是受视觉神经机制的启发而设计的，是用于识别二维形状的一种多层感知器，在学习算法上，也采用监督学习方式。它的生物学基础是感受野（Receptive Field），这是 1962 年 Hubel 和 Wiesel 通过对猫视觉皮层细胞的研究发现的。一个神经元反应（支配）的刺激区域称为神经元的感受野，不同的神经元，如末梢感觉神经元、中继核神经元及大脑皮层感觉区的神经元都有各自的感受野，其性质、大小也不一致。在此基础上，1984 年，日本学者 Fukushima 基于感受野概念提出了神经认知机（Neocognitron），这是卷积神经网络的第一个实现网络，也是感受野概念在人工神经网络领域的首次应用。神经认知机先将一个视觉模式分解成许多子模式（特征），然后进入分层递阶式相连的特征平面进行处理，Fukushima 将其主要用于手写体数字的识别。随后，国内外的研究人员提出了多种卷积神经网络形式，在邮政编码识别、车牌识别和人脸识别等方面得到了广泛的应用。卷积神经网络是一种深层前馈神经网络模型，最初是为解决图像识别等问题设计的，而近年来，其在语音识别、人脸识别、运动分析、医学诊断等多个方面均有突破。

6.1 卷积神经网络的概念及特点

6.1.1 卷积的定义

卷积（Convolution）也叫褶积，是分析数学中一种重要的运算。在信号处理或图像处理中，经常使用一维或二维卷积。

在图像处理中，经过卷积特征提取操作后得到的结果称为特征映射（Feature Map）。图 6-1 给出了图像卷积处理后几种对应的特征映射。在图 6-1 中，最上面的滤波器是常用的高斯滤波器，可以用来对图像进行平滑去噪；中间和最下面的滤波器可以用来提取边缘特征。

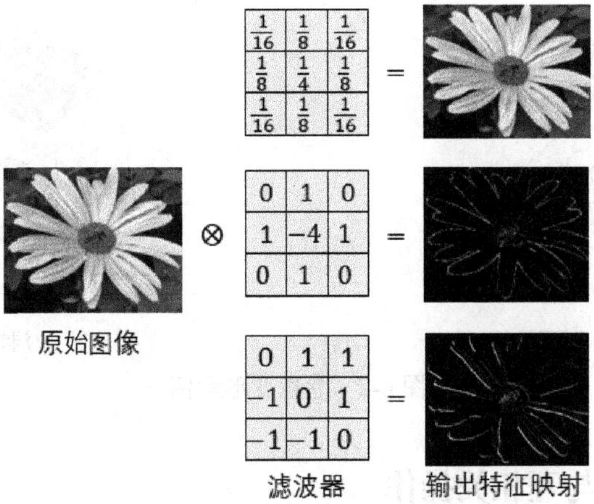

图 6-1 图像卷积处理后几种对应的特征映射

6.1.2 卷积的变形

在卷积的标准定义的基础上，还可以引入卷积核的滑动步长和零填充来增加卷积的多样性，可以更灵活地进行特征抽取。

通道数（Channels）是卷积核的个数。每个卷积核对应一个特征图进行卷积操作。

步长（Stride）是卷积核在滑动时的时间间隔。

零填充（Zero Padding）是指在输入向量两端补零。

假设卷积层的输入神经元个数为 M，卷积核大小为 K，步长为 S，在输入两端各填充 P 个 0，那么该卷积层的神经元数量为$(M-K+2P)/S+1$。

一般常用的卷积有以下 3 类：①窄卷积（Narrow Convolution），步长 $S=1$，两端不补零，$P=0$，卷积后输出长度为 $M-K+1$；②宽卷积（Wide Convolution），步长 $S=1$，两端补零，$P=K-1$，卷积后输出长度为 $M+K-1$；③等宽卷积（Equal-Width Convolution），步长 $S=1$，两端补零，$P=(K-1)/2$，卷积后输出长度为 M。

常见的两种卷积变形为转置卷积（Transposed Convolution）和空洞卷积（Atrous Convolution）。转置卷积是将低维特征映射到高维特征的卷积操作，也称为反卷积（Deconvolution）。空洞卷积（Atrous Convolution）是不增加参数数量，但增加输出单元感受野的一种方法，也称为膨胀卷积（Dilated Convolution）。卷积变形示例如图 6-2 所示。

（a）转置卷积　　（b）空洞卷积

图 6-2　卷积变形示例

6.1.3　卷积与互相关操作

在计算机视觉领域，卷积的主要功能是在一幅图像（或某种特征）上滑动一个卷积核（滤波器），通过卷积操作得到一组新的特征。对于给定的一幅图像 $\boldsymbol{X}\in\mathbb{R}^{M\times N}$ 和卷积核 $\boldsymbol{W}\in\mathbb{R}^{U\times V}$，其卷积为

$$y_{ij}=\sum_{u=1}^{U}\sum_{v=1}^{V}\boldsymbol{w}_{uv}\boldsymbol{x}_{i-u+1,\,j-v+1} \tag{6-1}$$

然而，在计算卷积的过程中，需要进行卷积核翻转。在具体实现上，一般会以互相关操作来代替卷积，从而减少一些不必要的操作或开销。翻转指从两个维度（从上到下、从左到右）颠倒次序，即旋转 180°。互相关（Cross-Correlation）是一个衡量两个序列相关性的函数，通常是用滑动窗口的点积计算来实现的。式（6-1）的互相关为

$$y_{ij}=\sum_{u=1}^{U}\sum_{v=1}^{V}\boldsymbol{w}_{uv}\boldsymbol{x}_{i+u-1,\,j+v-1} \tag{6-2}$$

式（6-1）用矩阵的形式表示为

$$\boldsymbol{Y}=\boldsymbol{W}*\boldsymbol{X} \tag{6-3}$$

式（6-2）可表示为

$$\begin{aligned}\boldsymbol{Y}&=\boldsymbol{W}\otimes\boldsymbol{X}\\&=\text{rot}180(\boldsymbol{W})*\boldsymbol{X}\end{aligned} \tag{6-4}$$

其中，$\otimes$ 表示互相关运算；$\text{rot}180(\cdot)$ 表示旋转 180°；$\boldsymbol{Y}\in\mathbb{R}^{M-U+1,N-V+1}$，为输出矩阵。为了讨论问题方便，式（6-1）和式（6-2）假设 y_{ij} 的下标 (i,j) 从 (U,V) 开始。从这两个表达式可知，互相关和卷积的区别仅仅在于卷积核是否进行翻转，

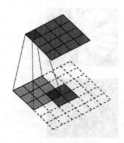

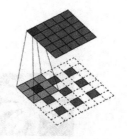

因此，互相关也可以称为不翻转卷积。

在神经网络中使用卷积是为了进行特征提取，卷积核是否进行翻转和其特征提取的能力无关。卷积和互相关在能力上是等价的。很多深度学习工具中的卷积操作其实都是互相关操作。

6.1.4 卷积神经网络的特点

卷积神经网络（CNN）本质上是一种由输入到输出的映射，可以降低图像的位置变化带来的不确定性，因此对图像的识别能力非常强。日本学者 Fukushima 基于感受野概念提出神经认知机并获得首次应用后，受视觉系统结构的启示，当具有相同参数的神经元应用前一层的不同位置时，就可以获取一种变换不变性特征。Lecun 等根据这个思想，利用反向传播算法设计并训练了卷积神经网络。卷积神经网络是一种特殊的深层神经网络模型，其特殊性主要体现在两方面：一是它的神经元间的连接为非全连接；二是同一层中神经元之间的连接采用权值共享方式。这种非全连接和权值共享的网络结构使之更类似于生物神经网络，降低了网络模型的复杂度，减少了权值的数量。

卷积神经网络具有多层网络结构，其基本结构主要包括卷积层、汇聚层、全连接层、输出层 4 类，每层由多个二维向量组成，每个向量由多个独立神经元组成。每个二维向量可以被视为一幅图像，每幅图像均具有很强的空间相关性，而使用图像中的独立像素作为输入将破坏这些相关性。因此，将输入图像通过多个不同的卷积核进行卷积运算，并加上偏置，提取出局部特征图，每个卷积核映射出一个新的二维图。对卷积运算的输出结果进行非线性激活函数处理，对激活函数的结果进行汇聚，保留最显著的特征，提升模型的畸变容忍能力。经过多个卷积层和汇聚层后，将获取的显著特征通过全连接层，最后利用数理统计的方法或分类器输出，得到相应的结果。

1．局部连接

在全连接层中，每个输入、输出都通过权值和所有输入相连。而在视觉识别中，关键性的图像特征、边缘、角点等只占据了整幅图像的一小部分，图像中相距很远的两个像素相互影响的可能性很小。因此，在卷积层中，每个输出神经元在通道方向上保持全连接，而在空间方向上则只和一小部分输入神经元相连。

如果神经网络一层中的所有神经元和前一层的每个神经元都有连接，那么这样的层称为全连接层（Fully Connected Layers），在卷积神经网络中，一般位于分类器的前端，作用是将学习到的“分布式特征表示”映射到样本标记空间，实现分类的显式表达。在实际使用中，全连接层可由卷积操作实现，对前层是全连接层的全连接层可以使用 1×1 的卷积核进行运算；而对前层是卷积层的全连接层可以使用卷积核做全局卷积，其中 h 和 w 分别为前层卷积结果的高和宽。

2. 共享参数

如果一组权值可以在图像中某个区域提取出有效的表示，那么它们也能在图像的其他区域中提取出有效的表示。也就是说，如果一个模式（Pattern）出现在图像中的某个区域，那么它们也可以出现在图像中的其他任何区域。因此，卷积层不同空间位置的神经元共享权值，用于发现图像中不同空间位置的模式。共享参数是深度学习中的一个重要思想，在减少网络参数的同时仍然能保持很好的网络容量（Capacity）。卷积层在空间方向上共享参数，而递归神经网络（Recurrent Neural Network）则在时间方向上共享参数。

现代成像技术精度越来越高，输入图像维数通常很高。例如，对于 1000×1000 大小的彩色图像，如果继续采用多层感知器中的全连接层，则会导致庞大的参数量。大参数量需要繁重的计算，更重要的是，大参数量会有更大的过拟合风险。卷积是局部连接、共享参数版的全连接层，这两个特性使参数量大大减小。

6.2 卷积神经网络的基本结构

一个标准的卷积神经网络架构主要由卷积层、汇聚层和全连接层等核心层次构成，卷积层、汇聚层和全连接层不仅是搭建卷积神经网络的基础，还是我们需要重点掌握和理解的内容，如图 6-3 所示。下面详细介绍卷积层、汇聚层、全连接层和输出层。

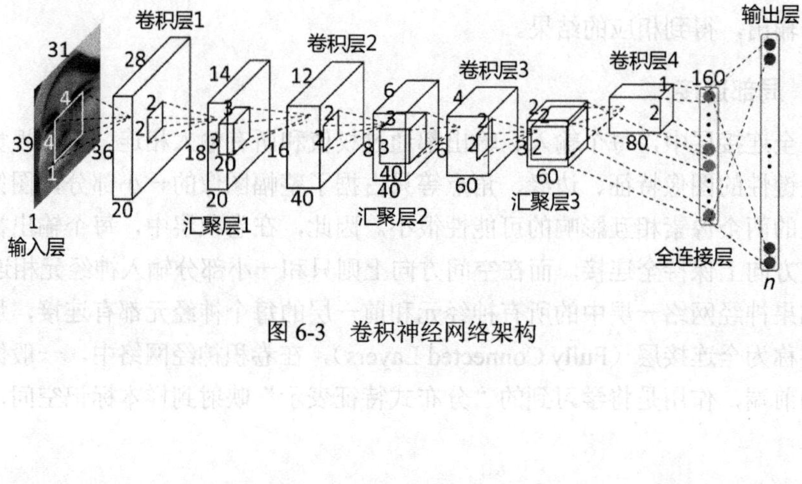

图 6-3 卷积神经网络架构

6.2.1 卷积层

卷积层（Convolutional Layer）也叫作特征提取层，是卷积神经网络的核心，主要作用是对输入的数据进行特征提取，而完成该功能的是卷积层中的权重，通常被称为滤波器或卷积核（Convolution Kernel），这也是卷积神经网络不同于传统神经网络的重要特点之一。卷积层通过使用特定尺寸的卷积核与上一层的输入图像进行卷积运算，得到多幅特征激活图（Activation Map）。在输入图像中，符合卷积核特征的那部分经卷积运算后的数据结果变大，称为激活。因此，通过训练调整卷积核的参数，可以实现最优的图像特征提取。卷积层中的卷积的实质是输入和权值的互相关（Cross-Correlation）。

卷积是图像处理中常用的线性滤波方法，卷积运算可以达到图像降噪、图像锐化等滤波效果，这种运算是通过卷积核实现的。所谓卷积核，就是指使用一个权值矩阵表示单个像素与其邻域像素的关系。卷积核中各个像素的相对差值越小，相当于对周围像素取平均值，实现模糊降噪功能；而相对差值越大，相当于突出像素与周围像素的差距，实现边缘提取的效果。由于卷积核尺寸与计算量成正比，卷积核尺寸的增大会使计算量成倍增加，因此，在实际应用中，卷积核尺寸一般比较小。每个卷积核都是一个特征提取器，对应生成一幅新的特征图。卷积层的运算直接影响神经网络的分类结果。为了将卷积层的信息特征描述得更为直观明确，通常将神经元组织为三维结构的神经层，其大小为高度 M×宽度 N×深度 D，由 D 个 $M \times N$ 大小的特征映射构成。

特征映射（Feature Map）为一幅图像（或其他特征映射）经过卷积提取到的特征，每个特征映射可以作为一类提取的图像特征。为了提高卷积神经网络的表示能力，可以在每一层使用多个不同的特征映射，以更好地表示图像的特征。

在输入层，特征映射就是图像本身。如果是灰度图像，就是有一个特征映射，输入层的深度 $D=1$；如果是彩色图像，则分别有 R、G、B 3 个色彩通道的特征映射，输入层的深度 $D=3$。

假设一个卷积层的基本结构如图 6-4 所示，其参数表示如下。

（1）输入特征映射组：$\boldsymbol{X} \in \mathbb{R}^{M \times N \times D}$，为三维张量（Tensor），其中每个切片（Slice）矩阵 $\boldsymbol{X}^d \in \mathbb{R}^{M \times N}$ 为一个输入特征映射，$1 \leqslant d \leqslant D$。

（2）输出特征映射组：$\boldsymbol{Y} \in \mathbb{R}^{M' \times N' \times P}$，为三维张量，其中每个切片矩阵 $\boldsymbol{Y}^p \in \mathbb{R}^{M' \times N'}$ 为一个输出特征映射，$1 \leqslant p \leqslant P$。

（3）卷积核：$\boldsymbol{W} \in \mathbb{R}^{U \times V \times P \times D}$，为四维张量，其中每个切片矩阵 $\boldsymbol{W}^{p,d} \in \mathbb{R}^{U \times V}$ 为一个二维卷积核，$1 \leqslant p \leqslant P$，$1 \leqslant d \leqslant D$。

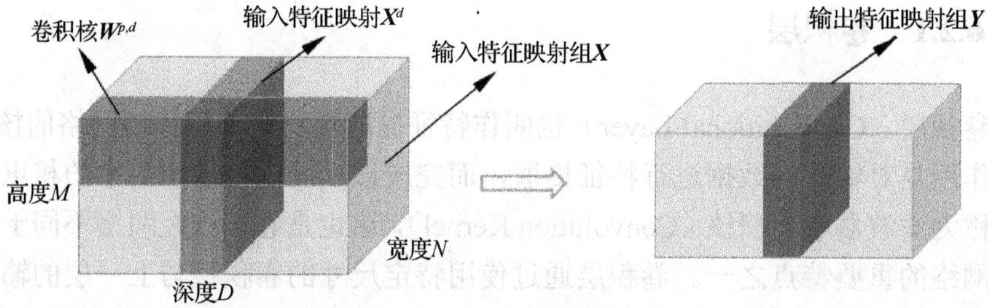

图 6-4　卷积层的基本结构

为了计算输出特征映射 $\boldsymbol{Y}^p$，首先用卷积核 $\boldsymbol{W}^{p,1},\boldsymbol{W}^{p,2},\cdots,\boldsymbol{W}^{p,D}$ 分别对输入特征映射 $\boldsymbol{X}^1,\boldsymbol{X}^2,\cdots,\boldsymbol{X}^D$ 进行卷积；然后将卷积结果相加，并加上一个标量偏置 b^p，得到卷积层的净输入 $\boldsymbol{Z}^p$；最后经过非线性激活函数后得到输出特征映射 $\boldsymbol{Y}^p$：

$$\boldsymbol{Z}^p=\boldsymbol{W}^p\otimes\boldsymbol{X}+b^p=\sum_{d=1}^{D}\boldsymbol{W}^{p,d}\otimes\boldsymbol{X}^d+b^p \tag{6-5}$$

$$\boldsymbol{Y}^p=f\left(\boldsymbol{Z}^p\right) \tag{6-6}$$

其中，$\boldsymbol{W}^p\in\mathbb{R}^{U\times V\times D}$ 为三维卷积核；$f(\cdot)$ 为非线性激活函数，一般用 ReLU 函数。

卷积层的整个计算过程如图 6-5 所示。如果希望卷积层输出 P 个特征映射，则可以将上述计算过程重复 P 次，得到 P 个输出特征映射 $\boldsymbol{Y}^1,\boldsymbol{Y}^2,\cdots,\boldsymbol{Y}^P$。

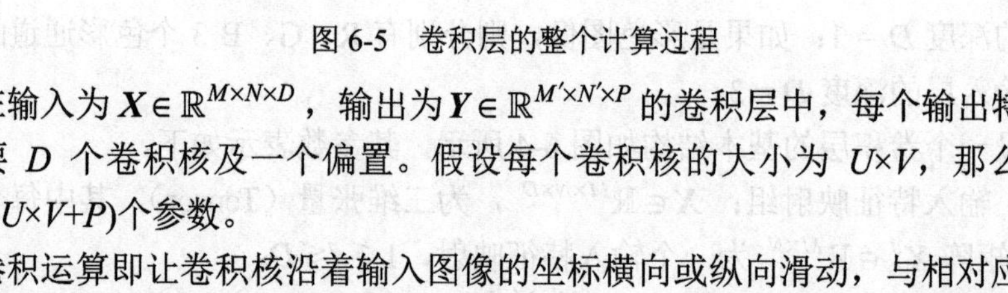

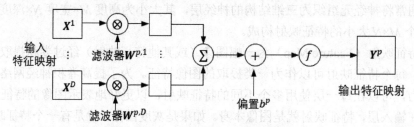

图 6-5　卷积层的整个计算过程

在输入为 $\boldsymbol{X}\in\mathbb{R}^{M\times N\times D}$，输出为 $\boldsymbol{Y}\in\mathbb{R}^{M'\times N'\times P}$ 的卷积层中，每个输出特征映射都需要 D 个卷积核及一个偏置。假设每个卷积核的大小为 $U\times V$，那么共需要 $(P\times D\times U\times V+P)$ 个参数。

卷积运算即让卷积核沿着输入图像的坐标横向或纵向滑动，与相对应的数据进行卷积运算，随着卷积核的滑动，可以得到一个新的二维特征激活图，此激活图的值为卷积核在输入图像不同空间位置的响应。步长（Stride）是卷积核滑动的距离，卷积核的尺寸和步长的大小决定激活图的尺寸。下面通过一个实例进行说明。假设有一幅 32×32×3 的输入图像，其中，32×32 指图像的高度×宽度；3 指图像具有 R、G、B 3 个色彩通道，即红色（Red）、绿色（Green）和蓝色（Blue）。这里定义一个窗口大小为 5×5×3 的卷积核，其中，5×5 指卷积核的高度×宽度；3 指卷积核的深度，对应之前输入图像的 R、G、B 3 个色彩通道，这样做的目的是当卷积核窗口在输入图像上滑动时，能够一次在其 3 个色彩通道上同时进行卷积操作。注意：如果原始输入数据都是图像，那么定义的卷积核窗口的宽度和高度要比输入图像的宽度和高度小，较常用的卷积核窗口的宽度和高度大小是 3×3 和 5×5。在定义卷积核的深度时，只要保证与输入图像的色彩通道一致就可以了，如果输入图像有 3 个色彩通道，那么卷积核的深度就是 3；如果输入图像是单色彩通道的，那么卷积核的深度就是 1，依次类推。单色彩通道输入图像的卷积过程如图 6-6 所示。图 6-6 展示了不同步长下的卷积运算。例如，输入图像的尺寸为 6×6，卷积核尺寸为 3×3，当步长为 1 时，每次运算时，卷积核在纵向或横向移动 1 个像素，最终输出图像尺寸为 4×4；当步长为 2 时，输出图像尺寸为 3×3。

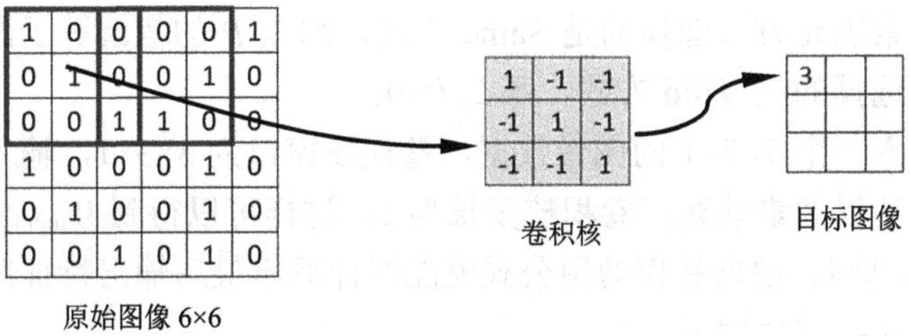

图 6-6　单色彩通道输入图像的卷积过程

下面根据定义的卷积核步长对卷积核窗口进行滑动。卷积核步长其实就是卷积核窗口每次滑动经过的图像上的像素点的数量，图 6-7 展示的是一个步长为 2 的卷积核经过一次滑动后窗口位置发生的变化。

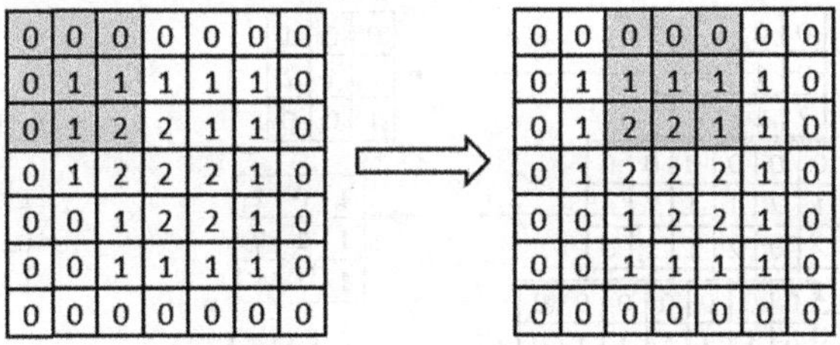

图 6-7　图像填充后的卷积过程

可以发现，在图 6-7 中，输入图像的最外层多了一圈全为 0 的像素，这其实是一种用于提升卷积效果的边界像素填充方式。在对输入图像进行卷积之前，有两种边界像素填充方式可以选择，分别是 Valid 和 Same。Valid 方式就是直接对输入图像进行卷积，不对输入图像进行任何前期处理和像素填充，缺点是可能会导致图像中的部分像素点不能被滑动窗口捕捉到；Same 方式是在输入图像的最外层加上指定层数的值全为 0 的像素边界，这样做是为了让输入图像的全部像素都能被滑动窗口捕捉到。

通过对卷积过程的计算，可以总结出一个通用公式，本书中把它叫作卷积通用公式，用于计算输入图像经过一轮卷积操作后的输出图像的宽度和高度：

$$W_{\text{output}} = \frac{W_{\text{input}} - W_{\text{filter}} + 2P}{S} + 1 \tag{6-7}$$

$$H_{\text{output}} = \frac{H_{\text{input}} - H_{\text{filter}} + 2P}{S} + 1 \tag{6-8}$$

其中，W 和 H 分别表示图像的宽度（Weight）和高度（Height）；下标 input 表示输入图像的相关参数；下标 output 表示输出图像的相关参数；下标 filter 表示卷积核的相关参数；S 表示卷积核步长；P 表示在图像边缘增加的边界像素层数，如果图像边界像素填充方式选择的是 Same 方式，那么 P 的值就等于图像增加的边界层数，如果选择的是 Valid 方式，那么 P=0。

例如，输入一个 7×7×1 的图像数据，卷积核窗口为 3×3×1，输入图像的最外层使用了一层边界像素填充，卷积核步长为 1，这样可以得到 W_{input}=7、H_{input}=7、W_{filter}=3、P=1、S=1，根据卷积通用公式就能够计算出最后输出特征图的宽度和高度，都是 7，即 $7 = \frac{7-3+2}{1} + 1$。

我们已经了解了单色彩通道的卷积操作过程，但是在实际应用中一般很少处理色彩通道只有一个的输入图像，因此，接下来看看如何对有 3 个色彩通道的输入图像进行卷积操作。3 色彩通道输入图像的卷积过程如图 6-8 所示。

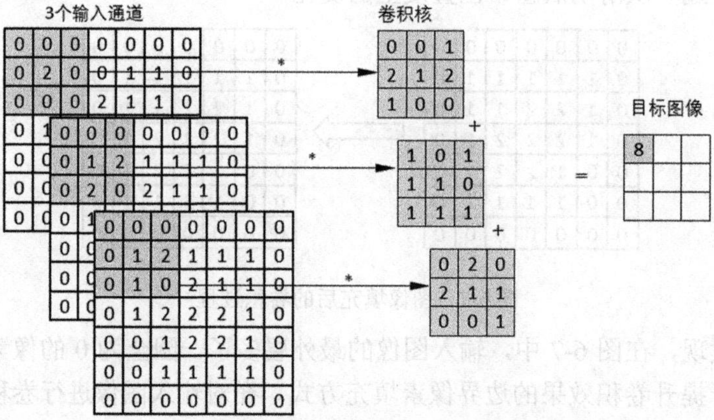

图 6-8　3 色彩通道输入图像的卷积过程

3 色彩通道输入图像的卷积过程和之前的单色彩通道的卷积过程大同小异，可以将 3 色彩通道的卷积过程看作 3 个独立的单色彩通道的卷积过程，最后将 3 个独立的单色彩通道卷积过程的结果相加，就可以得到最后的输出结果。

6.2.2 汇聚层

卷积神经网络中的汇聚层（Pooling Layer）也叫子采样层（Subsampling Layer），可以被看作卷积神经网络中的一种提取输入数据的核心特征的方式，根据特征图上的局部统计信息进行采样，在保留有用信息的同时，不仅实现了对原始数据的压缩，还大量减少了参与模型计算的参数，从某种意义上提升了计算效率。与卷积层不同的是，汇聚层不包含需要学习的参数。最大汇聚在一个局部区域选择最大值作为输出，而平均汇聚则计算一个局部区域的均值作为输出。局部区域汇聚中的最大汇聚使用得更多，而全局平均汇聚是更常用的全局汇聚方法。汇聚层处理的输入数据在一般情况下是经过卷积操作后生成的特征图。图 6-9 所示为最大汇聚层的操作过程。

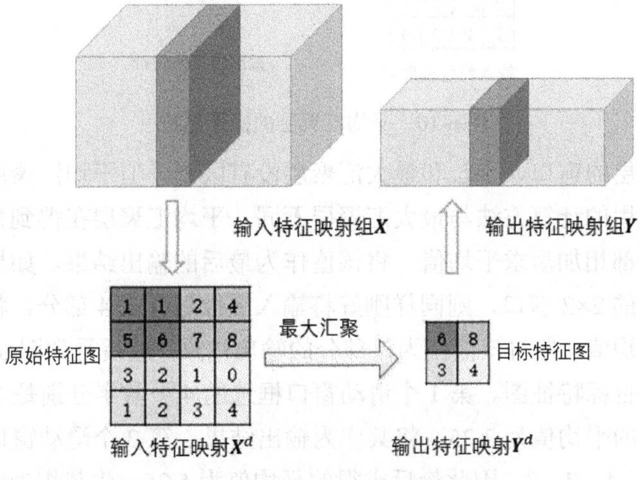

图 6-9 最大汇聚层的操作过程

如图 6-9 所示，汇聚层也需要定义一个类似卷积层中卷积核的滑动窗口，但是这个滑动窗口仅用来提取特征图中的重要特征，本身并没有参数。这里使用的滑动窗口的高度×宽度为 2×2，滑动窗口的深度和特征图的深度保持一致。图 6-9 所示为对单层特征图进行的操作，并且滑动窗口的步长为 2。下面来看看这个滑动窗口的计算细节。首先通过滑动窗口框选出特征图中的数据，然后将其中的最大值作为最后的输出结果。在图 6-9 中，左边的方框就是输入的特征图像，即原始特征图，如果滑动窗口是步长为 2 的 2×2 窗口，则刚好可以将输入图像划分成 4 部分，取每部分中数字的最大值作为该部分的输出结果，便可以得到图 6-9 中右边的输出图像，即目标特征图。第 1 个滑动窗口框选的 4 个数字分别是 1、1、5、6，因此最后选出的最大的数字是 6；第 2 个滑动窗口框选的 4 个数字分别是 2、4、7、8，因此最后选出的最大的数字是 8，依次类推，最后得到的结果就是 6、8、3、4。在了解了最大汇聚层的工作方法后，下面来看另一种常用的汇聚层方法，如图 6-10 所示，这是平均汇聚层的操作过程。

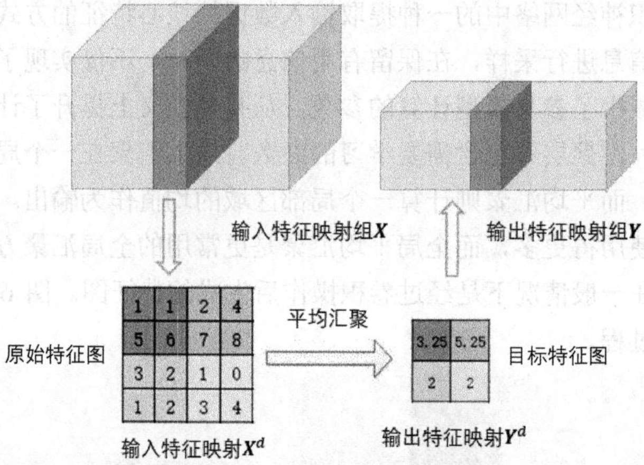

图 6-10　平均汇聚层的操作过程

平均汇聚层的窗口、步长和最大汇聚层没有区别，但平均汇聚层最后对窗口框选的数据使用的计算方法与最大汇聚层不同。平均汇聚层在得到窗口中的数字后，将它们全部相加后求平均值，将该值作为最后的输出结果。如果滑动窗口依旧是步长为 2 的 2×2 窗口，则同样刚好将输入图像划分成 4 部分，将每部分的数据相加后求平均值，并将该值作为该部分的输出结果，最后得到图 6-10 中右边的输出图像，即目标特征图。第 1 个滑动窗口框选的 4 个数字分别是 1、1、5、6，因此最后求得的平均值为 3.25，将其作为输出结果；第 2 个滑动窗口框选的 4 个数字分别是 2、4、7、8，因此最后求得的平均值为 5.25，将其作为输出结果，依次类推，最后得到的结果就是 3.25、5.25、2、2。通过汇聚层的计算，我们也能总结出一个通用公式，叫作汇聚通用公式，用于计算输入特征图经过一轮汇聚操作后输出的特征图的宽度和高度：

$$W_{\text{output}} = \frac{W_{\text{input}} - W_{\text{filter}}}{S} + 1 \tag{6-9}$$

$$H_{\text{output}} = \frac{H_{\text{input}} - H_{\text{filter}}}{S} + 1 \tag{6-10}$$

其中，W 和 H 分别表示特征图的宽度和高度；下标 input 表示输入特征图的相关参数；下标 output 表示输出特征图的相关参数；下标 filter 表示滑动窗口的相关参数；S 表示滑动窗口的步长，并且输入特征图的深度和滑动窗口的深度保持一致。

例如，通过输入特征图经过汇聚层后计算输出特征图的高度和宽度，定义一个 16×16×6 的输入图像，汇聚层的滑动窗口为 2×2×6，滑动窗口的步长为 2，可以得到 $W_{\text{input}}=16$、$H_{\text{input}}=16$、$W_{\text{filter}}=2$、$S=2$，根据总结得到的汇聚通用公式，得到输出特征图的宽度和高度，都是 8，即 $8=\frac{16-2}{2}+1$。从结果可以看出，在使用 2×2×6 的滑动窗口对输入图像进行汇聚操作后，得到的输出图像的高度和宽度变成了原来的一半，这也印证了之前提到的汇聚层的作用：汇聚层不仅能够最大限度地提取输入特征图的核心特征，还能够对输入特征图进行压缩。

汇聚层的主要作用表现在以下 3 方面：①提升特征平移不变性，汇聚可以提高网络对微小位移的容忍能力；②减小特征图，汇聚层对空间局部区域进行下采样，使下一层需要的参数量和计算量减少，并减小过拟合风险；③最大汇聚可以带来非线性，这是目前最大汇聚更常用的原因之一。近年来，有人使用步长为 2 的卷积层代替汇聚层。而在生成式模型中，有研究发现，不使用汇聚层会使网络更容易训练。

6.2.3　全连接层

全连接层的主要作用是对输入图像在经过卷积和汇聚操作后提取的特征进行压缩，并根据压缩的特征完成模型的分类。图 6-11 所示为一个全连接层的简化流程。

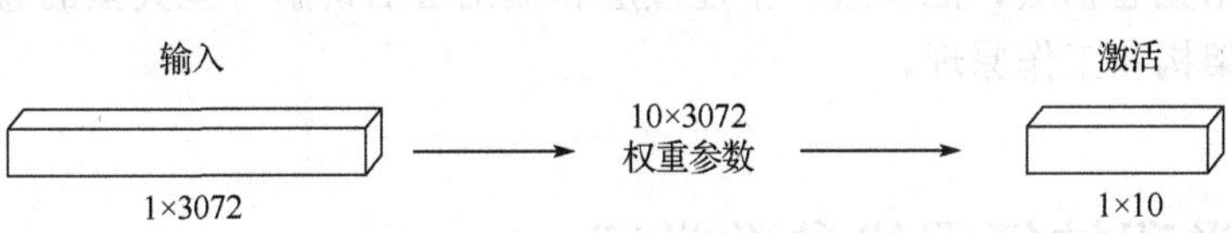

图 6-11　全连接层的简化流程

其实全连接层的计算比卷积层和汇聚层的计算更简单，如图 6-11 所示，其输入就是通过卷积层和汇聚层提取的输入图像的核心特征，与全连接层中定义的权重参数相乘，最后被压缩成仅有的 10 个输出参数，这 10 个输出参数其实已经是一个分类的结果了，经过激活函数的进一步处理，就能让分类预测结果更明显。将这 10 个参数输入 Softmax 激活函数中，激活函数的输出结果就是模型预测的输入图像对应各个类别的可能性值。

6.2.4 输出层

卷积神经网络的输入图像在经过多个卷积层、汇聚层和全连接层后，最终通过分类器以类别或概率的形式输出。卷积层和汇聚层用来提取特征，并减少原始图像带来的参数；为了得到最终的输出，需要应用全连接层生成一个等同于目标类数量的输出；输出层使用损失函数计算预测误差。损失函数也叫作代价函数，是从统计学角度衡量解决方案错误程度的量化函数。在卷积神经网络中，损失函数用来评估预测值和真实结果之间的吻合度。

早期最常见的损失函数为均方误差（MSE）损失函数，是浅层神经网络的一种标准准则函数。在数理统计中，均方误差是指参数估计值与参数真值之差平方的期望值，是衡量平均误差的常用指标。在神经网络中，均方误差用来评价输出误差的变化程度，其值越小，说明网络模型更好地拟合了训练数据。均方误差可以表示为

$$L\left(y,\hat{y}\right)=\frac{\left(y-\hat{y}\right)^2}{2} \tag{6-11}$$

其中，y 为实际输出；$\hat{y}$ 为卷积神经网络的预测输出。

目前，最为常用的一种损失函数为交叉熵损失函数，可以表示为

$$L\left(y,\hat{y}\right)=-\left[y\log\hat{y}+\left(1-y\right)\log\left(1-\hat{y}\right)\right] \tag{6-12}$$

通过神经网络解决多分类问题就是设计与类别相同的输出节点，在理想情况下，某一类别相对应的节点输出应为 1，而其他节点输出为 0。

在介绍完卷积层、汇聚层、全连接层和输出层后讲解一些典型的卷积神经网络模型的架构和工作原理。

6.3 卷积神经网络参数学习

在卷积神经网络中，参数为卷积核中的权重及偏置，与全连接前馈网络类似，卷积神经网络也可以通过误差反向传播算法进行参数学习。在全连接前馈网络中，梯度主要通过每层的误差项 δ 进行反向传播，并进一步计算每层参数

的梯度。

在卷积神经网络中，主要有两种不同功能的神经层：卷积层和汇聚层。而参数为卷积核及偏置，因此，只需计算卷积层中参数的梯度（假设汇聚层没有参数）即可。

假设有一个卷积神经网络，第 l 层为卷积层，第 $l-1$ 层的输入特征映射为 $\boldsymbol{X}^{(l-1)} \in \mathbb{R}^{M \times N \times D}$，通过卷积计算得到第 l 层的特征映射净输入 $\boldsymbol{Z}^{(l)} \in \mathbb{R}^{M' \times N' \times P}$。第 l 层的第 p（$1 \leqslant p \leqslant P$）个特征映射净输入为

$$\boldsymbol{Z}^{(l,p)} = \sum_{d=1}^{D} \boldsymbol{W}^{(l,p,d)} \otimes \boldsymbol{X}^{(l-1,d)} + b^{(l,p)} \tag{6-13}$$

其中，$\boldsymbol{W}^{(l,p,d)}$ 和 $b^{(l,p)}$ 为卷积核及偏置。第 l 层中共有 $P \times D$ 个卷积核和 P 个偏置，可以分别使用链式法则来计算其梯度。

根据卷积参数的导数和式(6-13)，损失函数 L 关于第 l 层的卷积核 $\boldsymbol{W}^{(l,p,d)}$ 的偏导数为

$$\begin{aligned} \frac{\partial L}{\partial \boldsymbol{W}^{(l,p,d)}} &= \frac{\partial L}{\partial \boldsymbol{Z}^{(l,p)}} \otimes \boldsymbol{X}^{(l-1,d)} \\ &= \delta^{(l,p)} \otimes \boldsymbol{X}^{(l-1,d)} \end{aligned} \tag{6-14}$$

其中，$\delta^{(l,p)} = \dfrac{\partial L}{\partial \boldsymbol{Z}^{(l,p)}}$ 为损失函数关于第 l 层的第 p 个特征映射净输入 $\boldsymbol{Z}^{(l,p)}$ 的偏导数。

同理可知，损失函数关于第 l 层的第 p 个偏置 $b^{(l,p)}$ 的偏导数为

$$\frac{\partial L}{\partial b^{(l,p)}} = \sum_{i,j} \left[\delta^{(l,p)} \right]_{i,j} \tag{6-15}$$

在卷积神经网络中，每层参数的梯度依赖其所在层的误差项 $\delta^{(l,p)}$。

汇聚层和卷积层中误差项的计算方法有所不同，因此下面分别计算其误差项。

1. 汇聚层

当第 $l+1$ 层为汇聚层时，因为汇聚层是下采样操作，所以第 $l+1$ 层的每个神经元的误差项 δ 对应第 l 层的相应特征映射的一个区域。第 l 层的第 p 个特征映射中的每个神经元都有一条边和第 $l+1$ 层的第 p 个特征映射中的一个神经元相连。根据链式法则，对于第 l 层的一个特征映射的误差项 $\delta^{(l,p)}$，只需先对第 $l+1$ 层对应的特征映射的误差项 $\delta^{(l+1,p)}$ 进行下采样操作（第 $l+1$ 层的误差项的值与第 l 层的误差项的值的大小一样），再和第 l 层特征映射的激活值偏导数

逐元素相乘，就得到$\delta^{(l,p)}$。第l层的第p个特征映射的误差项$\delta^{(l,p)}$的具体推导过程如下：

$$\begin{aligned}\delta^{(l,p)} &\triangleq \frac{\partial L}{\partial \boldsymbol{Z}^{(l,p)}} \\ &= \frac{\partial \boldsymbol{X}^{(l,p)}}{\partial \boldsymbol{Z}^{(l,p)}} \frac{\partial \boldsymbol{Z}^{(l+1,p)}}{\partial \boldsymbol{X}^{(l,p)}} \frac{\partial L}{\partial \boldsymbol{Z}^{(l+1,p)}} \\ &= f_l'\left(\boldsymbol{Z}^{(l,p)}\right) \odot \mathrm{up}\left(\delta^{(l+1,p)}\right)\end{aligned} \tag{6-16}$$

其中，$f_l'(\cdot)$为第l层使用的激活函数的导数；up 为上采样函数，与第$l+1$层中使用的下采样操作刚好相反。如果下采样是最大汇聚，则误差项$\delta^{(l+1,p)}$中的每个值都会直接传递到前一层对应区域中的最大值对应的神经元中，该区域中其他神经元的误差项都设为 0。如果下采样是平均汇聚，则误差项$\delta^{(l+1,p)}$中的每个值都会被平均分配到前一层对应区域中的所有神经元中。

2. 卷积层

当第$l+1$层为卷积层时，假设特征映射净输入$\boldsymbol{Z}^{(l+1)} \in \mathbb{R}^{M' \times N' \times P}$，则其中第$p$（$1 \leqslant p \leqslant P$）个特征映射净输入为

$$\boldsymbol{Z}^{(l+1,p)} = \sum_{d=1}^{D} \boldsymbol{W}^{(l+1,p,d)} \otimes \boldsymbol{X}^{(l,d)} + b^{(l+1,p)} \tag{6-17}$$

其中，$\boldsymbol{W}^{(l+1,p,d)}$和$b^{(l+1,p)}$为第$l+1$层的卷积核及偏置。第$l+1$层中共有$P \times D$个卷积核和$P$个偏置。第$l$层的第$p$个特征映射的误差项$\delta^{(l,p)}$的具体推导过程如下：

$$\begin{aligned}\delta^{(l,p)} &\triangleq \frac{\partial L}{\partial \boldsymbol{Z}^{(l,d)}} \\ &= \frac{\partial \boldsymbol{X}^{(l,d)}}{\partial \boldsymbol{Z}^{(l,d)}} \frac{\partial L}{\partial \boldsymbol{X}^{(l,p)}} \\ &= f_l'\left(\boldsymbol{Z}^{(l,d)}\right) \odot \sum_{p=1}^{P}\left(\mathrm{rot180}\left(\boldsymbol{W}^{(l+1,p,d)}\right) \tilde{\otimes} \frac{\partial L}{\partial \boldsymbol{Z}^{(l+1,p)}}\right) \\ &= f_l'\left(\boldsymbol{Z}^{(l,d)}\right) \odot \sum_{p=1}^{P}\left(\mathrm{rot180}\left(\boldsymbol{W}^{(l+1,p,d)}\right) \tilde{\otimes} \delta^{(l+1,p)}\right)\end{aligned} \tag{6-18}$$

其中，$\tilde{\otimes}$表示宽卷积。

6.4 卷积神经网络常用模型

本节介绍如何使用这些基本的层次结构，并配合一些调整和改进来搭建形态各异的卷积神经网络模型。

6.4.1 LeNet 模型

LeNet 模型是由 Lecun 在 1989 年提出的历史上第一个真正意义上的卷积神经网络模型。不过最初的 LeNet 模型已经不再被人们使用了，使用最多的是在 1998 年出现的 LeNet 的改进版本 LeNet-5。LeNet-5 作为卷积神经网络模型的先驱，最先被用于处理计算机视觉问题，在识别手写体数字的准确性上取得了非常好的成绩。LeNet-5 卷积神经网络架构如图 6-12 所示。

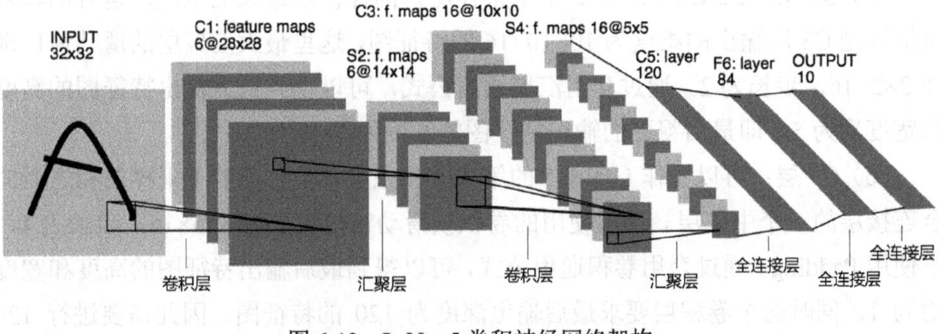

图 6-12 LeNet-5 卷积神经网络架构

在图 6-12 中，从左往右分别是 INPUT 层、C1 层、S2 层、C3 层、S4 层、C5 层、F6 层和 OUTPUT 层，下面对这些层一一进行介绍。

（1）INPUT 层：输入层，LeNet-5 卷积神经网络的默认输入数据必须是维度为 32×32×1 的图像，即输入的是高度和宽度均为 32 的单色彩通道图像。

（2）C1 层：LeNet-5 的第 1 个卷积层，使用的卷积核滑动窗口大小为 5×5×1，步长为 1，不使用 Padding（填充），如果输入数据的高度和宽度均为 32，那么通过套用卷积通用公式，可以得出最后输出的特征图的高度和宽度均为 28，即 $28=\frac{32-5+0}{1}+1$。同时可以看到，这个卷积层要求最后输出深度为 6 的特征图，因此需要进行 6 次同样的卷积操作，最后得到的输出特征图的维度为 28×28×6。

（3）S2 层：LeNet-5 的下采样层（第 1 个），下采样要完成的功能是缩减输入的特征图的大小，这里使用最大汇聚层进行下采样。选择最大汇聚层的滑动窗口为 2×2×6，步长为 2，因为输入特征图的高度和宽度均为 28，所以通过套用汇聚通用公式，可以得到最后输出特征图的高度和宽度均为 14，即$14=\frac{28-2}{2}+1$，因此本层输出特征图的维度为 14×14×6。

（4）C3 层：LeNet-5 的第 2 个卷积层，使用的卷积核滑动窗口发生了变化，变成了 5×5×6，因为输入特征图的维度为 14×14×6，所以卷积核滑动窗口的深度必须要和输入特征图的深度一致，步长依旧为 1，不使用 Padding。套用卷积通用公式，可以得到最后输出特征图的高度和宽度均为 10，即$10=\frac{14-5+0}{1}+1$，同时，这个卷积层要求最后输出深度为 16 的特征图，因此需要进行 16 次卷积，最后得到输出特征图的维度为 10×10×16。

（5）S4 层：LeNet-5 的第 2 个下采样层，同样使用最大汇聚层，这时的输入特征图是 C3 层输出的维度为 10×10×16 的特征图，这里最大汇聚层的滑动窗口选择 2×2×16，步长为 2。通过套用汇聚通用公式，可以得到最后输出特征图的高度和宽度均为 5，即最后得到的输出特征图的维度为 5×5×16。

（6）C5 层：可以看作 LeNet-5 的第 3 个卷积层，是之前的下采样层和之后的全连接层的一个中间层。该层使用的卷积核滑动窗口大小为 5×5×16，步长为 1，不使用 Padding。通过套用卷积通用公式，可以得到最后输出特征图的高度和宽度均为 1，同时这个卷积层要求最后输出深度为 120 的特征图，因此需要进行 120 次卷积，最后得到输出特征图的维度为$1\times1\times120$。

（7）F6 层：LeNet-5 的第 1 个全连接层，该层的输入数据是维度为 1×1×120 的特征图，要求最后输出深度为 84 的特征图，因此本层要完成的任务就是对输入特征图进行压缩，最后得到输出维度为 1×84 的特征图。要完成这个过程，就需要让输入特征图乘上一个维度为 120×84 的权重参数。根据矩阵的乘法运算法则，一个维度为 1×120 的矩阵乘上一个维度为 120×84 的矩阵，最后输出的是维度为 1×84 的矩阵，这个维度为 1×84 的矩阵就是全连接层最后输出的特征图。

（8）OUTPUT 层：输出层，因为 LeNet-5 是用来解决分类问题的，所以需要根据输入图像判断图像中手写体数字的类别，输出的结果是输入图像对应 10 个类别的可能性值。在此之前，需要先将 F6 层输入的维度为 1×84 的数据压缩成维度为 1×10 的数据，依靠一个维度为 84×10 的矩阵来完成。将最终得到的 10 个数据全部输入 Softmax 激活函数中，得到的就是模型预测的输入图像所对应的 10 个类别的可能性值。

6.4.2 AlexNet 模型

Hinton 课题组为了证明深度学习的潜力，在 2012 年的 ILSVRC（ImageNet Large Scale Visual Recognition Competition）比赛中使用 AlexNet 搭建卷积神经网络模型，并通过 AlexNet 模型在这次比赛中一举获得冠军，而且在识别准确率上，相比于使用支持向量机（Support Vector Machines，SVM）这种传统的机器学习方法有一定的优势。由于在这个比赛上取得的显著成绩，卷积神经网络模型受到众多科学家的关注和重视。ILSVRC 2012 网络结构图如图 6-13 所示。

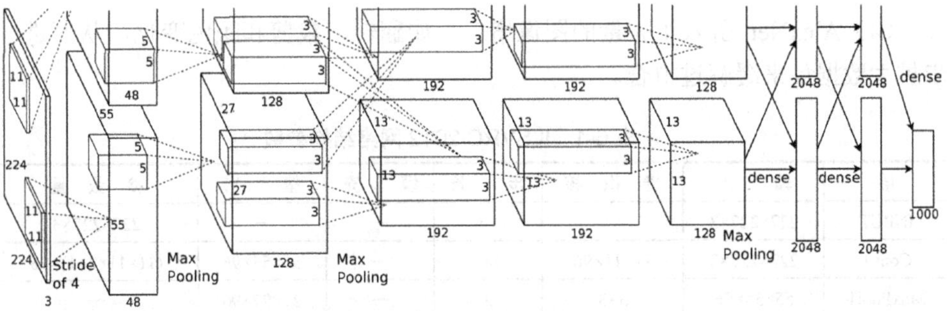

图 6-13 ILSVRC 2012 网络结构图

AlexNet 与 LeNet 的设计理念非常相似，但也有一些显著的区别。ILSVRC 2012 网络结构参数如表 6-1 所示。

（1）与相对较小的 LeNet 相比，AlexNet 包含 8 层变换，其中有 5 个卷积层和 2 个全连接隐藏层，以及 1 个全连接输出层。下面来看这些层的详细设计。

AlexNet 第 1 层中的卷积窗口大小为 11×11。因为 ImageNet 中绝大多数图像的高和宽均是 MNIST 图像的高和宽的 10 倍以上，ImageNet 图像的物体占用更多的像素，所以需要更大的卷积窗口来捕获物体。第 2 层中的卷积窗口减小到 5×5，之后全部为 3×3。此外，第 1、2 和 5 个卷积层之后都使用了窗口大小为 3×3、步长为 2 的最大汇聚层。而且，AlexNet 使用的卷积通道数也数十倍于 LeNet 中的卷积通道数。

紧接着最后一个卷积层的是两个输出个数为4096的全连接层。这两个巨大的全连接层带来将近1GB的模型参数。由于早期显存的限制，最早的AlexNet使用双数据流的设计使一块GPU只需处理一半模型。幸运的是，显存在过去几年得到了长足的发展，因此现在通常不再需要这样的特别设计了。

（2）AlexNet将Sigmoid激活函数改成了更加简单的ReLU激活函数，一方面，ReLU激活函数的计算更简单，如它并没有Sigmoid激活函数中的求幂运算；另一方面，ReLU激活函数在不同的参数初始化方法下使模型更容易训练。这是由于当Sigmoid激活函数输出极接近0或1时，这些区域的梯度几乎为0，从而造成反向传播无法继续更新部分模型参数；ReLU激活函数在正区间的梯度恒为1。因此，若模型参数初始化不当，那么Sigmoid函数可能在正区间得到几乎为0的梯度，从而令模型无法得到有效训练。

（3）AlexNet通过丢弃法控制全连接层的模型复杂度，而LeNet没有使用丢弃法。

（4）AlexNet引入了大量的图像增广，如翻转、裁剪和颜色变化，从而进一步扩大数据集来缓解过拟合。

表6-1 ILSVRC 2012网络结构参数

层	输入	卷积核	步长	填充	输出	参数量
INPUT	227×227×3	—	—	—	—	227×227×3
Conv1	227×227×3	11×11×96	4×4	—	55×55×96	(11×11×3+1)×96
MaxPool1	55×55×96	3×3	2	—	27×27×96	—
Conv2	27×27×96	5×5×256	1	2	27×27×256	(5×5×96+1)×256
MaxPool2	27×27×256	3×3	2	—	13×13×256	—
Conv3	13×13×256	3×3×384	1	1	13×13×384	(13×13×256+1)×384
Conv4	13×13×384	3×3×384	1	1	13×13×384	(13×13×384+1)×384
Conv5	13×13×384	3×3×256	1	1	13×13×256	(3×3×384+1)×256
MaxPool5	13×13×256	3×3	2	—	6×6×256	—
FC6	6×6×256	—	—	—	4096	6×6×256×4096+1
FC7	4096	—	—	—	4096	4096×4096+1
FC8	4096	—	—	—	1000	4096×1000+1

6.4.3 VGGNet模型

VGGNet由牛津大学的视觉几何组（Visual Geometry Group）提出，并在

2014 年举办的 ILSVRC 中获得了定位任务第 1 名和分类任务第 2 名的好成绩，相对于 2012 年的 ILSVRC 冠军模型 AlexNet，VGGNet 模型统一了卷积中使用的参数，如卷积核滑动窗口的高度和宽度统一为 3×3、卷积核步长统一为 1、Padding 统一为 1 等；而且增加了卷积神经网络模型架构的深度，分别定义了 16 层的 VGG16 模型和 19 层的 VGG19 模型，与 AlexNet 的 8 层结构相比，其深度更深。这两个重要的改变对于人们重新定义卷积神经网络模型架构也有不小的帮助，至少证明了使用更小的卷积核并增加卷积神经网络的深度可以更有效地提升模型的性能。下面来看一个 16 层结构的 VGGNet 模型，如图 6-14 所示。

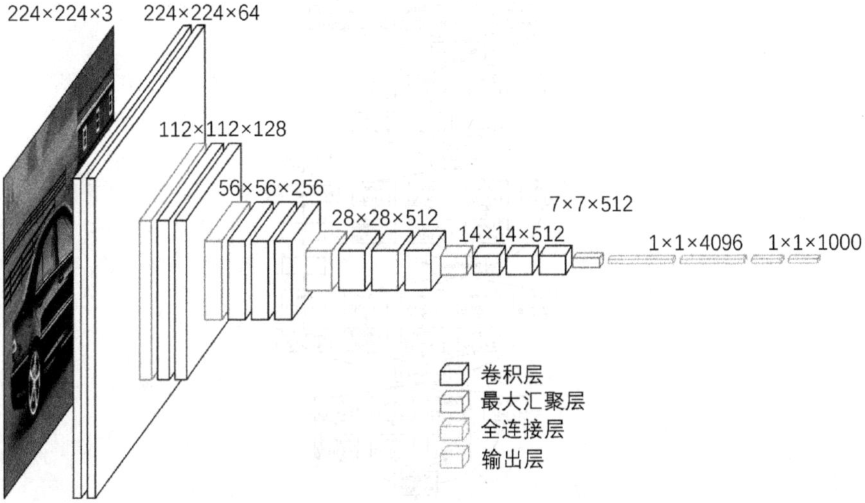

图 6-14　16 层结构的 VGGNet 模型

6.4.4　GoogLeNet 模型

在 2014 年举办的 ILSVRC 大赛中，一个被称为 GoogLeNet 的网络模型大放异彩，取得了分类任务第 1 名的好成绩。与在 2014 年的分类任务中取得第 2 名的 VGGNet 模型相比，GoogLeNet 模型的网络深度已经达到了 22 层，而且在网络架构中引入了 Inception 单元。这两个重要的改变证明，通过使用 Inception 单元构造的深层次卷积神经网络模型能进一步提升模型的整体性能。GoogLeNet 模型的 22 层网络架构如图 6-15 所示。

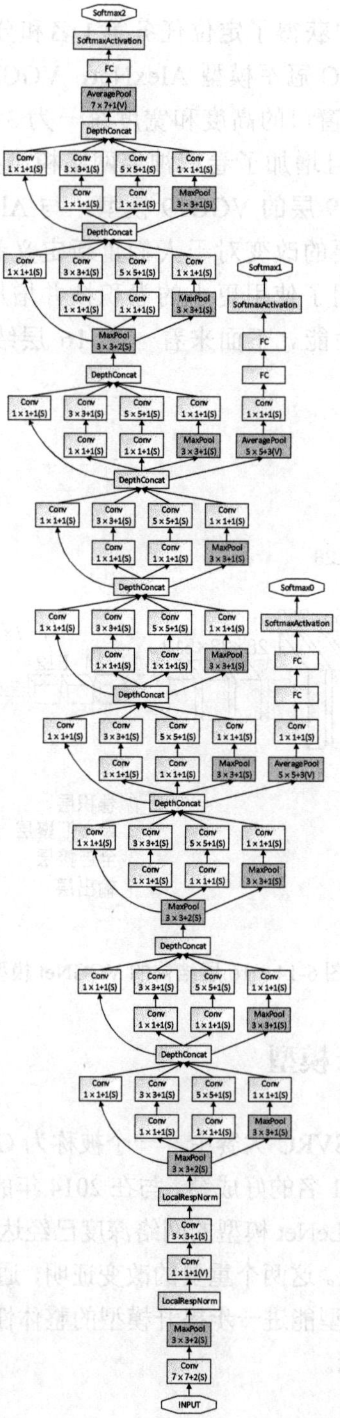

图 6-15　GoogLeNet 模型的 22 层网络架构

因为 GoogLeNet 模型的重复性比较高，所以下面根据重点模型进行介绍。首先来看模型中的 Inception 单元结构，在此之前先了解一下 Naive Inception 单元的结构，如图 6-16 所示。

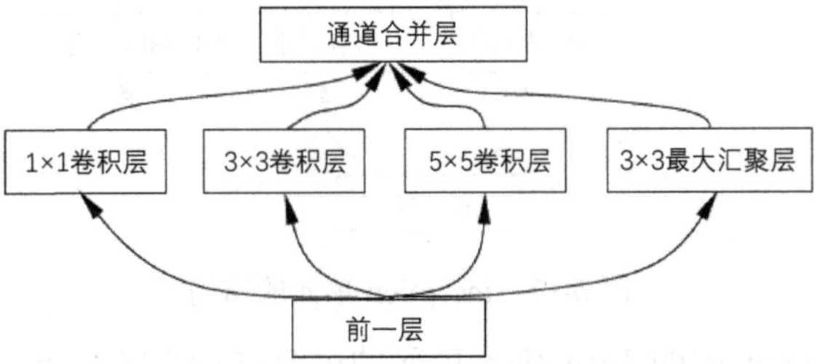

图 6-16 Naive Inception 单元的结构

从图 6-16 中可以看出，前一层（Previous Layer）是 Naive Inception 单元的数据输入层，之后被分成了 4 部分，这 4 部分分别对应滑动窗口的高度和宽度为 1×1 的卷积层、3×3 的卷积层、5×5 的卷积层和 3×3 的最大汇聚层，将各层计算的结果汇聚至通道合并层（Filter Concatenation Layer），在完成合并后，将结果输出。

下面通过一个具体的实例来看看整个 Naive Inception 单元的详细工作过程，假设在图 6-16 中，Naive Inception 单元的前一层输入的数据是一幅 32×32×256 的特征图，该特征图先被复制成 4 份并分别被传至接下来的 4 部分中。假设这 4 部分对应的滑动窗口的步长均为 1，其中，1×1 卷积层的 Padding 为 0，滑动窗口维度为 1×1×256，要求输出的特征图深度为 128；3×3 卷积层的 Padding 为 1，滑动窗口维度为 3×3×256，要求输出的特征图深度为 192；5×5 卷积层的 Padding 为 2，滑动窗口维度为 5×5×256，要求输出的特征图深度为 96；3×3 最大汇聚层的 Padding 为 1，滑动窗口维度为 3×3×256。这里对每个卷积层要求输出的特征图深度没有特殊意义，之后通过计算，分别得到这 4 部分输出的特征图为 32×32×128、32×32×192、32×32×96 和 32×32×256，在通道合并层进行合并，得到 32×32×672 的特征图，合并的方法是将各部分输出的特征图相加，最后这个 Naive Inception 单元输出的特征图的维度就为 32×32×672。

但是，Naive Inception 单元有两个非常严重的问题：首先，所有卷积层直接和前一层输入的数据对接，因此卷积层中的计算量会很大；其次，在这个单元中使用的最大汇聚层保留了输入数据的特征图深度，因此，在最后进行合并时，总的输出的特征图深度只会增加，这就增加了该单元之后的网络结构的计算量。因此，人们为了解决这些问题，在 Naive Inception 单元的基础上对单元结构进行了改进，开发出了在 GoogLeNet 模型中使用的 Inception 单元。

下面来看 GoogLeNet 模型中的 Inception 单元的结构，如图 6-17 所示。

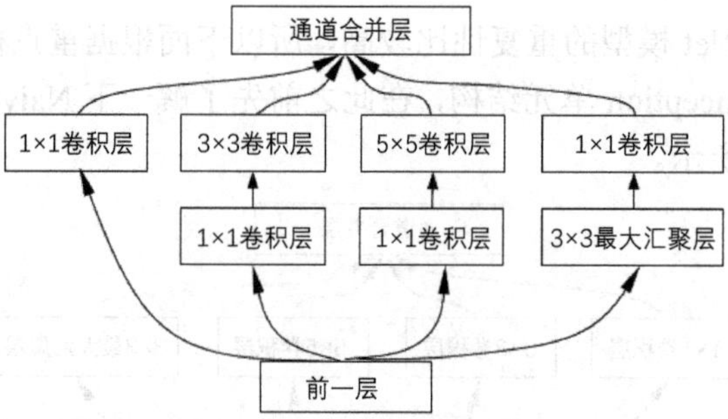

图 6-17　Inception 单元的结构

在对 GoogLeNet 中的 Inception 单元的内容进行详细介绍之前，先了解一下 NiN（Network in Network）中 1×1 卷积层的意义和作用。我们知道，卷积是用来做数据特征提取的，而且最常使用的卷积核滑动窗口的高度和宽度一般为 3×3 或 5×5，那么，在卷积核中使用高度和宽度为 1×1 的滑动窗口能起什么作用呢？主要是用来完成特征图通道的聚合或发散的。

例如，假设现在有一个维度为 50×50×100 的特征图，3 个参数分别表示特征图的宽度、高度和深度，将这个特征图输入 1×1 的卷积层中，定义该卷积层使用的卷积核的滑动窗口维度为 1×1×100。如果想要输出一个深度为 90 的特征图，则在通过 90 次卷积操作之后，刚才的维度为 50×50×100 的特征图就变成了维度为 50×50×90 的特征图，这就是特征图通道的聚合。反过来，如果想要输出的特征图的深度是 110，那么在通过 110 次卷积操作之后，刚才的维度为 50×50×100 的特征图就变成了维度为 50×50×110 的特征图，这个过程实现了特征图通道的发散。通过 1×1 卷积层来控制特征图最后输出的深度，从而间接影响了与其相关联的层的卷积参数数量。例如，将一个 32×32×10 的特征图输入 3×3 的卷积层中，要求最后输出的特征图深度为 20，那么在这个过程中，需要用到的卷积参数为 1800 个，即 1800=10×20×3×3。如果将 32×32×10 的特征图先输入 1×1 的卷积层中，使其变成 32×32×5 的特征图；再将其输入 3×3 的卷积层中，那么，在这个过程中，需要用到的卷积参数减少至 950 个，即 950=1×1×10×5+5×20×3×3。使用 1×1 的卷积层使卷积参数几乎减少了一半，极大提升了模型的性能。

GoogLeNet 中的 Inception 单元与 Naive Inception 单元的结构相比，就是在如图 6-17 所示的相应位置增加了 1×1 的卷积层。假设新增加的 1×1 卷积层的输出深度为 64、步长为 1、Padding 为 0，其他卷积层和汇聚层的输出深度、步长都与之前在 Naive Inception 单元中定义的一样，前一层输入的数据仍然使用同之前一样的维度为 32×32×256 的特征图，则通过计算，分别得到这 4 部分输出的特征图维度为 32×32×128、32×32×192、32×32×96 和 32×32×64，将其合并后得到维度为

32×32×480 的特征图，将这 4 部分输出的特征图相加，最后 Inception 单元输出的特征图维度为 32×32×480。

在输出结果中，32×32×128、32×32×192、32×32×96 与之前的 Naive Inception 单元的输出结果是一样的，但其实这 3 部分因为 1×1 卷积层的加入，总的卷积参数数量已经大大少于之前的 Naive Inception 单元了，而且因为在最大汇聚层之前也加入了 1×1 的卷积层，所以最终输出的特征图的深度也减少了。

GoogLeNet 的层次类型主要包括输入层、卷积层、最大汇聚层、平均汇聚层、全连接层、Inception 单元和输出层。虽然 GoogLeNet 在结构上与之前列举的几个模型有差异，但是可以把整个 GoogLeNet 模型看成是由三大块组成的，分别是模型的起始部分、Inception 单元堆叠部分和模型最后的分类输出部分。

GoogLeNet 模型中起始部分的结构如图 6-18 所示。

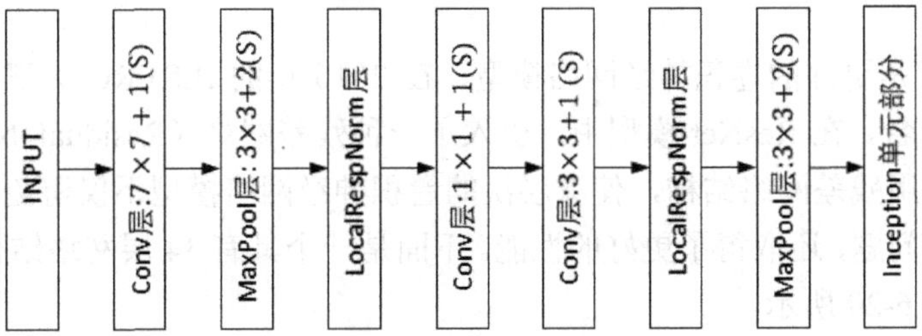

图 6-18 GoogLeNet 模型中起始部分的结构

在图 6-18 中，INPUT 层是整个 GoogLeNet 模型最开始的数据输入层；Conv 层对应模型中使用的卷积层；MaxPooL 层对应模型中使用的最大汇聚层；Local RespNorm 层是模型中使用的局部响应归一化层。每层后面的数字表示滑动窗口的高度和宽度及步长。例如，第 1 个卷积层中的数字是 7×7+1(S)，7×7 就是滑动窗口的高度和宽度，1 就是滑动窗口的步长。大写的 S 是 Stride 的缩写，这个起始部分的输出结果作为 Inception 单元堆叠部分的输入。

在 GoogLeNet 模型中，最后的分类输出部分的结构如图 6-19 所示。

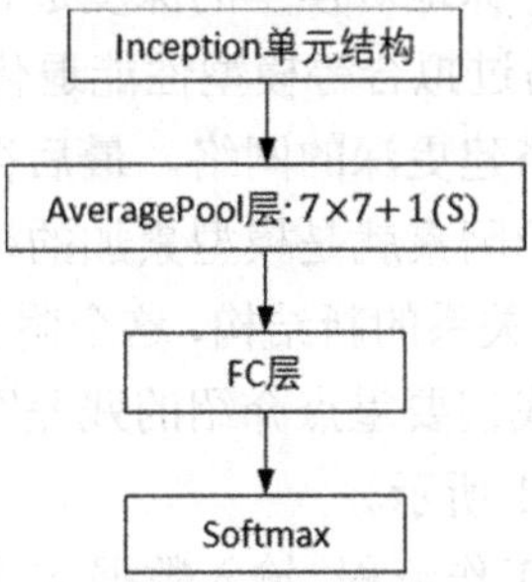

图 6-19 最后的分类输出部分的结构

在图 6-19 中，最后的分类输出部分的输入数据来自 Inception 单元堆叠部分最后一个 Inception 单元的合并输出，AveragePool 层对应模型中的平均汇聚层，FC 层对应模型中的全连接层，Softmax 对应模型最后进行分类使用的 Softmax 激活函数。

总而言之，在 GoogLeNet 模型中使用 Inception 单元，使卷积神经网络模型的搭建实现了模块化，如果想要改变 GoogLeNet 模型的深度，则只需增添或者减少相应的 Inception 单元就可以了，非常方便。另外，为了避免出现深层次模型中的梯度消失问题，在 GoogLeNet 模型结构中还增加了两个额外的辅助 Softmax 激活函数，用于向前传导梯度。

6.4.5 ResNet 模型

ResNet 是更深的卷积神经网络模型，在 2015 年的 ILSVRC 大赛中获得分类任务的第 1 名。在 ResNet 模型中，引入了一种残差网络（Residual Network）结构，通过使用残差网络结构，使深层次的卷积神经网络模型不仅避免了出现模型性能退化的问题，还取得了更好的性能。下面是一个具有 34 层网络结构的 ResNet 模型，如图 6-20 所示。

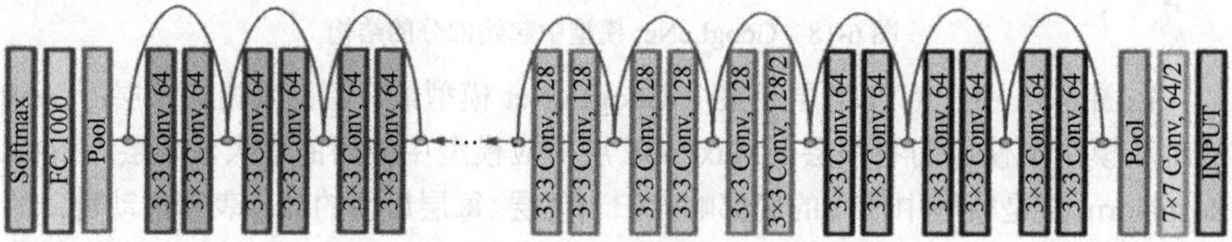

图 6-20　ResNet 模型（34 层）

在图 6-20 中，虽然 ResNet 模型的深度达到了 34 层，但是可以发现，其大部分结构都是残差网络结构，因此同样具备了模块化的性质。前面提到，在搭建卷积神经网络模型时，如果只一味地对模型的深度进行机械式累加，那么最后得到的模型会出现梯度消失、极易过拟合等模型性能退化问题。在 ResNet 模型中，大量使用了一些相同的模块来搭建更深的网络，最后得到的模型在性能上却有不俗的表现，其中一个非常关键的因素就是模型累加的模块并不是简单的单输入单输出结构，而是一种设置了附加关系的新结构，这个附加关系就是恒等映射（Identity Mapping）。这个新结构也是我们要重点介绍的残差网络结构。没有设置附加关系的单输入单输出模块如图 6-21 所示。

图 6-21 显示了该模块的工作流程，输入数据 $\boldsymbol{X}$ 在通过两个卷积层后得到输出结果 $H(\boldsymbol{X})$。在 ResNet 模型中，设置了附加的恒等映射关系的残差网络结构如

图 6-22 所示。

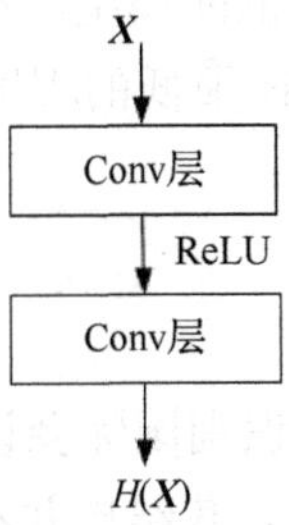

图 6-21　没有设置附加关系的单输入单输出模块

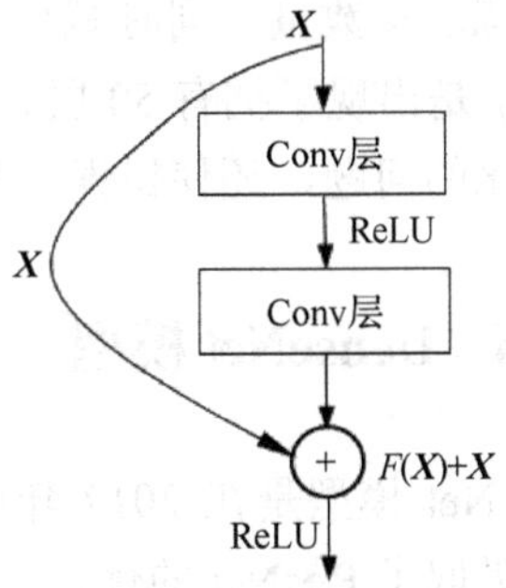

图 6-22　设置了附加的恒等映射关系的残差网络结构

图 6-22 所示的结构与之前的单输入单输出结构相比并没有太大的变化，唯一的不同是残差模块的最终输出结果等于输入数据 $\boldsymbol{X}$ 经过两次卷积之后的输出 $F(\boldsymbol{X})$ 加上输入数据的恒等映射。那么，在残差模块中使用的这个附加的恒等映射关系能起到什么作用呢？事实证明，残差模块进行的这个简单的加法运算并不会给整个 ResNet 模型增加额外的参数和计算量，却能加快模型的训练速度，提升模型的训练效果。另外，在搭建的 ResNet 模型的深度加深时，使用残差模块的网络结构不仅不会出现模型退化问题，性能还会有所提升。

这里需要注意附加的恒等映射关系的两种不同的使用情况，残差模块的输入数据若与输出结果的维度一致，则直接相加；若维度不一致，则先进行线性投影，在得到一致的维度后，进行相加运算或对维度不一致的部分使用 0 填充。

近几年，ResNet 的研究者还提出了能够让网络结构更深的残差模块，如图 6-23 所示。

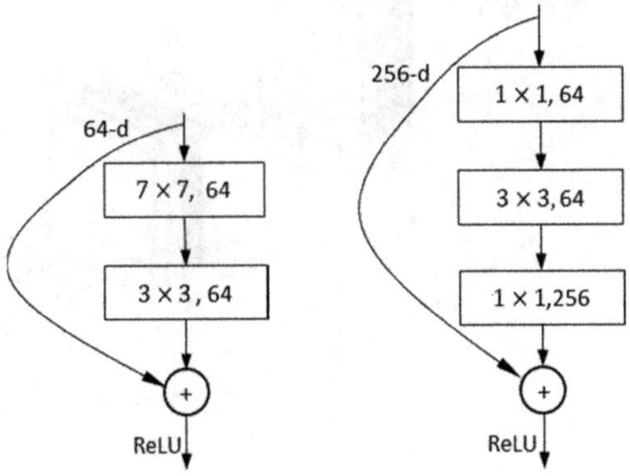

图 6-23　深残差网络结构

深残差模块在之前的残差模块的基础上引入了 NiN，使用 1×1 的卷积层来减少模型训练的参数量，同时减少整个模型的计算量，使得拓展更深的模型结构成为可能。于是出现了拥有 50 层、101 层、152 层的 ResNet 模型，不仅没有出现模型性能退化的问题，还使错误率和计算复杂度都保持在很低的程度。

6.4.6 DenseNet 模型

DenseNet 模型是在 2017 年的计算机视觉与模式识别国际会议上被提出的，在思想上吸取了 ResNet 的优点，做了更多创新的改进，其结构并不复杂，但效果非常明显，并在 CIFAR 图像数据集的训练中全面超过了 ResNet。

DenseNet 采用密集连接的方式，任何两层之间都有直接的连接，网络每层的输入都是前面所有层输出的并集，而该层所学的特征图作为输入也会被直接传递给其后面的所有层。这样的设计有利于缓解梯度消失问题，能够加强特征的传播和复用，同时减少了网络的参数。一个 5 层的 Dense Block 示意图如图 6-24 所示，该网络由多个 Dense Block 组合而成，每个 Dense Block 之间的层称为过渡层（Transition Layer）。DenseNet 模型的网络结构如图 6-25 所示。

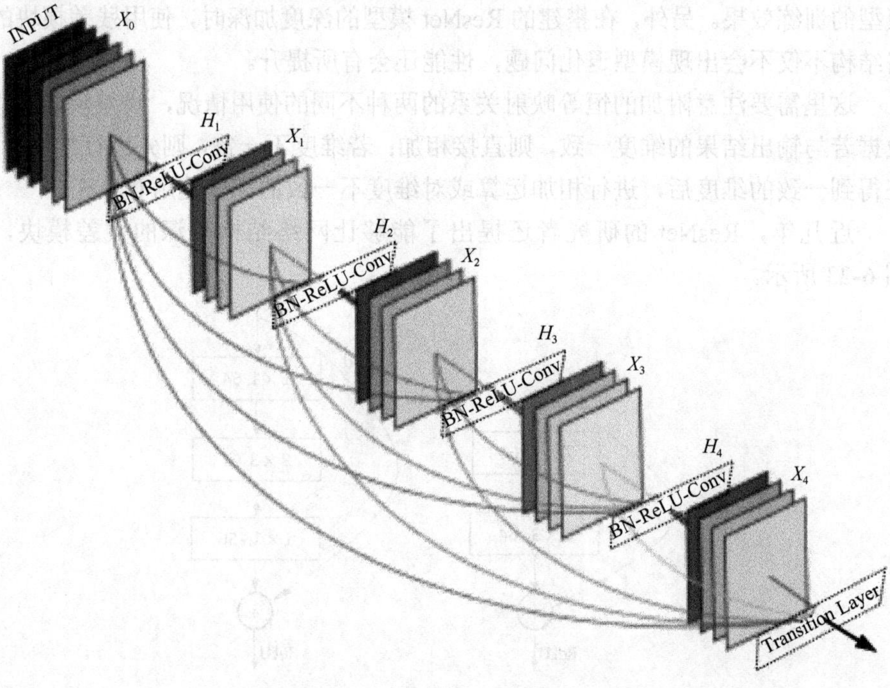

图 6-24　一个 5 层的 Dense Block 示意图

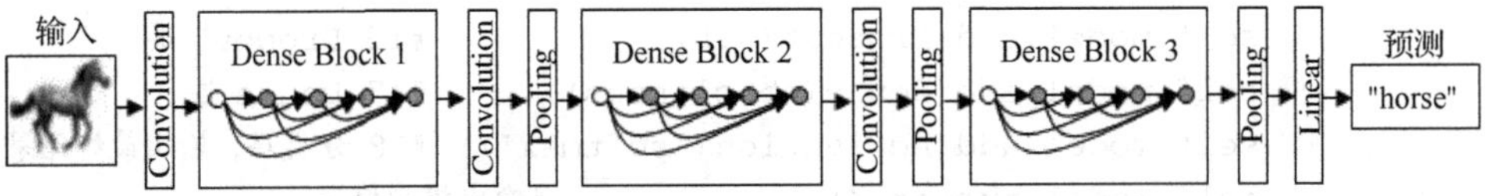

图 6-25　DenseNet 模型的网络结构

DenseNet 具有更高的效率，其关键在于网络每层计算量的减少及特征的重复利用。由于其每层都包含之前所有层的输出信息，因此只需很少的特征图就足够了，这也是 DenseNet 的参数量较其他模型大大减少的原因。DenseNet 的这种连接方式相当于每层都直接连接输入（Input）和损失（Loss），这样有利于避免梯度消失问题，可以搭建更深的网络。

6.5　卷积神经网络的算法实现

下面定义卷积神经网络模型和训练模型。

```
#构建卷积神经网络模型类
class Model:
    def __init__(self):
        self.model = None
    def build_model(self, dataset, nb_classes = 2):
        #构建一个空的网络模型，是一个线性堆叠模型
        self.model = Sequential()
        self.model.add(Convolution2D(32, 3, 3, border_mode='same',
                  input_shape = dataset.input_shape)) #1 二维卷积层
        self.model.add(Activation('relu'))          #2 激活函数层
        self.model.add(Convolution2D(32, 3, 3))      #3 二维卷积层
        self.model.add(Activation('relu'))          #4 激活函数层
        self.model.add(MaxPooling2D(pool_size=(2, 2)))  #5 汇聚层
        self.model.add(Dropout(0.25))           #6 Dropout 层
        self.model.add(Convolution2D(64, 3, 3, border_mode='same'))
                                                #7 二维卷积层
        self.model.add(Activation('relu'))      #8 激活函数层
        self.model.add(Convolution2D(64, 3, 3)) #9 二维卷积层
        self.model.add(Activation('relu'))      #10 激活函数层
        self.model.add(MaxPooling2D(pool_size=(2, 2)))  #11 汇聚层
        self.model.add(Dropout(0.25))     #12 Dropout 层
        self.model.add(Flatten())         #13 Flatten 层
        self.model.add(Dense(512))        #14 Dense 层，又被称为全连接层
        self.model.add(Activation('relu'))    #15 激活函数层
```

```
        self.model.add(Dropout(0.5))                #16 Dropout 层
        self.model.add(Dense(nb_classes))           #17 Dense 层
        self.model.add(Activation('softmax'))  #18 分类层，输出最终结果
        self.model.summary()                  #输出模型概况
    #定义训练模型
    def train(self, dataset, batch_size = 20, nb_epoch = 10,
data_augmentation = True):
        #采用 SGD+momentum 的优化器进行训练，首先生成一个优化器对象
        sgd = SGD(lr = 0.01, decay = 1e-6, momentum = 0.9, nesterov =
True)
        #完成实际的模型配置工作
        self.model.compile(loss='categorical_crossentropy',optimizer=
sgd,metrics=['accuracy'])
        #训练数据，有意识地增大训练数据规模，增加模型训练量
        if not data_augmentation:
            self.model.fit(dataset.train_images, dataset.train_labels,
batch_size = batch_size,
              nb_epoch = nb_epoch, validation_data = (dataset.valid_images,
dataset.valid_labels),
                     shuffle = True)
        #使用实时数据提升
        else:
            #定义数据生成器用于数据提升，其返回一个生成器对象 datagen
            #datagen 每被调用一次，就生成一组数据（顺序生成）
            #这样节省内存，其实就是 Python 的数据生成器
            datagen = ImageDataGenerator(
                featurewise_center = False, #是否使输入数据去中心化（均值为 0）
                samplewise_center = False, #是否使输入数据的每个样本均值为 0
                featurewise_std_normalization = False,#是否要求数据标准化
                #是否将每个样本除以自身的标准差
                samplewise_std_normalization  = False,
                zca_whitening = False,#是否对输入数据施以 ZCA 白化
                rotation_range = 20,#数据提升时图片随机转动的角度（0°~180°）
                width_shift_range = 0.2,  #数据提升时图片水平偏移的幅度
                height_shift_range = 0.2, #同上，只不过这里是垂直
                horizontal_flip = True,    #是否进行随机水平翻转
                vertical_flip = False)     #是否进行随机垂直翻转
            #计算整个训练集的数量以用于特征值归一化、ZCA 白化等处理
            datagen.fit(dataset.train_images)
            #利用生成器开始训练模型
            self.model.fit_generator(datagen.flow(dataset.train_
images, dataset.train_labels,
```

```
                                    batch_size = batch_size),
                     samples_per_epoch = dataset.train_images.shape[0],
                     nb_epoch = nb_epoch,
                              validation_data = (dataset.valid_images,
dataset.valid_labels))
      MODEL_PATH = './liziqiang.face.model.h5'
      def save_model(self, file_path = MODEL_PATH):
          self.model.save(file_path)
      def load_model(self, file_path = MODEL_PATH):
          self.model = load_model(file_path)
      def evaluate(self, dataset):
          score = self.model.evaluate(dataset.test_images, dataset.
test_labels, verbose = 1)
          print("%s: %.2f%%" % (self.model.metrics_names[1], score[1]
* 100))
      #识别人脸
      def face_predict(self, image):
         #依然根据后端系统确定维度顺序
         if K.image_dim_ordering() == 'th' and image.shape != (1, 3,
IMAGE_SIZE, IMAGE_SIZE):
             image = resize_image(image)  #尺寸必须与训练集一致
             #对 1 幅图像进行预测
             image = image.reshape((1, 3, IMAGE_SIZE, IMAGE_SIZE))
           elif K.image_dim_ordering() == 'tf' and image.shape != (1,
IMAGE_SIZE, IMAGE_SIZE, 3):
             image = resize_image(image)
             image = image.reshape((1, IMAGE_SIZE, IMAGE_SIZE, 3))
         #浮点并归一化
         image = image.astype('float32')
         image /= 255
         #给出输入属于各个类别的概率
         #如果是二值类别，则该函数会给出输入图像属于 0 和 1 的概率各为多少
         result = self.model.predict_proba(image)
         print('result:', result)
         #给出类别预测：0 或 1
         result = self.model.predict_classes(image)
         #返回类别预测结果
         return result[0]
   if __name__ == '__main__':
      dataset = Dataset('./data/')
      dataset.load()
      model = Model()
```

```
    model.build_model(dataset)
    #先前添加的测试build_model函数的代码
    model.build_model(dataset)
    #测试训练函数的代码
    model.train(dataset)
```

6.6 本章小结

卷积神经网络是受生物学上的感受野机制启发而被提出的。1959年，发现在猫的初级视觉皮层中存在两种细胞：简单细胞和复杂细胞。这两种细胞实现不同层次的视觉感知功能（参见文献[55]）。简单细胞的感受野是狭长型的，每个简单细胞只对感受野中特定角度的光带敏感；而复杂细胞对感受野中以特定方向移动的某种角度的光带敏感。1989年，Lecun等将反向传播算法引入了卷积神经网络，并在手写体数字识别上取得了很大的成功。

AlexNet是第一个现代深度卷积神经网络模型，可以说是深度学习技术在图像分类上真正突破的开端。AlexNet不用预训练和逐层训练，首次使用了很多现代深度网络的技术，如使用GPU进行并行训练、采用ReLU作为非线性激活函数、使用Dropout防止过拟合、使用数据增强提高模型准确率等。这些技术极大地推动了端到端的深度学习模型的发展。在AlexNet之后，出现了很多优秀的卷积神经网络，如VGGNet、GoogLeNet、残差网络等。目前，卷积神经网络已经成为计算机视觉领域的主流模型，通过引入跨层的直连边，可以训练上百层甚至上千层的卷积神经网络。随着网络层数的增加，卷积层越来越多地使用1×1和3×3的小卷积核，也出现了一些不规则的卷积操作，如空洞卷积、转置卷积等；网络结构也逐渐趋向于全卷积网络（Fully Convolutional Network，FCN），以减小汇聚层和全连接层的作用。

第 7 章

循环神经网络

循环神经网络（Recurrent Neural Network，RNN）是深度学习中的重要内容，与之前使用的卷积神经网络有着同等重要的地位。循环神经网络是一类具有短期记忆能力的神经网络。在循环神经网络中，神经元不但可以接受其他神经元的信息，而且可以接受自身的信息，形成具有环路的网络结构。与前馈神经网络相比，循环神经网络更加符合生物神经网络的结构。循环神经网络主要用于处理序列（Sequences）相关的问题，已经广泛应用在语音识别、语言翻译模型及自然语言生成等任务中。当然，循环神经网络也可以用于解决分类问题，虽然它在图像特征的提取上没有卷积神经网络那样强大，但是本章仍然会使用循环神经网络来解决图像分类问题，并主要讲解循环神经网络的工作机制和原理。

7.1 循环神经网络的概念

循环神经网络是一类以序列数据为输入，在序列的演进方向进行递归且所有节点（循环单元）按链式连接的递归神经网络。

循环神经网络的参数学习可以采用随时间反向传播算法（参见文献[61]）。随时间反向传播算法即按照时间的逆序将错误信息一步一步地往前传递。当输入序列比较长时，会存在梯度爆炸和梯度消失问题（参见文献[162]），也称为长程依赖问题。为了解决这个问题，人们对循环神经网络进行了很多改进，其中最有效的改进方式是引入门控机制（Gating Mechanism）。

对循环神经网络的研究始于 20 世纪八九十年代，并在 21 世纪初发展为深度学习算法之一，其中双向循环神经网络（Bidirectional RNN，Bi-RNN）和长短期记忆网络（Long Short-Term Memory Network，LSTMN）是常见的循环神经网络。

循环神经网络具有记忆性、参数共享性，且图灵完备（Turing Completeness），因此，在对序列的非线性特征进行学习时具有一定的优势。循环神经网络在自然语言处理（Natural Language Processing，NLP）（如语音识别、语言建模、机器翻译等）领域有应用，也用于各类时间序列预报。引入了卷积神经网络构筑的循环神经网络可以处理包含序列输入的计算机视觉问题。

7.2 循环神经网络模型

卷积神经网络有以下几个特点：首先，对于一个已搭建好的卷积神经网络模型，其输入数据的维度是固定的，如在处理图像分类问题时，输入的图像大小是固定的；其次，卷积神经网络模型最后输出的数据的维度也是固定的，如在图像分类问题中，最后得到模型的输出结果数量；再次，卷积神经网络模型的层次结构也是固定不变的。但是循环神经网络与之不同，因为在循环神经网络中，循环单元可以随意控制输入数据及输出数据的数量，具有非常高的灵活性。图 7-1 所示为循环神经网络的多种结构形式。

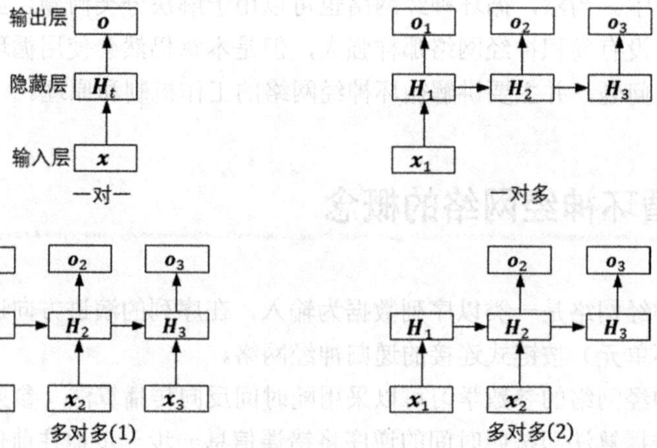

图 7-1　循环神经网络的多种结构形式

在图 7-1 中，一共绘制了 4 种类型的网络结构，分别为一对一、一对多和两种多对多。可以将一对一的网络结构看作一个简单的卷积神经网络模型，有固定维度的输入和固定维度的输出。在一对多的网络结构中引入了循环单元，通过一个输入得到数量不等的输出。多对多的网络结构同样是一种循环模式，通过数量不等的输入得到数量不等的输出。

下面进一步对循环神经网络进行了解。循环神经网络的简化模型如图 7-2 所示。

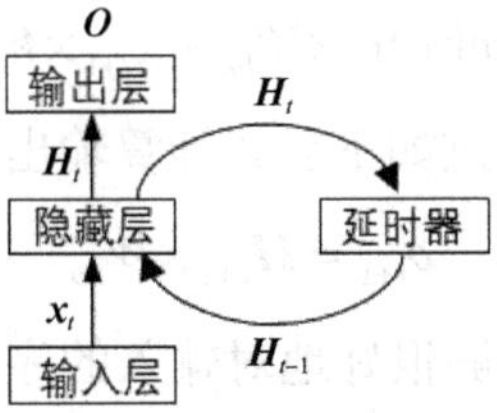

图 7-2　循环神经网络的简化模型

图 7-2 中的 $\boldsymbol{x}$ 是整个模型的输入层，$\boldsymbol{H}$ 表示循环神经网络中的循环层（Recurrent Layers），$\boldsymbol{O}$ 是整个模型的输出层。图 7-2 用最简单的方式诠释了循环神经网络中的循环过程，其中延时器为一个虚拟单元，记录神经元的最近一次（或几次）活性值，通过不断地对自身的网络结构进行复制来构造不同的循环神经网络模型。

在 t 时刻，第 l 层神经元的活性值依赖第 l-1 层神经元的最近 K 个时刻的活性值，即

$$\boldsymbol{h}_t^l = f\left(\boldsymbol{h}_t^{(l-1)}, \boldsymbol{h}_{t-1}^{(l-1)}, \cdots, \boldsymbol{h}_{t-K}^{(l-1)}\right) \tag{7-1}$$

其中，$\boldsymbol{h}_t^l \in \mathbb{R}^{M_l}$，表示第 l 层神经元在 t 时刻的活性值，M_l 为第 l 层神经元的数量。通过延时器，使循环神经网络具有短期记忆的能力。

图 7-3 是对图 7-2 的展开，这样能够更清楚循环神经网络的工作流程。

图 7-3 所示的结构其实是循环神经网络中的多对多类型，其中，从 $\boldsymbol{x}_1$ 到 $\boldsymbol{x}_n$ 表示模型的输入层；从 $\boldsymbol{o}_1$ 到 $\boldsymbol{o}_n$ 表示模型的输出层；$\boldsymbol{H}_0$ 是最初输入的隐藏层，在一般情况下，该隐藏层使用的是零初始化，即它的全部参数都是零。图 7-4 展示了图 7-3 中的循环神经网络所表示的循环层内部的运算细节。

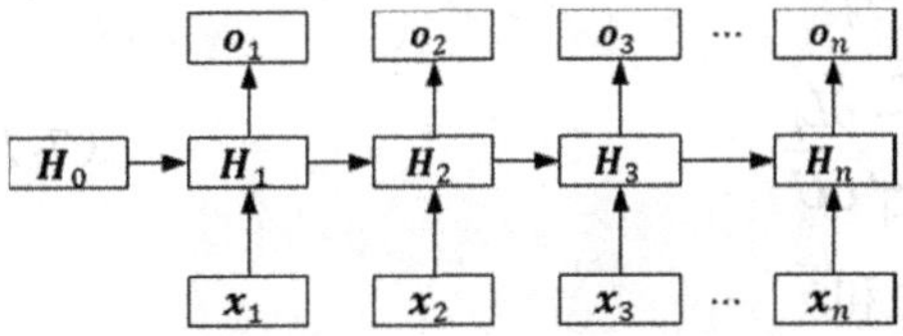

图 7-3　循环神经网络的构造

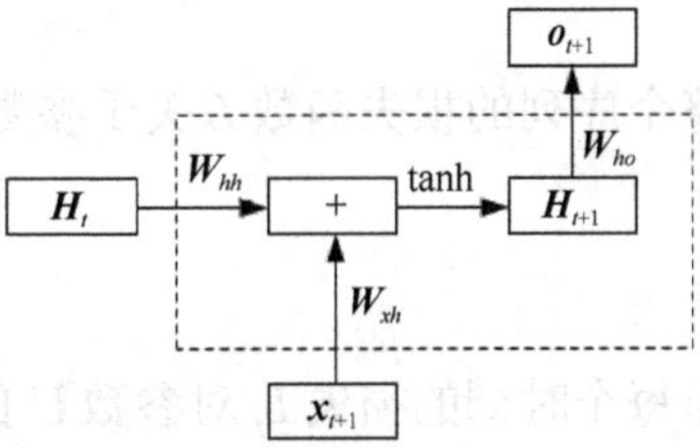

图 7-4　循环层内部的运算细节

图 7-4 中的虚线部分是循环层中的内容，假设截取的是一个循环神经网络中的第 $t+1$ 个循环单元，$\boldsymbol{W}$ 表示权重参数，而 tanh 是使用的激活函数，则根据如图 7-4 所示的运算流程，可以得到一个计算公式：

$$\boldsymbol{H}_{t+1} = \tanh\left(\boldsymbol{H}_t \times \boldsymbol{W}_{hh} + \boldsymbol{x}_{t+1} \times \boldsymbol{W}_{xh}\right) \tag{7-2}$$

如果在计算过程中使用了偏置，那么计算公式变为

$$H_{t+1} = \tanh\left(H_t \times W_{hh} + x_{t+1} \times W_{xh} + b_{xh}\right) \tag{7-3}$$

在得到了 H_{t+1} 后，可以通过如下公式计算输出结果：

$$o_{t+1} = H_{t+1} \times W_{ho} \tag{7-4}$$

虽然循环神经网络已经能够很好地对输入的序列数据进行处理了，但它有一个弊端，就是不能进行长期记忆，带来的影响是如果近期输入的数据发生了变化，则会对当前的输出结果产生重大影响。为了避免这种情况的出现，研究者开发了长短期记忆类型的循环神经网络模型。

7.3 循环神经网络参数学习

循环神经网络的参数可以通过梯度下降法来进行学习。以随机梯度下降为例，对于一个训练样本 (x, y)，其中，$x_{1:T} = (x_1, \cdots, x_T)$ 是长度为 T 的输入序列，$o_{1:T} = (o_1, \cdots, o_T)$ 是长度为 T 的标签序列，即在每个时刻 t，都有一个监督信息 o_t，时刻 t 的损失函数为

$$L_t = L\left(o_t, g\left(H_t\right)\right) \tag{7-5}$$

其中，$g\left(H_t\right)$ 为 t 时刻的输出；L 为可微分的损失函数，如交叉熵。此时，整个序列的损失函数为

$$L = \sum_{t=1}^{T} L_t \tag{7-6}$$

整个序列的损失函数 L 关于参数 U 的梯度为

$$\frac{\partial L}{\partial U} = \sum_{t=1}^{T} \frac{\partial L_t}{\partial U} \tag{7-7}$$

即每个时刻的损失 L_t 对参数 U 的偏导数之和。

由于循环神经网络存在一个递归调用的函数 $f(\cdot)$，因此主要有两种计算梯度的方式：随时间反向传播（BPTT）算法和实时循环学习（RTRL）算法。

7.3.1 BPTT 算法

BPTT 是英文 Back Propagation Through Time 的缩写，即随时间反向传播，主要思想为通过类似前馈神经网络的误差反向传播算法来计算梯度。在“展开”的

前馈神经网络中，所有层的参数是共享的，因此参数的真实梯度是所有“展开层”的参数梯度之和。

通过 t 时刻损失函数的偏导数可推出式（7-7）中的损失函数 L_t 关于参数 $\boldsymbol{U}$ 的梯度：

$$\frac{\partial L_t}{\partial \boldsymbol{U}}=\sum_{k=1}^{t}\delta_{t,k}\boldsymbol{H}_{k-1}^{T} \tag{7-8}$$

将式（7-8）代入式（7-7），可得整个序列的损失函数 L 关于参数 $\boldsymbol{U}$ 的梯度为

$$\frac{\partial L}{\partial \boldsymbol{U}}=\sum_{t=1}^{T}\sum_{k=1}^{t}\delta_{t,k}\boldsymbol{H}_{k-1}^{T} \tag{7-9}$$

同理可知，L 关于权重 $\boldsymbol{W}$ 和偏置 b 的梯度为

$$\frac{\partial L}{\partial \boldsymbol{W}}=\sum_{t=1}^{T}\sum_{k=1}^{t}\delta_{t,k}\boldsymbol{H}_{k}^{T} \tag{7-10}$$

$$\frac{\partial L}{\partial b}=\sum_{t=1}^{T}\sum_{k=1}^{t}\delta_{t,k} \tag{7-11}$$

在 BPTT 算法中，参数的梯度需要在一个完整的前向模式计算和反向模式计算后才能得到并进行参数更新。

7.3.2 RTRL 算法

RTRL 是 Real-Time Recurrent Learning 的英文缩写，也称实时循环学习，是通过前向传播的方式来计算梯度的。

RTRL 算法和 BPTT 算法都是基于梯度下降的算法，分别通过前向模式和反向模式应用链式法则来计算梯度。在循环神经网络中，一般网络输出维度远低于输入维度，因此 BPTT 算法的计算量会更小，但是它需要保存所有时刻的中间梯度，空间复杂度较高。RTRL 算法不需要梯度回传，因此，非常适合用于需要在线学习或无限序列的任务中。

7.4 网络梯度问题改进

循环神经网络在学习过程中对长时间间隔（Long Range）的状态之间的依赖关系建模，会存在梯度消失或梯度爆炸问题。以下列举几种常用的解决问题的

方法。

（1）利用梯度截断或权重衰减来避免循环神经网络的梯度爆炸问题。权重衰减通过给参数增加 L1 或 L2 范数的正则化项来限制参数的取值范围，从而使得 $\gamma \leqslant 1$。梯度截断是另一种有效的启发式方法，只利用较近时刻的序列信息，当梯度的模大于一定的阈值时，就将它截断为一个较小的数。

（2）合理初始化权重值。尽可能避开可能导致梯度消失的区域。

（3）使用 ReLU 作为激活函数。使用 ReLU 代替 tanh 作为激活函数。

（4）将模型的线性依赖关系改为

$$\boldsymbol{H}_t = \boldsymbol{H}_{t-1} + g\left(\boldsymbol{x}_t, \boldsymbol{H}_{t-1}; \theta\right) \tag{7-12}$$

其中，$\dfrac{\partial \boldsymbol{H}_t}{\partial \boldsymbol{H}_{t-1}} = \boldsymbol{I}$ 为单位矩阵，$\boldsymbol{H}_t$ 和 $\boldsymbol{H}_{t-1}$ 既有线性关系又有非线性关系，有利于缓解梯度消失问题。

（5）使用 LSTM 或 GRU 作为记忆单元。因为随着时间 t 的增长，$\boldsymbol{H}_t$ 会变得越来越大，从而导致 $\boldsymbol{H}$ 记忆容量变得饱和。随着记忆单元存储信息的增多，丢失的信息也会越来越多。

7.5 长短期记忆

引入自递归以产生梯度长时间持续流动的路径是初始长短期记忆（Long Short-Term Memory，LSTM）模型的核心贡献。该模型的关键扩展是使自递归的权重根据上下文而定，而不是固定的。门控此自递归（由另一个隐藏单元控制）的权重，累积的时间尺度可以动态改变。由于时间常数是模型本身的输出，所以即使是具有固定参数的 LSTM 模型，累积的时间尺度也可以因输入序列而改变。LSTM 模型已经在很多领域得到了应用，如无约束手写体数字识别、语音识别、机器翻译、为图像生成标题等。LSTM 模型的结构如图 7-5 所示。其中的细胞结构彼此循环连接，代替一般循环网络中普通的隐藏单元。这里使用常规的人工神经元计算输入特征。如果 Sigmoid 输入门允许，则输入门的值可以累加到状态单元中。状态单元具有线性自循环，其权重由遗忘门控制。细胞的输出可以被输出门关闭。所有门控单元都具有 Sigmoid 非线性，而输入单元可具有任意的压缩非线性。状态单元也可以用作门控单元的额外输入。LSTM 模型在循环神经网络的基础上增加了记忆功能，其特有的结构可以将之前的状态、现在的记忆和当前输入的信息结合在一起，对长期信息进行记录。LSTM 除了外部的循环神经网络递归，还具有内部的“LSTM 细胞”递归循环（自环），LSTM 不是简单地在输入和递归单元的仿射变换之后施加一个逐元素的非线性。与普通的递归网络类似，LSTM 的每个神经元都有输入和输出，以及反馈与信息流动的门控单元。LSTM 的组成部分是状态单元 $s_i^{(t)}$，与渗漏单元有类似的线性自环特性，且其自环的权重（或相关联的时间常数）由遗忘门 $f_i^{(t)}$ 控制（时间 t 和细胞 i），由 Sigmoid 单元将权重设置为 0 和 1 之间的值：

$$f_i^{(t)} = \sigma\left(b_i^f + \sum_j U_{i,j}^f x_j^{(t)} + \sum_j W_{i,j}^f h_j^{(t-1)}\right) \tag{7-13}$$

其中，$\boldsymbol{h}^t$ 是当前隐藏层向量，包含所有 LSTM 细胞的输出；b_i^f 、U_i^f 、W_i^f 分别是偏置、输入权重和遗忘门的递归权重。

假设其中一个条件的自环权重为 $f_i^{(t)}$，则以如下方式更新：

$$s_i^{(t)} = f_i^{(t)} s_i^{(t-1)} + g_i^{(t)} \sigma\left(b_i + \sum_j U_{i,j} x_j^{(t)} + + \sum_j W_{i,j} r_j^{(t-1)} h_j^{(t-1)}\right) \tag{7-14}$$

其中，$s(t)$ 是当前输入向量；外部输入门单元 $g_i^{(t)}$ 以类似遗忘门（使用 Sigmoid 函数获得一个 0 和 1 之间的值）的方式更新，但其有自身的参数：

$$g_i^{(t)} = \sigma\left(b_i^g + \sum_j U_{i,j}^g x_j^{(t)} + \sum_j W_{i,j}^g h_j^{(t-1)}\right) \tag{7-15}$$

LSTM 细胞的输出 $h_i^{(t)}$ 可以由输出门 $q_i^{(t)}$ 关闭,（利用 Sigmoid 单元作为门控）：

$$h_i^{(t)} = \tanh\left(s_i^{(t)}\right) q_i^{(t)} \tag{7-16}$$

$$q_i^{(t)} = \sigma\left(b_i^o + \sum_j U_{i,j}^o x_j^{(t)} + \sum_j W_{i,j}^o h_j^{(t-1)}\right) \tag{7-17}$$

在这些变体中，可以选择使用细胞状态 $s_i^{(t)}$ 作为额外的输入（及其权重），输入第 i 个单元的 3 个门中，如图 7-5 所示，将需要 3 个额外的参数。LSTM 网络比简单的递归架构更易于学习长期依赖，不仅可以用于测试长期依赖学习能力的人工数据集，还可以在具有挑战性的序列处理任务中有很好的表现。

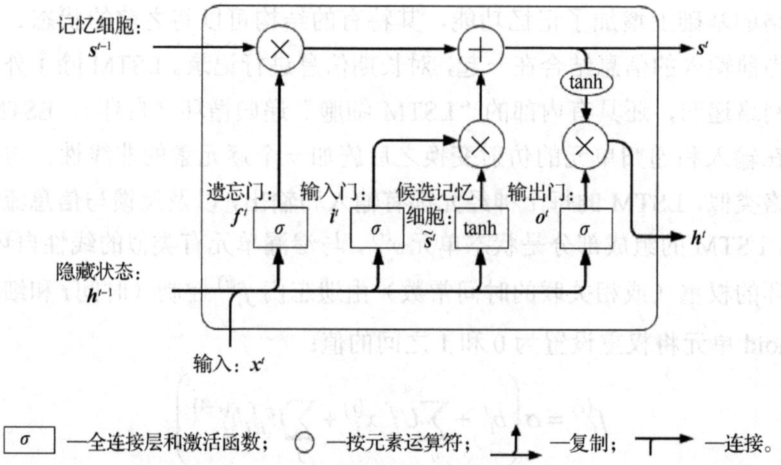

图 7-5 LSTM 模型的结构

下面给出 LSTM 模型的 Python 代码的定义。

在初始化函数中，LSTM 模型的隐藏状态需要返回额外的参数为(批量大小，隐藏单元个数)且值为 0 的记忆细胞：

```
def init_lstm_state(batch_size,num_hiddens,ctx):
    return(nd.zeros(shape=(batch_size,num_hiddens),ctx=ctx),
        nd.zeros(shape=(batch_size,num_hiddens),ctx=ctx))
```

下面根据 LSTM 的计算表达式定义模型。需要注意的是，只有隐藏状态会传递到输出层，而记忆细胞不参与输出层的计算：

```
def lstm(inputs,state,params):
    [W_xi,W_hi,b_i,W_xf,W_hf,b_f,W_xo,W_ho,b_o,W_xc,W_hc,b_c,W_
hq,b_q]=params
    (H,C)=state
    outputs=[ ]
    for X in inputs:
        I=nd.sigmoid(nd.dot(X,W_xi)+nd.dot(H,w_hi)+b_j)
        F=nd.sigmoid(nd.dot(X,w_xf)+nd.dot(H,W_hf)+b_f)
        O=nd.sigmoid(nd.dot(X,w_xo)+nd.dot(H,w_ho)+b_o)
        C_tilda=nd.tanh(nd.dot(X,W_xc)+nd.dot(H,w_hc)+b_c)
        C=F*C+I*C_tilda
        H=O*C.tanh()
        Y=nd.dot(H,w_hq)+b_q
        outputs.append(Y):
    return outputs,(H,C)
```

在上述模型中，需要对模型参数进行初始化（超参数 num_hiddens 定义了隐藏单元的个数）：

```
import mySci as msci
from mxnet import nd
from mxnet.gluon import rnn
num_inputs,num_hiddens,num_outputs=vocab_size,256,vocab_size
   ctx=msci.try_gpu()
      def get_params():
         def _one(shape):
            return nd.random.normal(scale=0.o1,shape=shape,ctx=ctx)
         def _three():
           return(_one((num_inputs,num_hiddens)),
              _one((num_hiddens,num_hiddens)),
               nd.zeros(num_hiddens,ctx=ctx))
            W_xi,W_hi,b_1=_three()     #输入门参数
            W_xf,W_hf,b_f=_three()     #遗忘门参数
            W_xo,W_ho,b_o=three()      #输出门参数
            W_xc,W_hc,b_c=_three()     #候选记忆细胞参数
            #输出层参数
            W_hq=_one((num_hiddens,num_outputs))
            b_q =nd.zeros(num_outputs,ctx=ctx)
            #附上梯度
            params=[W_xi,W_hi,b_i,W_xf,W_hf,b_f,W_xo,w_ho,b_o,W_xc,
                   W_hc,b_c,W_hq,b_q]
            for param in params:
               param.attach_grad()
            return params
```

7.6　门控循环单元网络

门控循环单元（Gated Recurrent Unit，GRU）网络（参见文献[62]）是一种比 LSTM 网络更加简单的循环神经网络。

GRU 网络引入门控机制来控制信息更新的方式。与 LSTM 不同，GRU 不引入额外的记忆单元。GRU 网络也是在式（7-12）的基础上引入一个更新门（Update Gate）来控制当前状态需要从历史状态中保留多少信息（不经过非线性变换），以及需要从候选状态中接受多少新信息的。

单个 GRU 同时控制遗忘因子和更新状态单元的公式如下：

$$\boldsymbol{h}_i^{(t)} = \boldsymbol{u}_i^{(t-1)} + \left(1-\boldsymbol{u}_i^{(t-1)}\right)\sigma\left(\boldsymbol{b}_i + \sum_j \boldsymbol{U}_{i,j}\boldsymbol{x}_j^{(t)} + + \sum_j \boldsymbol{W}_{i,j}\boldsymbol{r}_j^{(t-1)}\boldsymbol{h}_j^{(t-1)}\right) \tag{7-18}$$

其中，$\boldsymbol{u}$ 表示更新门；$\boldsymbol{r}$ 表示复位门，定义如下：

$$\boldsymbol{u}_i^{(t)} = \sigma\left(\boldsymbol{b}_i^u + \sum_j \boldsymbol{U}_{i,j}^u \boldsymbol{x}_j^{(t)} + \sum_j \boldsymbol{W}_{i,j}^u \boldsymbol{h}_j^{(t)}\right) \tag{7-19}$$

$$\boldsymbol{r}_i^{(t)} = \sigma\left(\boldsymbol{b}_i^r + \sum_j \boldsymbol{U}_{i,j}^r x_j^{(t)} + \sum_j \boldsymbol{W}_{i,j}^r \boldsymbol{h}_j^{(t)}\right) \tag{7-20}$$

复位门和更新门能独立地“忽略”状态向量的一部分。更新门像条件渗漏累积器一样，可以线性门控任意维度，从而选择将更新门复制（在 Sigmoid 的一个极端）或完全由新的“目标状态”值（朝向渗漏累积器的收敛方向）替换并完全忽略它（在另一个极端）。复位门控制当前状态中哪些部分用于计算下一个目标状态，在过去状态和未来状态之间引入附加的非线性效应。围绕这一主题可以设计更多的变种，如复位门的输出可以在多个隐藏单元间共享。

7.7 深度循环神经网络

7.7.1 堆叠循环神经网络

一种常见的加深循环神经网络深度的做法是将多个循环网络堆叠起来，称为堆叠循环神经网络（Stacked Recurrent Neural Network，SRNN）。一个堆叠的简单循环网络（Stacked SRN）也称为循环多层感知器（Recurrent Multi-Layer Perceptron，RMLP）（参见文献[63]）。

图 7-6 给出了按时间展开的堆叠循环神经网络。第 l 层网络的输入是第 $l-1$ 层网络的输出。定义 $\boldsymbol{H}_t^{(l)}$ 为在时刻 t 第 l 层的隐藏状态：

$$\boldsymbol{H}_t^{(l)} = f\left(\boldsymbol{U}^{(l)}\boldsymbol{H}_{t-1}^{(l)} + \boldsymbol{W}^{(l)}\boldsymbol{H}_t^{(l-1)} + \boldsymbol{b}^{(l)}\right) \tag{7-21}$$

其中，$\boldsymbol{W}^{(l)}$ 和 $\boldsymbol{b}^{(l)}$ 为权重矩阵和偏置向量；$\boldsymbol{H}_t^{(0)} = \boldsymbol{x}_t$。

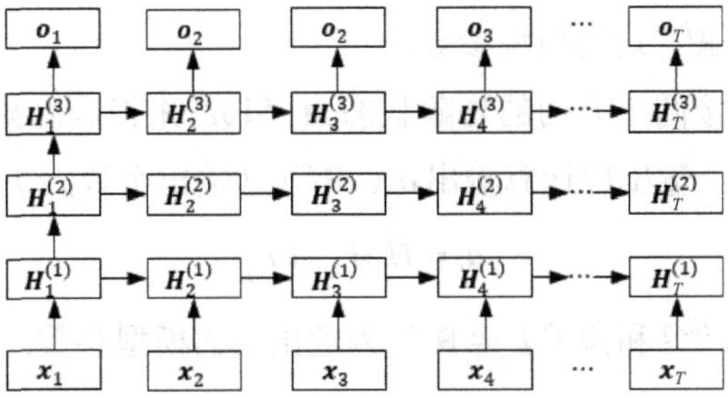

图 7-6 按时间展开的堆叠循环神经网络

7.7.2 双向循环神经网络

循环神经网络和 LSTM 都只能依据之前时刻的时序信息预测下一时刻的输出，但在有些问题中，当前时刻的输出不仅与之前的状态有关，还可能与未来的状态有关系。例如，预测一句话中缺失的单词不仅需要根据前面的内容来判断，还需要考虑它后面的内容，真正做到基于上下文进行判断。双向循环神经网络（BRNN）由两个循环神经网络上下叠加在一起组成，其输出由这两个循环神经网络的状态共同决定。双向循环神经网络的结构如图 7-7 所示。

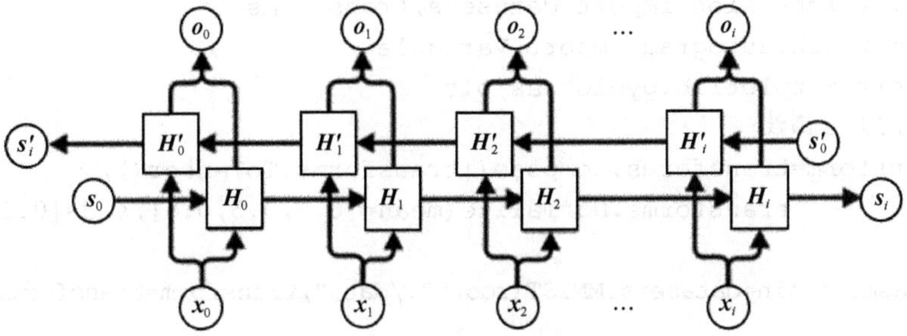

图 7-7 双向循环神经网络的结构

下面给出具体的定义。给定时间步 t 的小批量输入 $\boldsymbol{x}_t \in \mathbb{R}^{n\times d}$（样本数为 n，输入个数为 d）和隐藏层激活函数 φ。在双向循环神经网络的架构中，设该时间步正向隐藏状态为 $\boldsymbol{H}_t \in \mathbb{R}^{n\times d}$（正向隐藏单元个数为 h），反向隐藏状态为 $\boldsymbol{H}'_t \in \mathbb{R}^{n\times d}$（反向隐藏单元个数为 h）。正向隐藏状态和反向隐藏状态分别为

$$\boldsymbol{H}_t = \varphi\left(\boldsymbol{x}_t \boldsymbol{W}_{xh}^{(f)} + \boldsymbol{H}_{t-1} \boldsymbol{W}_{hh}^{(f)} + \boldsymbol{b}_h^{(f)}\right) \tag{7-22}$$

$$\boldsymbol{H}'_t = \varphi\left(\boldsymbol{x}_t \boldsymbol{W}_{xh}^{(b)} + \boldsymbol{H}'_{t-1} \boldsymbol{W}_{hh}^{(b)} + \boldsymbol{b}_h^{(f)}\right) \tag{7-23}$$

其中，权值 $\boldsymbol{W}_{xh}^{(f)} \in \mathbb{R}^{d\times h}$、$\boldsymbol{W}_{hh}^{(f)} \in \mathbb{R}^{h\times h}$、$\boldsymbol{W}_{xh}^{(b)} \in \mathbb{R}^{d\times h}$、$\boldsymbol{W}_{hh}^{(b)} \in \mathbb{R}^{h\times h}$，以及偏差

$\boldsymbol{b}_h^{(f)} \in \mathbb{R}^{l \times h}$ 、$\boldsymbol{b}_h^{(b)} \in \mathbb{R}^{l \times h}$ 均为模型参数。

接下来需要连接两个方向的隐藏状态 $\boldsymbol{H}_t$ 和 $\boldsymbol{H}_t'$ 来得到隐藏状态 $\bar{\boldsymbol{H}}_t \in \mathbb{R}^{n \times 2h}$，并将其输入输出层。输出层计算输出 $\boldsymbol{o}_t \in \mathbb{R}^{n \times q}$（输出个数为 q）：

$$\boldsymbol{o}_t = \bar{\boldsymbol{H}}_t \boldsymbol{W}_{nq} + \boldsymbol{b}_q \tag{7-24}$$

其中，权重 $\boldsymbol{W}_{nq} \in \mathbb{R}^{2h \times q}$ 和偏差 $\boldsymbol{b}_q \in \mathbb{R}^{l \times q}$ 为输出层的模型参数。不同方向上的隐藏单元的个数也可以不同。

7.8 循环神经网络算法实现——手写体数字识别问题

下面使用循环神经网络解决一个计算机视觉的手写体数字识别问题（节选了部分重要代码）。

1. 初始化模型参数

```
import torch
import torchvision
from torchvision import datasets,transtorms
from torch.autograd import Variable
import matplotlib.pyplot as plt
% inline 函数
transform=transforms.Compose([transforms.ToTensor(),
          transforms.Normalize(mean=[0.5,0.5,0.5],std=[0.5,0.5,
0.5])])
dataset_train=datasets.MNIST(root="./data",transform=transform,train=
True,
                  download=True)
dataset_test=datasets.MNIST(root="./data",transform=transform,
train=False)
train_load=torch.utils.data.DataLoader(dataset=dataset_train,
batch_size=64,
          shuffle=True)
image,label=next(iter(train_load))
image_example=torchvision.unils.make_grid(images)
image_example=images_example.numpy().transpose(1,2,0)
mean=[0.5,0.5,0.5]
std=[0.5,0.5,0.5]
images_example=images_example*std+mean
```

```
plt.imshow(images_example)
plt.show()
```

2. 定义模型

```
class RNN(torch.nn.model ):
def _init_(self):
        super(RNN,self)._init_( )
        self.rnn=torch.nn.RNN(
            input_size=28,
            hidden_size=128,
         num_layers=1,
         bias=True,
            batch_first=True
        )
        self.output=torch.nn.Linear(128,10)
    def forward(self,input):
        output,_=self.rnn(input,None)
        output=self.output(output[:,-1,:])
        return output
```

在代码中，构建循环层使用的是 RNN 类，在这个类中使用的几个比较重要的参数如下。

（1）input_size：用于指定输入数据的特征数。

（2）hidden_size：用于指定最后隐藏层的输出特征数。

（3）num_layers：用于指定循环层堆叠的数量，默认为 1。

（4）bias：默认为 True，如果将其指定为 False，就代表在循环层中不再使偏置参与计算。

（5）batch_first：在这里的循环神经网络模型中，输入层和输出层用到的数据的默认维度为(seq,batch,feature)，其中，seq 为序列的长度，batch 为数据批次的数量，feature 为输入或输出的特征数。如果将该参数指定为 True，那么输入层和输出层的数据维度将重新对应为(batch,seq,feature)。

在以上代码中，我们定义的 input_size 为 28，这是因为输入的手写体数字的宽和高为 28×28，所以可以将每一幅图像看作序列长度为 28 且每个序列中包含 28 个数据的组合。模型最后输出的结果是用作分类的，因此仍然需要输出 10 个数据，在代码中的体现就是 self.output=torch.nn.Linear(128,10)。再来看前向传播函数 forward 中的两行代码，首先是 output,_=self.rnn(input,None)，其中包含两个输入参数，分别是 input 输出数据和 $\boldsymbol{H}_0$ 的参数。在循环神经网络模型中，对于 $\boldsymbol{H}_0$ 的初始化，一般采用 0 初始化，因此这里传入的参数是 None。

再看代码 output=self.output(output[:,-1,:])，因为这里的模型需要处理的是分类问题，所以需要提取最后一个序列的输出结果作为当前循环神经网络模型的输出。

3. 训练模型并打印结果

```
        num_epochs =10
        optimizer=torch.optim.Adam(model.parameters())
        loss_f=torch.nn.CrossEntropyLoss()
        for epoch in range(num_epochs):
            running_loss=0.0
            running_correct=0
            testing_correct=0
            for data in train_load:
              x_train,y_train=data
              x_train=x_train.view(-1,28,28)
              x_train,y_train=Variable(x_train),
Variable(y_train)
              y_pred=model(x_train)
           lose=loss_f(y_pred, y_train)
           _,pred=torch.max(y_pred.data,1)
           optimizer.zero_grad()
           loss.backward()
           optimizer.step()
           running_loss+=loss.data[0]
           running_correct+=torch.sum(pred==y_train.data)
    for data in test_load:
              x_test,y_test=data
                x_test=x_test.view(-1,28,28)
                x_test,y_test=Variable(x_test), Variable(y_test)
                outputs=model(x_test)
              _,pred=torch.max(outputs.data,1)
           testing_correct+=torch.sum(pred==y_test.data)
        print('epoch %d,loss %.4f,train acc %.4f,test acc %.4f '
                %(epoch+1,.format(running_loss/len(dataste_train),
running_correct/len(dataset_train),testing_correct/len(dataset_test)))
```

在搭建好模型后，就可以对模型进行打印输出了。打印输出的代码如下：

```
model=RNN( )
print(model)
```

打印输出的结果为：

```
RNN(
  (rnn):RNN(28,128,batch_first=True)
```

```
  (output):Linear(128->10)
)
```

需要注意的是，在进行数据的输入时，需要对输入特征数进行维度变更，代码为 x_train = x_train.view(-1,28,28)，因为只有这样才能够对应之前定义的输入数据的维度(batch,seq,feature)。同样，在每轮训练中，都将损失值进行打印输出，经过 10 轮训练后，得到的输出结果如下：

```
epoch 1,loss 0.0119,train acc .7495,test acc 0.8569
epoch 2,loss 0.0056,train acc .8993,test acc 0.9284
epoch 3,loss 0.0040,train acc . 9303,test acc 0.9395
epoch 4,loss 0.0032,train acc . 9431,test acc 0.9518
epoch 5,loss 0.0029,train acc . 9485,test acc 0.9479
epoch 6,loss 0.0026,train acc .9551,test acc 0.9454
epoch 7,loss 0.0025,train acc .9557,test acc 0.9639
epoch 8,loss 0.0022,train acc . 9601,test acc 0.9627
epoch 9,loss 0.0021,train acc . 9616,test acc 0.9356
epoch 10,loss 0.0021,train acc . 9635,test acc 0.9648
```

可以看出，输出的准确率比较高且有较低的损失值，这说明我们的模型已经非常不错了。另外，还要对结果进行测试。

4. 测试结果

测试代码如下：

```
Data_loader_test=torch.utils.data.DataLoader(dataset=dataset_test,
                                batch_size=64,shuffle=True)
x_test,y_test=next(iter(data_loader_test))
x_pred=x_test.view(-1,28,28)
inputs=Variable(x_pred)
pred=model(inputs)
_,pred=torch.max(pred,1)
print("Predict Lable is:",[i for i in pred.data])
print("Real Lable is:",[ i for i in y_test])
img=torchvision.utils.make_grid(x_test)
img=img.numpy().transpose(1,2,0)
std=[0.5,0.5,0.5]
mean=[0.5,0.5,0.5]
img=img*std+mean
plt.imshow()
```

打印输出测试图像对应的标签，结果如下：

```
   Predict Label is:[7,9,9,2,6,4,7,0,6,5,7,3,5,0,1,3,4,9,0,8,7,4,
1,3,0,8,5,3,7,6,0,0,8,7,6,6,7,0,6,3,6,3,6,8,0,7,3,1,1,4,7,8,4,2,2,5,
5,7,8,7,0,0, 4,9]
```

```
    Real Label is:[7,9,9,2,6,4,7,0,6,5,7,3,5,0,1,3,4,9,9,8,7,4,1,
3,0,8,5,3,7,6,0,0,8,7,8,6,7,0,6,3,6,3,6,8,0,1,3,1,1,4,7,6,4,2,2,5,5,
7,8,7,0,0,4,9]
```

通过 Matplotlib 对测试用到的图像进行绘制，结果如图 7-8 所示。

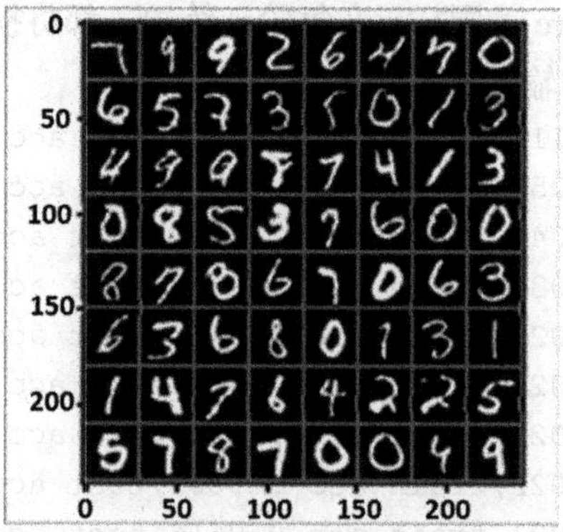

图 7-8　识别结果

从图 7-8 和原始图像中可以看出，错误率已经非常低了，这说明我们搭建的循环神经网络模型已经能够很好地解决图像分类问题了。

7.9　本章小结

本章主要介绍了循环神经网络的模型结构和基本原理。循环神经网络可以建模时间序列数据之间的相关性，可以更方便地建模长时间间隔的相关性。常用的循环神经网络的参数学习算法是 BPTT 算法，其计算时间和空间要求会随时间线性增长。标准的循环神经网络模型训练难度较大，序列越长，计算量越大，容易引起梯度消失或梯度爆炸问题。为了提高效率，当输入序列较长时，可以使用带截断的 BPTT 算法，只计算固定时间间隔内的梯度回传。一个完全连接的循环神经网络有着强大的计算和表示能力，可以近似任何非线性动力系统及图灵机，解决大量的可计算问题。然而，由于梯度消失和梯度爆炸问题，简单循环神经网络存在长期依赖问题。为了解决这个问题，人们对循环神经网络进行了很多改进，其中最有效的改进方式为引入门控机制，如 LSTM 网络和 GRU 网络等。

第 8 章

注意力机制与反馈网络

神经网络中可以存储的信息量称为网络容量（Network Capacity）。一般来讲，当利用一组神经元存储信息时，其存储容量和神经元的数量及网络的复杂度成正比。也就是说，要存储的信息越多，神经元的数量就越多或网络越复杂，进而导致神经网络的参数成倍地增加。

人脑的生物神经网络同样存在网络容量问题，人脑中的工作记忆大概只有几秒钟的时间，类似于循环神经网络中的隐藏状态。而人脑每个时刻接受的外界输入信息非常多，包括来自视觉、听觉、触觉的各种各样的信息。单就视觉来说，眼睛每秒钟会发送千万比特的信息给视觉神经系统。人脑在有限的资源下并不能同时处理这些过载的输入信息。人脑神经系统有两个重要机制可以解决信息过载问题：注意力和记忆机制。我们可以借鉴人脑解决信息过载的机制，从两方面来提高神经网络处理信息的能力：一方面是注意力，通过自上而下的信息选择机制过滤掉大量的无关信息；另一方面是引入额外的外部记忆，优化神经网络的记忆结构以增加神经网络存储信息的容量。

注意力是人类不可或缺的一种复杂认知功能，是人可以在关注一些信息的同时忽略另一些信息的选择能力。在日常生活中，我们通过视觉、听觉、触觉等方式收到大量的感觉输入，但是人脑还能在这些外界的“信息轰炸”中有条不紊地工作，是因为人脑可以有意或无意地从这些输入信息中选择小部分的有用信息来重点处理，并忽略其他信息，这种能力就叫作注意力（Attention）。注意力可以作用于外部的刺激（听觉、视觉、味觉等），也可以作用于内部的意识（思考、回忆等）。

注意力一般分为两种：①自上而下的有意识的注意力，称为聚焦式注意力（Focus Attention），也常称为选择性注意力（Selective Attention），是指有预定目的、依赖任务的，主动有意识地聚焦于某一对象的注意力；②自下而上的无意识的注意力，称为基于显著性的注意力（Saliency Based Attention），是由外界刺激驱动的注意力，不需要主动干预，也和任务无关。如果一个对象的刺激信息不同于其周围信息，那么一种无意识的“赢者通吃”（Winner-Take-All）或门控（Gating）机制就可以把注意力转向这个对象。不管这些注意力是有意的还是无意的，大部分的人脑活动都需要依赖注意力，如记忆信息、阅读或思考等。

根据神经网络运行过程中的信息流向，可分为前馈式神经网络和反馈式神经网络两种基本类型。前馈式神经网络通过引入隐藏层及非线性转移函数，使网络具有复杂的非线性映射能力。但前馈式神经网络的输出仅由当前输入和权值矩阵决定，而与网络先前的输出状态无关。

美国加州理工学院的物理学家Hopfield教授于1982年发表了对神经网络发展颇具影响的论文，提出了一种单层反馈神经网络，后来人们将这种网络称为Hopfield神经网络。Hopfield教授在反馈神经网络中引入了“能量函数”的概念，这一概念的提出对神经网络的研究具有重要意义，使神经网络运行稳定性的判断有了可靠依据。1985年，Hopfield与Tank用模拟电子线路实现了Hopfield神经网络，并成功地求解了优化组合问题中具有代表意义的TSP，从而开辟了神经网络用于智能信息处理的新途径，为神经网络的复兴立下了不可磨灭的功劳。

在前馈网络中，不论是离散型还是连续型，一般均不考虑输出与输入在时间上的滞后性，而只表达两者间的映射关系。但在Hopfield神经网络中，考虑了输出与输入间的延迟因素，因此，需要用微分方程或差分方程描述网络的动态数学模型。

在神经网络学习中，除了监督学习和无监督学习，还有一种“灌输式”学习。灌输式学习方式即网络的权值不是经过反复学习获得的，而是按一定规则事前计算出来的。Hopfield神经网络便采用了这种学习方式，其权值一经确定就不再改变，而网络中各神经元的状态在运行过程中不断更新，当网络演变到稳定状态时，各神经元的状态便是问题的解。

Hopfield神经网络分为离散型和连续型两种模型，分别记作DHNN（Discrete Hopfield Neural Network）和CHNN（Continues Hopfield Neural Network），后面会分别对这两种网络做简要说明。

8.1 注意力机制网络

8.1.1 注意力机制网络的概念及分类

在计算能力有限的情况下，注意力机制（Attention Mechanism）作为一种资源分配方案，将有限的计算资源用来处理更重要的信息，是解决信息过载问题的主要手段。当用神经网络处理大量的输入信息时，也可以借鉴人脑的注意力机制，只选择一些关键的输入信息进行处理，以此来提高神经网络的处理效率。

在目前的神经网络模型中，我们可以将最大汇聚（Max Pooling）、门控

（Gating）机制近似看作自下而上的基于显著性的注意力机制。除此之外，自上而下的聚焦式注意力也是一种有效的信息选择方式。以阅读理解任务为例，给定一篇很长的文章，就此文章的内容进行提问，提出的问题只与段落中的一两个句子相关，与其余部分都是无关的。为了减轻神经网络的计算负担，只需把相关的片段挑选出来，让后续的神经网络来处理，而不需要把所有文章内容都输入神经网络中。用 $\boldsymbol{X}=\left[\boldsymbol{x}_1,\cdots,\boldsymbol{x}_N\right]\in\mathbb{R}^{D\times N}$ 表示 N 组输入信息，其中 D 维向量 $\boldsymbol{x}_i\in\mathbb{R}^D$，$i\in[1,N]$，表示一组输入信息。为了节省计算资源，不需要将所有信息都输入神经网络中，只需从 $\boldsymbol{X}$ 中选择一些和任务相关的信息即可。注意力机制的计算可以分为两步：①在所有输入信息上计算注意力分布；②根据注意力分布计算输入信息的加权平均。

定义 8.1 注意力分布：为了从 N 个输入向量 $\left[\boldsymbol{x}_1,\cdots,\boldsymbol{x}_N\right]$ 中选择与某个特定任务相关的信息，需要引入一个和任务相关的表示，称为查询向量（Query Vector），并通过一个打分函数来计算每个输入向量和查询向量之间的相关性。

给定一个和任务相关的查询向量 $\boldsymbol{q}$（查询向量 $\boldsymbol{q}$ 可以是动态生成的，也可以是可学习的参数），用注意力变量 $z\in[1,N]$ 表示被选择信息的索引位置，即 $z=i$ 表示选择了第 i 个输入向量。为了方便计算，采用一种“软性”的信息选择机制。首先计算在给定的 $\boldsymbol{q}$ 和 $\boldsymbol{X}$ 下，选择第 i 个输入向量的概率 α_i：

$$\begin{aligned}\alpha_i &= p\left(z=i\mid\boldsymbol{X},\boldsymbol{q}\right)\\ &=\operatorname{Softmax}\left(s\left(\boldsymbol{x}_i,\boldsymbol{q}\right)\right)\\ &=\frac{\exp\left(s\left(\boldsymbol{x}_i,\boldsymbol{q}\right)\right)}{\sum_{j=1}^{N}\exp\left(s\left(\boldsymbol{x}_j,\boldsymbol{q}\right)\right)}\end{aligned} \tag{8-1}$$

其中，α_i 称为注意力分布（Attention Distribution）；$s(\boldsymbol{x},\boldsymbol{q})$ 称为注意力打分函数，可以使用以下 4 种方式来计算。

（1）加性模型：

$$s\left(\boldsymbol{x},\boldsymbol{q}\right)=\boldsymbol{v}^{\mathrm{T}}\tanh\left(\boldsymbol{W}_{\boldsymbol{x}}+\boldsymbol{U}_{\boldsymbol{q}}\right) \tag{8-2}$$

（2）点积模型：

$$s\left(\boldsymbol{x},\boldsymbol{q}\right)=\boldsymbol{x}^{\mathrm{T}}\boldsymbol{q} \tag{8-3}$$

（3）缩放点积模型：

$$s\left(\boldsymbol{x},\boldsymbol{q}\right)=\frac{\boldsymbol{x}^{\mathrm{T}}\boldsymbol{q}}{\sqrt{D}} \tag{8-4}$$

（4）双线性模型：

$$s(\boldsymbol{x},\boldsymbol{q})=\boldsymbol{x}^{\mathrm{T}}\boldsymbol{W}_{\boldsymbol{q}} \tag{8-5}$$

将 $\boldsymbol{W}=\boldsymbol{U}^{\mathrm{T}}\boldsymbol{V}$ 代入式（8-5），双线性模型可转化成点积模型，表示为

$$s(\boldsymbol{x},\boldsymbol{q})=\boldsymbol{x}^{\mathrm{T}}\boldsymbol{U}^{\mathrm{T}}\boldsymbol{V}_{\boldsymbol{q}}=(\boldsymbol{U}_{\boldsymbol{x}})^{\mathrm{T}}(\boldsymbol{V}_{\boldsymbol{q}}) \tag{8-6}$$

其中，$\boldsymbol{W}$、$\boldsymbol{U}$、$\boldsymbol{V}$ 为可学习的参数；D 为输入向量的维度，当 D 的值比较大时，点积模型的值通常有比较大的方差，从而导致 Softmax 函数的梯度会比较小。因此，缩放点积模型可以较好地解决这个问题。

理论上，加性模型和点积模型的复杂度差不多，但是点积模型在实现上可以更好地利用矩阵乘积，从而计算效率更高。从式（8-6）中可以看出，双线性模型是一种泛化的点积模型。相比于点积模型，双线性模型在计算相似度时引入了非对称性。

注意力机制在多个热点模型中都得到了广泛应用，还有几个常用的变体模型。

1. 软性注意力机制

软性注意力机制（Soft Attention Mechanism）就是指所选择的信息是所有输入向量在注意力分布下的期望，如图 8-1（a）所示。对于注意力分布 α_i，在给定任务相关的查询向量为 $\boldsymbol{q}$ 时，第 i 个输入向量受关注的程度为

$$\begin{aligned}\operatorname{att}(\boldsymbol{X},\boldsymbol{q})&=\sum_{i=1}^{N}\alpha_i\boldsymbol{x}_i\\&=\mathbb{E}_{z\sim p(z|\boldsymbol{X},\boldsymbol{q})}[\boldsymbol{x}_z]\end{aligned} \tag{8-7}$$

2. 硬性注意力机制

硬性注意力机制（Hard Attention Mechanism）只关注某一个输入向量，有以下两种实现方式。

（1）输入向量选择最大概率采样方式，即

$$\operatorname{att}(\boldsymbol{X},\boldsymbol{q})=\boldsymbol{x}_{\hat{i}} \tag{8-8}$$

其中，$\hat{i}$ 为概率最大的输入向量的下标，$\hat{i}=\underset{i=1,1\leqslant i\leqslant N}{\operatorname{argmax}}\,\alpha_i$。

（2）输入向量选择随机采样方式。

硬性注意力机制的一个缺点是基于最大采样或随机采样的方式选择信息，使得最终的损失函数与注意力分布之间的函数关系不可导，无法使用反向传播算法

进行训练。因此，硬性注意力机制通常需要使用强化学习来进行训练。为了使用反向传播算法，一般使用软性注意力机制代替硬性注意力机制。

3. 键值对注意力机制

键值对注意力机制就是用键值对格式表示输入信息，“键”用来计算注意力分布 α_i，“值”用来计算聚合信息，如图 8-1（b）所示。

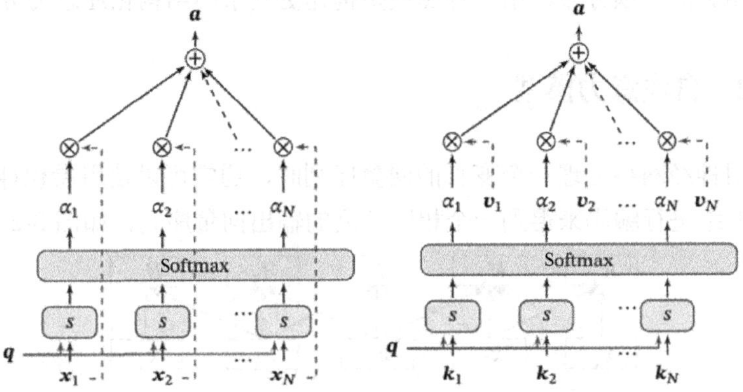

（a）软性注意力机制　　（b）键值对注意力机制

图 8-1 注意力机制图

用 $(\boldsymbol{K},\boldsymbol{V})=\left[(k_1,v_1),\cdots,(k_N,v_N)\right]$ 表示 N 组输入信息，在给定任务相关的查询向量 $\boldsymbol{q}$ 时，注意力函数为

$$\begin{aligned}\operatorname{att}\left((\boldsymbol{K},\boldsymbol{V}),\boldsymbol{q}\right)&=\sum_{i=1}^{N}\alpha_i\boldsymbol{v}_i\\&=\sum_{i=1}^{N}\frac{\exp\left(s\left(\boldsymbol{k}_i,\boldsymbol{q}\right)\right)}{\sum_{j=1}^{N}\exp\left(s\left(\boldsymbol{k}_j,\boldsymbol{q}\right)\right)}\boldsymbol{v}_i\end{aligned} \tag{8-9}$$

其中，$s\left(\boldsymbol{k}_i,\boldsymbol{q}\right)$ 为打分函数。当 $\boldsymbol{K}=\boldsymbol{V}$ 时，键值对注意力就等价于如图 8-1（a）所示的软性注意力模式。

4. 多头注意力机制

多头注意力（Multi-Head Attention）机制利用多个查询向量 $\left[\boldsymbol{q}_1,\cdots,\boldsymbol{q}_M\right]$ 来并行地从输入信息中选取多组信息。每个注意力关注输入信息的不同部分：

$$\operatorname{att}\left((\boldsymbol{K},\boldsymbol{V}),\boldsymbol{Q}\right)=\operatorname{att}\left((\boldsymbol{K},\boldsymbol{V}),\boldsymbol{q}_1\right)\oplus\cdots\oplus\operatorname{att}\left((\boldsymbol{K},\boldsymbol{V}),\boldsymbol{q}_M\right) \tag{8-10}$$

其中，⊕ 表示向量拼接。

5. 结构化注意力机制

以上介绍的都是假设所有的输入信息是同等重要的，是一种扁平（Flat）结构，注意力分布实际上是在所有输入信息上的多项分布。但如果输入信息本身具有层次（Hierarchical）结构，如文本可以分为词、句子、段落、篇章等不同粒度的层次，则可以使用层次化的注意力进行更好的信息选择。此外，还可以假设注意力为上下文相关的二项分布，用一种图模型构建更复杂的结构化注意力分布。

8.1.2 自注意力模型

当使用神经网络处理一个变长的向量序列时，通常可以使用卷积神经网络或循环神经网络进行编码来得到一个相同长度的输出向量序列，如图 8-2 所示。

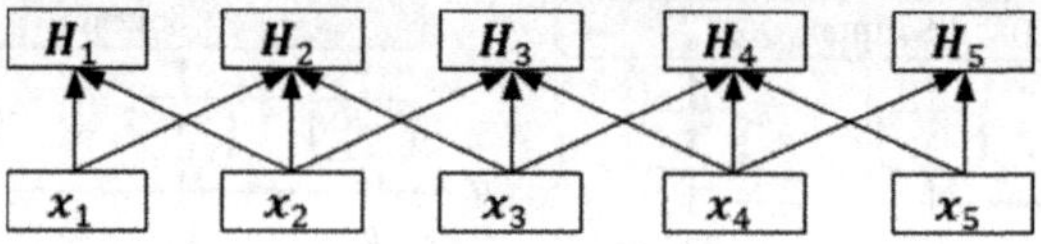

（a）卷积神经网络

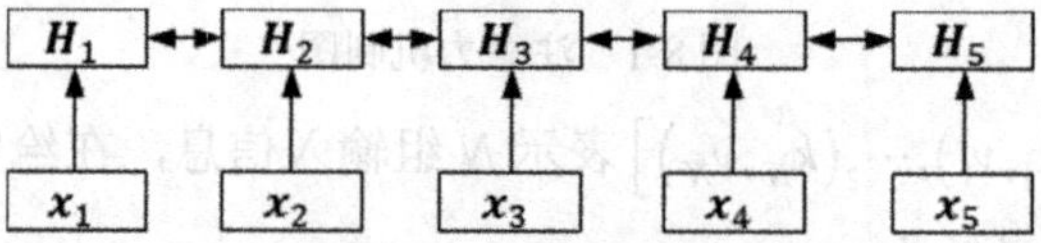

（b）双向循环神经网络

图 8-2　基于卷积神经网络和循环神经网络的变长序列编码

基于卷积或循环神经网络的序列编码都是一种局部的编码方式，只建模了输入信息的局部依赖关系。虽然循环神经网络理论上可以建立长距离依赖关系，但是由于信息传递的容量及梯度消失问题，实际上也只能建立短距离依赖关系。

如果要建立输入序列之间的长距离依赖关系，则可以使用以下两种方法：一种方法是增加网络的层数，通过一个深层网络来获取远距离的信息交互；另一种方法是使用全连接网络。全连接网络是一种非常直接的建立长距离依赖关系的模型，但是无法处理变长的输入序列。不同的输入长度的连接权重也是不同的。这时可以利用注意力机制来“动态”地生成不同连接的权重，这就是自注意力模型（Self-Attention Model）。

为了提高模型能力，自注意力模型经常采用查询-键-值（Query-Key-Value，QKV）模式，其计算过程如图 8-3 所示，其中方框中的字母表示矩阵的维度。

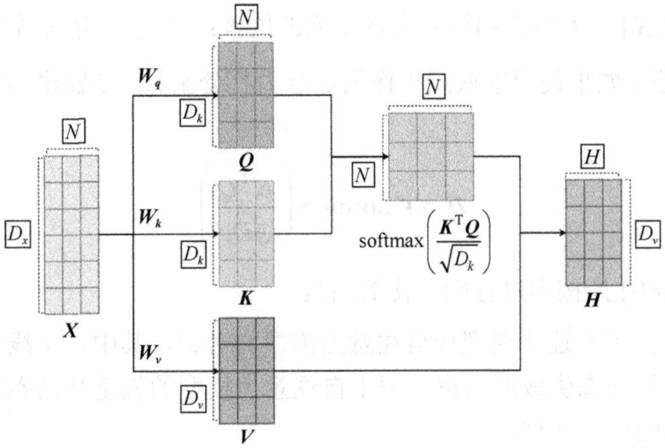

图 8-3 自注意力模型的计算过程

假设输入序列为 $\boldsymbol{X}=\left[\boldsymbol{x}_1,\cdots,\boldsymbol{x}_N\right]\in\mathbb{R}^{D_x\times N}$，输出序列为 $\boldsymbol{H}=\left[\boldsymbol{h}_1,\cdots,\boldsymbol{h}_N\right]\in\mathbb{R}^{D_v\times N}$，则自注意力模型的具体计算过程如下。

（1）对于每个输入 $\boldsymbol{x}_i$，首先将其线性映射到 3 个不同的空间，得到查询向量 $\boldsymbol{q}_i\in\mathbb{R}^{D_k}$、键向量 $\boldsymbol{k}_i\in\mathbb{R}^{D_k}$ 和值向量 $\boldsymbol{v}_i\in\mathbb{R}^{D_v}$。

在自注意力模型中，通常使用点积计算注意力打分函数，这里的查询向量和键向量的维度是相同的。对于整个输入序列 $\boldsymbol{X}$，线性映射过程可以简写为

$$\boldsymbol{Q}=\boldsymbol{W}_q\boldsymbol{X}\in\mathbb{R}^{D_k\times N} \tag{8-11}$$

$$\boldsymbol{K}=\boldsymbol{W}_k\boldsymbol{X}\in\mathbb{R}^{D_k\times N} \tag{8-12}$$

$$\boldsymbol{V}=\boldsymbol{W}_v\boldsymbol{X}\in\mathbb{R}^{D_v\times N} \tag{8-13}$$

其中，$\boldsymbol{W}_q\in\mathbb{R}^{D_k\times D_x}$、$\boldsymbol{W}_k\in\mathbb{R}^{D_k\times D_x}$、$\boldsymbol{W}_v\in\mathbb{R}^{D_v\times D_x}$ 分别为线性映射的参数矩阵；$\boldsymbol{Q}=\left[\boldsymbol{q}_1,\cdots,\boldsymbol{q}_N\right]$、$\boldsymbol{K}=\left[\boldsymbol{k}_1,\cdots,\boldsymbol{k}_N\right]$、$\boldsymbol{V}=\left[\boldsymbol{v}_1,\cdots,\boldsymbol{v}_N\right]$ 分别是由查询向量、键向量和值向量构成的矩阵。

（2）对于每个查询向量 $\boldsymbol{q}_i\in\boldsymbol{Q}$，利用式（8-9），即键值对注意力机制，可以得到输出向量 $\boldsymbol{h}_i$：

$$\begin{aligned}\boldsymbol{h}_i&=\operatorname{att}\left(\left(\boldsymbol{K},\boldsymbol{V}\right),\boldsymbol{q}_i\right)\\&=\sum_{j=1}^{N}\alpha_{ij}\boldsymbol{v}_j\\&=\sum_{j=1}^{N}\operatorname{Softmax}\left(s\left(\boldsymbol{k}_j,\boldsymbol{q}_i\right)\right)\boldsymbol{v}_j\end{aligned} \tag{8-14}$$

其中，$i,j\in[1,N]$，为输出和输入向量序列的位置；α_{ij} 表示第 n 个输出关注到第 j 个输入的权重。如果使用缩放点积作为注意力打分函数，则输出向量序列可以简写为

$$\boldsymbol{H}=\boldsymbol{V}\mathrm{Softmax}\left(\frac{\boldsymbol{K}^{\mathrm{T}}\boldsymbol{Q}}{\sqrt{D_k}}\right) \tag{8-15}$$

其中，$\mathrm{Softmax}(\cdot)$ 为按列进行归一化的函数。

图 8-4 给出了全连接模型和自注意力模型的对比，其中，实线表示可学习的权重，虚线表示动态生成的权重。由于自注意力模型的权重是动态生成的，因此可以处理变长的信息序列。

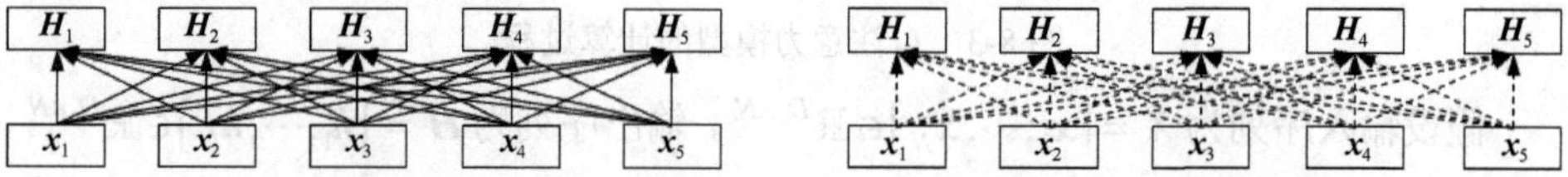

（a）全连接模型　　（b）自注意力模型

图 8-4　全连接模型和自注意力模型的对比

自注意力模型可以作为神经网络中的一层来使用，既可以用来替换卷积层和循环层（参见文献[84]），又可以和它们一起交替使用（如 $\boldsymbol{X}$ 可以是卷积层或循环层的输出）。自注意力模型计算的权重 α_{ij} 只依赖 $\boldsymbol{q}_i$ 和 $\boldsymbol{k}_j$ 的相关性，而忽略了输入信息的位置信息，因此，在单独使用时，自注意力模型一般需要加入位置编码信息来进行修正。自注意力模型可以扩展为多头自注意力模型，在多个不同的投影空间捕捉不同的交互信息。

8.2 离散型 Hopfield 神经网络

8.2.1 网络的结构与工作方式

离散型 Hopfield 神经网络（Discrete Hopfield Neural Network，DHNN）的拓扑结构如图 8-5 所示。这是一种单层全反馈神经网络，共有 n 个神经元，其特点是任一神经元的输出 x_i 均通过连接权 w_{ij} 反馈至所有神经元 x_j 作为输入。换句话说，每个神经元都通过连接权接受所有神经元输出反馈的信息，目的是让任一神经元的输出都能接受所有神经元输出的控制，从而使各神经元的输出能相互制约。每个神经元均设有一个阈值 T_j，以反映对输入噪声的控制。DHNN 可简记为

$N=(W,T)$。

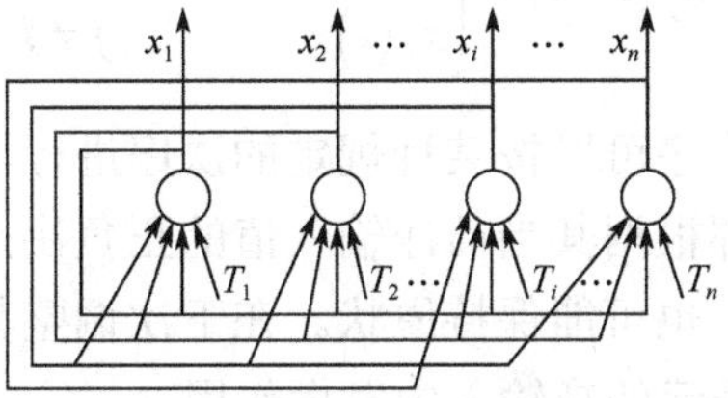

图 8-5　DHNN 的拓扑结构

（1）网络的状态。

DHNN 中的每个神经元都有相同的功能，其输出称为状态，用 x_j 表示，所有神经元状态的集合就构成反馈网络的状态 $\boldsymbol{X}=[x_1,x_2,\cdots,x_n]^{\mathrm{T}}$。反馈网络的输入就是网络的状态初始值，表示为 $\boldsymbol{X}(0)=[x_1(0),x_2(0),\cdots,x_n(0)]^{\mathrm{T}}$。反馈网络在外界输入激发下，从初始状态进入动态演变过程，期间网络中每个神经元的状态都在不断变化，变化规律由下式规定：

$$x_j(t+1)=f(\mathrm{net}_j) \qquad j=1,2,\cdots,n \tag{8-16}$$

其中，$f(\cdot)$ 为转移函数，DHNN 的转移函数常采用符号函数，即

$$x_j(t+1)=\mathrm{sgn}(\mathrm{net}_j)=\begin{cases}1 & \mathrm{net}_j \geqslant 0\\ -1 & \mathrm{net}_j<0\end{cases} \qquad j=1,2,\cdots,n \tag{8-17}$$

对称饱和线性函数为

$$x_j(t+1)=\mathrm{satlins}(\mathrm{net}_j)=\begin{cases}1 & \mathrm{net}_j>1\\ \mathrm{net}_j & -1\leqslant \mathrm{net}_j\leqslant 1\\ -1 & \mathrm{net}_j<-1\end{cases} \tag{8-18}$$

其中，净输入为

$$\mathrm{net}_j=\sum_{j=1}^{n}(w_{ij}x_i-T_j) \qquad j=1,2,\cdots,n \tag{8-19}$$

对于 DHNN，一般有 $w_{ii}=0$、$w_{ij}=w_{ji}$ 对称矩阵。当反馈网络稳定时，每个神经元的状态都不再改变，此时的稳定状态就是网络的输出。

（2）网络的异步工作方式。

网络的异步工作方式是一种串行方式。网络运行时，每次只有一个神经元 i 按式（8-17）进行状态的调整计算，其他神经元的状态均保持不变，即

$$x_j(t+1)=\begin{cases}\operatorname{sgn}\left[\operatorname{net}_j(t)\right] & j=i\\ x_j(t) & j\neq i\end{cases} \tag{8-20}$$

神经元状态的调整次序可以按某种规定的次序进行，也可以随机选定。每次神经元在调整状态时，都根据其当前净输入值的正负决定下一时刻的状态，因此其状态可能会发生变化，也可能保持原状。在下次调整其他神经元状态时，本次调整结果即在下一个神经元的净输入中发挥作用。

（3）网络的同步工作方式。

网络的同步工作方式是一种并行方式，所有神经元同时调整状态，即

$$x_j(t+1)=\operatorname{sgn}\left[\operatorname{net}_j(t)\right]\quad j=1,2,\cdots,n \tag{8-21}$$

$$x_j(t+1)=\operatorname{satlins}\left[\operatorname{net}_j(t)\right]\quad j=1,2,\cdots,n \tag{8-22}$$

与异步工作方式相同，即每次神经元在调整状态时，都根据其当前的净输入值的正负决定下一时刻的状态，在下次调整其他神经元状态时，本次的调整结果即在下一个神经元的净输入中发挥作用。当网络稳定时，每个神经元的状态都不再改变，此时的稳定状态就是网络的输出。

8.2.2 网络的能量状态分析

反馈网络是一种能存储若干预先设置的稳定点（状态）的网络。运行时，当该网络收到一个起初始推动作用的输入模式后，网络便将其输出反馈回来作为下一次的输入。经过有限次递归后，在网络结构满足一定条件的前提下，网络最终将会稳定在某一预先设置的稳定点处。反馈网络作为非线性动力学系统，具有丰富的动态特性：①渐进稳定点（吸引点）；②有限环状态；③混沌（Chaos）状态；④发散状态。

DHNN 实质上是一个离散的非线性动力学系统，网络从初态 $\boldsymbol{X}(0)$ 开始。$\boldsymbol{X}(0)$ 为网络的初始激活向量，仅在初始瞬间，即 $t=0$ 时作用于网络，起原始推动作用。将 $\boldsymbol{X}(0)$ 移去之后，网络处于自激状态，即由反馈回来的向量 $\boldsymbol{X}(1)$ 作为下一次的输入。若经过有限次递归后，其状态不再发生变化，即 $\boldsymbol{X}(t+1)=\boldsymbol{X}(t)$，则称该网络是稳定的。因为 DHNN 每个节点的状态只有 1 和−1 两种情况，网络不可能出现无限发散的情况，而只可能出现限幅的自持振荡，因而称这种网络为有限环网络。

网络的稳定性与网络的能量状态密切相关。网络的能量状态可以用网络的能量函数来表示，实现优化求解功能。网络的能量函数在网络状态按一定规则变化

时，能自动趋向于能量的极小点。

网络达到稳定时的状态表示为 $\boldsymbol{X}$，如果网络是逐渐稳定的，则其稳定点称为吸引子。如果把吸引子视为问题的解，那么从初态向吸引子演变的过程便是求解计算的过程。若把需要记忆的样本信息存储于网络不同的吸引子中，则当输入含有部分记忆信息的样本时，网络的演变过程便是根据部分信息寻找全部信息，即联想记忆的过程。下面给出吸引子的定义和定理。

定义 8.2　若网络的状态 $\boldsymbol{X}$ 满足 $\boldsymbol{X}=f(\boldsymbol{WX}-\boldsymbol{T})$，则称 $\boldsymbol{X}$ 为网络的吸引子。

定理 8.1　对于 DHNN，若按异步方式调整网络状态，且连接权值矩阵 $\boldsymbol{W}$ 为对称矩阵，则对于任意初态，网络都最终收敛到一个吸引子。

定义网络的能量函数为

$$E(t)=-\frac{1}{2}\boldsymbol{X}^{\mathrm{T}}(t)\boldsymbol{WX}(t)+\boldsymbol{X}^{\mathrm{T}}(t)\boldsymbol{T} \tag{8-23}$$

令网络能量的改变量为 ΔE，网络状态的改变量为 $\Delta\boldsymbol{X}$，则有

$$\Delta E(t)=E(t+1)-E(t) \tag{8-24}$$

$$\Delta\boldsymbol{X}=\boldsymbol{X}(t+1)-\boldsymbol{X}(t) \tag{8-25}$$

将式（8-23）和式（8-25）代入式（8-24），此时网络能量的改变量可进一步展开为

$$\begin{aligned}
\Delta E(t)&=E(t+1)-E(t)\\
&=-\frac{1}{2}\left[\boldsymbol{X}(t)+\Delta\boldsymbol{X}(t)\right]^{\mathrm{T}}\boldsymbol{W}\left[\boldsymbol{X}(t)+\Delta\boldsymbol{X}(t)\right]+\left[\boldsymbol{X}(t)+\Delta\boldsymbol{X}(t)\right]^{\mathrm{T}}\boldsymbol{T}-\\
&\quad\left[-\frac{1}{2}\boldsymbol{X}^{\mathrm{T}}(t)\boldsymbol{WX}(t)+\boldsymbol{X}^{\mathrm{T}}(t)\boldsymbol{T}\right]\\
&=-\Delta\boldsymbol{X}^{\mathrm{T}}(t)\boldsymbol{WX}(t)-\frac{1}{2}\Delta\boldsymbol{X}^{\mathrm{T}}(t)\boldsymbol{W}\Delta\boldsymbol{X}(t)+\Delta\boldsymbol{X}^{\mathrm{T}}(t)\boldsymbol{T}\\
&=-\Delta\boldsymbol{X}^{\mathrm{T}}(t)\left[\boldsymbol{WX}(t)-T\right]-\frac{1}{2}\Delta\boldsymbol{X}^{\mathrm{T}}(t)\boldsymbol{W}\Delta\boldsymbol{X}(t)
\end{aligned} \tag{8-26}$$

由于定理 8.1 规定按异步方式工作，所以 t 时刻只有一个神经元调整状态，设该神经元为 j，将 $\Delta\boldsymbol{X}(t)=\left[0,\cdots,0,\Delta x_j(t),0,\cdots,0\right]^{\mathrm{T}}$ 代入式（8-26），并考虑到 $\boldsymbol{W}$ 为对称矩阵（$w_{ij}=w_{ji}$），则有

$$\Delta E(t)=-\Delta x_j(t)\left[\sum_{i=1}^{n}\left(w_{ij}x_i-T_j\right)\right]-\frac{1}{2}\Delta x_j^2(t)w_{jj} \tag{8-27}$$

设各神经元不存在自反馈，则有 $w_{jj}=0$，并引入式（8-19），式（8-27）可简化为

$$\Delta E(t)=-\Delta x_j(t)\operatorname{net}_j(t) \tag{8-28}$$

考虑式（8-28）中可能出现的情况，$\Delta x_j(t)$ 可表示为

$$\Delta x_j(t)=x_j(t+1)-x_j(t)=\begin{cases}+2, & x_j(t+1)=1, x_j(t)=-1\\ -2, & x_j(t+1)=-1, x_j(t)=1\\ 0, & x_j(t+1)=x_j(t)\end{cases} \tag{8-29}$$

（1）当 $\Delta x_j(t)=2$ 时，由式（8-17）可知，$\operatorname{net}_j(t)\geqslant 0$，则得 $\Delta E(t)\leqslant 0$。

（2）当 $\Delta x_j(t)=-2$ 时，由式（8-17）可知，$\operatorname{net}_j(t)<0$，则得 $\Delta E(t)<0$。

（3）当 $\Delta x_j(t)=0$ 时，得 $\Delta E(t)=0$。

同理可证，当 $w_{jj}>0$ 时，$\Delta E(t)\leqslant 0$。

从上述 3 种情况的讨论中可知，无论在什么条件下，都有 $\Delta E(t)\leqslant 0$，即在网络的动态演变过程中，能量总减小或不变。由于网络中各节点的状态只能取 1 或 −1，能量函数 $E(t)$ 作为网络状态的函数是有下界的，因此，网络能量函数最终将收敛为一个常数，此时，$\Delta E(t)=0$。网络最终收敛到一个吸引子。

定理 8.2 对于 DHNN，若按同步方式调整其状态，且连接权值矩阵 $\boldsymbol{W}$ 为非负定对称矩阵，则对于任意初态，网络都最终收敛到一个吸引子。

证明：由式（8-26）可知

$$\begin{aligned}\Delta E(t)&=E(t+1)-E(t)\\&=-\Delta\boldsymbol{X}^{\mathrm{T}}(t)\left[\boldsymbol{W}\boldsymbol{X}(t)-\boldsymbol{T}\right]-\frac{1}{2}\Delta\boldsymbol{X}^{\mathrm{T}}(t)\boldsymbol{W}\Delta\boldsymbol{X}(t)\\&=-\Delta\boldsymbol{X}^{\mathrm{T}}(t)\operatorname{net}(t)-\frac{1}{2}\Delta\boldsymbol{X}^{\mathrm{T}}(t)\boldsymbol{W}\Delta\boldsymbol{X}(t)\\&=-\sum_{j=1}^{n}\Delta x_j(t)\operatorname{net}_j(t)-\frac{1}{2}\Delta\boldsymbol{X}^{\mathrm{T}}(t)\boldsymbol{W}\Delta\boldsymbol{X}(t)\end{aligned}$$

前面已经证明，对于任何神经元 j，都有 $-\Delta x_j(t)\operatorname{net}_j(t)\leqslant 0$，因此，上式第一项不大于 0，只要 $\boldsymbol{W}$ 为非负定对称矩阵，第二项也不大于 0，于是有 $\Delta E(t)\leqslant 0$，即 $E(t)$ 最终将收敛到一个常数值，对应的稳定状态是网络的一个吸引子。

比较定理 8.1 和 8.2 可以看出，当网络采用同步方式工作时，对矩阵 $\boldsymbol{W}$ 的要求更高，如果 $\boldsymbol{W}$ 不能满足非负定对称矩阵的要求，那么网络会出现自持振荡。

异步方式比同步方式有更好的稳定性，但其缺点是失去了神经网络并行处理的优势。

以上分析表明，在网络从初态向稳态演变的过程中，网络的能量始终向减小的方向演变，当能量最终稳定于一个常数时，该常数对应于网络能量的极小状态，称该极小状态为网络的能量井，对应于网络的吸引子。

8.2.3 网络吸引子的性质

网络吸引子具有以下几条性质。

性质 8.1 若 $\boldsymbol{X}$ 是网络的一个吸引子，且阈值 $T=0$，在 sgn(0)处，$x_j(t+1)=x_j(t)$，则$-\boldsymbol{X}$ 也一定是该网络的吸引子。

证明：因为 $\boldsymbol{X}$ 是吸引子，即 $\boldsymbol{X}=f(\boldsymbol{W}\boldsymbol{X})$，从而有

$$f\left[\boldsymbol{W}(-\boldsymbol{X})\right]=f(-\boldsymbol{W}\boldsymbol{X})=-f(\boldsymbol{W}\boldsymbol{X})=-\boldsymbol{X}$$

所以 $-\boldsymbol{X}$ 也是该网络的吸引子。

性质 8.2 若 $\boldsymbol{X}^a$ 是网络的一个吸引子，则与 $\boldsymbol{X}^a$ 的海明（Hamming）距离 $\mathrm{d}\boldsymbol{H}\left(\boldsymbol{X}^a,\boldsymbol{X}^b\right)=1$ 的 $\boldsymbol{X}^b$ 一定不是吸引子。

证明：两个向量的海明距离 $\mathrm{d}\boldsymbol{H}\left(\boldsymbol{X}^a,\boldsymbol{X}^b\right)$ 是指两个向量中不相同元素的个数。不妨设 $x_1^a \neq x_1^b$，$x_j^a = x_j^b$，$j=2,3,\cdots,n$。

因为 $w_{11}=0$，所以根据吸引子的定义，有

$$x_1^a = f\left(\sum_{i=2}^{n} w_{i1}x_i^a - T_1\right) = f\left(\sum_{i=2}^{n} w_{i1}x_i^b - T_1\right)$$

由假设条件可知 $x_1^a \neq x_1^b$，故

$$x_1^b \neq f\left(\sum_{i=2}^{n} w_{i1}x_i^b - T_1\right)$$

即 $\boldsymbol{X}^b$ 不是该网络的吸引子。

性质 8.3 若有一组向量 $\boldsymbol{X}^p$（$p=1,2,\cdots,P$）均是网络的吸引子，且在 $\mathrm{sgn}(0)$ 处有 $x_j(t+1)=x_j(t)$，则由该组向量线性组合而成的向量 $\sum_{i=2}^{n} a_p \boldsymbol{X}^p$ 也是该网络的吸引子。

证明（略）。下面介绍海明距离的重要性质。

性质 8.4 两个向量$\boldsymbol{s}^{(1)}$、$\boldsymbol{s}^{(2)}$的海明距离指$\boldsymbol{s}^{(1)}$和$\boldsymbol{s}^{(2)}$中不同分量的个数，用$d_h\left(\boldsymbol{s}^{(1)},\boldsymbol{s}^{(2)}\right)$表示，因此可得出以下两点结论。

（1）$d_h(\boldsymbol{s},-\boldsymbol{s})=N$。

（2）若$\sum_{i=1}^{N}\boldsymbol{s}_i^{(1)}\boldsymbol{s}_i^{(2)}=0$，即$\boldsymbol{s}^{(1)}$和$\boldsymbol{s}^{(2)}$正交，则$d_h\left(\boldsymbol{s}^{(1)},\boldsymbol{s}^{(2)}\right)=\frac{N}{2}$。

能够使网络稳定在同一吸引子的所有初态的集合称为该吸引子的吸引域。关于吸引域，有如下定义。

定义 8.3 若$\boldsymbol{X}^a$是吸引子，则对于异步方式，若存在一个调整次序，使网络可以从状态$\boldsymbol{X}$演变到$\boldsymbol{X}^a$，则称$\boldsymbol{X}$弱吸引到$\boldsymbol{X}^a$；若对于任意调整次序，网络都可以从状态$\boldsymbol{X}$演变到$\boldsymbol{X}^a$，则称$\boldsymbol{X}$强吸引到$\boldsymbol{X}^a$。

定义 8.4 若对某些$\boldsymbol{X}$,有$\boldsymbol{X}$弱吸引到吸引子$\boldsymbol{X}^a$,则称这些$\boldsymbol{X}$的集合为$\boldsymbol{X}^a$的弱吸引域；若对某些$\boldsymbol{X}$，有$\boldsymbol{X}$强吸引到吸引子$\boldsymbol{X}^a$，则称这些$\boldsymbol{X}$的集合为$\boldsymbol{X}^a$的强吸引域。

下面结合两个单元的实例加以说明。

例 8.1 设有 3 节点 DHNN，用如图 8-6（a）所示的无向图表示，权值与阈值均已标在图中，试计算网络演变过程的状态。

解：设各节点状态取值为 1 或 0，3 节点 DHNN 应有$2^3=8$种状态。不妨将$\boldsymbol{X}=(x_1,x_2,x_3)^{\mathrm{T}}=(0,0,0)^{\mathrm{T}}$作为网络状态，按 1→2→3 的次序更新状态。

第 1 步：更新x_1，$x_1=\operatorname{sgn}\left[(-0.5)\times0+0.2\times0-(-0.1)\right]=\operatorname{sgn}(0.1)=1$，其他节点状态不变，网络状态由$(0,0,0)^{\mathrm{T}}$变成$(1,0,0)^{\mathrm{T}}$。如果先更新$x_2$或$x_3$，则网络状态将仍为$(0,0,0)^{\mathrm{T}}$，因此初态保持不变的概率为 2/3，而变为$(1,0,0)^{\mathrm{T}}$的概率为 1/3。

第 2 步：此时网络状态为$(1,0,0)^{\mathrm{T}}$，更新x_2后，得$x_2=\operatorname{sgn}\left[(-0.5)\times1+0.6\times0-0\right]=\operatorname{sgn}(-0.5)=0$，其他节点状态不变，网络状态仍为$(1,0,0)^{\mathrm{T}}$。如果本步先更新$x_1$或$x_3$，则网络响应状态将为$(1,0,0)^{\mathrm{T}}$和$(1,0,1)^{\mathrm{T}}$，因此本状态保持不变的概率为 2/3，而变为$(1,0,1)^{\mathrm{T}}$的概率为 1/3。

第 3 步：此时网络状态为$(1,0,0)^{\mathrm{T}}$，更新x_3，得$x_3=\operatorname{sgn}[0.2\times1+0.6\times0-0]=\operatorname{sgn}(0.2)=1$。

同理，可算出其他状态之间的演变历程和状态转移概率，图 8-6（b）给出了 8 种状态的演变关系。圆圈内的二进制串表示网络的状态x_1、x_2、x_3，有向线表示状态转移方向，线上标出了响应的状态转移概率。从图 8-6 中可以看出，$\boldsymbol{X}=(0,1,1)^{\mathrm{T}}$

是网络的一个吸引子，网络从任意状态出发，经过几次状态更新后都将达到此稳定状态。

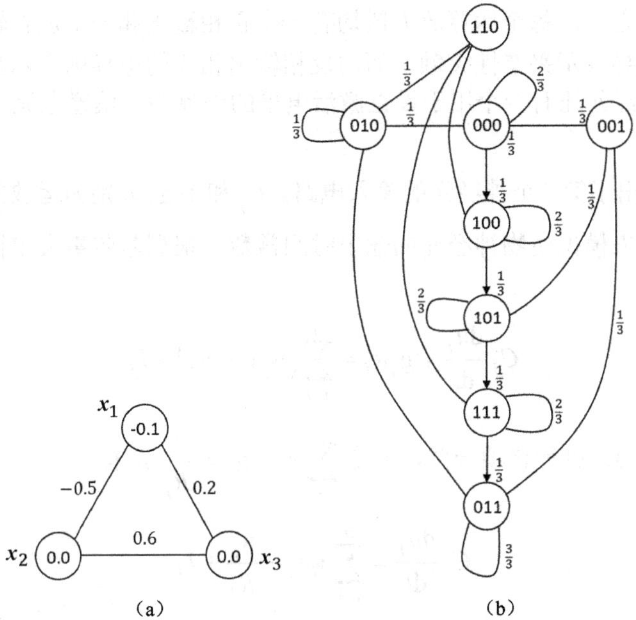

图 8-6　DHNN 状态演变示意图

8.3　连续型 Hopfield 神经网络（CHNN）

1984 年，Hopfield 把 DHNN 进一步发展成 CHNN，其基本结构与 DHNN 相似，但 CHNN 中的所有神经元都同步工作，各输入、输出量均是随时间连续变化的模拟量，这就使得 CHNN 比 DHNN 在信息处理的并行性、实时性等方面更接近实际生物神经网络的工作原理。

CHNN 可以用常系数微分方程表示，但用模拟电子线路来描述更加形象直观，便于理解和实现。

8.3.1　CHNN 的拓扑结构

在 CHNN 中，所有神经元都随时间 t 并行更新，网络状态随时间连续变化。图 8-7 给出了基于模拟电子线路的 CHNN 的拓扑结构，可以看出，CHNN 模型可与电子线路直接对应，每个神经元都可以用一个运算放大器来模拟，神经元的输入和输出分别用运算放大器的输入电压u_j和输出电压v_j表示，$j=1,2,\cdots,n$；而连接权w_{ij}用输入端的电导表示，作用是把第i个神经元的输出反馈到第j个神经元并作为输入之一。每个运算放大器均有一个正相输出和一个反相输出。与正相输出相连的电导表示兴奋性突触，而与反相输出相连的电导则表示抑制性突触。另外，每个神经元还有一个用于设置激活电平的外界输入偏置电流I_j，其作用相当于阈值。

图 8-7 给出了第j个神经元的输入电路。C_j和$1/g_j$分别为运放的等效输入电容和电阻，用来模拟生物神经元的输出时间常数。根据基尔霍夫定律，可写出以下方程：

$$C_j\frac{\mathrm{d}u_j}{\mathrm{d}t}+g_ju_j=\sum_{i=1}^{n}\left(w_{ij}v_i-u_j\right)+I_j \tag{8-30}$$

对式（8-30）进行移项合并，并令$\sum_{i=1}^{n}w_{ij}-g_j=\frac{1}{R_j}$，有

$$C_j\frac{\mathrm{d}u_j}{\mathrm{d}t}=\sum_{i=1}^{n}w_{ij}v_i-\frac{u_j}{R_j}+I_j \tag{8-31}$$

CHNN 中的转移函数为 S 型函数：

$$v_j=f\left(u_j\right) \tag{8-32}$$

利用 S 型函数的饱和特性可限制神经元状态v_j的增长范围，从而使网络状态能在一定范围内连续变化。联立式（8-31）和式（8-32），可描述 CHNN 的动态过程。

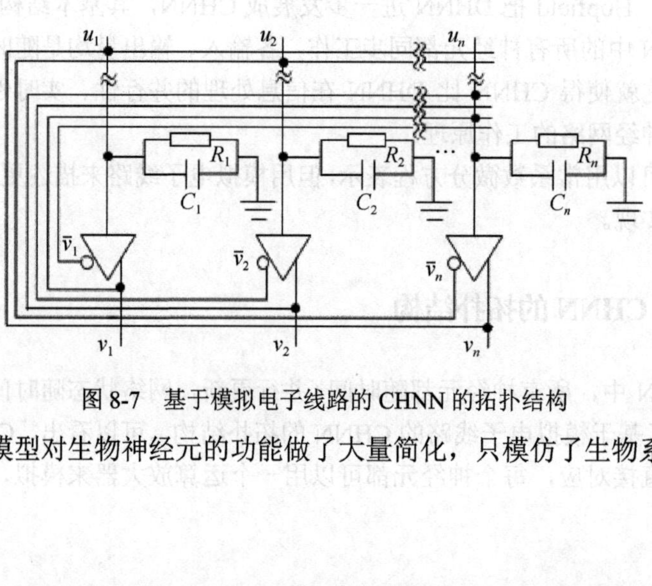

图 8-7　基于模拟电子线路的 CHNN 的拓扑结构

CHNN 模型对生物神经元的功能做了大量简化，只模仿了生物系统的几个基

本特性：S 型转移函数、信息传递过程中的时间常数、神经元间的兴奋及抑制性连接，以及神经元间的相互作用和时空作用。

8.3.2 CHNN 的能量与稳定性分析

定义 CHNN 的能量函数为

$$E=-\frac{1}{2}\sum_{j=1}^{n}\sum_{i=1}^{n}w_{ij}v_i v_j-\sum_{j=1}^{n}v_j I_j+\sum_{j=1}^{n}\frac{1}{R_j}\int_0^{v_j}f^{-1}(v)\mathrm{d}v \tag{8-33}$$

写成向量式为

$$E=-\frac{1}{2}\boldsymbol{V}^{\mathrm{T}}\boldsymbol{W}\boldsymbol{V}-\boldsymbol{I}^{\mathrm{T}}\boldsymbol{V}+\sum_{j=1}^{n}\frac{1}{R_j}\int_0^{v_j}f^{-1}(v)\mathrm{d}v \tag{8-34}$$

其中，f^{-1} 为神经元转移函数的反函数。对于式（8-33）定义的能量函数，存在以下定理。

定理 8.3 若神经元的转移函数 f 存在反函数 f^{-1}，且 f^{-1} 是单调连续递增的，同时网络权值对称，即 $w_{ij}=w_{ji}$，则由任意初态开始，CHNN 的能量函数总是单调递减的，即 $\frac{\mathrm{d}E}{\mathrm{d}t}\leqslant 0$，当且仅当 $\frac{\mathrm{d}v_j}{\mathrm{d}t}=0$ 时，有 $\frac{\mathrm{d}E}{\mathrm{d}t}=0$，因而网络最终能够达到稳态。

证明：将能量函数对时间求导数，得

$$\frac{\mathrm{d}E}{\mathrm{d}t}=\sum_{j=1}^{n}\frac{\partial E}{\partial v_j}\frac{\mathrm{d}v_j}{\mathrm{d}t} \tag{8-35}$$

由式（8-33）和 $u_j=f^{-1}(v_j)$ 及网络的对称性可知，对于某神经元 j，有

$$\frac{\partial E}{\partial v_j}=-\frac{1}{2}\sum_{j=1}^{n}w_{ij}v_i-I+\frac{u_j}{R_j} \tag{8-36}$$

由式（8-35）和式（8-36）可推导出

$$\begin{aligned}\frac{\mathrm{d}E}{\mathrm{d}t}&=\sum_{j=1}^{n}\frac{\mathrm{d}v_j}{\mathrm{d}t}C_j\frac{\mathrm{d}v_j}{\mathrm{d}t}=-\sum_{j=1}^{n}C_j\frac{\mathrm{d}u_j}{\mathrm{d}v_j}\left(\frac{\mathrm{d}v_j}{\mathrm{d}t}\right)^2\\&=-\sum_{j=1}^{n}C_j f^{-1}(v_j)\left(\frac{\mathrm{d}v_j}{\mathrm{d}t}\right)^2\end{aligned} \tag{8-37}$$

可以看出，式（8-37）中的$C_j>0$，单调递增函数$f^{-1}\left(v_j\right)>0$，故有

$$\frac{\mathrm{d}E}{\mathrm{d}t}\leqslant 0 \tag{8-38}$$

只有当对于所有j均满足$\frac{\mathrm{d}v_j}{\mathrm{d}t}=0$时，才有$\frac{\mathrm{d}E}{\mathrm{d}t}=0$。

如果图 8-6 中的运算符放大器接近理想运放，则式（8-33）中的积分项可以忽略不计，网络的能量函数可写为

$$E=-\frac{1}{2}\sum_{j=1}^{n}\sum_{i=1}^{n}w_{ij}v_i v_j-\sum_{j=1}^{n}v_j I_j \tag{8-39}$$

由定理 8.3 可知，随着状态的演变，网络的能量总是减小的。只有当网络中所有节点的状态不再改变时，能量才不再变化，此时，到达能量的某一局部极小点或全局极小点。该能量点对应着网络的某一个稳定状态。

8.4 Hopfield 神经网络应用实例

Hopfield 神经网络在图像处理、语音和信号处理、模式分类与识别、知识处理、自动控制、容错计算和数据查询等领域已经有很多应用。Hopfield 神经网络的应用主要有联想记忆和优化计算两类，其中，DHNN 主要用于联想记忆，CHNN 主要用于优化计算。

1. 联想记忆存储器

记忆存储器是生物系统一个独特而重要的功能，联想记忆（Associative Memory，AM）是人脑记忆的一种重要形式。

联想记忆有两个重要的特点：①信息（数据）的存取不像传统计算机那样通过存储器的地址来实现，而由信息本身的内容来实现，因此它按内容存取记忆（Content Addressable Memory，CAM）；②信息也不集中存储在某些单元中，而是分布存储的。在人脑中，单元与处理是合一的。

从作用方式看，联想记忆可分为静态线性和动态非线性两种。静态线性联想记忆的作用是即时的，可写为

$$\boldsymbol{y}(t)=\boldsymbol{W}\boldsymbol{x}(t) \tag{8-40}$$

其中，$\boldsymbol{x}$ 为输入向量（有时称为检索向量）；$\boldsymbol{y}$ 为输出向量（联想记忆的结果）；$\boldsymbol{W}$ 是存储矩阵。动态非线性联想记忆的关系为

$$\boldsymbol{y}(t+1)=F\left[\boldsymbol{W}\boldsymbol{x}(t)\right] \tag{8-41}$$

其中，F 为某一非线性函数。

如果表示成向量的形式，$\boldsymbol{x}$ 为 n 维列向量，$\boldsymbol{y}$ 为 m 维列向量，则有

$$\boldsymbol{y}=\boldsymbol{W}\boldsymbol{x} \tag{8-42}$$

其中，$\boldsymbol{W}$ 为 $m\times n$ 的矩阵。

这样表示的缺点是当 $\boldsymbol{W}$ 一定时，输入向量 $\boldsymbol{x}$ 必须完全正确，联想记忆结果 $\boldsymbol{y}$ 才会正确，因此没有实用意义。解决这一问题的方法是采用动态联想记忆存储器。这需要把输出反馈回去，构成一个动态系统（见图 8-7），其作用过程可写为

$$\boldsymbol{y}(t+1)=\boldsymbol{\Gamma}\left[\boldsymbol{W}\boldsymbol{x}(t)\right] \tag{8-43}$$

其中，$\boldsymbol{\Gamma}$ 为某一非线性算子，最简单的情况是用阈值函数（取符号）：

$$\boldsymbol{\Gamma}[\cdot]=\begin{bmatrix} \operatorname{sgn}(\cdot) & 0 & \cdots & 0 \\ 0 & \operatorname{sgn}(\cdot) & 0 & 0 \\ \vdots & \vdots & & \vdots \\ 0 & 0 & \cdots & \operatorname{sgn}(\cdot) \end{bmatrix}$$

加入 $\boldsymbol{x}$ 后，系统经过演变会达到稳定状态。每个吸引子都有一定的吸引域。选择 $\boldsymbol{W}$ 使待存向量是系统的吸引子，则 $\boldsymbol{x}$ 落在响应 $\boldsymbol{y}$ 的吸引域中，即可联想记忆出正确的内容要求。

对联想记忆的最基本要求是要存储的向量都是网络的稳定状态（吸引子）。此外，还有两个重要指标。

（1）容量。一般将容量理解为某一定规模的网络可存储二值向量的平均最大数量，用 C 表示，显然，这与联想记忆允许的误差有关。一种情况是对某一特定的学习算法，当错误联想记忆的概率小于 1/2 时，网络能存储的最多向量数；另一种情况是不管用哪种学习算法，只要能找到合适的 $\boldsymbol{W}$ 使得任一组 m 个向量 $\boldsymbol{u}_1,\boldsymbol{u}_2,\cdots,\boldsymbol{u}_m$ 能成为该网络的稳定状态，满足此条件的 m 的最大值。

（2）纠错能力（或联想记忆能力）。纠错能力是指当对某一网络输入一个不完全的测试向量时，网络能纠正测试样本的错误而联想起与之距离最近的所存样本的能力。换句话说，只要输入与所存的某一样本的海明距离小于 A，则网络就会稳定在该已存样本上。A 定量表示了纠错能力。

联想记忆网络的研究是神经网络的重要分支，在各种联想记忆网络模型中，

由 Kosko 于 1988 年提出的双向联想记忆（Bidirectional Associative Memory，BAM）网络的应用最为广泛。

2. 反馈网络用于优化计算

一个优化问题的实例是二元组(F,C)，其中，F 是一个集合或可行点的定义域，C 是费用函数（目标函数或映射），即

$$C:F \to \mathbb{R}$$

问题是寻找一个 $f \in F$，使得对一切 $y \in F$，有

$$C(f) \leqslant C(y) \tag{8-44}$$

这样的一个 f 称为给定实例的优化解。

优化问题分为两大类：一类是数学规划问题，另一类是组合问题。它们的区别是前者的解域是相连的，一般是求一组实数或一个函数；后者的解域是离散的，是从一个有限集合或可数无限集合里寻找一个解。

如果把一个动态系统的稳定点视为一个能量函数的极小点，而把能量函数视为一个优化问题的目标函数，那么从初态向这个稳定点的演变过程就是一个求解该优化问题的过程。

反馈网络用于优化计算和作为联想记忆这两个问题是对偶的：用于优化计算时 $\boldsymbol{W}$ 已知，目的是使 E 达到最小稳定状态；而联想记忆时的稳定状态则是给定的（对应于待存向量），要通过学习寻找合适的 $\boldsymbol{W}$。

当用 Hopfield 反馈网络求解优化问题时，如何把问题的目标函数表达成如下二次型的能量函数是一个关键问题：

$$\begin{aligned} E &= -\frac{1}{2}\sum_{i=1}^{N}\sum_{j=1}^{N}T_{ij}v_i v_j - \sum_{i=1}^{N}\theta_i v_i \\ &= -\frac{1}{2}\boldsymbol{X}^{\mathrm{T}}\boldsymbol{W}\boldsymbol{x} - \boldsymbol{x}^{\mathrm{T}}\boldsymbol{I} \end{aligned} \tag{8-45}$$

其中，$\boldsymbol{I}$ 为外部输入向量。由前面的内容可知，常用的 Hopfield 神经网络有以下两类。

（1）CHNN，其动态方程为

$$\begin{cases} \dfrac{\mathrm{d}u_i}{\mathrm{d}t} = f_i(v_1, v_2, \cdots, v_N) \\ v_i = g_i(u_i), \ i = 1, 2, \cdots, N \end{cases} \tag{8-46}$$

其中，g_i 用 Sigmoid 函数，即

$$v_i = g_i(u_i) = \frac{1}{2}\left(1 + \tanh\frac{u_i}{u_0}\right)$$

其中，u_0 为控制函数的斜率，当 $u_0 \to 0$ 时，g_i 变为阶跃函数。

（2）DHNN，其动态方程为

$$\begin{cases} u_i = f_i(v_1, v_2, \cdots, v_N) \\ v_i = g_i(u_i), \ v_i \in \{0,1\}, \ i = 1, 2, \cdots, N \end{cases} \tag{8-47}$$

其中，N 为神经元的个数；g_i 通常为阶跃函数，即

$$v_i = g_i(u_i) = \begin{cases} 1, \ u_i > 0 \\ 0, \ u_i < 0 \end{cases} \tag{8-48}$$

其中，u_i 和 v_i 分别表示第 i 个神经元的输入和输出。

用上述两种网络求解优化问题的一般步骤如下。

（1）用罚函数法写出问题的目标函数。设优化问题为

$$\min \theta(v_1, v_2, \cdots, v_N) \tag{8-49}$$

约束为 $p_i(v_1, v_2, \cdots, v_N) \geqslant 0, \ i = 1, 2, \cdots, k$，其中 k 为约束数，则目标函数为

$$J = \theta(v_1, v_1, \cdots, v_n) + \sum_{i=1}^{K} \lambda_i F\left[p_i(v_1, v_2, \cdots, v_N)\right] \tag{8-50}$$

其中，λ_i 为足够大的常数，取值可以互不相同。令 J 与式（8-45）中的 E 相等，可定出各连接权 T_{ij} 的值。

（2）写网络的动态方程。Hopfield 神经网络是一个梯度系统，因此满足以下关系式：

$$\frac{\mathrm{d}u_i}{\mathrm{d}t} = -\frac{\partial E}{\partial v_i} \tag{8-51}$$

对于 CHNN，有

$$\frac{\mathrm{d}u_i}{\mathrm{d}t} = -k_i \frac{\partial(v_1, v_2, \cdots, v_N)}{\partial v_i} \tag{8-52}$$

对于 DHNN，有

$$\Delta u_i = -k_i \frac{\partial(v_1, v_2, \cdots, v_N)}{\partial v_i} \tag{8-53}$$

其中，$k_i > 0$，通常取 $k_i = 1$。结合式（8-46）或式（8-47）即可给出网络的动态方程。

（3）选择合适的初值$u_1(0), u_2(0), \cdots, u_N(0)$，使网络的动态方程演化，直到收敛。

8.5 Hopfield 神经网络求解 TSP

有 n 座城市，分别为 A、B、C……，其间距离已知，要求对每座城市都访问一次，求合理的路线，使所走的距离最短。

要用神经网络进行求解，首先要找一个合适的表示方法，以 5 座城市为例，可用一个矩阵表示，如表 8-1 所示。

表 8-1 TSP 的矩阵表示

城　市	1	2	3	4	5
A	0	1	0	0	0
B	0	0	0	1	0
C	1	0	0	0	0
D	0	0	0	0	1
E	0	0	1	0	0

设城市 C 为出发点，它表示的路径顺序为 C→A→E→B→D→C。在此方阵中，各行只能有一个元素为 1，其余都为 0，否则它表示的是一条无效路径。以 x、y 表示城市，i 表示第几次访问，即 $x,y \in \{\mathrm{A,B,C,D,E}\}$，$i \in \{1,2,3,4,5\}$，表 8-1 中给出了一条有效路径，其路径总长度为

$$\begin{aligned} l &= d_{\mathrm{CA}} + d_{\mathrm{AE}} + d_{\mathrm{EB}} + d_{\mathrm{BD}} + d_{\mathrm{DC}} \\ &= \frac{1}{2}\left(\sum_x \sum_{y \neq x} \sum_i d_{xy} v_{xi} v_{y,i+1} + \sum_x \sum_{y \neq x} \sum_i d_{xy} v_{xi} v_{y,i-1}\right) \end{aligned}$$

其中，d_{xy} 表示城市 x 到城市 y 的距离；v_{xi} 表示矩阵中的第 x 行第 i 列的元素，其值为 1 时表示第 i 步访问 x，为 0 时表示第 i 步不能访问 x。

TSP 可表示为如下的优化问题：

$$\min l = \frac{1}{2} \sum_x \sum_{y \neq x} \sum_i d_{xy} v_{xi} \left(v_{y,i+1} + v_{y,i-1}\right)$$

$$\text{s.t.}\sum_{x} v_{xi} = 1,\ \forall i\text{（每座城市必须被访问一次）}$$

$$\sum_{x} v_{xi} = 1,\ \forall x\text{（每座城市必须被访问一次）}$$

若写在一起，则得其目标函数为

$$I = \frac{a}{2}\left[\sum_{x}\sum_{i}\sum_{j\neq i} v_{yi}v_{xi} + \frac{b}{2}\sum_{x}\sum_{x}\sum_{y\neq x} v_{yi}v_{xi} + \frac{c}{2}\left(\sum_{x}\sum_{i} v_{xi} - n\right)^2 + \right.$$
$$\left.\frac{d}{2}\sum_{x}\sum_{y\neq x}\sum_{i} d_{xy}v_{xi}\left(v_{y,i+1} + v_{y,i-1}\right)\right]$$

其中，第 1 项和第 2 项在各行（列）只有一个为 1 时达到最小；第 3 项是当矩阵有 n 个 1 时最小；第 4 项是总路径；a、b、c、d 是不同的常数。

令此 I 与式（8-45）中的 E 相等，比较同一变量两端的系数，可得

$$T_{xi,yi} = a\delta_{xy}\left(1-\delta_{ij}\right) - b\delta_{ij}\left(1-\delta_{xy}\right) - c - dd_{xy}\left(\delta_{y,i+1} + \delta_{y,i-1}\right)$$

其中

$$\delta_{xy} = \begin{cases} 1, & i = j \\ 0, & \text{其他} \end{cases}$$

网络的动态方程为

$$\begin{cases} \dfrac{\mathrm{d}u_{xi}}{\mathrm{d}t} = -\dfrac{u_{xi}}{\tau} - \dfrac{\partial E}{\partial u_{xi}} = -\dfrac{u_{xi}}{\tau} - a\sum\limits_{j\neq i} v_{xj} - b\sum\limits_{y\neq x} v_{yi} - c\left(\sum\limits_{x}\sum\limits_{i} v_{xi} - n\right) - \\ \qquad d\sum\limits_{y} d_{xy}\left(\delta_{y,i+1} + \delta_{y,i-1}\right) \\ v_{xi} = f\left(u_{xi}\right) = \dfrac{1}{2}\left[1 + \tanh\left(\dfrac{u_{xi}}{u_0}\right)\right] \end{cases}$$

选择适当的参数（a、b、c、d）和初值 u_0，按上式迭代直到收敛。在 TSP 中，v_{xi} 的值要求为 0 或 1，但在使用 CHNN 时，v_{xi} 的值在[0,1]区间上变化，因此在实际计算时，v_{xi} 应在[0,1]区间上变化，在连续演变过程中，少数神经元的输出值逐渐增大，而其他则逐渐减小，最后收敛到状态符合要求。

当在计算机上实现时，要离散化，此时离散化时间间隔 Δt 的选择很重要：① Δt 太大可能使离散后的系统与原连续系统有很大的差异，甚至导致不收敛；② Δt

太小使迭代次数太多，会使计算时间太长。一般来说，只要 Δt 取值合理，上述算法就是收敛的。

8.6 本章小结

注意力机制是一种受人脑的注意力机制启发的信息特征处理。当人脑接受外部信息时，如视觉信息、听觉信息，神经系统并不会对全部信息进行处理和理解，而是有选择地处理重要的或感兴趣的信息，从而提高解决问题的能力和效率。在人工智能领域，注意力这一概念最早是在计算机视觉中被提出的，用来提取图像特征。1998 年，Itti 等提出了一种自下而上的注意力模型。该模型通过提取局部的低级视觉特征得到一些潜在的显著区域。在神经网络中，Mnih 等在循环神经网络模型上使用注意力机制来进行图像分类。Bahdanau 使用注意力机制在机器翻译任务中将翻译和对齐同时进行。目前，注意力机制已经在语音识别、图像标题生成、阅读理解、文本分类、机器翻译等多种任务中取得了很好的效果，也变得越来越流行。注意力机制的一个重要应用是自注意力。自注意力可以作为神经网络中的一层来使用，有效地建模长距离依赖关系（参见文献[84]）。

联想记忆（反馈网络）是人脑具有的重要能力，涉及人脑中信息的存储和检索机制，因此对人工神经网络有着重要的指导意义。通过引入外部记忆，神经网络在一定程度上可以增加模型容量。这类引入外部记忆的模型也称为记忆增强神经网络。基于神经动力学的联想记忆也可以作为一种外部记忆，并具有更好的生物学可解释性。1984 年，Hopfield 将能量函数的概念引入神经网络模型中，提出了 Hopfield 网络。Hopfield 神经网络在 TSP 上获得了当时最好的结果，引起了轰动。有一些学者将联想记忆模型作为部件引入循环神经网络来增加网络容量（参见文献[88]和[89]），但受限于联想记忆模型的存储和检索效率，这类方法收效有限。目前，人工神经网络中的外部记忆模型结构还比较简单，需要借鉴神经科学的研究成果，提出更有效的记忆模型，增加网络容量。

第 9 章

深度学习网络优化

网络优化是寻找一个神经网络模型以使经验（或结构）风险最小化的过程，即最优化问题的求解过程，包括模型选择及参数学习等。深度神经网络是一个高度非线性模型，其风险函数是一个非凸函数，因此，风险最小化是一个非凸优化问题。此外，深度神经网络还存在梯度消失问题，因此，深度神经网络的优化是一个具有挑战性的问题。本章概要地介绍神经网络优化的一些特点和改善方法。

优化算法分为参数优化和超参数优化。例如，模型 $f(\boldsymbol{x},\theta)$ 中的 θ 称为模型的参数，可以通过优化算法进行学习，除了可学习的参数 θ，还有一类参数是用来定义模型结构或优化策略的，这类参数叫作超参数（Hyper-Parameter），如神经网络层数、梯度下降步长、正则化系数等。

9.1 参数初始化

神经网络的参数学习是一个非凸优化问题。当使用梯度下降法优化网络参数时，参数初始化的选择非常关键，会影响网络的优化效率和泛化能力。参数初始化通常分为以下 3 种类型。

（1）预训练初始化：不同的参数初始化值会收敛到不同的局部最优解。虽然这些局部最优解在训练集上的损失比较接近，但是它们的泛化能力差异比较大。一个好的初始化值会使网络收敛到一个泛化能力强的局部最优解。通常情况下，一个已经在大规模数据上训练过的模型可以提供一个好的参数初始化值，这种初始化方法称为预训练初始化（Pre-Trained Initialization）。

预训练任务可以为监督学习任务和无监督学习任务。由于无监督学习任务更容易获取大规模的训练数据，因此被广泛采用。预训练模型在目标任务上的学习过程也称为精调（Fine-Tuning）。

（2）随机初始化：在线性模型的训练（如感知器）中，一般将参数全部初始化为 0。但这在神经网络的训练中存在的问题就是，当第一遍前向传播时，所有隐藏层神经元的激活值都相同；在反向传播时，所有权重的更新也都相同，这样会导致隐藏层神经元没有区分性，这种现象也称为对称权重现象。为了打破这个平衡，比较好的方式是对每个参数都进行随机初始化（Random Initialization），使得不同神经元之间的区分性更好。

（3）固定值初始化：对于一些特殊的参数，可以根据经验，用一个特殊的固定值进行初始化，如偏置（Bias）通常用 0 来初始化，但是有时可以设置某些经验值以提高优化效率。在 LSTM 网络的遗忘门中，偏置通常初始化为 1 或 2，使得时序上的梯度变大。对于使用 ReLU 的神经元，有时也可以将偏置设为 0.01，使得 ReLU 神经元在训练初期更容易被激活，从而获得一定的梯度来进行误差反向传播。

虽然预训练初始化通常具有更好的收敛性和泛化性，但是灵活性不足，不能在目标任务上任意地调整网络结构。因此，好的随机初始化方法对训练神经网络模型来说依然十分重要。下面介绍 3 类常用的随机初始化方法：固定方差参数初始化、方差缩放参数初始化和正交初始化。

9.1.1 固定方差参数初始化

一种最简单的随机初始化方法是从一个固定均值（通常为 0）和方差 σ^2 的分布中采样来生产参数的初始化值。基于固定方差的参数初始化方法主要有以下两种。

（1）高斯分布初始化：使用一个高斯分布 $N\left(0,\sigma^2\right)$ 对每个参数进行随机初始化。

（2）均匀分布初始化：在一个给定的区间 $\left[-r,r\right]$ 内，采用均匀分布来初始化参数。假设随机变量 x 在区间 $\left[a,b\right]$ 内均匀分布，则其方差为

$$\operatorname{var}\left(x\right)=\frac{\left(b-a\right)^2}{12} \tag{9-1}$$

因此，若使用区间为 $\left[-r,r\right]$ 的均匀分布来采样，并满足 $\operatorname{var}\left(x\right)=\sigma^2$，则 r 的取值为

$$r=\sqrt{3\sigma^2} \tag{9-2}$$

在式（9-2）中，设置方差 σ^2 成为关键所在，如果参数范围取得太小，那么一是会导致神经元的输出过小，经过多层之后信号慢慢消失；二是会使得 Sigmoid 激活函数丢失非线性的能力，如 Sigmoid 函数在 0 附近基本上是近似线性的，这样多层神经网络的优势也就不存在了。如果参数范围取得太大，则会导致输入过大。对于 Sigmoid 激活函数，激活值变得饱和，梯度接近 0，从而导致梯度消失问题。

为了减小固定方差对网络性能及优化效率的影响，基于固定方差的随机初始化方法一般需要配合逐层归一化方法来使用。

9.1.2　方差缩放参数初始化

要高效地训练神经网络，给参数选取一个合适的随机初始化区间是非常重要的。一般而言，参数初始化区间应该根据神经元的性质进行差异化设置。如果一个神经元的输入连接很多，那么它的每个输入连接上的权重就应该小一些，以避免神经元的输出过大（选择 ReLU 为激活函数）或过饱和（选择 Sigmoid 为激活函数）。

当初始化一个深度神经网络时，为了缓解梯度消失或梯度爆炸问题，应尽可能保持每个神经元的输入和输出方差一致，根据神经元的连接数量自适应地调节初始化分布的方差，这类方法称为方差缩放（Variance Scaling）。下面介绍两种常用的方差缩放参数初始化方法。

1. Xavier 初始化

假设在一个神经网络中，第 l 层的一个神经元 $a^{(l)}$ 接受前一层的 M_{l-1} 个神经元的输出 $a_i^{(l)}$，$1\leqslant i\leqslant M_{l-1}$，则有

$$a_i^{(l)} = f\left(\sum_{i=1}^{M_{l-1}} w_i^{(l)} a_i^{(l-1)}\right) \tag{9-3}$$

其中，$f(\cdot)$ 为激活函数；$w_i^{(l)}$ 为参数；M_{l-1} 为第 $l-1$ 层神经元的个数。为简便起见，这里令激活函数 $f(\cdot)$ 为恒等函数，即 $f(x)=x$。

假设 $w_i^{(l)}$ 和 $a_i^{(l-1)}$ 的均值都为 0，并且互相独立，则 $a^{(l)}$ 的均值为

$$\mathbb{E}\left[a_i^{(l)}\right] = \mathbb{E}\left[\sum_{i=1}^{M_{l-1}} w_i^{(l)} a_i^{(l-1)}\right] = \sum_{i=1}^{M_{l-1}} \mathbb{E}\left[w_i^{(l)}\right]\mathbb{E}\left[a_i^{(l-1)}\right] = 0 \tag{9-4}$$

$a^{(l)}$ 的方差为

$$\begin{aligned}\operatorname{var}\left(a^{(l)}\right) &= \operatorname{var}\left(\sum_{i=1}^{M_{l-1}} w_i^{(l)} a_i^{(l-1)}\right)\\ &= \sum_{i=1}^{M_{l-1}} \operatorname{var}\left(w_i^{(l)}\right)\operatorname{var}\left(a_i^{(l-1)}\right)\\ &= M_{l-1}\operatorname{var}\left(w_i^{(l)}\right)\operatorname{var}\left(a_i^{(l-1)}\right)\end{aligned} \tag{9-5}$$

也就是说，输入信号的方差在经过该神经元后，被放大或缩小了 $M_{l-1}\mathrm{var}\left(w_i^{(l)}\right)$ 倍。为了使得在经过多层网络后，信号不被过分放大或缩小，应尽可能保持每个神经元的输入和输出方差一致。这样，$M_{l-1}\mathrm{var}\left(w_i^{(l)}\right)$ 设为 1 比较合理，即

$$\mathrm{var}\left(w_i^{(l)}\right)=\frac{1}{M_{l-1}} \tag{9-6}$$

同理，为了使得在反向传播中，误差信号也不被过分放大或缩小，需要将 $w_i^{(l)}$ 的方差保持为

$$\mathrm{var}\left(w_i^{(l)}\right)=\frac{1}{M_l} \tag{9-7}$$

作为折中处理，但同时考虑到信号在前向传播和反向传播中都不被过分放大或缩小，可以设置

$$\mathrm{var}\left(w_i^{(l)}\right)=\frac{2}{M_{l-1}+M_l} \tag{9-8}$$

在计算出参数的理想方差后，可以通过高斯分布或均匀分布初始化参数。若采用高斯分布初始化参数，则连接权重 $w_i^{(l)}$ 可以按 $N\left(0,\frac{2}{M_{l-1}+M_l}\right)$ 的高斯分布进行初始化。若采用区间为 $[-r,r]$ 的均匀分布初始化 $w_i^{(l)}$，则 r 的取值为 $\sqrt{\frac{6}{M_{l-1}+M_l}}$。这种根据每层的神经元数量自动计算初始化参数方差的方法称为 Xavier 初始化。

虽然在 Xavier 初始化中假设激活函数为恒等函数，但是 Xavier 初始化也适用于 logistic 函数和 tanh 函数。这是因为神经元的参数和输入的绝对值通常比较小，处于激活函数的线性区间，这时 logistic 函数和 tanh 函数近似为线性函数。由于 logistic 函数在线性区间的斜率为 0.25，因此其参数初始化的方差约为 $16\times\frac{2}{M_{l-1}+M_l}$。在实际应用中，使用 logistic 函数或 tanh 函数的神经元层通常使方差 $\frac{2}{M_{l-1}+M_l}$ 乘以一个缩放因子。

2. He 初始化

当第 l 层神经元使用 ReLU 激活函数时，通常有一半的神经元输出为 0，因此

其分布的方差也近似为使用恒等函数时的一半。这样，当只考虑前向传播时，参数 $w_i^{(l)}$ 的理想方差为

$$\operatorname{var}\left(w_i^{(l)}\right)=\frac{2}{M_{l-1}} \tag{9-9}$$

其中，M_{l-1} 是第 $l-1$ 层神经元的个数。

因此，当使用 ReLU 激活函数时，若采用高斯分布初始化参数 $w_i^{(l)}$，则其方差为 $\frac{2}{M_{l-1}}$；若采用区间为 $[-r,r]$ 的均匀分布初始化参数 $w_i^{(l)}$，则 $r=\sqrt{\frac{6}{M_{l-1}}}$，这种初始化方法称为 He 初始化或 Kaiming 初始化。

方差缩放参数初始化的具体设置情况如表 9-1 所示。

表 9-1　方差缩放参数初始化的具体设置情况

初始化方法	激 活 函 数	均匀分布 $[-r,r]$	高斯分布 $N\left(0,\sigma^2\right)$
Xavier 初始化	logistic	$r=4\sqrt{\frac{6}{M_{l-1}+M_l}}$	$\sigma^2=16\times\frac{2}{M_{l-1}+M_l}$
	tanh	$r=\sqrt{\frac{6}{M_{l-1}+M_l}}$	$\sigma^2=\frac{2}{M_{l-1}+M_l}$
He 初始化	ReLU	$r=\sqrt{\frac{6}{M_{l-1}}}$	$\sigma^2=\frac{2}{M_{l-1}}$

9.1.3　正交初始化

上面介绍的两类基于方差的初始化都是对权重矩阵中的每个参数进行独立采样。由于采样的随机性，采样出来的权重矩阵依然可能存在梯度消失或梯度爆炸问题。

假设一个 L 层的等宽线性网络（激活函数为恒等函数）为

$$\boldsymbol{y}=\boldsymbol{w}^{(L)}\boldsymbol{w}^{(L-1)}\cdots\boldsymbol{w}^{(1)}\boldsymbol{x} \tag{9-10}$$

其中，$\boldsymbol{w}^{(l)}\in\mathbb{R}^{M\times M}$，$1\leqslant l\leqslant L$，为神经网络第 l 层的权重矩阵。在反向传播中，误差项 δ 的反向传播公式为 $\delta^{(l-1)}=\left(\boldsymbol{w}^{(l)}\right)^{\mathrm{T}}\delta^{(l)}$。为了避免梯度消失或梯度爆炸问题，我们希望误差项在反向传播中具有范数保持性（Norm-Preserving），即 $\|\delta^{(l-1)}\|^2=\|\delta^{(l)}\|^2=\|\left(\boldsymbol{w}^{(l)}\right)^{\mathrm{T}}\delta^{(l)}\|^2$。如果以均值为 0、方差为 $1/M$ 的高斯分布随机生成权重矩阵 $\boldsymbol{w}^{(l)}$ 中每个元素的初始化值，那么当 $M\to\infty$ 时，范数保持性成立。但是当 M 不够大时，这种对每个参数进行独立采样的初始化方式难以保证范数保

持性。因此，一种更加直接的方式是将 $\boldsymbol{w}^{(l)}$ 初始化为正交矩阵，即 $\boldsymbol{w}^{(l)}\left(\boldsymbol{w}^{(l)}\right)^{\mathrm{T}}=\boldsymbol{I}$，这种方法称为正交初始化（Orthogonal Initialization）。正交初始化的具体实现过程可以分为两步：①用均值为 0、方差为 1 的高斯分布初始化一个矩阵；②将这个矩阵用奇异值分解，得到两个正交矩阵，并使用其中之一作为权重矩阵。根据正交矩阵的性质，这个等宽线性网络在信息的前向传播过程和误差的反向传播过程中都具有范数保持性，从而可以避免在训练开始时就出现梯度消失或梯度爆炸问题。正交初始化通常用在循环神经网络的循环边的权重矩阵上。当在非线性神经网络中应用正交初始化时，通常需要将正交矩阵乘以一个缩放系数 ρ。例如，当激活函数为 ReLU 时，激活函数在 0 附近的平均梯度可以近似为 0.5，为了保持范数不变，缩放系数 ρ 可以设置为 $\sqrt{2}$。

9.2 数据预处理

一般而言，样本特征由于来源及度量单位不同，它们的尺度（Scale）（取值范围）往往差异很大。以描述长度的特征为例，当用米作为单位时，令其值为 x，那么当用厘米作为单位时，其值为 $100x$。不同机器学习模型对数据特征尺度的敏感程度不一样。如果一个机器学习算法在缩放全部或部分特征后不影响它的学习和预测，就称该算法具有尺度不变性（Scale Invariance）。例如，线性分类器就是尺度不变的，而最近邻分类器就是尺度敏感的。当计算不同样本之间的欧氏距离时，尺度大的特征会起主导作用。因此，对于尺度敏感的模型，必须先对样本进行预处理，将各个维度的特征转换到相同的取值区间，并消除不同特征之间的相关性，只有这样才能获得比较理想的结果。

从理论上来说，神经网络应该具有尺度不变性，可以通过参数的调整适应不同特征的尺度。但尺度不同的输入特征会增大训练难度。假设一个只有一层的网络 $y=\tanh\left(w_1x_1+w_2x_2+b\right)$，其中 $x_1\in[0,10]$，$x_2\in[0,1]$。因为 tanh 函数的导数在区间[−2,2]上是敏感的，其余的导数都接近 0，所以，如果 $w_1x_1+w_2x_2+b$ 过大或过小，那么都会导致梯度过小，难以训练。为了提高训练效率，需要使 $w_1x_1+w_2x_2+b$ 在[−2,2]区间上，因此需要将 w_1 设得小一点，如在[−0.1,0.1]区间。可以想象，当数据维数很多时，我们很难这样精心地选择每一个参数。因此，如果每一个特征的尺度相似，如[0,1]或[−1,1]，就不太需要区别对待每一个参数，从而减少人工干预。

除了参数初始化比较困难，当不同输入特征的尺度差异比较大时，梯度下降法的效率也会受到影响。图 9-1 给出了数据归一化对梯度的影响。其中，

图 9-1（a）所示为未归一化数据的梯度。尺度不同会造成在大多数位置上的梯度方向并不是最优的搜索方向。当使用梯度下降法寻求最优解时，会导致需要很多次迭代才能收敛。如果把数据归一化为相同尺度，如图 9-1（b）所示，则大部分位置的梯度方向近似于最优搜索方向。这样，在用梯度下降法进行求解时，每一步梯度的方向都基本指向最小值，训练效率会大大提高。

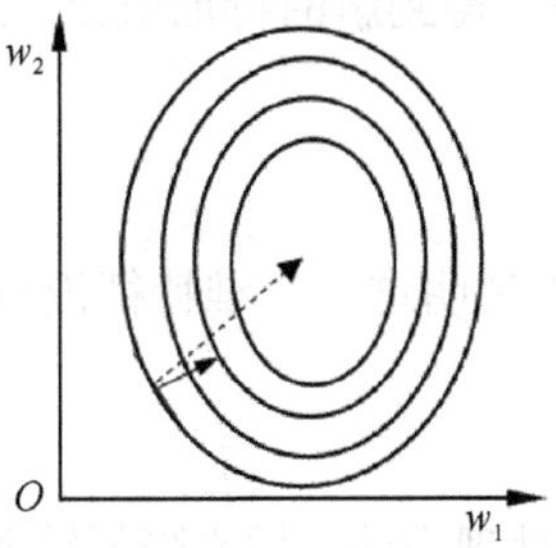

（a）未归一化数据的梯度

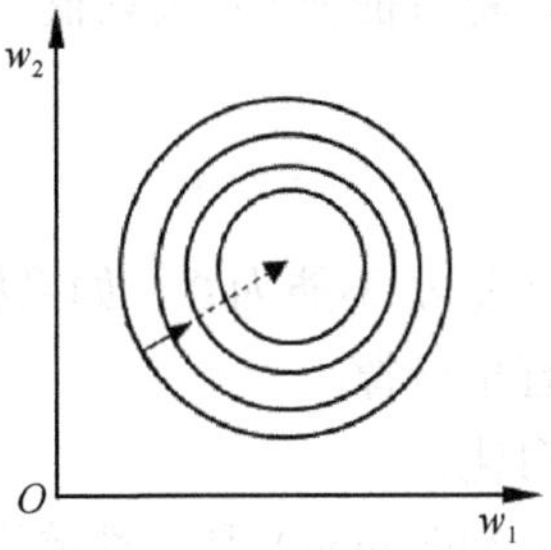

（b）归一化数据的梯度

图 9-1　数据归一化对梯度的影响

归一化（Normalization）方法泛指把数据特征转换为相同尺度的方法，如把数据特征映射到[0,1]或[−1,1]区间，或者映射为服从均值为 0、方差为 1 的标准正态分布。归一化的方法有很多种，如之前介绍的 Sigmoid 函数等，都可以将不同尺度的特征挤压到一个比较受限的区间。下面介绍几种在神经网络中经常使用的归一化方法。

（1）最小最大值归一化。

最小最大值归一化（Min-Max Normalization）是一种非常简单的归一化方法，通过缩放将每个特征的取值归一到 $[0,1]$ 或 $[-1,1]$ 区间。假设有 N 个样本 $\left\{x^{(n)}\right\}_{n=1}^{N}$，对于每个一维特征 x，归一化后的特征为

$$\hat{x}^{(n)}=\frac{x^{(n)}-\min_n\left(x^{(n)}\right)}{\max_n\left(x^{(n)}\right)-\min_n\left(x^{(n)}\right)} \tag{9-11}$$

其中，$\min(x)$ 和 $\max(x)$ 分别是特征 x 在所有样本上的最小值和最大值。

（2）标准化。

标准化（Standardization）也叫 Z 值归一化（Z-Score Normalization），来源于统计上的标准分数。将每个一维特征都调整为均值为 0、方差为 1。假设有 N 个样本 $\left\{x^{(n)}\right\}_{n=1}^{N}$，对于每个一维特征 x，先计算它的均值和方差：

$$\mu = \frac{1}{N}\sum_{n=1}^{N} x^{(n)} \tag{9-12}$$

$$\sigma^2 = \frac{1}{N}\sum_{n=1}^{N}\left(x^{(n)} - \mu\right)^2 \tag{9-13}$$

然后，将特征 $x^{(n)}$ 减去均值，并除以标准差，得到新的特征值 $\hat{x}^{(n)}$：

$$\hat{x}^{(n)} = \frac{x^{(n)} - \mu}{\sigma} \tag{9-14}$$

其中，标准差 σ 不能为 0。如果标准差为 0，则说明这个一维特征没有任何区分性，可以直接删掉。

（3）白化。

白化（Whitening）是一种重要的线性变换预处理方法，用来降低输入数据特征之间的冗余性。输入数据经过白化处理后，特征之间的相关性较低，并且所有特征具有相同的方差。白化的一种主要实现方式是使用主成分分析（Principal Component Analysis，PCA）方法去除各成分之间的相关性。白化的另一种方式是零相位成分分析（Zero-phase Component Analysis，ZCA）方法。数据白化处理过程如图 9-2 所示。

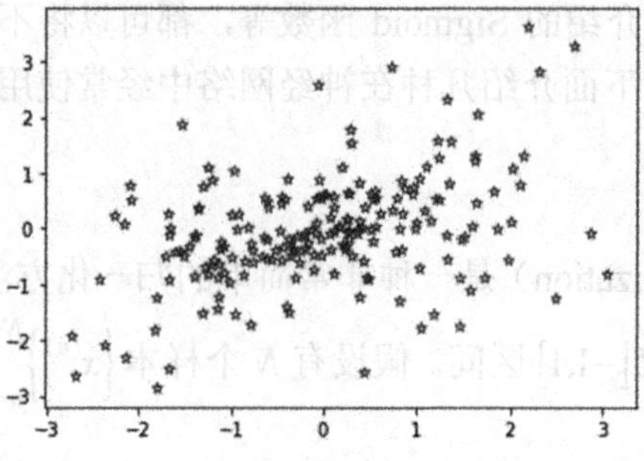

（a）原始数据

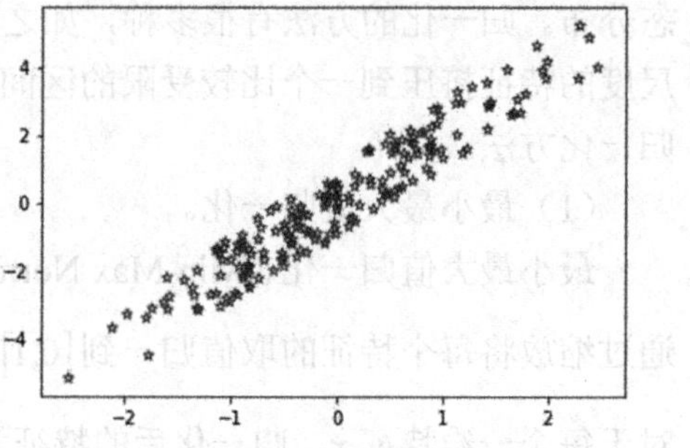

（b）标准化

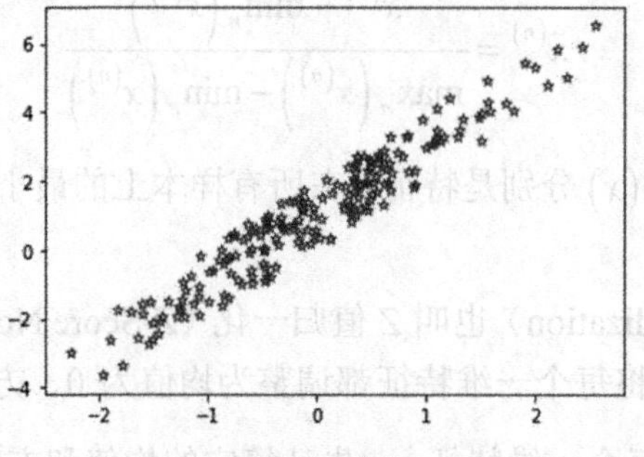

（c）ZCA 白化

图 9-2　数据白化处理过程

9.3 逐层归一化

逐层归一化（Layer-Wise Normalization）是指将传统机器学习中的数据归一化方法应用到深度神经网络中，对神经网络中隐藏层的输入进行归一化，从而使得网络更容易训练。

逐层归一化可以有效提高训练效率的原因有以下两个。

（1）更好的尺度不变性。在深度神经网络中，一个神经层的输入是之前神经层的输出。给定一个神经层 l，它之前的神经层（$1,2,\cdots,l-1$）的参数变化会导致其输入的分布发生较大变化。当使用随机梯度下降法训练网络时，每次参数更新都会导致该神经层的输入分布发生变化，层数越高，其输入分布会改变得越明显。在机器学习中，如果一个神经层的输入分布发生了变化，那么其参数需要重新学习，这种现象叫作内部协变量偏移（Internal Covariate Shift）。为了缓解这个问题，可以对每个神经层的输入进行归一化，使其分布保持稳定。

把每个神经层的输入分布都归一化为标准正态分布，可以使得每个神经层对其输入具有更好的尺度不变性，不管低层的参数如何变化，高层的输入相对稳定。另外，尺度不变性可以使我们更加高效地进行参数初始化及超参数选择。

（2）更平滑的优化地形。逐层归一化一方面可以使大部分神经层的输入处于不饱和区域，从而让梯度变大，避免梯度消失问题；另一方面可以使神经网络的优化地形（Optimization Landscape）更加平滑，并使梯度变得更加稳定，从而允许使用更高的学习率，并加快收敛速度。下面介绍几种常用的逐层归一化方法：批量归一化、层归一化、权重归一化和局部响应归一化。

9.3.1 批量归一化

批量归一化（Batch Normalization，BN）方法是一种有效的逐层归一化方法，可以对神经网络中的任意中间层进行归一化。

对于一个神经网络，令第 l 层的净输入为 $\boldsymbol{z}^{(l)}$，神经元的输出为 $\boldsymbol{a}^{(l)}$，即

$$\boldsymbol{a}^{(l)} = f\left(\boldsymbol{z}^{(l)}\right) = f\left(\boldsymbol{W}\boldsymbol{a}^{(l-1)} + \boldsymbol{b}\right) \tag{9-15}$$

其中，$f(\cdot)$ 是激活函数；$\boldsymbol{W}$ 和 $\boldsymbol{b}$ 是可学习的参数。

为了提高优化效率，就要使净输入 $\boldsymbol{z}^{(l)}$ 的分布一致，如都归一化为标准正态分布。虽然归一化操作也可以应用在输入 $\boldsymbol{a}^{(l-1)}$ 上，但归一化 $\boldsymbol{z}^{(l)}$ 更加有利于优化。

因此，在实践中，归一化操作一般应用在仿射变换（Affine Transformation）$\boldsymbol{W}\boldsymbol{a}^{(l-1)}+\boldsymbol{b}$之后、激活函数之前。

利用前面介绍的数据预处理方法对$\boldsymbol{z}^{(l)}$进行归一化，相当于对每一层都进行一次数据预处理，从而加快收敛速度。但是逐层归一化需要在中间层进行操作，要求效率比较高，因此复杂度比较高的白化方法就不太合适了。为了提高归一化效率，一般使用标准化将净输入$\boldsymbol{z}^{(l)}$的每一维都归一化为标准正态分布：

$$\hat{\boldsymbol{z}}^{(l)}=\frac{\boldsymbol{z}^{(l)}-\mathbb{E}\left[\boldsymbol{z}^{(l)}\right]}{\sqrt{\operatorname{var}\left(\boldsymbol{z}^{(l)}\right)+\epsilon}} \tag{9-16}$$

其中，$\mathbb{E}\left[\boldsymbol{z}^{(l)}\right]$和$\operatorname{var}\left(\boldsymbol{z}^{(l)}\right)$是指当前参数下$\boldsymbol{z}^{(l)}$的每一维在整个训练集上的期望和方差。因为目前主要的优化算法基于小批量的随机梯度下降法，所以准确地计算$\boldsymbol{z}^{(l)}$的期望和方差是不可行的。因此，$\boldsymbol{z}^{(l)}$的期望和方差通常用当前小批量样本集的均值和方差进行近似估计。

给定一个包含K个样本的小批量样本集，第l层神经元的净输入$\boldsymbol{z}^{(1,l)},\cdots,\boldsymbol{z}^{(K,l)}$的均值和方差为

$$\boldsymbol{\mu}=\frac{1}{K}\sum_{k=1}^{K}\boldsymbol{z}^{(k,l)} \tag{9-17}$$

$$\boldsymbol{\sigma}^2=\frac{1}{K}\sum_{k=1}^{K}\left(\boldsymbol{z}^{(k,l)}-\boldsymbol{\mu}\right)\odot\left(\boldsymbol{z}^{(k,l)}-\boldsymbol{\mu}\right) \tag{9-18}$$

对净输入$\boldsymbol{z}^{(l)}$的标准归一化会使得其取值集中在 0 附近，如果使用 Sigmoid 激活函数，那么这个取值区间刚好是接近线性变换的区间，减弱了神经网络的非线性性质。因此，为了使得归一化不对网络的表示能力造成负面影响，可以通过一个附加的缩放和平移变换改变取值区间：

$$\begin{aligned}\hat{\boldsymbol{z}}^{(l)}&=\frac{\boldsymbol{z}^{(l)}-\boldsymbol{\mu}}{\sqrt{\boldsymbol{\sigma}^2+\epsilon}}\odot\boldsymbol{\gamma}+\boldsymbol{\beta}\\&\triangleq\mathrm{BN}_{\boldsymbol{\gamma},\boldsymbol{\beta}}\left(\boldsymbol{z}^{(l)}\right)\end{aligned} \tag{9-19}$$

其中，$\boldsymbol{\gamma}$和$\boldsymbol{\beta}$分别表示缩放和平移的参数向量。从最保守的角度考虑，可以通过标准归一化的逆变换来使归一化后的变量可以还原为原来的值。当$\boldsymbol{\gamma}=\sqrt{\boldsymbol{\sigma}^2}$，$\boldsymbol{\beta}=\boldsymbol{\mu}$时，$\hat{\boldsymbol{z}}^{(l)}=\boldsymbol{z}^{(l)}$。

批量归一化操作可以看作一个特殊的神经层，加在每一层非线性激活函数之前，即

$$\boldsymbol{a}^{(l)} = f\left(\mathrm{BN}_{\gamma,\beta}\left(\boldsymbol{a}^{(l)}\right)\right) = f\left(\mathrm{BN}_{\gamma,\beta}\left(\boldsymbol{W}\boldsymbol{a}^{(l-1)}\right)\right) \tag{9-20}$$

因为批量归一化本身具有平移变换性，所以仿射变换 $\boldsymbol{W}\boldsymbol{a}^{(l-1)}$ 不再需要偏置参数。

这里需要注意的是，每次小批量样本的 $\boldsymbol{\mu}$ 和方差 $\boldsymbol{\sigma}^2$ 都是净输入 $\boldsymbol{z}^{(l)}$ 的函数，而不是常量，因此，在计算参数梯度时，需要考虑 $\boldsymbol{\mu}$ 和 $\boldsymbol{\sigma}^2$ 的影响，当训练完成时，用整个数据集上的均值 $\boldsymbol{\mu}_{\text{all}}$ 和方差 $\boldsymbol{\sigma}_{\text{all}}$ 分别代替每次小批量样本的 $\boldsymbol{\mu}$ 和 $\boldsymbol{\sigma}^2$。在实践中，$\boldsymbol{\mu}$ 和 $\boldsymbol{\sigma}^2$ 也可以用移动平均来计算。

值得一提的是，逐层归一化不但可以提高优化效率，还可以作为一种隐形的正则化方法，在训练时，神经网络对一个样本的预测不仅和该样本自身相关，还和同一批次中的其他样本相关，由于在选取批次时具有随机性，因此神经网络不会过拟合到某个特定样本，从而增强网络的泛化能力。

9.3.2　层归一化

批量归一化是对一个中间层的单个神经元进行归一化，因此要求小批量样本的数量不能太少，否则难以计算单个神经元的统计信息。此外，如果一个神经元的净输入的分布在神经网络中是动态变化的，如循环神经网络，就无法应用批量归一化操作。

层归一化（Layer Normalization）是和批量归一化非常类似的方法。与批量归一化不同的是，层归一化是对一个中间层的所有神经元进行归一化。

对于一个深度神经网络，令第 l 层神经元的净输入为 $\boldsymbol{z}^{(l)}$，则其均值和方差为

$$\boldsymbol{\mu} = \frac{1}{M}\sum_{i=1}^{M} z^{(i,l)} \tag{9-21}$$

$$\boldsymbol{\sigma}^2 = \frac{1}{M}\sum_{i=1}^{M}\left(z^{(i,l)} - \boldsymbol{\mu}\right)^2 \tag{9-22}$$

其中，M 为第 l 层神经元的个数。

层归一化定义为

$$\hat{z}^{(l)} = \frac{z^{(l)} - \boldsymbol{\mu}}{\sqrt{\boldsymbol{\sigma}^2 + \epsilon}} \odot \boldsymbol{\gamma} + \boldsymbol{\beta} \triangleq \mathrm{LN}_{\boldsymbol{\gamma},\boldsymbol{\beta}}\left(z^{(l)}\right) \tag{9-23}$$

其中，$\boldsymbol{\gamma}$ 和 $\boldsymbol{\beta}$ 分别表示缩放和平移的参数向量，与 $z^{(l)}$ 维数相同。

层归一化可以应用在循环神经网络中，对循环神经层进行归一化。假设在时刻 t，循环神经网络的隐藏层为 $\boldsymbol{h}_t$，则其层归一化的更新为

$$z_t = \boldsymbol{U}\boldsymbol{h}_{t-1} + \boldsymbol{W}\boldsymbol{x}_t \tag{9-24}$$

$$\boldsymbol{h}_t = f\left(\mathrm{LN}_{\boldsymbol{\gamma},\boldsymbol{\beta}}\left(z_t\right)\right) \tag{9-25}$$

其中，$\boldsymbol{x}_t$ 为 t 时刻的输入；$\boldsymbol{U}$ 和 $\boldsymbol{W}$ 为网络参数。

在标准循环神经网络中，循环神经层的净输入一般会随着时间慢慢变大或变小，从而导致梯度爆炸或梯度消失问题，而层归一化的循环神经网络可以有效地缓解这种状况。

从以上分析可知，层归一化和批量归一化整体上是十分类似的，差别在于归一化的方法不同。

对于 K 个样本的一个小批量集合 $\boldsymbol{Z}^{(l)} = \left[z^{(1,l)},\cdots,z^{(K,l)}\right]$，层归一化是对矩阵 $\boldsymbol{Z}^{(l)}$ 的每一列进行归一化，而批量归一化是对每一行进行归一化。一般而言，批量归一化是一种更好的选择。当小批量样本数量比较少时，可以选择层归一化。

9.3.3 权重归一化

权重归一化（Weight Normalization）是对神经网络的连接权重进行归一化，通过再参数化（Reparameterization）方法，将连接权重分解为长度和方向两种参数。假设第 l 层神经元 $\boldsymbol{a}^{(l)} = f\left(\boldsymbol{W}\boldsymbol{a}^{(l-1)} + \boldsymbol{b}\right)$，将 $\boldsymbol{W}$ 再参数化为

$$\boldsymbol{W}_{i:} = \frac{g_i}{\|\boldsymbol{v}_i\|}\boldsymbol{v}_i，1 \leqslant i \leqslant M \tag{9-26}$$

其中，$\boldsymbol{W}_{i:}$ 表示权重 $\boldsymbol{W}$ 的第 i 行；M 为神经元数量；新引入的参数 g_i 为标量；$\boldsymbol{v}_i$ 和 $\boldsymbol{a}^{(l-1)}$ 维数相同。

由于在神经网络中权重经常是共享的，权重数量往往比神经元数量少，因此权重归一化的开销会比较小。

9.3.4 局部响应归一化

局部响应归一化（Local Response Normalization，LRN）是一种受生物学启发的归一化方法，通常用在基于卷积的图像处理上。

假设一个卷积层的输出特征映射 $\boldsymbol{Y} \in \mathbb{R}^{M' \times N' \times P}$ 为三维张量，则其中每个切片矩阵 $\boldsymbol{Y} \in \mathbb{R}^{M' \times N'}$ 为一个输出特征映射，$1 \leqslant p \leqslant P$。

局部响应归一化是对邻近的特征映射进行局部归一化：

$$\begin{aligned}\boldsymbol{Y}^p &= \boldsymbol{Y}^p \Bigg/ \left(k + \alpha \sum_{j=\max\left(1, p-\frac{n}{2}\right)}^{\min\left(P, p+\frac{n}{2}\right)} \left(\boldsymbol{Y}^j\right)^2 \right)^{\beta} \\ &\triangleq \mathrm{LRN}_{n,k,\alpha,\beta}\left(\boldsymbol{Y}^p\right)\end{aligned} \tag{9-27}$$

其中，除和幂运算外都是按元素运算，n、k、α、β 为超参数，n 为局部归一化的特征窗口大小。在 AlexNet 中，这些超参数的取值为 $n=5$、$k=2$、$\alpha=10\mathrm{e}^{-4}$、$\beta=0.75$。

局部响应归一化和层归一化都对同层的神经元进行归一化，不同的是局部响应归一化应用在激活函数之后，只对邻近的神经元进行局部归一化，并且不减去均值。

局部响应归一化和生物神经元中的侧抑制现象比较类似，即活跃神经元对相邻神经元具有抑制作用。当使用 ReLU 作为激活函数时，神经元的活性值是没有限制的，局部响应归一化可以起到平衡和约束作用。如果一个神经元的活性值非常大，那么和它邻近的神经元就近似地被归一化为 0，从而起到抑制作用，增强模型的泛化能力。最大汇聚也具有侧抑制作用，但它对同一个特征映射中的邻近位置中的神经元进行抑制，而局部响应归一化对同一个位置的邻近特征映射中的神经元进行抑制。

9.4 超参数优化

在神经网络学习中，除了可学习的参数，还存在很多超参数，这些超参数对网络性能的影响也很大。不同的机器学习任务往往需要不同的超参数。常见的超参数有以下 3 类。

（1）网络结构，包括神经元之间的连接关系、层数、每层的神经元数量、激活函数的类型等。

（2）优化参数，包括优化方法、学习率、小批量的样本数量等。

（3）正则化系统。

超参数优化（Hyper Parameter Optimization）主要存在两方面的困难：①超参数优化是一个组合优化问题，无法像一般参数那样通过梯度下降法来优化，也没有一种通用有效的优化方法；②评估一组超参数配置的时间代价非常大，从而导致一些优化方法（如演化算法）在超参数优化中难以应用。

假设一个神经网络中总共有 K 个超参数，每个超参数配置表示为一个向量 $\boldsymbol{x}\in \boldsymbol{X}$，$\boldsymbol{X}\subset\mathbb{R}^K$ 是超参数配置的取值空间。超参数优化的目标函数定义为 $f(\boldsymbol{x}):\boldsymbol{X}\to\mathbb{R}$，$f(\boldsymbol{x})$ 是衡量一组超参数配置 $\boldsymbol{x}$ 效果的函数，一般设置为开发集上的错误率。目标函数 $f(\boldsymbol{x})$ 可以看作一个黑盒函数，不需要知道其具体形式。虽然在神经网络的超参数优化中，$f(\boldsymbol{x})$ 的函数形式已知，但 $f(\boldsymbol{x})$ 不是关于 $\boldsymbol{x}$ 的连续函数，并且 $\boldsymbol{x}$ 不同，$f(\boldsymbol{x})$ 的函数形式也不同，因此无法使用梯度下降等优化方法。

对于超参数的配置，比较简单的方法有网格搜索、随机搜索、贝叶斯优化、动态资源分配和神经架构搜索。

9.4.1 网格搜索

网格搜索（Grid Search）是一种通过尝试所有超参数的组合来寻址适合一组超参数配置的方法。假设总共有 K 个超参数，第 k 个超参数可以取 m_k 个值，那么总共的配置组合数量为 $m_1\times m_2\times\cdots\times m_k$。如果超参数是连续的，则可以将超参数离散化，选择几个“经验”值，如学习率 η，可以将其设置为

$$\eta\in\{0.001,0.01,0.005,1.0\} \tag{9-28}$$

一般而言，对于连续的超参数，不能按等间隔的方式进行离散化，需要根据超参数自身的特点进行离散化。

网格搜索先根据这些超参数的不同组合分别训练一个模型；然后测试这些模型在开发集上的性能，选取一组性能最好的配置。

9.4.2 随机搜索

不同的超参数对模型性能的影响有很大的差异。有些超参数（如正则化系数）对模型性能的影响有限，而另一些超参数（如学习率）对模型性能的影响

比较大。在这种情况下，采用网格搜索会在不重要的超参数上进行不必要的尝试。一种有效的改进方法是对超参数进行随机组合，选取一个性能最好的配置，这就是随机搜索（Random Search）。随机搜索在实践中更容易实现，一般比网格搜索更加有效。

网格搜索和随机搜索都没有利用不同超参数组合之间的相关性，即如果模型的超参数组合比较类似，则其模型性能也是比较接近的。因此这两种搜索方式一般都比较低效。下面介绍两种自适应的超参数优化方法：贝叶斯优化和动态资源分配。

9.4.3 贝叶斯优化

贝叶斯优化（Bayesian optimization）是一种自适应的超参数优化方法，根据当前已经试验的超参数组合来预测下一个可能带来最大收益的组合。

一种比较常用的贝叶斯优化方法为时序模型优化（Sequential Model-Based Optimization，SMBO）。假设超参数优化的函数 $f(\boldsymbol{x})$ 服从高斯过程，则 $p(f(\boldsymbol{x})|\boldsymbol{x})$ 为一个正态分布。贝叶斯优化过程是根据已有的 N 组试验结果 $H=\{\boldsymbol{x}_n, y_n\}_{n=1}^{N}$（$y_n$ 为 $f(\boldsymbol{x}_n)$ 的观测值）来建模高斯过程并计算 $f(\boldsymbol{x})$ 的后验分布 $P_{\mathrm{g}}(f(\boldsymbol{x})|\boldsymbol{x},H)$ 的。

为了使得 $P_{\mathrm{g}}(f(\boldsymbol{x})|\boldsymbol{x},H)$ 接近其真实分布，就需要对样本空间进行足够多的采样。但是超参数优化中每个样本的生成成本很高，需要用尽可能少的样本来使得 $P_{\theta}(f(\boldsymbol{x})|\boldsymbol{x},H)$ 接近真实分布。因此，需要通过定义一个收益函数 $a(\boldsymbol{x},H)$ 来判断一个样本是否能够给建模 $P_{\theta}(f(\boldsymbol{x})|\boldsymbol{x},H)$ 提供更大的收益。收益越大，其修正的高斯过程会越接近目标函数的真实分布。

收益函数的定义有很多种方式，一种常用的是期望改善（Expected Improvement，EI）函数。假设 $y^*=\min\{y_n, 1\leqslant n\leqslant N\}$ 是当前已有样本中的最优值，则期望改善函数为

$$\mathrm{EI}(\boldsymbol{x},H)=\int_{-\infty}^{\infty}\max(y^*-y,0)P_{\mathrm{g}}(y|\boldsymbol{x},H)\mathrm{d}y \tag{9-29}$$

期望改善是定义一个样本 $\boldsymbol{x}$ 在当前模型 $P_{\mathrm{g}}(f(\boldsymbol{x})|\boldsymbol{x},H)$ 下，$f(\boldsymbol{x})$ 超过最好结果 y^* 的期望，除了期望改善函数，收益函数还有其他定义形式，如改善概率（Probability of Improvement）、高斯过程置信上界（GP-Upper Confidence Bound，GP-UCB）等。

贝叶斯优化的一个缺点是高斯过程建模需要计算协方差矩阵的逆，时间复杂度是$O(N^3)$，因此不能很好地处理高维情况。深度神经网络的超参数一般比较多，为了使用贝叶斯优化来搜索神经网络的超参数，需要一些更高效的高斯过程建模。也有一些方法可以将时间复杂度从$O(N^3)$降低到$O(N)$。

9.4.4 动态资源分配

在超参数优化中，每组超参数配置的评估代价比较大，如果可以在较早的阶段就估计出一组配置的效果比较差，就可以中止这组配置的评估，将更多的资源留给其他配置。这个问题可以归结为多臂赌博机问题的一个泛化问题——最优臂问题（Best-Arm Problem），即在给定有限的机会次数下，如何玩这些赌博机并找到收益最大的臂。与多臂赌博机问题类似，最优臂问题也是在利用和探索之间找到最佳的平衡。

由于目前神经网络的优化方法一般都采取随机梯度下降法，因此可以通过一组超参数的学习曲线来预估这组超参数配置是否有希望得到比较好的结果。如果一组超参数配置的学习曲线不收敛或收敛比较差，则可以应用早期停止（Early-Stopping）策略来中止当前的训练。

动态资源分配的关键是将有限的资源分配给更有可能带来收益的超参数组合。一种有效方法是逐次减半（Successive Halving）方法，将超参数优化看作一种非随机的最优臂问题。假设要尝试N组超参数配置，总共可利用的资源预算（摇臂的次数）为B，则可以通过$T=\left\lceil \log_2(N) \right\rceil-1$轮逐次减半的方法来选取最优的配置。

在逐次减半方法中，尝试的超参配置数量N十分关键，N越大，得到最佳配置的机会也越大，但每组超参数配置分到的资源就越少，这样早期的评估结果可能不准确。反之，如果N越小，则每组超参数配置的评估会越准确，但有可能无法得到最优的配置。因此，如何设置N是平衡“利用−探索”的一个关键因素，一种改进的方法是 HyperBand 方法，通过尝试不同的N来选取最优参数。

9.4.5 神经架构搜索

上面介绍的超参数优化方法都是在固定（或变化比较小）的超参数空间中进行最优配置搜索的，而最重要的神经网络架构一般还需要由有经验的专家来设计。

神经架构搜索（Neural Architecture Search，NAS）是一个比较有前景的新的研究方向，通过神经网络自动实现网络架构的设计。一个神经网络的架构可以用一个变长的字符串来描述，利用元学习的思想，神经架构搜索利用一个控制器生成另一个子网络的架构描述，控制器可以由一个循环神经网络实现。控制器的训练可以通过强化学习完成，强化学习奖励信号为生成的子网络在开发集上的准确率。

9.5　优化算法

优化算法（Optimization Algorithm）问题也叫最优化问题，是指在一定约束条件下求解一个目标函数最大值（或最小值）的问题。优化问题一般都是通过迭代的方式来求解的：通过猜测一个初始的估计 x_0，不断迭代产生新的估计 $x_1, x_2, \cdots, x_t$，希望 x_t 最终收敛到期望的最优解 x^*。一个好的优化算法应该是在一定的时间和空间复杂度下能够快速准确地找到最优解。本书中讨论的优化算法都基于这种数值方法，能够求得最小化目标函数的数值解。优化算法是深度学习中重要的组成部分，可以提升深度学习模型训练效率。

9.5.1　空间变量的非凸优化

在深度学习的优化算法中，要解决好以下两个重要的问题，即局部最小值和鞍点。

1．局部最优和全局最优

对于目标函数 $f(x)$，如果 $f(x)$ 在点 x 处的值比在 x 邻近的其他点处的值更小，那么 $f(x)$ 可能是一个局部最小值（Local Minimum）或局部最优解；如果 $f(x)$ 在点 x 处的值是目标函数在整个定义域上的最小值，那么 $f(x)$ 是全局最小值（Global Minimum）或全局最优解。

例如，对于以下给定函数：

$$f(x) = x \cdot \cos(\pi x),\ -1.0 \leqslant x \leqslant 2.0 \tag{9-30}$$

其图形如图 9-3 所示。

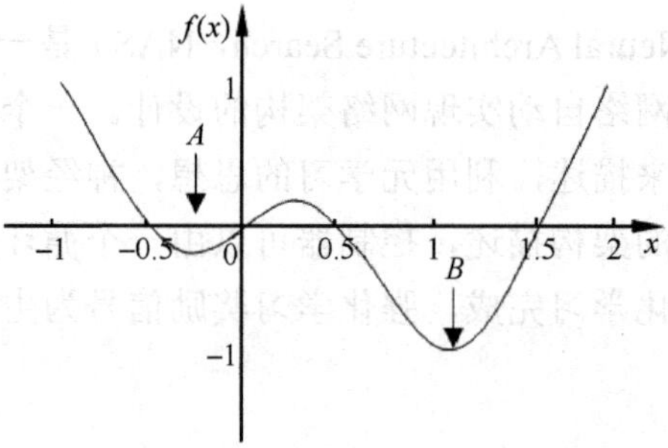

图 9-3　局部最小值与全局最小值

2．鞍点

当梯度接近或变成 0 时，可能是由当前解在局部最优解附近造成的。事实上，另一种可能性是当前解在鞍点（Saddle Point）附近。鞍点是指一阶导数为零，二阶导数不为零的点。

在图 9-4 中，箭头所指的位置为鞍点的位置。

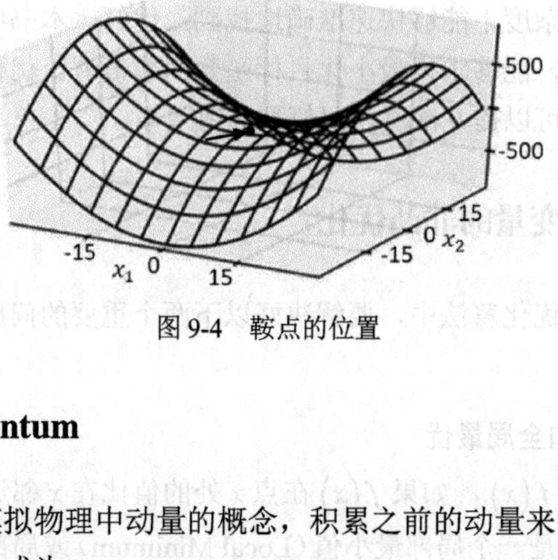

图 9-4　鞍点的位置

9.5.2　Momentum

Momentum 是模拟物理中动量的概念，积累之前的动量来替代真正的梯度。Momentum 的公式为

$$V_t = \gamma V_{t-1} + \eta \nabla_w f\left(W_{t-1}\right) \tag{9-31}$$

$$W_t = W_{t-1} - V_t \tag{9-32}$$

其中，γ 为动力项，通常设置为 0.9。当前权值的改变会受到上一次权值改变的影响，类似于小球向下滚动的时候带上了惯性，这样可以加快小球向下的速度，同时可以抑制小球振荡。

9.5.3 NAG

NAG（Nesterov Accelerated Gradient）的公式为

$$V_t = \gamma V_{t-1} + \eta \nabla_w f\left(W_{t-1} - \gamma V_{t-1}\right) \tag{9-33}$$

$$W_t = W_{t-1} - V_t \tag{9-34}$$

其中，γ 为动力项，通常设置为 0.9；$W_{t-1} - \gamma V_{t-1}$ 用来近似损失函数下一步的值，计算的梯度不是当前位置的梯度，而是下一个位置的梯度。NAG 相当于一个预先知道正确方向的更聪明的小球。

Momentum 和 NAG 都是为了使得梯度更新和更加灵活，但学习率的设置仍然是一个问题。下面介绍的几种优化器针对学习率的问题做出了优化，具有自适应学习率的能力。

9.5.4 AdaGrad

AdaGrad（Adaptive Gradient Algorithm）算法借鉴 L2 正则化的思想，每次迭代时自适应地调整每个参数的学习率。在第 t 次迭代时，先计算每个参数梯度平方的累计值。

AdaGrad 的公式为

$$G_t = G_{t-1} + \nabla_w f\left(W_{t-1}\right)^2 \tag{9-35}$$

$$W_t = W_{t-1} - \frac{\eta}{\sqrt{G_{t-1} + \epsilon}} \odot \nabla_w f\left(W_{t-1}\right) \tag{9-36}$$

其中，$\odot$ 为按元素乘积；ϵ 是为了保持数值稳定性而设置的非常小的常数，通常取值为 e^{-10}～e^{-7}。AdaGrad 其实是对学习率进行了一个约束，其主要优势是人为设定一个学习率后，这个学习率可以自动调节。

在 AdaGrad 算法中，如果某个参数的偏导数累积比较大，则其学习率相对较低；相反，如果其偏导数累积较小，则其学习率相对较高。但整体是随着迭代次数的增加，学习率逐渐降低。AdaGrad 算法的缺点是在经过一定次数的迭代而依然没有找到最优点时，由于这时的学习率已经非常低了，几乎趋向于 0，所以很难继续找到最优点。

9.5.5 AdaDelta

AdaDelta 算法是 AdaGrad 算法的一种改进。与 RMSProp 算法类似，AdaDelta 算法通过梯度平方的指数衰减移动平均调整学习率。

AdaDelta 的公式为

$$G_t = \gamma G_{t-1} + (1-\gamma)\nabla_w f(W_{t-1})^2 \tag{9-37}$$

$$E_t = \gamma E_{t-1} + (1-\gamma)(\Delta W_t)^2 \tag{9-38}$$

$$\Delta W_t = -\frac{\sqrt{E_{t-1}+\varepsilon}}{\sqrt{G_t+\varepsilon}}\nabla_w f(W_t) \tag{9-39}$$

$$W_t = W_{t-1} + \Delta W_{t-1} \tag{9-40}$$

其中，γ 通常取 0.9。AdaDelta 不依赖全局学习率。

9.5.6 RMSProp

RMSProp 算法是由 Geoff Hinton 提出的一种自适应学习率的方法，可以在有些情况下避免 AdaGrad 算法中学习率不断单调下降以至于过早衰减的缺点。

RMSProp 可以算作 AdaDelta 的一个特例。RMSProp 的公式为

$$G_t = \gamma G_{t-1} + (1-\gamma)\nabla_w f(W_{t-1})^2 \tag{9-41}$$

$$W_t = W_{t-1} - \frac{\eta}{\sqrt{G_{t-1}+\varepsilon}}\cdot\nabla_w f(W_{t-1}) \tag{9-42}$$

其中，γ 通常取 0.9。RMSProp 依赖全局学习率，也算是 AdaGrad 的一种改进。

9.5.7 Adam

Adam（Adaptive Moment Estimation）算法本质上是带有动量项的 RMSProp 算法，不但使用动量作为参数更新方向，而且可以自适应调整学习率。Adam 的公式为

$$m_t = \beta_1 m_{t-1} + (1-\beta_1)\nabla_w f(W_t) \tag{9-43}$$

$$v_t = \beta_2 v_{t-1} + (1-\beta_2)\nabla_w f(W_t)^2 \tag{9-44}$$

$$\hat{m}_t = \frac{m_t}{1-\beta_1^t} \tag{9-45}$$

$$\hat{v}_t = \frac{v_t}{1-\beta_2^t} \tag{9-46}$$

$$W_t = W_{t-1} - \eta \frac{\hat{m}_t}{\sqrt{\hat{v}_t}+\varepsilon} \tag{9-47}$$

其中，β_1 通常取 0.9；β_2 通常取 0.999；m_t 和 v_t 分别是对梯度的一阶矩估计和二阶矩估计，可以看作对期望 $E\left|\nabla_w f\left(W_t\right)\right|$ 和 $E\left|\nabla_w f\left(W_t\right)^2\right|$ 的估计；$\hat{m}_t$ 和 $\hat{v}_t$ 是对 m_t 和 v_t 的校正，这样可以近似为对期望的无偏估计。在大多数情况下，Adam 算法的效果都比较好，因此目前用得最多的优化器是 Adam。

9.6 本章小结

本章主要介绍了深度学习网络优化方面的内容，在优化方面，训练神经网络时的主要难点是非凸优化及梯度消失/爆炸问题。在深度学习技术发展初期，通常需要利用预训练和逐层训练等比较低效的方法来辅助优化。目前，预训练方法依然有着广泛的应用，但主要是利用它带来更好的泛化性，而不再是为了解决网络优化问题。随着深度学习技术的发展，目前通常可以高效、端到端地训练一个深度神经网络。这些提高训练效率的方法通常分为以下 3 类：①修改网络模型以得到更好的优化地形，如使用逐层归一化、残差连接及 ReLU 激活函数等；②使用更有效的优化算法，如动态学习率及梯度估计修正等；③使用更好的参数初始化方法。在泛化方面，传统的机器学习中有一些很好的理论可以帮助我们在模型的表示能力、复杂度和泛化能力之间找到比较好的平衡，如 Vapnik-Chervonenkis（VC）维（参见文献[105]）和 Rademacher 复杂度，但是这些理论无法解释深度神经网络在实际应用中的泛化能力表现。根据通用近似定理，神经网络的表示能力十分强大。从直觉上，一个过度参数化的深度神经网络很容易产生过拟合现象，因为它的容量足够记住所有的训练数据。但是实验表明，深度神经网络在训练过程中依然优先记住训练数据中的一般模式（Pattern），即具有强泛化能力的模式（参见文献[106]）。目前，深度神经网络的泛化能力还没有很好的理论支持。

第 10 章

受限玻尔兹曼机和深度置信网络

受限玻尔兹曼机（Restricted Boltzmann Machine，RBM）是一种概率图模型，也可以将其看作一种随机神经网络，这种随机性体现在网络的神经元状态是根据概率统计法则来确定的，其输出只有两种状态（未激活、激活），一般用二进制的 0 和 1 来表示。它是 Smolensky 于 1986 年在玻尔兹曼机的基础上提出的，其受限体现在模型必须为二分图上。从神经网络角度看，它就是一个层次型的二层网络，连接边只存在于输入层和输出层之间，输出层本身无连接。这种较简单的结构可以使得它能够采用更高效的训练算法，特别是基于梯度的对比分歧（Contrastive Divergence）算法。2006 年，Hinton 提出的深度置信网络（Deep Belief Network，DBN）将 RBM 作为基本组件。

10.1　概率图模型

概率图模型（Probabilistic Graphical Model，PGM）是一种用图结构表达基于概率相关关系的模型的总称。概率图模型结合概率论与图论（谱图理论，Spectral Graph Theory）的知识，利用图结构表示多元随机变量之间条件独立关系的概率模型。

常见的概率图模型可以分为以下两类。

（1）有向图模型：使用有向非循环图（Directed Acyclic Graph，DAG）描述变量之间的关系。如果两个节点之间有连接边，则表示对应的两个变量为因果关系，即不存在其他变量使得这两个节点对应的变量条件独立。

（2）无向图模型：使用无向图（Undirected Graph）描述变量之间的关系，每条连接边代表两个变量之间有概率依赖关系，但并不一定是因果关系。

概率图模型理论可分为 3 个基本部分：①概率图模型表示理论，对于一个概率模型，如何通过图结构描述变量之间的依赖关系；②概率图模型学习理论，图模型的学习包括图结构学习和参数学习，我们只关注在给定图结构时的参数学习，即参数估计问题；③概率图模型推理理论，在已知部分变量时，计算其他变量的条件概率分布。

基本的概率图模型包括贝叶斯网络、马尔可夫网络和隐马尔可夫网络。

概率图模型有很多好的性质：提供了一种简单的可视化概率模型的方法，有利于设计和开发新模型；用于表示复杂的推理和学习运算，可以简化数学表达。

10.2 受限玻尔兹曼机的基本结构

RMB 是一个两层的神经网络，一是可见层，即输入层；二是隐藏层。如图 10-1 所示，神经元在层与层之间为全连接，而层内没有连接。可见层一般是连接输入，如图像的像素，具有可观测的性质；而隐藏层的意义一般不太明确，可以看作输入特征的提取。由于 RMB 只存在层间连接，因此，当给定输入值时，隐藏层神经元的激活条件是相互独立的；而当给定隐藏层神经元的状态时，可见层的神经元的激活状态也是相互独立的。

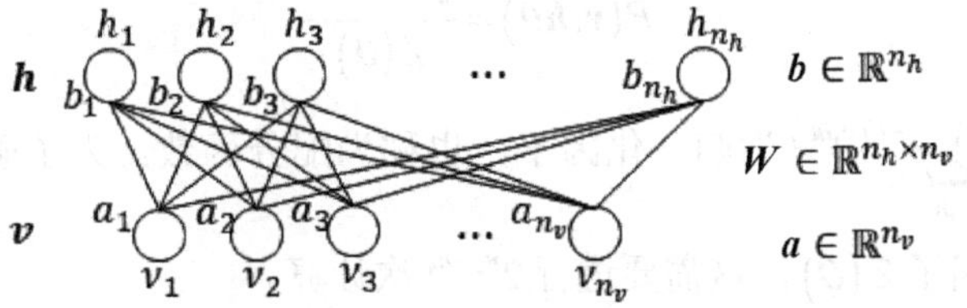

图 10-1 RMB 的结构示意图

在图 10-1 中，n_v、n_h 分别表示可见层和隐藏层神经元的个数。

$\boldsymbol{v}=\left(v_1,v_2,\cdots,v_i,\cdots,v_{n_v}\right)^{\mathrm{T}}$：可见层（输入层）神经元的状态变量。

$\boldsymbol{a}=\left(a_1,a_2,\cdots,a_i,\cdots,a_{n_v}\right)^{\mathrm{T}}\in\mathbb{R}^{n_v}$：可见层的偏置向量。

$\boldsymbol{b}=\left(b_1,b_2,\cdots,b_i,\cdots,b_{n_h}\right)^{\mathrm{T}}\in\mathbb{R}^{n_h}$：隐藏层的偏置向量。

$\boldsymbol{W}=\left(w_{i,j}\right)\in\mathbb{R}^{n_v\times n_h}$：可见层和隐藏层之间的权值矩阵，表示可见层第 i 个神经元与隐藏层第 j 个神经元之间的连接权值。

$\boldsymbol{\theta}=\left(\boldsymbol{W},\boldsymbol{a},\boldsymbol{b}\right)$：RBM 的未知参数。

为方便讨论，假定 RMB 中的所有神经元均是二值的，即对于 $\forall i$和j，有 $v_i,h_j\in 0,1$，这样的 RBM 称为二值 RBM。

10.3 受限玻尔兹曼机的能量模型和似然函数

基于能量的模型（Energy Based Model，EBM）是一种通用的框架模型，包括传统的判别模型和生成模型、图变换网络（Graph Transformer Network，GTN）、条件随机场、最大化边界马尔可夫网络及一些流行学习的方法等。EBM 通过对变量施加一个能量限制来获取变量之间的关系。

RMB 也服从能量模型框架，能量函数定义为

$$E(\boldsymbol{v},\boldsymbol{h}|\boldsymbol{\theta})=-\sum_{i=1}^{n_v}a_i v_i-\sum_{j=1}^{n_h}b_j h_j-\sum_{i=1}^{n_v}\sum_{j=1}^{n_h}v_i w_{ij} h_j \tag{10-1}$$

根据统计物理学原理，由于玻尔兹曼机中的变量符合玻尔兹曼分布，其能量函数和变量状态概率分布存在一定的联系，即根据能量函数可以得到$(\boldsymbol{v},\boldsymbol{h})$的联合概率分布，如式（10-2）所示；通过对概率函数求极值，就可以求出参数$\boldsymbol{\theta}=(\boldsymbol{W},\boldsymbol{a},\boldsymbol{b})$。

$$P(\boldsymbol{v},\boldsymbol{h}\boldsymbol{\theta})=\frac{\mathrm{e}^{-E(\boldsymbol{v},\boldsymbol{h}\boldsymbol{\theta})}}{Z(\boldsymbol{\theta})} \tag{10-2}$$

其中，$Z(\boldsymbol{\theta})=\sum_{v,h}\mathrm{e}^{-E(\boldsymbol{v},\boldsymbol{h}\boldsymbol{\theta})}$为归一化因子，也称为配分函数。为了确定该分布，需要计算归一化因子$Z(\boldsymbol{\theta})$，这需要进行$2^{n_v+n_h}$次计算。

由于 RBM 的结构比较特殊，即层内无连接，只有层间连接，因此，当给定可见层神经元的状态时，各隐藏层神经元的激活状态之间是条件独立的。此时，第 j 个隐藏层神经元的激活（输出为 1）概率为

$$P(h_j \boldsymbol{v},\boldsymbol{\theta})=\sigma\left(b_j+\sum_i v_i w_{ij}\right) \tag{10-3}$$

其中，$\sigma(x)=\frac{1}{1+\exp(-x)}$为 Sigmoid 激活函数。

同样，当给定隐藏层神经元的状态时，可见层的神经元的激活状态也是条件独立的，第 i 个可见层神经元的激活（输出为 1）概率为

$$P(v_i \boldsymbol{h},\boldsymbol{\theta})=\sigma\left(a_i+\sum_j w_{ij} h_j\right) \tag{10-4}$$

对于一个实际问题，我们关心的是由 RBM 定义的观测数据 $\boldsymbol{v}$ 的分布 $P(\boldsymbol{v\theta})$，即联合概率分布 $P(\boldsymbol{v},\boldsymbol{h\theta})$ 的边际分布，也称为似然函数：

$$P(\boldsymbol{v\theta})=\frac{1}{Z(\boldsymbol{\theta})}\sum_{\boldsymbol{h}}\mathrm{e}^{-E(\boldsymbol{v},\boldsymbol{h\theta})} \tag{10-5}$$

类似地，可以得到

$$P(\boldsymbol{h\theta})=\frac{1}{Z(\boldsymbol{\theta})}\sum_{\boldsymbol{v}}\mathrm{e}^{-E(\boldsymbol{v},\boldsymbol{h\theta})} \tag{10-6}$$

$$P(\boldsymbol{h},\boldsymbol{v\theta})=\frac{P(\boldsymbol{vh},\boldsymbol{\theta})}{P(\boldsymbol{v\theta})} \tag{10-7}$$

10.4　受限玻尔兹曼机的学习任务

10.4.1　最优参数的梯度计算

RBM 的学习任务是求出参数 $\boldsymbol{\theta}$ 的值以拟合给定的训练数据。假设训练数据集为 $S=\left\{\boldsymbol{v}^1,\boldsymbol{v}^2,\cdots,\boldsymbol{v}^m,\cdots\boldsymbol{v}^M\right\}$，则参数 $\boldsymbol{\theta}$ 可以通过最大化 RBM 在训练集（假设有 M 个样本）的对数似然函数学习得到，即

$$\boldsymbol{\theta}^*=\underset{\boldsymbol{\theta}}{\operatorname{argmax}}L_S(\boldsymbol{\theta})=\underset{\boldsymbol{\theta}}{\operatorname{argmax}}\sum_{m=1}^{M}\ln P(\boldsymbol{v}^m\boldsymbol{\theta}) \tag{10-8}$$

为获得最优的 $\boldsymbol{\theta}^*$，通过对损失函数 $L_S(\boldsymbol{\theta})$ $\left[\text{简记为}L(\boldsymbol{\theta})\text{或}L\right]$ 进行梯度上升（由于是求取最大值）来求取，即

$$\boldsymbol{\theta}_{\text{new}}=\boldsymbol{\theta}_{\text{old}}+\eta\frac{\partial L(\boldsymbol{\theta}_{\text{old}})}{\partial\boldsymbol{\theta}_{\text{old}}} \tag{10-9}$$

即

$$\Delta\boldsymbol{\theta}=\eta\frac{\partial L(\boldsymbol{\theta}_{\text{old}})}{\partial\boldsymbol{\theta}_{\text{old}}} \tag{10-10}$$

这里的关键点是计算 L 对 $\boldsymbol{\theta}$ 的偏导数。首先将 L 展开：

$$
\begin{aligned}
L(\boldsymbol{\theta}) &= \sum_{m=1}^{M} \ln P\left(\boldsymbol{v}^m \boldsymbol{\theta}\right) = \sum_{m=1}^{M} \ln \sum_{\boldsymbol{h}} P\left(\boldsymbol{v}^m, \boldsymbol{h}\boldsymbol{\theta}\right) \\
&= \sum_{m=1}^{M} \ln \frac{\sum_{\boldsymbol{h}} \exp\left[-E\left(\boldsymbol{v}^m, \boldsymbol{h} \mid \boldsymbol{\theta}\right)\right]}{\sum_{\boldsymbol{v}} \sum_{\boldsymbol{h}} \exp\left[-E\left(\boldsymbol{v}, \boldsymbol{h} \mid \boldsymbol{\theta}\right)\right]} \\
&= \sum_{m=1}^{M} \left\{ \ln \sum_{\boldsymbol{h}} \exp\left[-E\left(\boldsymbol{v}^m, \boldsymbol{h} \mid \boldsymbol{\theta}\right)\right] - \ln \sum_{\boldsymbol{v}} \sum_{\boldsymbol{h}} \exp\left[-E\left(\boldsymbol{v}, \boldsymbol{h} \mid \boldsymbol{\theta}\right)\right] \right\}
\end{aligned}
\tag{10-11}
$$

令θ是$\boldsymbol{\theta}$中的某一个参数，则对数似然函数关于θ的偏导数为

$$
\begin{aligned}
\frac{\partial L}{\partial \theta} &= \sum_{m=1}^{M} \frac{\partial}{\partial \theta} \left\{ \ln \sum_{\boldsymbol{h}} \exp\left[-E\left(\boldsymbol{v}^m, \boldsymbol{h} \mid \boldsymbol{\theta}\right)\right] - \ln \sum_{\boldsymbol{v}} \sum_{\boldsymbol{h}} \exp\left[-E\left(\boldsymbol{v}, \boldsymbol{h} \mid \boldsymbol{\theta}\right)\right] \right\} \\
&= \sum_{m=1}^{M} \left\{ \sum_{\boldsymbol{h}} \frac{\exp\left[-E\left(\boldsymbol{v}^m, \boldsymbol{h} \mid \boldsymbol{\theta}\right)\right]}{\sum_{\boldsymbol{h}} \exp\left[-E\left(\boldsymbol{v}^m, \boldsymbol{h} \mid \boldsymbol{\theta}\right)\right]} \times \frac{\partial\left(-E\left(\boldsymbol{v}^m, \boldsymbol{h} \mid \boldsymbol{\theta}\right)\right)}{\partial \theta} - \right. \\
&\qquad \left. \sum_{\boldsymbol{v}} \sum_{\boldsymbol{h}} \frac{\exp\left[-E\left(\boldsymbol{v}, \boldsymbol{h} \mid \boldsymbol{\theta}\right)\right]}{\sum_{\boldsymbol{v}} \sum_{\boldsymbol{h}} \exp\left[-E\left(\boldsymbol{v}, \boldsymbol{h} \mid \boldsymbol{\theta}\right)\right]} \times \frac{\partial\left(-E\left(\boldsymbol{v}, \boldsymbol{h} \mid \boldsymbol{\theta}\right)\right)}{\partial \theta} \right\} \\
&= \sum_{m=1}^{M} \left\{ \sum_{\boldsymbol{h}} P\left(\boldsymbol{h}\boldsymbol{v}^m, \boldsymbol{\theta}\right) \times \frac{\partial\left(-E\left(\boldsymbol{v}^m, \boldsymbol{h} \mid \boldsymbol{\theta}\right)\right)}{\partial \theta} - \sum_{\boldsymbol{v}} \sum_{\boldsymbol{h}} P\left(\boldsymbol{v}, \boldsymbol{h}\boldsymbol{\theta}\right) \times \frac{\partial\left(-E\left(\boldsymbol{v}, \boldsymbol{h} \mid \boldsymbol{\theta}\right)\right)}{\partial \theta} \right\} \\
&= \sum_{m=1}^{M} \left(\left\langle \frac{\partial\left(-E\left(\boldsymbol{v}^m, \boldsymbol{h} \mid \boldsymbol{\theta}\right)\right)}{\partial \theta} \right\rangle_{P\left(\boldsymbol{h}\boldsymbol{v}^m, \boldsymbol{\theta}\right)} - \left\langle \frac{\partial\left(-E\left(\boldsymbol{v}, \boldsymbol{h} \mid \boldsymbol{\theta}\right)\right)}{\partial \theta} \right\rangle_{P\left(\boldsymbol{v}, \boldsymbol{h}\boldsymbol{\theta}\right)} \right)
\end{aligned}
\tag{10-12}
$$

在倒数第二步推导中，第一项使用了

$$
\begin{aligned}
\frac{\exp\left[-E\left(\boldsymbol{v}^m, \boldsymbol{h} \mid \boldsymbol{\theta}\right)\right]}{\sum_{\boldsymbol{h}} \exp\left[-E\left(\boldsymbol{v}^m, \boldsymbol{h} \mid \boldsymbol{\theta}\right)\right]} &= \frac{\exp\left[-E\left(\boldsymbol{v}^m, \boldsymbol{h} \mid \boldsymbol{\theta}\right)\right]}{Z(\boldsymbol{\theta})} \times \\
&\qquad \frac{Z(\boldsymbol{\theta})}{\sum_{\boldsymbol{h}} \exp\left[-E\left(\boldsymbol{v}^m, \boldsymbol{h} \mid \boldsymbol{\theta}\right)\right]} \\
&= \frac{P\left(\boldsymbol{v}^m, \boldsymbol{h}\boldsymbol{\theta}\right)}{P\left(\boldsymbol{v}^m \boldsymbol{\theta}\right)} = P\left(\boldsymbol{h}\boldsymbol{v}^m, \boldsymbol{\theta}\right)
\end{aligned}
\tag{10-13}
$$

给出θ分别为w_{ij}、a_i和b_j时的导数公式：

$$\begin{aligned}\frac{\partial L}{\partial w_{ij}} &= \sum_{m=1}^{M}\left[\sum_{h_j}P\left(h_j \mid \boldsymbol{v}^m\right)\boldsymbol{v}_i^m h_j - \sum_{\boldsymbol{v}}P(\boldsymbol{v})\sum_{h_j}P\left(h_j \mid \boldsymbol{v}\right)v_i h_j\right] \\ &= \sum_{m=1}^{M}\left[P\left(h_j = 1 \mid \boldsymbol{v}^m\right)\boldsymbol{v}_i^m - \sum_{\boldsymbol{v}}P(\boldsymbol{v})\sum_{h_j}P\left(h_j = 1 \mid \boldsymbol{v}\right)v_i\right](h_j = 0\text{或}1)\end{aligned} \tag{10-14}$$

$$\frac{\partial L}{\partial a_i} = \sum_{m=1}^{M}\left(\boldsymbol{v}_i^m - \sum_{\boldsymbol{v}}P(\boldsymbol{v})v_i\right) \tag{10-15}$$

$$\frac{\partial L}{\partial b_i} = \sum_{m=1}^{M}\left(P\left(h_j = 1 \mid \boldsymbol{v}^m\right) - \sum_{\boldsymbol{v}}P\left(h_j = 1 \mid \boldsymbol{v}\right)\right) \tag{10-16}$$

在式（10-14）～式（10-16）中，$\sum_{\boldsymbol{v}}$的计算复杂度是$O^{n^p \times n^h}$，直接计算非常困难，通常采用一些采样方法得到近似结果。根据马尔可夫链蒙特卡罗（Markov Chain Monte Carlo，MCMC）方法的基本思想和理论：如果想在某个分布下采样，则只需模拟以其为平稳分布的马尔可夫过程，经过足够多次转移之后，获得的样本分布就会充分接近该平稳分布，也就意味着这样可以采集目标分布下的样本。通常采用 Gibbs 采样方法，每次采样过程都需要反复迭代很多次以保证马尔可夫链收敛，而这只是一次梯度更新，多次梯度更新需要反复使用 Gibbs 采样方法，这在理论上可行，但在效率上不可取。因此，Hinton 提出了一种快速算法——对比散度（Contrastive Divergence，CD）算法，其中的 Gibbs 采样的状态初值选择训练样本为起点，这样明显加快了收敛速度。该方法也成为训练 RBM 的标准算法。下面介绍吉布斯（Gibbs）采样和对比散度（CD）算法。

10.4.2　吉布斯采样

吉布斯采样是 MCMC 方法的一种，可以在一个复杂概率分布$P(x)$下生成数据。只要知道它的每个分量相对于其他分量的条件概率$P(x_k \mid x_{-k})$，就可以对它们进行采样。而根据 RBM 模型的特殊性——隐藏层的神经元只受可见层神经元的影响（反之亦然），而同一层神经元之间相互独立，可以根据下面的规则采样：

$$\begin{gathered}\boldsymbol{h}_0 \sim P\left(\boldsymbol{h} \mid v_0\right), v_1 \sim P\left(\boldsymbol{v} \mid \boldsymbol{h}_0\right) \\ \boldsymbol{h}_1 \sim P\left(\boldsymbol{h} \mid v_1\right), v_2 \sim P\left(\boldsymbol{v} \mid \boldsymbol{h}_1\right) \\ \vdots \\ \boldsymbol{h}_k \sim P\left(\boldsymbol{h} \mid v_k\right), v_{k+1} \sim P\left(\boldsymbol{v} \mid \boldsymbol{h}_k\right)\end{gathered} \tag{10-17}$$

也就是说，h_i 的概率 $P\left(\boldsymbol{h} \mid v_i\right)$ 为 1，其他的都与此类似。这样，当迭代足够次以后，就可以得到满足联合概率分布 $P(\boldsymbol{v}, \boldsymbol{h})$ 下的样本 $\boldsymbol{v}$ 和 $\boldsymbol{h}$。其中，样本 $\boldsymbol{v}$ 可以近似认为是 $P(\boldsymbol{v})$ 分布下的样本。有了样本 $\boldsymbol{v}$，就可以求出上面的 3 个梯度［式（10-14）～式（10-16）］$\left(\frac{\partial \ln L_S}{\partial W_{ij}}, \frac{\partial \ln L_S}{\partial b_i}, \frac{\partial \ln L_S}{\partial a_j}\right)$，并且可以用梯度上升法对模型参数进行更新。

10.4.3 对比散度算法

对比散度算法的过程如图 10-2 所示，我们希望得到 $P(\boldsymbol{v})$ 分布下的样本。如果存在训练样本，就可以认为训练样本是服从 $P(\boldsymbol{v})$ 分布的。此时，就不需要从随机状态开始进行吉布斯采样，只需从训练样本开始就行了。

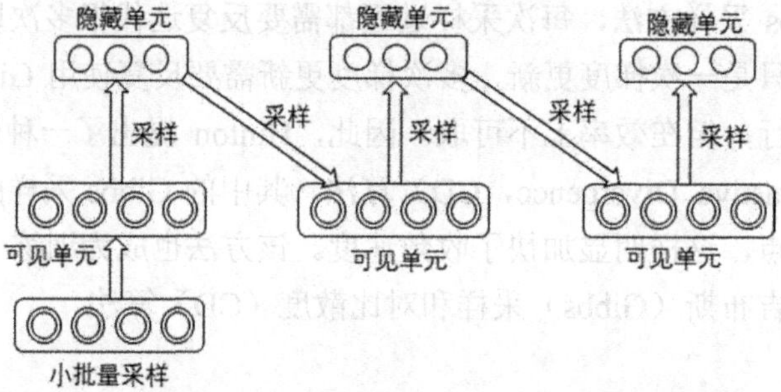

图 10-2　对比散度算法的过程

对比散度算法的大致思路是从样本集的任意一个样本 $\boldsymbol{v}^0$ 开始，经过 K 次吉布斯采样（取 K=1 就够了），即每一步为

$$\boldsymbol{h}^{t-1} \sim P\left(\boldsymbol{h} \mid \boldsymbol{v}^{t-1}\right),\ \boldsymbol{v}^t \sim P\left(\boldsymbol{v} \mid \boldsymbol{h}^{t-1}\right) \tag{10-18}$$

对比散度算法的核心在于利用第 k 步的吉布斯采样得到的 $\boldsymbol{v}(k)$ 近似估计梯度公式中的 $\sum\limits_{\boldsymbol{v}}$ 对应的期望值，即

$$\frac{\partial L}{\partial w_{ij}} \approx \sum_{m=1}^{M}\left(P\left(\boldsymbol{h}_j=1 \mid \boldsymbol{v}^m(0)\right)\boldsymbol{v}_i^m(0)-\sum_{h_j}P\left(\boldsymbol{h}_j=1 \mid \boldsymbol{v}(k)\right)\boldsymbol{v}_i(k)\right) \tag{10-19}$$

$$\frac{\partial L}{\partial a_i} \approx \sum_{m=1}^{M}\left(\boldsymbol{v}_i^m(0)-\boldsymbol{v}_i(k)\right) \tag{10-20}$$

$$\frac{\partial L}{\partial b_i} \approx \sum_{m=1}^{M}\left(P\left(\boldsymbol{h}_j=1 \mid \boldsymbol{v}^m(0)\right)-P\left(\boldsymbol{h}_j=1 \mid \boldsymbol{v}(k)\right)\right) \tag{10-21}$$

将上述梯度公式统一记为 $\mathrm{CD}_k(\boldsymbol{\theta},\boldsymbol{v})$，用它近似 $\frac{\partial L(\boldsymbol{\theta})}{\partial \boldsymbol{\theta}}$。对比散度算法只用了一次梯度更新来计算梯度近似值。

在对比散度算法中，sample_h_given_v $\left(\boldsymbol{v}^t,\boldsymbol{W},\boldsymbol{a},\boldsymbol{b}\right)$ 函数的功能为：记 $q_j=P\left(\boldsymbol{h}_j \mid \boldsymbol{v}\right)$，$j=1,2,\cdots,n_h$，产生一个 0～1 的随机数 r_j，如果 $q_j>r_j$，则 $\boldsymbol{h}_j=1$；否则，$\boldsymbol{h}_j=0$。sample_v_given_h$\left(\boldsymbol{h}^t,\boldsymbol{W},\boldsymbol{a},\boldsymbol{b}\right)$函数的功能与此类似。

算法 10.1　CD$(k,S,\boldsymbol{W},a,b;\ \nabla\boldsymbol{W},\nabla\boldsymbol{a},\nabla\boldsymbol{b})$

输入： 执行吉布斯采样的次数 K，训练数据的集合 $S=\{\boldsymbol{v}^i\}$，初始的隐藏层和可见层之间的权重矩阵 $\boldsymbol{W}$，隐藏层的偏置 $\boldsymbol{a}$，可见层的偏置 $\boldsymbol{b}$

输出： L_S 关于权重矩阵 $\boldsymbol{W}$ 的梯度 $\nabla\boldsymbol{W}$，L_S 关于隐藏层偏置 $\boldsymbol{a}$ 的梯度 $\nabla\boldsymbol{a}$，L_S 关于可见层偏置 $\boldsymbol{b}$ 的梯度 $\nabla\boldsymbol{b}$

```
初始化：∇W = 0，∇a = 0，∇b = 0
通过对 S 中的样本进行循环来生成∇W、∇a、∇b
for all the v∈S do
v^i := v
    for t=0,1,…,k−1 do
        h^t = sample_h_given_v(v^t,W,a,b)
        v^{t+1} = sample_v_given_h(h^t,W,a,b)
    end for
    for i=1,2,…,n_v; t=1,2,…,n_h do
        ∇W_ij = ∇W_ij + (P(h_j=1|v^0)v_i^0 − P(h_j=1|v^k)v_i^k)
        ∇b_i = ∇b_i + (v_i^0 − v_i^k)
        ∇a_j = ∇a_j + (P(h_j=1|v^0) − P(h_j=1|v^k))
     end for
  end for
```

以下是 RBM 训练算法描述过程。

算法 10.2　RBM 训练算法

输入：训练样本集合 $S=\{v^i\}$，训练周期 J，学习率 η，对比散度算法的参数 k，隐藏层神经元的数量 n_h，偏置向量 $\boldsymbol{a}$、$\boldsymbol{b}$，权重矩阵 $\boldsymbol{W}$

输出：训练后的参数 $\boldsymbol{W}$、$\boldsymbol{a}$、$\boldsymbol{b}$

```
for iter=1,2,⋯,J do
    调用 CD(k,S,W,a,b;∇W,∇a,∇b)，生成 ∇W、∇a、∇b
    更新参数：W = W − η(∇W)
    更新参数：a = a − η(∇a)
    更新参数：b = b − η(∇b)
end for
```

10.5　深度置信网络

深度置信网络（Deep Belief Network，DBN）是由 Hinton 在 2006 年提出的。深度置信网络可以使用无监督的逐层预训练进行学习，扩展性良好。不仅只有 RBM 可以构建一个深度生成模型或深度判别模型，其他类型的模型也可以使用相同或相似的方法构建深层网络，如 Bengio 等提出的自编码器的变形。

10.5.1　网络模型

深度置信网络是概率生成模型的一种。所谓生成模型，就是指建立一个观测数据和标签之间的联合分布，对 P(Observation|Label)和 P(Label|Observation)都做评估，而判别模型仅对 P(Label|Observation)做评估。其中，Label 表示标签，Observation 表示观测数据。

深度置信网络是由多个 RBM 组成的。图 10-3 给出了一个比较经典的深度置信网络模型的结构。深度置信网络包含一个可见层和多个隐藏层，可见层与隐藏层之间、隐藏层与隐藏层之间存在连接，但每一层的层内神经元之间不存在连接。除最上层可见层为双向连接外，其他层均为单向连接。

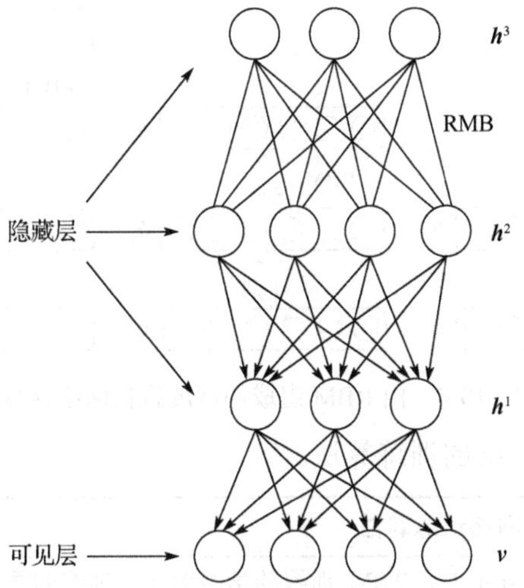

图 10-3　深度置信网络模型的结构

深度置信网络参数的联合概率密度分布为

$$P\left(\boldsymbol{v},\boldsymbol{h}^1,\boldsymbol{h}^2,\cdots,\boldsymbol{h}^3\right)=P(\boldsymbol{v}\mid\boldsymbol{h}^1)P(\boldsymbol{h}^1\mid\boldsymbol{h}^2)\cdots P(\boldsymbol{h}^{l-2}\mid\boldsymbol{h}^{l-1})P\left(\boldsymbol{h}^{l-1},\boldsymbol{h}^l\right) \quad (10\text{-}22)$$

10.5.2　网络训练算法

深度置信网络使用对比散度算法进行训练，其基本思想如图 10-4 所示，首先根据可见层神经元 $\boldsymbol{c}$ 得到隐藏层神经元 $\boldsymbol{h}$ 的状态，然后通过隐藏层神经元 $\boldsymbol{h}$ 重构可见层神经元 $\boldsymbol{c}_1$，最后根据 $\boldsymbol{c}_1$ 生成新的隐藏层神经元 $\boldsymbol{h}_1$。由于 RBM 的可见层和可见层之间、隐藏层和隐藏层之间没有连接，所以在已知可见层神经元时，各个隐藏层神经元 $\boldsymbol{h}$ 的激活状态是相互独立的；反之，在已知隐藏层神经元时，各个可见层神经元的激活状态 $\boldsymbol{h}$ 也是独立的。

将若干 RBM“串联”起来就构成一个深度置信网络，其中，上一个 RBM 的隐藏层即下一个 RBM 的可见层，上一个 RBM 的输出即下一个 RBM 的输入。

在模型训练过程中，每一层都使用无监督的方法训练模型的参数。如图 10-4 所示，首先把可见层神经元 $\boldsymbol{c}$ 和第一个隐藏层神经元作为一个 RBM，学习出第一个 RBM 的参数（参数有连接 $\boldsymbol{c}$ 和 $\boldsymbol{h}_1$ 的权重矩阵 $\boldsymbol{W}$，$\boldsymbol{c}$ 和 $\boldsymbol{h}_1$ 各神经元的偏置 $\boldsymbol{b}$）；然后使用这个 RBM 的参数作为固定值，把 $\boldsymbol{h}_1$ 看作可见层神经元，把 $\boldsymbol{h}_2$ 看作隐藏层神经元，开始训练下一个 RBM，得到第二个 RBM 的参数；最后固定这些参数，以训练由 $\boldsymbol{h}_2$ 和 $\boldsymbol{h}_3$ 构成的 RBM。

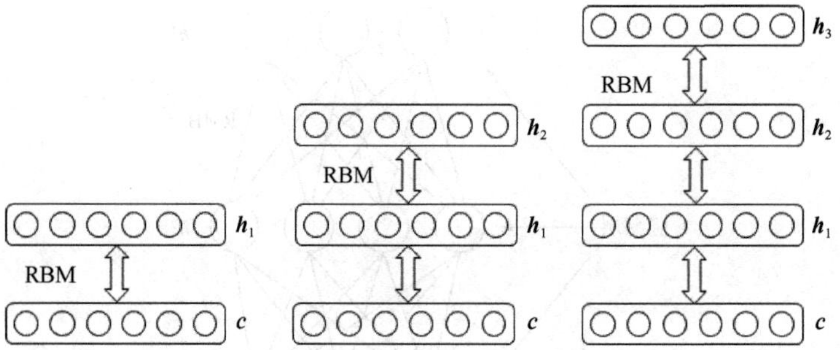

图 10-4 由 RBM 组成的深度置信网络模型

以下是深度置信网络的训练算法。

算法 10.3 深度置信网络训练算法

输入：网络输入训练分布 $\hat{P}$，RBM 训练的学习率 η，训练的层数 λ，布尔值 mean_field_computation。如果是通过平均场近似而不是通过随机抽样来获得每个训练数据的，那么将该值置为 true

输出：第 k 层的权重矩阵 $\boldsymbol{W}^k$，k 从 1 到 λ；RBM 第 k 个可见层神经元的偏置 $\boldsymbol{b}^k$，k 从 1 到 λ；RBM 第 k 个隐藏层神经元的偏置 $\boldsymbol{e}^k$，k 从 1 到 λ

for $k=1$ to λ **do**
  初始化 $\boldsymbol{W}^k=0$、$\boldsymbol{b}^k=0$、$\boldsymbol{e}^k=0$
  while 不满足终止条件 **do**
   从 $\hat{P}$ 采样 $\boldsymbol{h}^0=\boldsymbol{c}$
    for $i=0$ to $k-1$ **do**
      if mean_field_computation **then**
        分配 $\boldsymbol{h}_j^i$ 给 $Q\left(\boldsymbol{h}_j^i=1|\boldsymbol{h}^{i-1}\right)$，对 $\boldsymbol{h}^i$ 中所有元素 j
        else
        从 $Q\left(\boldsymbol{h}_j^i|\boldsymbol{h}^{i-1}\right)$ 采样 $\boldsymbol{h}_j^i$，对 $\boldsymbol{h}^i$ 中所有元素 j
      end if
    end for
    RMBupdate $\left(\boldsymbol{h}^{k-1},\eta,\boldsymbol{W}^k,\boldsymbol{b}^k,\boldsymbol{e}^k\right)$（提供 $Q\left(\boldsymbol{h}^k|\boldsymbol{h}^{k-1}\right)$ 在之后使用）
  end while
end for

一般由多层 RBM 和一层神经网络构成传统的深度置信网络结构。最后一层的神经网络根据不同的任务可以选择不同的模型，如分类任务可以添加一个分类器。深度置信网络在模型训练的过程中主要分为以下两步。

第一步：先分别独自无监督地训练每层 RBM 网络，保证特征向量在映射到不同的特征空间时，尽可能多地保留数据的特征信息。

第二步：将反向传播网络设置为深度置信网络的最后一层，将获取的 RBM

的输出特征向量作为它的输入特征向量，有监督地训练实体-关系分类器。

深度置信网络的每层 RBM 网络都只能够确保自身层内的权重对该层的特征向量的映射达到最优解，对整个深度置信网络的特征向量映射并不能达到最优解。因此，反向传播网络还能够将错误的消息从顶向下传播至每层 RBM，从而对整个深度置信网络进行微调。RBM 模型的训练过程可以看成是对一个深层的反向传播网络参数的初始化，通过这种方式使得深度置信网络解决了反向传播网络因随机初始化参数而容易陷入局部最优解的问题，也能克服训练时间长的缺点。

10.6 深度置信网络的应用

10.6.1 音频特征提取

深度置信网络的一个常见应用是特征提取。特征提取是许多机器学习任务中的关键部分，如 Hamel 等通过使用深度置信网络，可以自动从音频中提取相关特征。对于音频的处理，存在许多潜在的有用特征，如频谱、音色、时间、谐波等。特征提取网络由音频的离散傅里叶变换上的深度置信网络组成，输入层用于音频数据的输入，输出层提取音频特征；使用训练网络的激活值作为非线性支持向量机分类器的输入。

将多个 RBM 堆叠在一起构成深度置信网络，并使用对比散度算法优化 RBM。深度置信网络提供一种无监督的方式来提取音频更抽象的特征，如图 10-5 所示，通过训练一个 5 层的深度网络来提取音频特征，用于音频风格的分类，其分类精度相比于基于梅尔倒谱系数特征分类的方法的分类精度提高了 14%，并且实现思路非常简单，只是用上述多个 RBM 网络组成深度网络结构来提取音频特征。

图 10-5 所示的模型在 Tzanetakis 数据集上进行训练和测试。将音频分成 46ms 和 44ms 的短帧（采样率为 22 050Hz 的 1024 个采样），对每帧都进行了离散傅里叶变换。深度置信网络首先以无监督的方式进行预训练；然后使用相同的训练集进行有监督的微调，从深度置信网络最后一层训练得到的特征输入到分类器得到每帧的类别预测；最后对音频的所有预测进行平均，并选择最大值作为预测的类别，能够达到 73.7%的预测准确率。

深度置信网络不仅可以用于音频的特征提取，还可以用于其他任务的特征提取。例如，文本特征的提取，其原理和提取音频特征类似，就是通过将多个 RBM 不断堆叠起来来提取更抽象的特征的，在最上层得到抽象特征，可以将其作为分类器的输入，用于分类任务；也可以将其输入其他网络，作为数据的预处理过程或应用到其他机器学习领域。

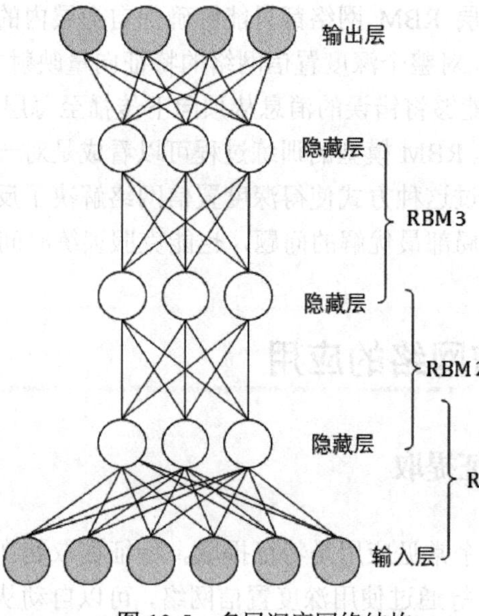

图 10-5　多层深度网络结构

10.6.2　多模态数据建模

深度置信网络不仅可以用于特征提取，还可以应用于多模态学习中。该模型定义了多模态输入空间的概率分布，并允许从每个数据模态的条件分布中行采样，使得模型即使在缺少某些数据模式时也可以创建多模态的表示。由图像和文本组成的双模态数据的实验结果表明，多模态深度置信网络是学习图像和文本联合分布的良好生成模型，对填充缺失数据很有用，因此可用于图像注释和图像检索领域。

令$V_m \in R^D$表示图像输入，$V_t \in R^K$表示文本输入。使用单独的双层深度置信网络为图像和文本数据分别进行建模，如图 10-6（a）所示。每个深度置信网络模型分配给可见层神经元的概率为

$$P(\boldsymbol{v}_m) = \sum_{\boldsymbol{h}^{(1)},\boldsymbol{h}^{(2)}} P\left(\boldsymbol{h}^{(2)},\boldsymbol{h}^{(1)}\right) P(\boldsymbol{v}_m \mid \boldsymbol{h}^{(1)}) \tag{10-23}$$

$$P(\boldsymbol{v}_t) = \sum_{\boldsymbol{h}^{(1)},\boldsymbol{h}^{(2)}} P\left(\boldsymbol{h}^{(2)},\boldsymbol{h}^{(1)}\right) P(\boldsymbol{v}_t \mid \boldsymbol{h}^{(1)}) \tag{10-24}$$

图像的深度置信网络使用高斯-伯努利 RBM 对实数图像特征进行建模，如

图 10-6（a）所示；而文本特定的深度置信网络使用复制 Softmax 模型对词向量的分布进行建模，如图 10-6（b）所示。式（10-23）的条件概率 $P(\boldsymbol{v}_m \mid \boldsymbol{h}^{(1)})$ 使用等式 $P(\boldsymbol{v}_i \mid \boldsymbol{h}) = N\left(b_i + \sigma_i \sum_{j=1}^{F} W_{ij}\boldsymbol{h}_j, \sigma_i^2\right)$ 求解，式（10-24）的条件概率 $P(\boldsymbol{v}_t \mid \boldsymbol{h}^{(1)})$ 使用 $P(\boldsymbol{v}_{ik} = 1 \mid \boldsymbol{h}) = \dfrac{\exp\left(b_k + \sum_{j=1}^{F} W_{jk}\boldsymbol{h}_j\right)}{\sum_{k=1}^{K}\exp\left(b_k + \sum_{j=1}^{F} W_{jk}\boldsymbol{h}_j\right)}$ 求解。

为了构造一个多模态深度置信网络，通过学习它们之间的联合 RBM 来组合这两个模型，得到的图形模型如图 10-6（c）所示。联合分布可写为

$$
\begin{aligned}
P\left(\boldsymbol{v}_m, \boldsymbol{v}_t\right) = \sum_{\boldsymbol{h}_m^{(2)}, \boldsymbol{h}_t^{(2)}, \boldsymbol{h}^{(3)}} & P\left(\boldsymbol{h}_m^{(2)}, \boldsymbol{h}_t^{(2)}, \boldsymbol{h}^{(3)}\right) \times \\
& \sum_{\boldsymbol{h}_m^{(1)}} P\left(\boldsymbol{v}_m \mid \boldsymbol{h}_m^{(1)}\right) P\left(\boldsymbol{h}_m^{(1)} \mid \boldsymbol{h}_m^{(2)}\right) \times \\
& \sum_{\boldsymbol{h}_t^{(1)}} P\left(\boldsymbol{v}_t \mid \boldsymbol{h}_t^{(1)}\right) P\left(\boldsymbol{h}_t^{(1)} \mid \boldsymbol{h}_t^{(2)}\right)
\end{aligned} \tag{10-25}
$$

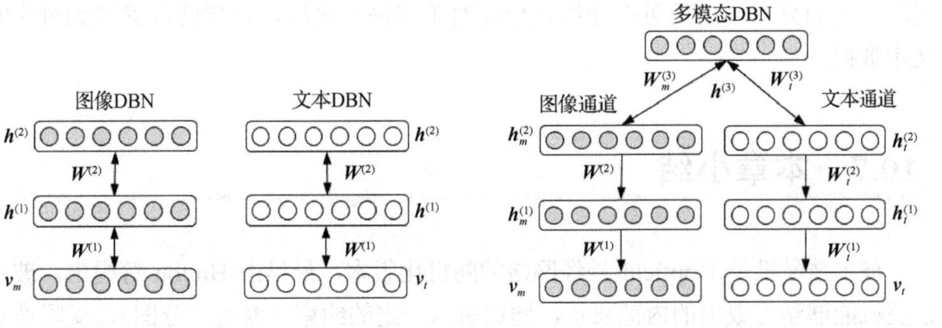

（a）图像的双层深度置信网络　（b）文本的双层深度置信网络　（c）多模态深度置信网络

图 10-6　多模态深度置信网络及分解图

多模态深度置信网络的参数学习可以通过使用对比散度算法来进行训练。多模态深度置信网络可以理解为单模态深度置信网络的组合，每个路径都以完全无监督的方式单独学习，能够利用大量未标记的数据。多模态深度置信网络只要求每个训练路径末尾的最终隐藏表示是相同类型的，而每个层中较低层的 RBM 的类型可以是不同的。

每个数据模态可能具有非常不同的统计特性，这使得深度置信网络不便于使

用浅层模型直接查找跨模态的相关性。多模态深度置信网络模型的目的是学习更高层次的表示，去除这种模态特定的相关性，使得顶层的 RBM 具有相对“无模态”的特征，即不同模态的统计特性在顶层 RBM 中具有比原来更加相似的特征。换句话说，给定原始输入，很容易说出哪个数据代表图像，哪个数据代表文本。但是，考虑到深度置信网络中较高层次的抽象功能是二进制向量，因此，顶层的联合 RBM 可以轻松地获得跨模态关系。

许多现实世界的应用程序数据通常会丢失一种或多种模态，可以通过从条件模型中绘制样本来推断丢失的值。例如，对于只给定图像数据，而想生成对应的文本数据的任务，首先可以通过向上传播 v_m 到最后一个隐藏层来推断图像路径中隐藏变量 $\boldsymbol{h}_m^{(2)}$ 的值；然后在顶层 RBM 的条件下，可以使用以下条件分布进行交替吉布斯采样：

$$P\left(\boldsymbol{h}^{(3)} \mid \boldsymbol{h}_m^{(2)}, \boldsymbol{h}_t^{(2)}\right) = \sigma\left(\boldsymbol{W}_m^{(3)} \boldsymbol{h}_m^{(2)} + \boldsymbol{W}_t^{(3)} \boldsymbol{h}_t^{(2)} + \boldsymbol{b}\right) \tag{10-26}$$

$$P\left(\boldsymbol{h}_t^{(2)} \mid \boldsymbol{h}^{(3)}\right) = \sigma\left(\left(\boldsymbol{W}_t^{(3)}\right)^{\mathrm{T}} \boldsymbol{h}^{(3)} + \boldsymbol{a}_t\right) \tag{10-27}$$

其中，$\sigma(x) = 1/\left(1+\mathrm{e}^{-x}\right)$；样本 $h_t^{(2)}$ 可以通过文本路径传播回来，以产生在 Softmax 词汇表上的分布，之后可以使用该分配对单词进行采样，这样就能够得到对应的文本数据。

10.7 本章小结

玻尔兹曼机是 Hopfield 神经网络的随机化版本，最早由 Hinton 等提出。玻尔兹曼机能够学习数据的内部表示，通过引入一定的约束（变为二分图），受限玻尔兹曼机在特征抽取、协同过滤、分类等多个任务中得到了广泛的应用。RBM 最早由 Smolensky 提出，并命名为簧风琴。2005 年，Carreira-Perpinan 等提出了对比散度算法，使得 RBM 的训练非常高效。RBM 作为深度置信网络的一部分，显著提高了语音识别的精度（参见文献[114]），使应用广为流行，掀起了深度学习的新浪潮。2016 年，Hinton 等提出了深度置信网络，并通过逐层训练和精调可以有效地学习。2015 年，Salakhutdinov 给出了深度置信网络可以逐层训练的理论依据。深度执行网络的一个重要贡献是可以为一个深度神经网络提供较好的初始化参数，从而使得训练深度神经网络变得可行。深度执行网络也成为早期深度学习算法的主要框架之一。典型的深度置信网络的隐变量是二值的，其后验为伯努利分布，2015 年，Welling

等提出改进，允许隐变量为其他类型，其后验分布为指数族分布。2009 年，Lee 等提出了卷积深度置信网络（Convolutional Deep Belief Network，CDBN），采用和卷积神经网络类似的结构，以便处理高维的图像特征。通过基于卷积的 RBM 和概率最大汇聚操作，卷积深度置信网络也能够使用类似深度置信网络的训练方法进行训练。除了深度置信网络，自编码器（参见文献[107]）及其变体，如稀疏自编码器（参见文献[131]）和去噪自编码器（参见文献[132]），也可以用于深度神经网络的参数初始化，并可以得到和深度置信网络类似的效果。随着人们对深度学习认识的加深，出现了很多更加便捷的训练深度神经网络的技术，如 ReLU 激活函数、权重初始化、逐层归一化及残差连接等，使得我们可以不需要预训练就能够训练一个非常深的神经网络。深度置信网络在深度学习发展进程中的贡献很大，其理论基础为概率图模型，有非常好的可解释性，是一种应该值得深入研究的模型。

第11章 栈式自编码器

栈式自编码器（Stacked AutoEncoder）是一个由多层稀疏自编码器组成的神经网络，其前一层自编码器的输出作为其后一层自编码器的输入，是一种无监督学习算法。它是由 Bengio 等在 2007 年的 *Greedy Layer-Wise Training of Deep Networks* 中提出的，主要仿照堆叠 RBM 构成的 DBN，解决了单个自编码器自动提取样本特征后，使用一次效果并不明显的问题。

11.1 自编码器

自编码器是无监督学习算法，是由 Rumelhart 等在 1986 年提出的一种模型。假设有一个没有带类别标签的训练样本集合 $\boldsymbol{X}^{(1)},\boldsymbol{X}^{(2)},\cdots,\boldsymbol{X}^{(n)},$，其中 $\boldsymbol{X}^{(i)}\in\mathbb{R}^n$。自编码器使用反向传播算法，并让目标值 $\boldsymbol{Y}^{(i)}$ 等于输入值 $\boldsymbol{X}^{(i)}$，即 $\boldsymbol{Y}^{(i)}=\boldsymbol{X}^{(i)}$。自编码器结构如图 11-1 所示。

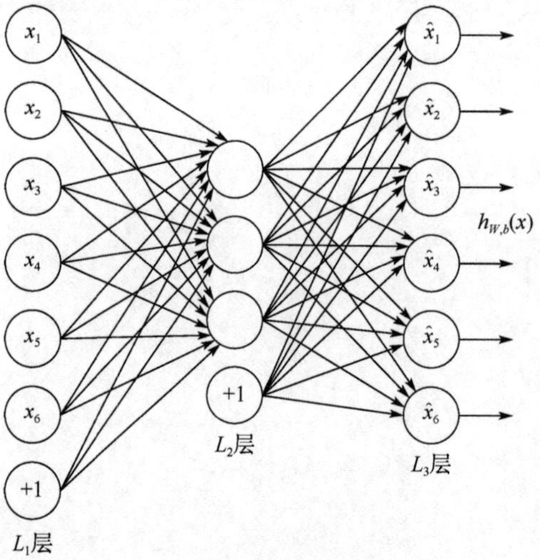

图 11-1 自编码器结构

自编码器的学习函数 $h_{W,b}\left(x\right)\approx x$，尝试逼近一个恒等函数，从而使得输出 $\hat{x}$ 接近输入 x。恒等函数虽然看上去不太有学习的意义，但是当为自编码器加入某些限制后，如限定隐藏神经元的数量，就可以实现输入数据的压缩和解压操作。如果输入数据本身具有一定的相关性，如图像数据，则通过这样的数据压缩和解压，从输入层到隐藏层的权值就可以起到特征提取的作用。举例来说，假设某个自编码器的输入 $\boldsymbol{X}$ 是一幅图像（共 100 个像素）的像素灰度值，于是输入的维数 n=100，隐藏层中有 $s_2=50$ 个隐藏神经元，输出也是 100 维的向量。隐藏神经元的个数少于输入的维数，这样迫使自编码器学习输入数据的压缩表示。当输入数据中隐含着一些特定的结构时，如某些输入特征是彼此相关的，这一算法就可以发现输入数据中的这些相关性。事实上，这一简单的自编码器通常可以学习到一个与主成分分析（PCA）结果非常相似的输入数据的低维表示。

上面讨论的是隐藏神经元数量较少的情况，如果数量较多（可能大于输入维数），则可以通过施加限制条件（如稀疏性限制）来提取输入特征。这种稀疏性限制实际上是让神经元在大部分时间内都处于抑制状态，除非权向量取到一些特殊值，隐藏层输出才产生较大的响应，此时的权向量可以看作对输入中某些模式的发现和提取。假设神经元的激活函数是 Sigmoid 函数，则当神经元的输出接近 1 时，认为它被激活；而当输出接近 0 或-1（取决于激活函数）时，认为它被抑制，稀疏性限制就使得神经元的大部分时间的输出都接近 0 或-1。为实现这一结果，可以将输出的状态放入惩罚函数的误差函数中。

设第 j 个隐藏神经元的平均激活度（在训练集上取平均值）为

$$\hat{\rho}_j=\frac{1}{m}\sum_{i=1}^{m}\left[a_j^{(2)}\left(\boldsymbol{X}^{(i)}\right)\right] \tag{11-1}$$

其中，$a_j^{(2)}$ 为第一个隐藏神经元 j 的输出值（激活度）；ρ 为稀疏性参数，通常是一个接近 0 的较小值（如 ρ=0.05）。若加入限制 $\hat{\rho}_j=\rho$，则意味着让隐藏神经元的平均被激活的概率接近 0.05。为了满足这一条件，隐藏神经元的被激活的概率必须接近 0。

设惩罚函数为基于相对熵（KL Divergence）的形式，即

$$\sum_{j=1}^{s_2}\mathrm{KL}(\rho\,\|\,\hat{\rho}_j)=\sum_{j=1}^{s_2}\rho\log\frac{\rho}{\hat{\rho}_j}+\left(1-\rho\right)\frac{1-\rho}{1-\hat{\rho}_j} \tag{11-2}$$

可以看出，相对熵在 $\hat{\rho}_j=\rho$ 时达到最小值 0；而当 $\hat{\rho}_j$ 靠近 0 或 1 时，相对熵就非常大。因此，最小化这一惩罚因子具有使得 $\hat{\rho}_j$ 靠近 ρ 的效果。这样，总的误差函数表示为

$$E_{\text{sparse}}(\boldsymbol{W},\boldsymbol{b})=E(\boldsymbol{W},\boldsymbol{b})+\beta\sum_{j=1}^{s_2}\mathrm{KL}(\rho\,\|\,\hat{\rho}_j) \tag{11-3}$$

其中，$E(\boldsymbol{W},\boldsymbol{b})$ 如之前所定义；而 β 是控制稀疏性惩罚因子的权重；$\hat{\rho}_j$ 项也（间接地）取决于 $\boldsymbol{W}$ 和 $\boldsymbol{b}$。

自编码器各层的计算与反向传播网络的前向计算一致，设 $\boldsymbol{W}^{(l)}$ 和 $\boldsymbol{b}^{(l)}$ 为第 l 层的权值和偏置，输出为向量，f 为激活函数，则

$$\boldsymbol{z}^{(2)}=\boldsymbol{W}^{(1)}\boldsymbol{X}+\boldsymbol{b}^{(1)} \tag{11-4}$$

$$a^{(2)}=f\left(\boldsymbol{z}^{(2)}\right) \tag{11-5}$$

$$\boldsymbol{z}^{(3)}=\boldsymbol{W}^{(2)}\boldsymbol{X}+\boldsymbol{b}^{(2)} \tag{11-6}$$

$$\hat{\boldsymbol{X}}=h_{\boldsymbol{W},\boldsymbol{b}}\left(\boldsymbol{X}\right)=a^{(3)}=f\left(\boldsymbol{z}^{(3)}\right) \tag{11-7}$$

在反向传播算法中，权值调整公式可以表示为

$$\frac{\partial E}{\partial W_{ij}^{(l)}}=a_j^{(l)}\delta_i^{(l+1)} \tag{11-8}$$

$$\frac{\partial E}{\partial b_i^{(l)}}=\delta_i^{(l+1)} \tag{11-9}$$

$$\delta_i^{(l+1)}=\left(\sum_{j=1}^{s_{l+1}}W_{ji}^{(l)}\delta_j^{(l+1)}\right)f'\left(a_i^{(l)}\right) \tag{11-10}$$

在自编码器中，权值调整也采用误差反向传播算法，因此其推导过程与 BP 神经网络类似，只是误差函数多了一项交叉熵，则只需将

$$\delta_i^{(2)}=\left(\sum_{j=1}^{s_2}W_{ji}^{(2)}\delta_j^{(3)}\right)f'\left(z_i^{(2)}\right) \tag{11-11}$$

替换为

$$\delta_i^{(2)}=\left(\sum_{j=1}^{s_2}W_{ji}^{(2)}\delta_j^{(3)}+\beta\left(-\frac{\rho}{\hat{\rho}_j}+\frac{1-\rho}{1-\hat{\rho}_j}\right)\right)f'\left(z_i^{(2)}\right) \tag{11-12}$$

在计算这一项更新时，需要知道 $\hat{\rho}_j$，因此在计算任何神经元的反向传播之前，需要对所有的训练样本计算一遍前向传播，从而获取平均激活度。

11.2　稀疏自编码器

2007 年，Bengio 等提出稀疏自编码器（Sparse AutoEncoder，SAE）的概念，进一步深化了自编码器的研究。自编码器的输入数据和输出数据的维度相同。通常情况下，自编码器通过少量的隐藏神经元学习有用的数据特征，即隐藏层的维度低于输入/输出层的维度，此时的自编码器可以起到数据压缩、数据降维的作用。但是自编码器也可使用大量的隐藏神经元，也就是隐藏层的维度高于输入/输出层的维度，同时，在约束隐藏层时，表达尽量稀疏，此时的自编码器就是稀疏自编码器。

稀疏自编码器能从没有标签的数据中学习到数据特征的表达，可以得到比原始数据更好的特征描述。相比于普通的自编码器，稀疏自编码器可以得到更好的结果。

稀疏自编码器为什么比普通自编码器表现更好呢？可以通过人脑的机制进行解释。在某一刺激下，人脑中的大部分神经元其实是被抑制的。基于这种类比，可以认为高维而稀疏表达的稀疏自编码器能够得到更好的结果。当神经元的输出接近 1 时，则认为它被激活；当输出接近 0 时，则认为它被抑制。使得神经元大部分的时间都是被抑制的方法称为稀疏性限制。一般情况下，稀疏自编码器不会指定隐藏层哪个神经元被抑制，而是指定一个稀疏参数 ρ 来表示隐藏神经元的平均激活度。例如，当 $\rho=0.01$ 时，表示隐藏层 99%的神经元被抑制，而只有 1%的神经元处于激活状态。通常情况下，ρ 可以取 0.05。

稀疏自编码器在普通自编码器损失函数的基础上加上了稀疏限制。可以用下式表示隐藏神经元 j 的平均激活度：

$$\rho_j=\frac{1}{m}\sum_{i=1}^{m}\left(a_j^{(2)}\left(x^{(i)}\right)\right) \tag{11-13}$$

其中，$a_j^{(2)}$ 表示隐藏层的第 j 个神经元的激活度；ρ_j 表示隐藏层的神经元 j 的平均激活度。此时可以加一条限制 $\rho_j=\rho$，当 ρ_j 和 ρ 相近时，可以保证神经元的平均激活度保持在较小的范围内，从而实现稀疏性。为了使 ρ_j 和 ρ 相近，可以通过相对熵来表示稀疏性惩罚因子。相对熵越趋近于 0，说明 ρ_j 和 ρ 越接近：

$$\sum_{j=1}^{s_2}\mathrm{KL}\left(\rho\,\|\,\rho_j\right) \tag{11-14}$$

其中，s_2 表示隐藏层的神经元的数量；j 表示隐藏层中的每一个神经元。

$$\mathrm{KL}\left(\rho \,\|\, \rho_j\right) = \rho \log \frac{\rho}{\rho_j} + \log \frac{1-\rho}{1-\rho_j} \tag{11-15}$$

稀疏自编码器的损失函数如下：

$$J_{\text{sparse}}\left(\boldsymbol{W},\boldsymbol{b}\right) = J\left(\boldsymbol{W},\boldsymbol{b}\right) + \beta \sum_{j=1}^{s_2} KL\left(\rho \,\|\, \rho_j\right) \tag{11-16}$$

其中，$J\left(\boldsymbol{W},\boldsymbol{b}\right)$是前面普通自编码器中定义的损失函数；$\beta$是控制稀疏性惩罚因子的权重。

11.3 栈式自编码器的原理

对于一个 n 层栈式自编码器，假定用$W^{(k,1)}$、$W^{(k,2)}$、$b^{(k,1)}$、$b^{(k,2)}$表示第k个自编码器对应的编码权值$W^{(k,1)}$、$b^{(k,1)}$和解码权值$W^{(k,2)}$、$b^{(k,2)}$，则该栈式自编码器的编码过程即从前向后顺序执行每一层自编码器的编码步骤：

$$a^{(l)} = f\left(z^{(l)}\right) \tag{11-17}$$

$$z^{(l+1)} = W^{(l,1)} a^{(l)} + b^{(l,1)} \tag{11-18}$$

同理，栈式自编码器的解码过程就是按照从后向前的顺序执行每一层自编码器的解码步骤：

$$a^{(n+l)} = f\left(z^{(n+l)}\right) \tag{11-19}$$

$$z^{(n+l+1)} = W^{(n-l,2)} a^{(n+l)} + b^{(n-l,2)} \tag{11-20}$$

其中，$a^{(n)}$是最深层隐藏神经元的激活函数。通过对输入值进行多次的特征提取，使之成为输入值的更高阶表示；通过将$a^{(n)}$作为 Softmax 分类器的输入特征，可以将栈式自编码器中学到的特征用于分类问题。

11.4 降噪自编码器

普通的自编码器可以通过随机梯度下降法来更新参数值，但是受模型复杂度、训练集的数据量及数据噪声等问题的影响，训练自编码器得到的模型往往存在过拟合问题，并且数据噪声越大，模型就越容易过拟合。2008 年，Vincent 等提出降噪自编码器，用来解决数据噪声问题。

如何减小数据噪声对模型训练的影响呢？一种方法是减少训练数据中的噪声数据，即对训练集的数据做清洗处理；另一种方法是给数据增加噪声，这看似与之前的结论矛盾，却是增强模型鲁棒性的一种有效方式。

降噪自编码器在自编码器的基础上，为了防止过拟合问题而对输入数据加入了噪声，使学习得到的自编码器具有更强的鲁棒性。降噪自编码器能够从破损的输入数据中重构原始数据。提供破损的输入数据之后，降噪自编码器强制隐藏层学习更强大的功能，从而增强模型鲁棒性。可以通过随机损坏数据集并将它们输入神经网络来训练降噪自编码器。损坏数据集的一种方法就是随机删除部分数据，以便自编码器试图预测数据丢失的部分。降噪自编码器的核心思想是能够恢复的原始训练数据未必是最好的，能够对含有噪声数据和破损数据的原始数据进行编码与解码，还能恢复真正的原始数据，只有这样的模型才是好的。

降噪自编码器的模型图如图 11-2 所示。其中，$\boldsymbol{x}$ 表示原始输入数据；$\tilde{\boldsymbol{x}}$ 表示通过函数 q_D 对原始数据加噪声处理得到的数据，降噪自编码器通过一定的概率将神经元的值随机置 0 来得到对应的噪声数据；$\boldsymbol{y}$ 表示通过编码器 f_θ 之后得到的潜在变量；$\boldsymbol{z}$ 表示通过解码器 $g_{\theta'}$ 之后得到的输出数据。将输出数据 $\boldsymbol{z}$ 和原始数据 $\boldsymbol{x}$ 进行对比，即 $L_H(\boldsymbol{x},\boldsymbol{z})$，求出重构误差；使用随机梯度下降法进行反向传播来更新降噪自编码器的参数。

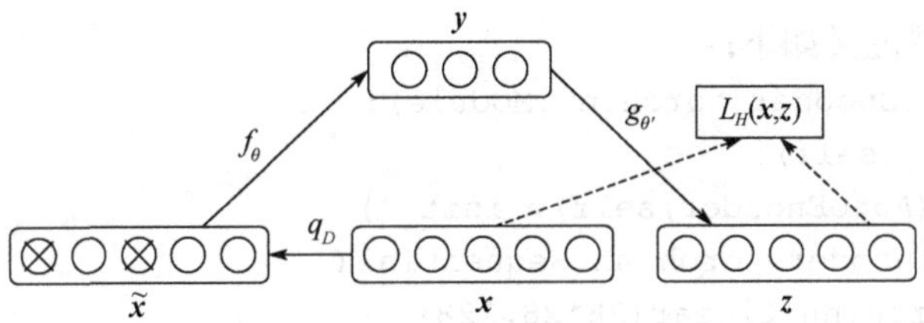

图 11-2 降噪自编码器的模型图

这个破损数据是很有用的，通过与没有破损的数据进行对比可以发现，破损数据训练出来的权重噪声比较小，并且破损数据在一定程度上减小了训练数据集与测试数据集之间的差异。

降噪自编码器和人的感知机理类似。例如，当人看一个物体时，如果物体的某一小部分被遮住了，那么人依然能够将它识别出来。降噪自编码器也是如此，即使损坏输入数据的一部分，降噪自编码器也能够将它识别出来。

降噪自编码器生成数据对比如图 11-3 所示。其中，图 11-3（a）所示为对原始数据加入噪声得到的数据，图 11-3（b）所示为降噪自编码器训练之后得到的重构样本。从图 11-3 中可以看出，降噪自编码器能够较好地从加入噪声的数据中重构出原始数据。

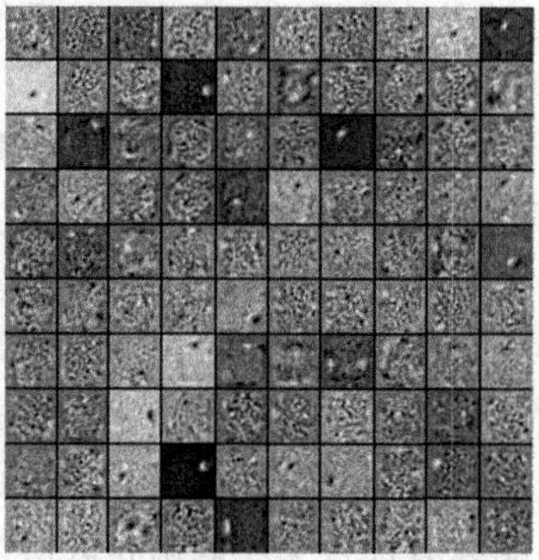
(a)

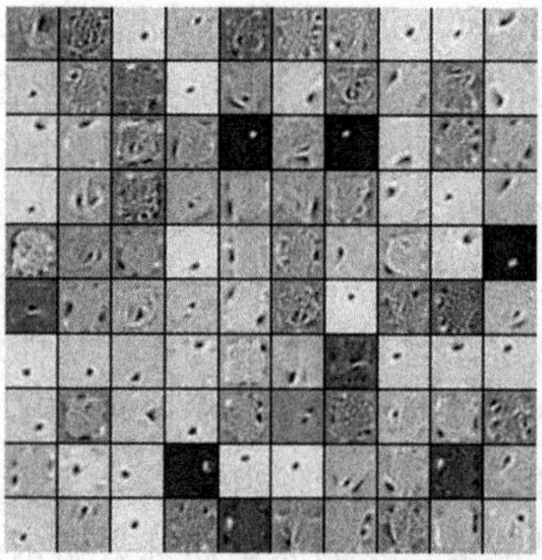
(b)

图 11-3 降噪自编码器生成数据对比

11.5 自编码器的图像还原

1. 自编码器模型定义

采用线性变换的方式，仅使用线性映射和激活函数作为神经网络结构的主要组成部分，模型定义如下：

```
class AutoEncoder(torch.nn.Module):
def _init_(self):
    super(AutoEncoder,self)._init_()
    self.encoder=torch.nn.Sequential(
        torch.nn.Linear(28*28,128),
        torch.nn.ReLU(),
        torch.nn.Linear(128,64),
        torch.nn.ReLU(),
        torch.nn.Linear(64,32),
        torch.nn.ReLU()
    )
    self.decoder=torch.nn.Sequential(
        torch.nn.Linear(32,64),
        torch.nn.ReLU(),
        torch.nn.Linear(64,128),
        torch.nn.ReLU(),
```

```
        torch.nn.Linear(128,28*28),
      )
    def forward(self,input):
      output=self.encoder(input)
      output=self.decoder(output)
      return output
```

以上代码中的 self.encoder 对应的是自编码器中的编码部分，实现了输入数据的数据量从 784 个到 128 个，再到 64 个，最后到 32 个的压缩过程，这 32 个数据就是我们提取的核心特征；self.decoder 对应的是自编码器中的解码部分，实现了数据量从 32 个到 64 个，再到 128 个，最后到 784 个的逆向解压过程。

2. 自编码器的训练效果

```
        optimizer=torch.optim.Adam(model.parameters())
        loss_f=torch.nn.MSELoss()
        num_epochs =10
        for epoch in range(num_epochs):
           running_loss=0.0
         for data in train_load:
           x_train,_=data
           #加入噪声
           noise_x_train= x_train+0.5*torch.randn(x_train.shape)
           noise_x_train =torch.clamp(noise_x_train,0.,1.)
              x_train =Variable(x_train.view(-1,28*28))
             noise_x_train= Variable(noise_x_train.view(-1,28*28))
             img_pre=model(noise_x_train)
              lose=loss_f(y_pred, y_train)
              optimizer.zero_grad()
              loss.backward()
              optimizer.step()
              running_loss+=loss.data[0]
    print('epoch %d,loss %.4f' %(epoch+1,.format(running_loss/len
(dataste_train))))
```

在以上代码中，损失函数使用 torch.nn.MSELoss，即计算的是均方误差，使用交叉熵计算损失值。因为这里主要需要衡量图像在去除马赛克后与原始图像之间的误差，所以选择均方误差这类损失函数作为度量。在得到了经过马赛克处理的图像后，将其输入搭建好的自编码器模型中，经过模型处理后输出一幅预测图像，用这幅预测图像和原始图像进行损失值计算，通过这个损失值对模型进行后向传播，就能得到去除图像马赛克效果的模型，如图 11-4 所示。

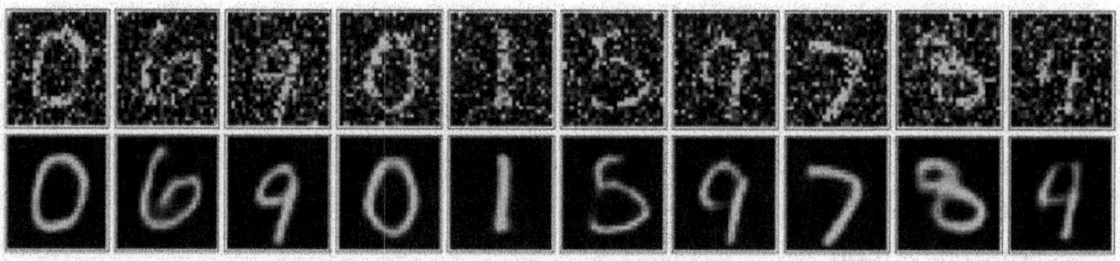

图 11-4　自编码器训练效果图

11.6　自编码器的机器翻译应用

目前的神经机器翻译模型的框架是一个判别性质的编码器-解码器，神经编码器将原始句子 x 转换为特征分布，神经解码器通过这些特征生成相应的目标句子 y。由于原始句子的潜在语义特征和目标句子通过一种含蓄的方式来学习，所以这种框架非常依赖注意力机制来实现原始和目标单词之间的句意对比。但是这些队列中可能存在潜在的错误，导致基于注意力机制的文本向量可能无法捕捉到原始句子理想的意思，这时便会出现翻译不尽如人意的现象。

为了解决这个问题，Zhang 等在 2016 年提出了一种新的模型——变分机器翻译（Variational Neural Machine Translation，VNMT），这是第一次将变分自编码器引入机器翻译。但这样产生了两个新的问题：①模型的后验推断是难以解决的；②当解决大规模问题时，便会出现训练困难的情况。

VNMT 从这 3 个问题（原始机器翻译的问题加上这两个新问题）出发，模型由 3 部分组成：①变分神经编码器，与 Bahdanau 等提出的相同，使用 GRU；②变分神经推断器，使用了后验近似技术和重参数化技术，分别解决后验推断困难和模型训练困难的问题；③变分解码器，使用 GRU，解决模型学习不良注意力之后无法产生理想翻译的问题。VNMT 直观图如图 11-5 所示，其中，实线表示生成模型 $p_{\theta}(zx)p_{\theta}(yz,x)$，虚线表示使用后验近似器 $q_{\phi}(zx)$ 解决后验 $p(yz,x)$ 的过程，结合学习模型参数 θ 和变分参数 ϕ。

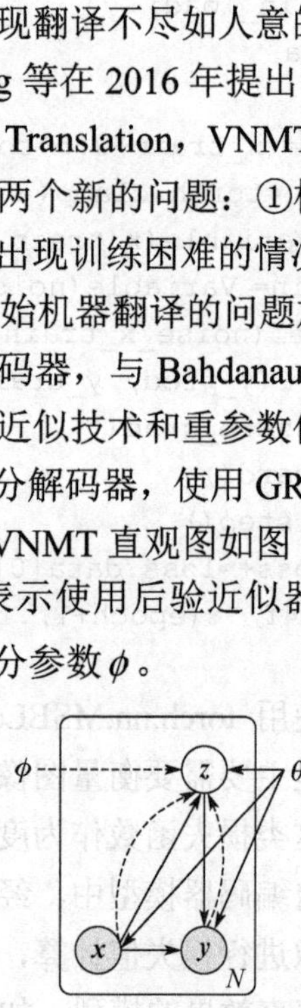

图 11-5　VNMT 直观图

假设存在一个来自潜在语义空间的连续隐变量 $\boldsymbol{z}$，这个变量和 $\boldsymbol{x}$ 一起指导翻译过程，即 $p(\boldsymbol{y}\boldsymbol{z},\boldsymbol{x})$。在这个假设下，原始的条件概率变为下面的形式：

$$p(\boldsymbol{y}\boldsymbol{z})=\int p(\boldsymbol{y}\boldsymbol{z},\boldsymbol{x})\mathrm{d}\boldsymbol{z}=\int p(\boldsymbol{y}\boldsymbol{z},\boldsymbol{x})p(\boldsymbol{z}\boldsymbol{x})\mathrm{d}\boldsymbol{z} \tag{11-21}$$

这样，当模型学习到不理想的注意力时，隐变量 $\boldsymbol{z}$ 可以被保存为全局语义信号，不是产生的注意力文本向量，从而实现好的翻译效果。

11.7 本章小结

栈式自编码器是一个由多层稀疏自编码器组成的神经网络，其前一层自编码器的输出作为后一层自编码器的输入，是一种无监督学习算法。无监督学习是一种十分重要的表示学习方法。当一个监督学习任务的数据比较少时，可以通过大规模的无标注数据学习到一种有效的数据表示，并有效提高监督学习的性能。概率密度估计方法可以分为两类：参数方法和非参数方法。参数方法是假设数据分布服从某种参数化的模型，如第 10 章介绍的 RBM 和深度置信网络（DBN）、本章的栈式自编码器及第 12 章的生成对抗网络。关于非参数方法的一般性介绍，可以参考文献[8]和[9]；理论性介绍可以参考文献[139]。目前，无监督学习并没有像监督学习那样取得广泛的应用，主要原因在于无监督学习缺少有效的客观评价方法，导致很难衡量一个无监督学习方法的好坏。无监督学习的好坏通常需要代入下游任务中进行验证。

第12章 生成对抗网络

生成对抗网络是一种深度生成模型，通过两个神经网络相互博弈的方式进行学习。该方法是由 Goodfellow 等在受到博弈论中零和博弈的启发而提出的。生成对抗网络由一个生成网络与一个判别网络组成。生成网络从隐含空间中随机采样作为输入，其输出结果需要尽量模仿训练集中的真实样本。判别网络的输入为真实样本或生成网络的输出，目的是将生成网络的输出从真实样本中尽可能分离出来（而生成网络则要尽可能地“欺骗”判别网络）。两个网络相互对抗、不断调整参数，最终目的是使判别网络无法判断生成网络的输出结果是否真实。生成对抗网络自提出以来就受到广泛关注。尤其从 2016 年以来，它已经是人工智能的热点研究领域之一。2016 年，深度学习领军者 Lecun 在 Quora 上评论生成对抗网络是“过去 10 年中机器学习领域中最有趣的想法”。生成对抗网络已被广泛应用于图像和视觉计算、语言和语言处理、信息和网络安全、游戏和棋类比赛等领域。《麻省理工学院技术评论》将生成对抗网络列入 2018 年度十大突破性技术，该刊评论道：“它赋予了机器类似想象力的能力，这可能会帮助它们减少对人的依赖，同时将它们变成数字制作的超强大工具。”

12.1 深度生成模型

概率生成模型（Probabilistic Generative Model）简称生成模型，是概率统计和机器学习领域的一类重要模型，指一系列用于随机生成可观测数据的模型。假设在一个连续或离散的高维空间 $\mathcal{X}$ 中，存在一个随机向量 $\boldsymbol{X}$ 服从一个未知的数据分布 $P(\boldsymbol{x})$，$\boldsymbol{x}\in\mathcal{X}$。生成模型根据一些可观测的样本 $\{\boldsymbol{x}_i\}_{i=1}^{N}$ 学习一个参数化的模型 $P(\boldsymbol{x};\boldsymbol{\theta})$，以此来近似未知分布 $P(\boldsymbol{x})$，并可以用这个模型生成一些样本，使得生成的样本和真实的样本尽可能相似。生成模型通常包含两个基本功能：概率密度估计和生成样本（采样）。

12.1.1 概率密度估计

给定一组数据 $D=\{\boldsymbol{x}_i\}_{i=1}^N$，假设它们都是独立地从相同的概率密度函数为 $P(\boldsymbol{x})$ 的未知分布中产生的。密度估计（Density Estimation）是根据数据集 D 来估计其概率密度函数 $P(\boldsymbol{x};\theta)$ 的。

在机器学习中，密度估计是一类无监督学习问题。通常通过引入隐变量 $\boldsymbol{z}$ 来简化模型，这样，密度估计问题可以转换为估计变量$(\boldsymbol{x},\boldsymbol{z})$的两个局部条件概率 $P_\theta(\boldsymbol{z})$ 和 $P_\theta(\boldsymbol{x}|\boldsymbol{z})$。一般为了简化模型，假设隐变量 $\boldsymbol{z}$ 的先验分布为标准高斯分布 $N(0,I)$。隐变量 $\boldsymbol{z}$ 的每一维之间都是独立的。在这个假设下，先验分布 $P(\boldsymbol{z};\boldsymbol{\theta})$中没有参数。因此，密度估计的重点是估计条件分布 $P(\boldsymbol{x}|\boldsymbol{z};\boldsymbol{\theta})$。如果要建模含隐变量的分布，就需要利用 EM 算法进行密度估计。而在 EM 算法中，需要估计条件分布 $P(\boldsymbol{x}|\boldsymbol{z};\boldsymbol{\theta})$ 及近似后验分布 $P(\boldsymbol{z}|\boldsymbol{x};\boldsymbol{\theta})$，当这两个分布比较复杂时，可以利用神经网络进行建模，这就是变分自编码器的思想。

12.1.2 生成样本

生成样本就是由给定的一个概率密度函数为 $P(\boldsymbol{x})$ 的分布，生成一些服从这个分布的样本，也称为采样。采样法（Sampling Method）也称为蒙特卡罗方法（Monte Carlo Method）或统计模拟方法，是 20 世纪 40 年代中期提出的一种通过随机采样近似估计一些计算问题数值解的方法。随机采样指从给定概率密度函数 $P(\boldsymbol{x})$ 中抽取符合其概率分布的样本。

在含有隐变量的生成模型中，在得到两个变量的局部条件概率 $P(\boldsymbol{z};\boldsymbol{\theta})$和 $P(\boldsymbol{x}|\boldsymbol{z};\boldsymbol{\theta})$之后，就可以生成数据 $\boldsymbol{x}$，具体过程可以分为以下两步进行。

（1）根据隐变量的先验分布 $P(\boldsymbol{z};\boldsymbol{\theta})$进行采样，得到样本 $\boldsymbol{z}$。

（2）根据条件分布 $P(\boldsymbol{x}|\boldsymbol{z};\boldsymbol{\theta})$进行采样，得到样本 $\boldsymbol{x}$。

为了便于采样，通常 $P(\boldsymbol{x}|\boldsymbol{z};\boldsymbol{\theta})$不能太复杂。因此，另一种生成样本的思想是从一个简单分布 $P(\boldsymbol{z})$，$\boldsymbol{z}\in Z$（如标准正态分布）中采集一个样本 $\boldsymbol{z}$，并利用一个深度神经网络 $g:Z\rightarrow X$，使得 $g(\boldsymbol{z})$ 服从 $P(\boldsymbol{x})$。这样可以避免密度估计问题，并有效降低生成样本的难度，这正是生成对抗网络的思想。

12.2 生成对抗网络的基本结构

原始生成对抗网络是 Goodfellow 等根据博弈论提出的一种生成模型。下面详细介绍生成对抗网络的基本结构及原始生成对抗网络存在的一些问题。

在原始生成对抗网络中，包含两个重要的组成部分：一个是生成器，另一个是判别器。生成对抗网络采用博弈论的思想，让生成器和判别器相互博弈，最终令两者达到纳什均衡。

（1）生成器接受随机噪声 z，通过噪声生成数据，记为 $G(z)$。

（2）判别器用于判断数据是否为真实数据，其输入为需要判别的数据 x，输出为 $D(x)$。$D(x)$ 表示 x 为真实数据的概率：如果 $D(x)=1$，则判断数据 x 肯定为真实数据；如果 $D(x)=0$，则判断数据 x 为生成数据。生成对抗网络的具体结构如图 12-1 所示。

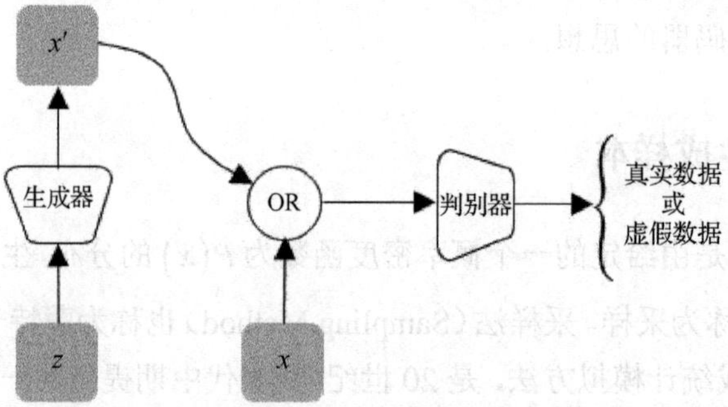

图 12-1　生成对抗网络的具体结构

在网络训练的过程中，生成器的目标就是尽可能地生成真实数据以欺骗判别器，而判别器的目标就是把生成器生成的数据与真实数据区分开来。这就是这两个组成部分之间的博弈过程。最后，在理想状态下，生成器生成了非常接近真实的数据 $G(z)$，判别器难以判断 $G(z)$ 是否为真实数据，得到的 $D(x)=0.5$，$D(G(z))=0.5$。这样就得到了一个能够生成逼真的数据的生成模型。

上述原理的数学公式描述如下：

$$\min_G \max_D V(D,G)=E_{x\sim p_{\text{data}}}\left[\log D(x)\right]+E_{z\sim p_z(z)}\left[\log\left(1-D\left(G(z)\right)\right)\right] \quad (12\text{-}1)$$

其中，$p_{\text{data}}(x)$ 为真实数据分布；$p_z(z)$ 为噪声数据分布；x 为真实数据；z 为输入生成器的噪声；$G(z)$ 为生成器根据输入的噪声 z 生成的数据；$D(\cdot)$ 为判别器对输入数据的判断；$V(D,G)$ 的前半部分表示判别器想要把真实数据判别为真（$D(x)=1$），后半部分表示判别器想要把生成数据判断为假（$D(G(z))=0$）。判别器的目的是要把真实数据判断为 1，把虚假数据判断为 0，因此要最大化$V(D,G)$。而生成器的目的是要生成足以以假乱真的数据$G(z)$，并让判别器判断其为 1，因此要最小化$V(D,G)$。由于生成器仅在$V(D,G)$的后半部分起作用，所以实际上生成器仅最小化$E_{z\sim p_z(z)}\left[\log\left(1-D\left(G(z)\right)\right)\right]$。

在训练初期，当生成器的生成效果非常差时，判别器会以高置信度将生成器生成的数据判定为虚假数据，从而导致$\log\left(1-D\left(G(z)\right)\right)$达到饱和，无法为生成器提供足够的梯度来学习。因此，我们常常选择最大化$\log D\left(G(z)\right)$而不是最小化$\log\left(1-D\left(G(z)\right)\right)$来训练生成器，这个目标函数在前期就能为生成器提供足够的梯度。

生成对抗网络的训练过程如算法 12.1 所示。在训练的内循环中，完全优化判别器在计算上是不可行的，并且在有限的数据集上会导致过拟合。因此，交替进行对判别器优化k次和对生成器优化 1 次这两个步骤，可以保证判别器保持在其最优解附近的同时，对生成器进行缓慢的优化。在实际训练中，k是一个超参数，为了降低消耗，通常使$k=1$。

算法 12.1　生成对抗网络的小批量随机梯度下降训练

输入： 噪声样本集z，训练样本集x，小批量的大小m，学习率η

输出： 训练后的判别器参数θ_{d}，训练后的生成器参数θ_{g}

for 迭代的次数 do

　　for k 步 do

　　　　在噪声先验分布为$p_z(z)$的噪声样本集中采样m个（一个小批量）噪声数据：

$$\left\{z^{(1)},z^{(2)},\cdots,z^{(m)}\right\}$$

　　　　在真实数据分布为$p_{\mathrm{data}}(x)$的训练样本集中采样m个（一个小批量）真实样本：

$$\left\{x^{(1)},x^{(2)},\cdots,x^{(m)}\right\}$$

　　　　通过随机梯度上升更新判别器：

$$\nabla_{\theta_{\mathrm{d}}}\frac{1}{m}\sum_{i=1}^{m}\left(\log D\left(x^{(i)}\right)+\log\left(1-D\left(G\left(z^{(i)}\right)\right)\right)\right)$$

　　end for

　　在噪声先验分布为$p_z(z)$的噪声样本集中采样m个（一个小批量）噪声数据：

$$\left\{z^{(1)},z^{(2)},\cdots,z^{(m)}\right\}$$

　　通过随机梯度下降更新生成器：

$$\nabla_{\theta_{\mathrm{g}}}\frac{1}{m}\sum_{i=1}^{m}\left(\log\left(1-D\left(G\left(z^{(i)}\right)\right)\right)\right)$$

end for

为了讨论方便，引入$G(z)\sim p_{\mathrm{g}}$，其中p_{g}为生成数据分布。下面讨论 Goodfellow 等对生成对抗网络所做的一些理论分析，这些理论分析表明，如果模型容量足够大和训练时间足够长，那么生成器生成的数据分布p_{g}会收敛到p_{data}，即生成数据分布会收敛到真实数据分布。

理论结果是生成对抗网络的全局最优解为$p_{\mathrm{g}}=p_{\mathrm{data}}$。

命题 12.1 首先考虑在给定任意生成器的情况下判别器的优化。最优判别器为

$$D_{\mathrm{G}}^{*}(x)=\frac{p_{\mathrm{data}}(x)}{p_{\mathrm{data}}(x)+p_{\mathrm{g}}(x)} \tag{12-2}$$

证明：在给定任意生成器的情况下，判别器的训练标准是最大化$V(D,G)$。$V(D,G)$可表示为

$$\begin{aligned}V(G,D)&=\int_x p_{\mathrm{data}}(x)\log D(x)\mathrm{d}x+\int_z p_z(z)\log\Big(1-D\big(G(z)\big)\Big)\mathrm{d}z\\&=\int_x\Big(p_{\mathrm{data}}(x)\log D(x)+p_g(x)\log\Big(1-D\big(G(z)\big)\Big)\Big)\mathrm{d}x\end{aligned} \tag{12-3}$$

对于任意的$(a,b)\in R^2$，方程$y\to a\log y+b\log(1-y)$在区间$[0,1]$上的最大值在$\frac{a}{a+b}$处取得。因此，式（12-3）的最大值在$D_G^{*}(x)=\frac{p_{\mathrm{data}}(x)}{p_{\mathrm{data}}(x)+p_{\mathrm{g}}(x)}$处取得，即在给定任意生成器时，最优的判别器$D_G^{*}(x)$为$\frac{p_{\mathrm{data}}(x)}{p_{\mathrm{data}}(x)+p_{\mathrm{g}}(x)}$。

注意：训练判别器的目的可以被视为最大化条件概率分布$P(Y=y\,|\,x)$的对数似然估计，其中Y表示x来自p_{data}（此时$y=1$）还是p_{g}（此时$y=0$）。因此，式（12-1）可以改写为

$$\begin{aligned}C(G)&=\max_D V(G,D)=V\big(G,D_G^{*}\big)\\&=E_{x\sim p_{\mathrm{data}}}\left[\log D_{\mathrm{G}}^{*}(x)\right]+E_{z\sim p_z}\left[\log\Big(1-D_{\mathrm{G}}^{*}\big(G(z)\big)\Big)\right]\\&=E_{x\sim p_{\mathrm{data}}}\left[\log D_{\mathrm{G}}^{*}(x)\right]+E_{x\sim p_{\mathrm{g}}}\left[\log\big(1-D_{\mathrm{G}}^{*}(x)\big)\right]\\&=E_{x\sim p_{\mathrm{data}}}\left[\log\frac{p_{\mathrm{data}}(x)}{p_{\mathrm{data}}(x)+p_{\mathrm{g}}(x)}\right]+E_{x\sim p_{\mathrm{g}}}\left[\log\frac{p_{\mathrm{g}}(x)}{p_{\mathrm{data}}(x)+p_{\mathrm{g}}(x)}\right]\end{aligned} \tag{12-4}$$

定理 12.1 当且仅当 $p_{\mathrm{g}} = p_{\mathrm{data}}$ 时，式（12-4）达到全局最优解，并且其最优解为 $-\log 4$ 。

证明：当 $p_{\mathrm{g}} = p_{\mathrm{data}}$ 时，$D_{\mathrm{G}}^{*}(x)=\frac{1}{2}$，式（12-4）的结果为 $C(G)=-\log 4$ 。很明显，可以得到如下恒等式：

$$E_{x\sim p_{\mathrm{data}}}[-\log 2]+E_{x\sim p_{\mathrm{g}}}[-\log 2]=-\log 4 \tag{12-5}$$

先从 $C(G)=V\left(G,D_{\mathrm{G}}^{*}\right)$ 中减掉这个式子，再进行一系列变换，可得

$$C(G)=-\log 4+\mathrm{KL}\left(p_{\mathrm{data}} \,\|\, \frac{p_{\mathrm{data}}+p_{\mathrm{g}}}{2}\right)+\mathrm{KL}\left(p_{\mathrm{g}} \,\|\, \frac{p_{\mathrm{data}}+p_{\mathrm{g}}}{2}\right) \tag{12-6}$$

其中，KL 表示 KL 散度。进一步可以得到真实数据分布与生成数据分布之间的 JS 散度：

$$C(G)=-\log 4+2\mathrm{JS}\left(p_{\mathrm{data}} \,\|\, p_{\mathrm{g}}\right) \tag{12-7}$$

由于两个分布之间的 JS 散度是非负的，所以当且仅当两个分布相同时，JS 散度才为 0。因此可以得知：当且仅当 $p_{\mathrm{g}} = p_{\mathrm{data}}$ 时，$C(G)$ 才会取得全局最小值，并且此时 $D_{\mathrm{G}}^{*}(x)=\frac{p_{\mathrm{data}}(x)}{p_{\mathrm{data}}(x)+p_{\mathrm{g}}(x)}=\frac{1}{2}$，这与前面的结论完全相同，判别器最后得到的结果为 $\frac{1}{2}$ 。

命题 12.2 如果生成器和判别器有足够高的性能，那么当给定生成器时，判别器能够达到最优，并且随着生成器更新 p_{g}，判别器能够提高自己的判别能力：

$$E_{x\sim p_{\mathrm{data}}}\left[\log D_{\mathrm{G}}^{*}(x)\right]+E_{x\sim p_{\mathrm{g}}}\left[\log\left(1-D_{\mathrm{G}}^{*}(x)\right)\right] \tag{12-8}$$

此时，生成数据分布 p_{g} 会向真实数据分布 p_{data} 收敛。

证明：根据前面的推导，令 $V(G,D)=U\left(p_{\mathrm{g}},D\right)$ 为一个关于 p_{g} 的函数，并且 $U\left(p_{\mathrm{g}},D\right)$ 是关于 p_{g} 的凸函数，该凸函数上确界的导数包含该函数最大值点处的导数。也就是说，如果 $f(x)=\sup_{a\in A} f_a(x)$，且对于每个 a，$f_a(x)$ 都是关于 x 的凸函数，那么如果 $b=\operatorname{argsup}_{a\in A} f_a(x)$，则 $\partial f_b(x)\in\partial f$ 。这等价于给定对应的生成器和最优判别器，计算 p_{g} 的梯度，如定理 12.1 中的证明，$\sup_{D} U\left(p_{\mathrm{g}},D\right)$ 是关于 p_{g} 的凸函数且有唯一的全局最优解，因此，当 p_{g} 的梯度足够小时，p_{g} 会向 p_{data} 收敛。

12.3 原始-对偶次梯度方法训练

Chen 等在 2018 年提出了用原始-对偶次梯度方法训练生成对抗网络。他们将生成对抗网络 Minmax 游戏与凸优化问题的拉格朗日函数的鞍点联系起来，其中判别器输出和生成器输出的分布分别扮演原始变量和对偶变量的角色。这种构想表明了标准生成对抗网络的训练过程与用于凸优化的原始-对偶次梯度方法之间的联系，其内在联系不仅为函数空间中的生成对抗网络的训练提供了理论上的收敛性证明，还为训练提供了新的目标函数。这个修正的目标函数迫使生成器输出的分布按照原始-对偶次梯度方法更新。实验表明，该方法能够解决模式崩溃问题。接下来详细讲解这种方法。

先来看看什么是凸优化的原始-对偶次梯度方法。Chen 等明确地构造了一个凸优化问题，并将这些次梯度方法与标准的生成对抗网络训练联系起来。考虑下面的凸优化问题：

$$\begin{gathered}\text{maximize } f_0(\boldsymbol{x}) \\ \text{s.t.} f_i(\boldsymbol{x}) \geqslant 0,\ i=1,2,\cdots,l \\ \boldsymbol{x} \in X\end{gathered} \tag{12-9}$$

其中，$\boldsymbol{x} \in R^k$ 是长度为 k 的向量；X 为凸集；$f_i(\boldsymbol{x}) \geqslant 0$（$i=1,2,\cdots,l$）为 $R^k \to R$ 的凸函数。凸优化的拉格朗日函数的形式如下：

$$L(\boldsymbol{x},\lambda) = f_0(\boldsymbol{x}) + \sum_{i=1}^{l} \lambda_i f_i(\boldsymbol{x}) \tag{12-10}$$

在优化问题中，变量 $\boldsymbol{x} \in R^k$ 和 $\lambda \in R_+^k$ 分别被称为原始变量和对偶变量。如果满足

$$L(\boldsymbol{x}^*,\lambda^*) = \min_{\lambda \geqslant 0} \max_{\boldsymbol{x} \in X} L(\boldsymbol{x},\lambda) \tag{12-11}$$

则原始-对偶变量对 $(\boldsymbol{x}^*,\lambda^*)$ 是拉格朗日函数的鞍点。

原始-对偶次梯度方法已被广泛用于解决凸优化问题，做法就是令原始和对偶变量迭代更新，并收敛到鞍点。具体而言，有两种形式的算法，即对偶-驱动算法和原始-对偶-驱动算法。对于这两种方法，在每次迭代 t 时，根据 $L(x(t),\lambda(t))$ 关于 $\lambda(t)$ 的次梯度更新对偶变量。对于对偶-驱动算法，更新原始变量以实现 $L(x,\lambda(t))$ 关于 x 达到最大值；对于原始-对偶-驱动算法，原始变量根据 $L(x(t),\lambda(t))$ 对 $x(t)$ 的次梯度进行更新。迭代更新过程总结如下：

$$x(t+1)=\begin{cases}\underset{x\in X}{\operatorname{argmax}}\, L(x,\lambda(t)),\ \text{对偶}-\text{驱动算法}\\ P_X\left(x(t)+\alpha(t)\partial_x L(x(t),\lambda(t))\right),\ \text{原始}-\text{对偶}-\text{驱动算法}\end{cases}$$

$$\lambda(t+1)=\left(\lambda(t)-\alpha(t)\partial_\lambda L(x(t),\lambda(t))\right)_+ \tag{12-12}$$

其中，$P_X(\cdot)$表示集合 X 上的投影；$(x)_+=\max(x,0)$。Chen 等在其工作中证明了原始-对偶次梯度方法将原始和对偶变量收敛到凸优化问题的最优解，即

$$L(x^*,\lambda^*)=\max_{x\in X} L(x,\lambda^*) \tag{12-13}$$

具体过程此处不再赘述。

然后把生成对抗网络与凸优化问题联系起来。Chen 等假设真实数据和生成的样本属于一个任意大小（设大小为 n）的有限集合。对无限集的扩展，可以用类似的方式推导出来。有限集的情况特别令人感兴趣，因为任何真实世界的数据都具有有限的大小，尽管其大小可以是任意的。

Chen 等构造了如下凸优化问题：

$$\begin{gathered}\text{maximize}\sum_{i=1}^{n} P_{\text{data}}(x_i)\log(D_i)\\ \text{s.t.}\ \log(1-D_i)\geqslant\log\frac{1}{2},\ \ i=1,2,\cdots,n\\ D\in\mathcal{D}\end{gathered} \tag{12-14}$$

其中，$\mathcal{D}$ 是一个凸集：原始变量为$D=(D_1,D_2,\cdots,D_n)$，D_i定义为$D_i=D(x_i)$。令$p_g=(p_g(x_1),p_g(x_2),\cdots,p_g(x_n))$，这里$p_g(x_i)$是与第$i$个约束相关的拉格朗日对偶。这个凸优化问题的拉格朗日函数的形式如下：

$$L(D,p_g)=\sum_{i=1}^{n} P_{\text{data}}(x_i)\log(D_i)+\sum_{i=1}^{n} p_g(x_i)\log(2(1-D_i)),\ D\in\mathcal{D} \tag{12-15}$$

其中，$\mathcal{D}=\{D:0\leqslant D_i\leqslant 1,\forall i\}$，找到拉格朗日函数的鞍点等同于解决生成对抗网络的 minmax 问题。这种固有的联系能够利用原始-对偶次梯度方法为$D(x)$和$p_g(x)$设计更新规则，使它们收敛到鞍点。Chen 等说明了生成对抗网络中的(D,p_g)相当于原始-对偶次梯度方法中的原始-对偶变量对(x,λ)，即可以用类似于对偶-驱动算法和原始-对偶-驱动算法的方式进行训练，在模型收敛时，$p_g(\cdot)$会收敛到$p_{\text{data}}(\cdot)$。并且 Chen 等认为，标准生成对抗网络的训练经常造成模式崩溃，

这是因为没有像原始-对偶次梯度方法更新 λ 那样更新生成分布 p_g。

算法 12.2 给出了通过原始-对偶次梯度方法训练生成对抗网络的算法流程。判别器的最大迭代次数是 k_0。在使用原始-对偶-驱动算法的情况下，$k_0=1$。在使用对偶-驱动算法的情况下，k_0 是一个大的常数，这样会使得判别器被一直更新，直到每轮训练时都达到收敛。判别器的更新与标准生成对抗网络的训练相同，主要区别是生成器更新的损失函数在这里进行了修改。从直觉上来看，当生成的样本与真实数据相差较大时，生成分布可能不会使用标准训练进行更新。这恰恰是模式崩溃的一个来源。在理想情况下，修改后的损失函数将始终在数据点处沿着最优方向更新生成概率。

算法 12.2　通过原始-对偶次梯度方法训练生成对抗网络

输入：根据不同生成对抗网络的实现方法，选择目标函数 $f_0(\cdot)$ 和约束函数 $f_1(\cdot)$，对基于 JS 散度的原始生成对抗网络，$f_0(D)=\log D$，$f_1(D)=\log\left(2(1-D)\right)$；训练样本集 x，噪声样本集 z，学习率 η

输出：训练后的判别器参数 θ_d，训练后的生成器参数 θ_g

while 不符合停止标准 do

　从真实数据中采样 m_1 个小批量数据 $\{x_1,x_2,\cdots,x_{m_1}\}$

　从噪声数据中采样 m_2 个小批量数据 $\{z_1,z_2,\cdots,z_{m_2}\}$

　for $k=1,2,\cdots,k_0$ do

　　利用梯度下降更新判别器参数：

$$\nabla_{\theta_d}\left[\frac{1}{m_1}\sum_{i=1}^{m_1}f_0\left(D(x_i)\right)+\frac{1}{m_2}\sum_{i=1}^{m_2}f_1\left(D\left(G(z_i)\right)\right)\right]$$

　end for

　利用下式更新生成分布：

$$\tilde{p}_g(x_i)=p_g(x_i)-\eta f_1\left(D(x_i)\right),\ i=1,2,\cdots,m_1$$

$$p_g(x_i)=\frac{1}{m_2}\sum_{j=1}^{m_2}k_\sigma\left(G(z_j)-x_i\right)$$

　当 $\tilde{p}_g(x_i)$ 固定后，利用梯度下降更新生成器参数：

$$\nabla_{\theta_g}\left[\frac{1}{m_2}\sum_{j=1}^{m_2}f_1\left(D\left(G(z_i)\right)\right)+\frac{1}{m_1}\sum_{i=1}^{m_1}\left(\tilde{p}_g(x_i)-\frac{1}{m_2}\sum_{j=1}^{m_2}k_\sigma\left(G(z_j)-x_i\right)\right)\right]$$

end while

生成概率在 x 处的质量函数 $p_g(x)=\frac{1}{m}\sum_{i=1}^{m}1\{G(z_i)=x\}$，其中 $1\{\cdot\}$ 是指示函数。指示函数是不可微的，因此 Chen 等使用连续的核函数来近似它：

$$k_\sigma(x) = e^{-\frac{x^2}{\sigma^2}} \tag{12-16}$$

其中，σ 为大于 0 的常数。因此，经验上的生成分布可以近似地计算为

$$p_g(x_i) = \frac{1}{m_2}\sum_{j=1}^{m_2} k_\sigma\left(f_\varphi\left(G\left(z_j\right)\right) - f_\varphi\left(x_i\right)\right) \tag{12-17}$$

其中，$f_\varphi(\cdot)$ 是数据向低维空间的投影。可以看出，当 $\sigma \to 0$ 时，$k_\sigma(x-y)$ 趋近于指示函数，但不会给经历过模式崩溃的区域提供足够大的梯度。σ 越大，意味着对近似分布的空间的量化更粗糙。在实际训练中，σ 可以设置得更大，并且随着迭代逐渐减小。

根据原始-对偶次梯度方法的更新规则，每个 x_i 的生成概率的更新形式为

$$\tilde{p}_g(x_i) = p_g(x_i) - \alpha\frac{\partial L(D, p_g)}{\partial p_g(x_i)} = p_g(x_i) - \alpha\log\left(2\left(1 - D\left(x_i\right)\right)\right) \tag{12-18}$$

这激励 Chen 等在损失函数中添加计算 ∇_{θ_g} 的第二项，使生成的分布被推向目标分布。至于更多详细资料及细节，可以参考 Chen 等的工作。

12.4 生成对抗网络的应用

12.4.1 人脸图像的生成

BEGAN 是 Berthelot 等于 2017 年提出的模型。该模型对生成对抗网络进行了进一步改进，使训练更加稳定，收敛更加迅速，在保证生成图像质量的同时，提升了生成图像的多样性。BEGAN 在人脸图像生成上取得了非常好的效果。

与 BEGAN 类似，BEGAN 采用自编码器作为生成对抗网络的判别器。传统的生成对抗网络直接拟合数据分布，而 BEGAN 则用通过 Wasserstein 距离得到的损失分布拟合自编码器的损失分布。

2017 年，Berthelot 等首先给出了自编码器的损失：

$$L(v) = \left|v - D(v)\right|^\eta \tag{12-19}$$

其中，$D: R^{N_x} \to R^{N_x}$ 为自编码器；$\eta \in \{1,2\}$，为范数的类型；$v \in N_x$，为 N_x 维的样本。

令 $\mu_{1,2}$ 为自编码器的两个损失分布，$\Gamma(\mu_1, \mu_2)$ 为所有 μ_1 和 μ_2 的组合的集合，

m_1 和 m_2 为各自分布上样本的均值，则 Wasserstein 距离可以表示为

$$W_1(\mu_1,\mu_2)=\inf_{\gamma\in\Gamma(\mu_1,\mu_2)}E_{(x_1,x_2)\sim\gamma}\left[|x_1-x_2|\right] \tag{12-20}$$

通过 Jensen 不等式，可以得到 $W_1(\mu_1,\mu_2)$ 的下界：

$$\inf E\left[|x_1-x_2|\right]\geqslant\inf\left|E[x_1-x_2]\right|=|m_1-m_2| \tag{12-21}$$

值得注意的是，这里的目标是优化自编码器损失分布之间的 Wasserstein 距离的下界，而不是样本分布之间的距离。

2017 年，Berthelot 等将判别器设计为使自编码器损失之间的 Wasserstein 距离的下界方程最大化。令 μ_1 为损失 $L(\boldsymbol{x})$ 的分布，其中 $\boldsymbol{x}$ 是真实样本；令 μ_2 为损失 $L(G(\boldsymbol{z}))$ 的分布，其中 $G:R^{N_z}\to R^{N_x}$ 是生成器，$\boldsymbol{z}\in[-1,1]^{N_z}$ 是维度为 N_z 的均匀随机噪声样本。

因为 m_1 和 m_2 为正数，所以只有两种最大化 $|m_1-m_2|$ 的情况：

$$\begin{cases}W_1(\mu_1,\mu_2)\geqslant m_1-m_2\\ m_1\to\infty\\ m_2\to 0\end{cases} \tag{12-22}$$

$$\begin{cases}W_1(\mu_1,\mu_2)\geqslant m_2-m_1\\ m_2\to\infty\\ m_1\to 0\end{cases} \tag{12-23}$$

Berthelot 等选择第二种情况作为解决方案，因为最小化 m_1 会自然地对真实图像进行自编码。给定判别器和生成器参数 θ_{d} 和 θ_{g}，这些参数通过最小化损失 L_{d} 和 L_{g} 来更新，这就是 BEGAN 的目标：

$$\begin{cases}L_d=L(x;\theta_{\mathrm{d}})-L\left(G(z_{\mathrm{d}};\theta_{\mathrm{g}});\theta_{\mathrm{d}}\right)\\ L_{\mathrm{g}}=-L_{\mathrm{d}}\end{cases} \tag{12-24}$$

其中，z_{d} 是来自 $\boldsymbol{z}$ 的样本。

在实践中，保持生成器损失和判别器损失之间的平衡是至关重要的。Berthelot 等认为两者处于平衡状态时有

$$E\left[L(\boldsymbol{x})\right]=E\left[L(G(\boldsymbol{z}))\right] \tag{12-25}$$

如果通过判别器不能将生成样本与真实样本区分开来，那么它们的损失分布应该是相同的，包括它们的期望损失。这个概念能够平衡生成器和判别器。

然而，上述等式对平衡状态的要求非常严格，Berthelot 等为了放宽这个要求，引入了新的超参数$\gamma \in [0,1]$，使得

$$\gamma = \frac{E\left[L\left(G(z)\right)\right]}{E\left[L(x)\right]} \tag{12-26}$$

由此可以得出 BEGAN 的目标函数：

$$\begin{cases} L_{\mathrm{d}} = L(x) - k_t L\left(G(z_{\mathrm{d}})\right) \\ L_{\mathrm{g}} = L\left(G(z_{\mathrm{g}})\right) \\ k_{t+1} = k_t + \lambda_k \left(\gamma L(x) - L\left(G(z_{\mathrm{g}})\right)\right) \end{cases} \tag{12-27}$$

其中，z_{d}和z_{g}是来自z的样本；$k_{t+1} = k_t + \lambda_k \left(\gamma L(x) - L\left(G(z_{\mathrm{g}})\right)\right)$迭代训练表示对$D$判别能力的重视度，通过采用比例控制理论$E\left[L\left(G(z)\right)\right] = \gamma E\left[L(x)\right]$来维持平衡。

BEGAN 模型在生成人脸图像上已经取得了非常好的效果，人眼也很难看出这些图像中的人脸是假的。人脸的线条非常自然，一点也不突兀，并且还有各种光线的效果。因此，多样性也有了保证。除此之外，BEGAN 还可以通过控制参数γ决定多样性的多少。当参数$\gamma = 0.7$时，生成样本的多样性会很多，如方向、角度、性别等；而当参数$\gamma = 0.3$时，生成样本的多样性就会相应变少，此时人脸的角度、面部表情都比较相似。

12.4.2 生成对抗网络的算法实现

```
# 定义判别器
def discriminator(x):
    # 计算 D_h1=ReLU（x*D_W1+D_b1），该层的输入为含 784 个元素的向量
    D_h1 = tf.nn.relu(tf.matmul(x, D_W1) + D_b1)
    # 计算第三层的输出结果，使用 Sigmoid 函数，即判别输入的图像到底是真（=1）
的还是假的（=0）
    D_logit = tf.matmul(D_h1, D_W2) + D_b2
    D_prob = tf.nn.sigmoid(D_logit)
    # 返回判别为真的概率和第三层的输入值，输出 D_logit 是为了将其输入 tf.nn.
sigmoid_cross_entropy_with_logits()中以构建损失函数
  return D_prob, D_logit
  #定义生成 m×n 阶随机矩阵的函数，该矩阵的元素服从均匀分布，随机生成的 Z 就为生成
器的输入
```

```
def sample_Z(m, n):
    return np.random.uniform(-1., 1., size=[m, n])
# 定义生成器
def generator(z):
    # 第一层先计算 y=z*G_W1+G-b1，然后投入激活函数计算 G_h1=ReLU(y)，G_h1
为第二次层神经网络的输出激活值
    G_h1 = tf.nn.relu(tf.matmul(z, G_W1) + G_b1)
    # 以下两条语句计算第二层传播到第三层的激活结果，第三层的激活结果是含有 784
个元素的向量，该向量可以表示成 28×28 的图像
    G_log_prob = tf.matmul(G_h1, G_W2) + G_b2
    G_prob = tf.nn.sigmoid(G_log_prob)
    return G_prob
#分别输入真实图像和生成的图像，并投入判别器以判断真假
D_real = discriminator(X)
D_fake = discriminator(G_sample)
#定义判别器损失和生成器损失
D_loss = -tf.reduce_mean(tf.log(D_real) + tf.log(1. - D_fake))
G_loss = -tf.reduce_mean(tf.log(D_fake))
#定义判别器和生成器的优化方法为 Adam 算法，关键字 var_list 表明最小化损失函数
更新的权重矩阵
D_solver = tf.train.AdamOptimizer().minimize(D_loss, var_list=theta_D)
G_solver = tf.train.AdamOptimizer().minimize(G_loss, var_list=theta_G)
```

对抗网络生成图示如图 12-2 所示。

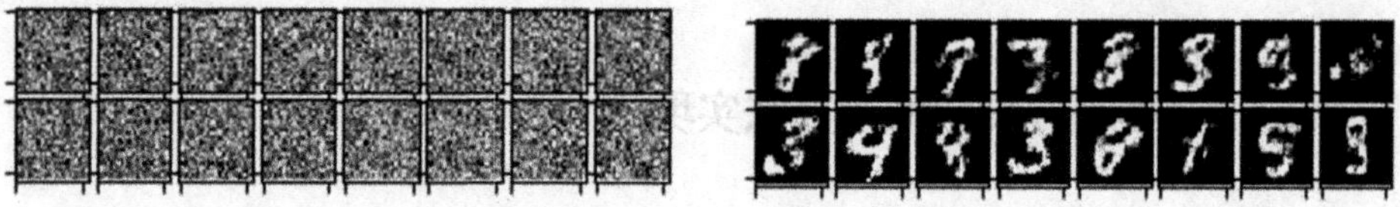

图 12-2 对抗网络生成图示

12.5 本章小结

深度生成模型是神经网络和概率图模型有机融合的生成模型，神经网络可以看作一个概率分布的逼近器，能够拟合非常复杂的数据分布。变分自编码器就是一个非常典型的深度生成模型。它利用神经网络的拟合能力有效地解决了含隐变量概率模型的后验分布中难以估计的问题（参见文献[134]）。生成对抗网络（参见文献[135]）其实是一个深度生成模型。它突破了以往的概率模型必须通过最大

似然估计来学习参数的限制。生成对抗网络的训练有原始-对偶次梯度方法。BEGAN 是一个生成对抗网络的成功实现，它提升了生成图像的质量和多样性，可以生成十分逼真的自然图像。2017 年，Yu 等进一步在文本生成任务上结合生成对抗网络和强化学习来建立文本生成模型。Berthelot 等提出了对抗生成网络的训练不稳定问题的一种有效的解决方法：用 Wasserstein 距离替代 JS 散度来进行训练。深度生成模型作为一种无监督模型，主要的缺点是对其进行有效的客观评价和衡量不同模型之间的优劣都存在一定的困难。

第13章 图神经网络

图神经网络(Graph Neural Network，GNN)是斯坦福大学图网络领域专家 Jure Leskovec 教授在 ICLR 2019 中提出的图深度生成模型，阐述了图生成模型的方法和应用。图（Graph）数据包含着十分丰富的关系型信息。从文本、图像这些非结构化数据中进行推理学习，如句子的依赖树、图像的场景图等都需要图推理模型。图神经网络是一种连接主义模型，靠图中节点之间的信息传递来捕捉图中的依赖关系。近年来，图卷积网络（Graph Convolutional Network，GCN）和门控图神经网络（Gated Graph Neural Network，GGNN）在众多领域取得了重大的成功。

13.1 图网络概述

在计算机领域，通常用图指代一种广义的抽象结构，用来表示一堆实体，以及实体和实体之间的关系。实体叫作图的节点，而实体之间的关系构成了图的边。作为一种非欧几里得型数据，图分析被应用到节点分类、链路预测和聚类等方向。图神经网络是一种基于图域分析的深度学习方法。

13.1.1 图的定义

图是一种结构化数据，由一系列的节点（Node）和连接这些节点的边（Edge）组成。严格地讲，一个图 $G=\{V,\varepsilon\}$ 包含一个节点集合 $V=\{v_1,v_2,\cdots,v_n\}$ 和一个边的集合 $\varepsilon\subseteq V\times V$，那么有以下概念。

1. 邻接矩阵

用邻接矩阵（Adjacent Matrix）$\boldsymbol{A}\in\mathbb{R}^{n\times n}$ 表示节点之间的连接关系。如果节点 v_i 和 v_j 之间有连接，就表示 (v_i,v_j) 组成了一条边 $(v_i,v_j)\in\varepsilon$，对应的邻接矩阵的元素 $A_{ij}=1$，否则 $A_{ij}=0$。邻接矩阵的对角线元素通常设为 0。

2. 节点的度

一个节点的度（Degree）指的是与该节点连接的边的总数。如果用$d(v)$表示节点v的度，则节点的度和边之间满足$\sum_{v\in V} d(v)=2|\varepsilon|$，即所有节点的度之和是边的数目的 2 倍。

3. 度矩阵

图G的度矩阵（Degree Matrix）$\boldsymbol{D}$是一个$n\times n$的对角阵，对角线上的元素是对应节点的度：

$$d_{i,j}=\begin{cases} d(v_i), & i=j \\ 0, & \text{其他} \end{cases}$$

4. 路径

从节点u到节点v的一条路径（Path）指一个序列$v_0,e_1,v_1,e_2,v_2,\cdots,e_k,v_k$，其中$v_0=u$是起点，$v_k=v$是终点，$e_i$是一条从$v_{i-1}$到$v_i$的边。

5. 距离

如果从节点u到节点v的最短路径存在，则这条最短路径的长度（Distance）称为节点u和节点v之间的距离。如果节点u和节点v之间不存在路径，则距离为无穷大。

6. 邻居节点

如果节点v_i和节点v_j之间有边相连，则v_i和v_j互为邻居节点。v_i的邻居节点集合写作N_{v_i}或$N(v_i)$。如果v_j到v_i的距离为K，则称v_j为v_i的K阶邻居节点。

7. 权重图

如果图里的边不仅表示连接关系，还具有表示连接强弱的权重，则这个图被称为权重图（Weighted Graph）。在权重图中，邻接矩阵的元素不再是 0 和 1，而可以是任意实数，即$A_{ij}\in\mathbb{R}$。节点的度也相对应地变为与该节点连接的边的权重的和。由于非邻居节点的权重为 0，所以节点的度也等价于邻接矩阵$\boldsymbol{A}$对应行的元素的和：

$$d(v_i)=\sum_{v_j\in N_{v_i}} A_{ij}=\sum_{v_j\in V} A_{ij}$$

8. 有向图

如果一个图的每条边都有一个方向，则称这个图为有向图（Directed Graph），反之则称为无向图。在有向图中，从节点u到节点v和从节点v到节点u的边是两条不同的边。反映在邻接矩阵中，有向图的邻接矩阵通常是非对称的；而无向图的邻接矩阵一定是对称的，即$A_{ij}=A_{ji}$。本书中默认处理的图是无向图。

9. 图的遍历

从图的某个节点出发，沿着图中的边访问每个节点且只访问一次，这叫作图的遍历（Graph Traversal）。图的遍历一般有两种：深度优先搜索和宽度优先搜索。

10. 图的同构

图的同构（Graph Isomorphism）指的是两个图完全等价。当且仅当存在从V到V'的一一映射f，使得对于任意$(u,v)\in\varepsilon$都有$\left(f(u),f(v)\right)\in\varepsilon'$时，两个图$G=\{V,\varepsilon\}$和$G'=\{V',\varepsilon'\}$是同构的。在分析图神经网络的表达能力时，很多情况下需要依赖对图的同构的分析。

13.1.2 图数据网络的性质和特点

对于传统的深度学习模型，如卷积神经网络、循环神经网络等，其处理的数据都限定在欧几里得空内。例如，二维的表格数据/图像和一维的序列数据/文本，因为它们的模型设计正得益于欧几里得空间中这些数据的一些性质：平移不变性和局部可联通性等。图数据不像图像和文本一样具有规则的欧几里得空间结构，因此这些模型无法直接应用于图数据上。图数据有以下几点重要的性质和特点。

1. 节点的不均匀分布

在网格数据中，每个节点（不包含边缘节点）只有 4 个邻居节点，可以很方便地在一个网格数据的每个小区域中定义均匀的卷积操作。而在图结构中，节点的度数可以任意变化，每个邻域中的节点数都可能不一样，因此无法直接把卷积操作应用到图上。

2. 排列不变性

当任意变换两个节点在图结构中的空间位置时，整个图的结构是不变的。如果用邻接矩阵表示图，调换邻接矩阵的两行，则图的最终表示应该是不变的。在网络中，如在图像上，如果变换两行像素，则图像的结构会发生明显变化。因此，我们没有办法像处理图像一样直接用卷积神经网络处理图的邻接矩阵，因为这样得到的表示不具有排列不变性。

3．边的额外属性

大部分图结构上的边并不是只能取二元值$\{0,1\}$，因为实体和实体的关系不仅仅是有和没有，在很多情况下，我们希望了解这些实体关系连接的强度或类型。强度对应边的权重，而类别则对应边的属性。显然，在网络中，边是没有任何属性和权重的，而卷积神经网络也没有可以处理边的属性的机制。

4．图数据的不规则性

相对于传统表格数据，图数据的不规则性使得传统的卷积神经网络不能直接应用在图上；因此，必须在图上发展新的深度学习模型。

5．图结构的多样性

作为表示实体关系的数据类型，图结构具有丰富的变体。图可以是无向的，也可以是有向的；可以是无权重的，也可以是有权重的；除了同质图，还有异构图；等等。

6．图数据的大规模性

大数据作为深度学习的“生产资料”，在各个领域发挥着重要的作用。在大数据时代，我们同样面临大规模的图的处理难题。常用的图数据，如互联网、社交网络、金融交易网络，动辄就有数以亿计的节点和边，这对深度学习模型的效率提出了很高的要求。

7．图研究的跨领域性

图的研究和应用是横跨很多不同领域的，而在很多任务中，研究图的性质都需要具有领域知识。例如，对分子图的性质进行预测，需要具有一些化学知识；对逻辑表达式的图进行处理，需要具备一些逻辑学知识。

13.1.3 图神经网络的发展

2005 年，图神经网络就已经出现。一般来说，图神经网络旨在通过人工神经网络的方式将图和图上的节点（有时也包含边）映射到一个低维空间，即学习图和节点的低维向量表示。这个目标常被称为图嵌入或图上的表示学习；反之，图嵌入或图上的表示学习并不仅仅包含图神经网络这一种方式。

早期的图神经网络采用递归神经网络的方式，利用节点的邻居节点和边递归的更新状态，直到到达不动点（Fixed Point）。当回头看这些模型时，会惊奇地发现，它们和现在常用的模型已经非常接近了。但是很遗憾，由于模型本身的一些限制（如要求状态更新函数是一个压缩映射）和当时算力的不足，这些模型并没有得到足够的重视。

1. 谱域图神经网络

在基于不动点理论的递归图神经网络之后，图神经网络的发展走上了另一条不同源却殊途同归的道路。随着卷积神经网络在图像处理和文本上的大规模流行，研究者开始进行一些将卷积神经网络扩展到图结构上的尝试。为了解决空间邻域的不规则性，Bruna 等从谱域进行突破，提出了图上的谱域神经网络。

依据图论的知识，他们把图的拉普拉斯矩阵进行谱分解，并利用得到的特征值和特征向量在谱域定义了卷积操作。他们还将此方法扩展到大规模实际数据的分类问题上，并研究了图结构没有预先给出的情况。但是，由此得到的网络计算复杂度很高，而且，他们定义的图卷积核依赖每个图的拉普拉斯矩阵，因此没有办法扩展到其他图上（参数不能在不同的图上共享，因为它们的卷积计算的基底不一样）。为了解决复杂度高的问题，Defferrard 等提出了切比雪夫网络（ChebyNet），将卷积核定义为多项式的形式，并用切比雪夫展开来近似计算卷积核，大大提高了计算效率。之后，Kipf 和 Welling 简化了切比雪夫网络，只使用一阶近似的卷积核，并做了些许符号变化，于是产生了我们所熟知的图卷积网络（Graph Convolutional Network，GCN）。让人惊奇的是，如果观察图卷积网络在每个节点上的操作，则会发现它其实可以被看作一阶邻居节点之间的信息传递，因此图卷积网络又可以被看作一个空域上的图卷积。

2. 空域图神经网络

此时，空域上的图神经网络也迎来了复兴。Li 等沿着早期图神经网络的路线，提出了门控图神经网络。门控图神经网络用门控循环单元（Gated Recurrent Unit，GRU）取代了递归神经网络的节点更新方式，从而消除了压缩映射的限制，也开始支持深度学习的优化方式。之后，各种图神经网络层出不穷。例如，PATCHY-SAN 首先将节点排序，然后选取固定数量的邻居节点仿照卷积神经网络的方式进行图卷积；MoNet 为邻居节点定义了伪坐标，并将之前的一些图神经网络模型统一成了利用伪坐标定义的一个高斯核混合模型；图注意力网络（Graph Attention Network，GAT）利用注意力机制定义图卷积；GraphSAGE 将图神经网络从直推式学习（Transductive Learning）模式扩展到了归纳式学习（Inductive Learning）模式，并通过邻居采样的方式加速图神经网络在大规模图数据上的学习；消息传递神经网络（Message Passing Neural Network，MPNN）把几乎所有的空域图神经网络统一成了消息传递的模式；Xu 等证明了图神经网络的表达能力最多与 Weisfeiler-Lehman 图同构性测试等效，并且提出了在这个框架下理论上表达能力最强的图同构网络（Graph Isomorphism Network，GIN）。

13.2 图卷积神经网络

由于图的节点不均匀性、排列不变性及额外的边属性等，规则网格上的卷积神经网络不能直接应用到图中。那么，应该如何定义图上的卷积呢？图信号分析和图论的工作为我们提供了一个从谱域进行卷积的方法。

13.2.1 谱域图卷积神经网络

下面从图傅里叶变换（Graph Fourier Transformation）来研究图卷积神经网络的转化。

图傅里叶变换就是基于图拉普拉斯矩阵，将图信号从空域（节点上）$f(t)$ 转换到谱域（频域）$F(\omega)$ 的一种方法。

我们知道，傅里叶变换的连续函数为

$$F(\omega)=\int f(t)\mathrm{e}^{-\mathrm{i}\omega t}\mathrm{d}t \tag{13-1}$$

其中，$\mathrm{e}^{-\mathrm{i}\omega t}$ 是其基函数，这个基函数其实与拉普拉斯算子（$\Delta\mathrm{e}^{-\mathrm{i}\omega t}=-\omega^2\mathrm{e}^{-\mathrm{i}\omega t}$）有很大的关系。

对于一个有 n 个节点的图 G，可以考虑将它的拉普拉斯矩阵 $\boldsymbol{L}$ 作为傅里叶变换中的拉普拉斯算子。因为 $\boldsymbol{L}$ 是实对称矩阵，所以可以进行如下的特征分解：

$$\boldsymbol{L}=\boldsymbol{U}\boldsymbol{\Lambda}\boldsymbol{U}^{-1}=\boldsymbol{U}\boldsymbol{\Lambda}\boldsymbol{U}^{\mathrm{T}}$$

其中，$\boldsymbol{U}$ 是一个正交化的特征向量矩阵，$\boldsymbol{U}\boldsymbol{U}^{\mathrm{T}}=\boldsymbol{U}^{\mathrm{T}}\boldsymbol{U}=\boldsymbol{I}$；$\boldsymbol{\Lambda}$ 是特征值的对角阵。$\boldsymbol{U}$ 提供了一个图上完全正交的基底，图上的任意一个向量 $\boldsymbol{f}$ 都可以表示成 $\boldsymbol{U}$ 中特征向量的线性组合：

$$\boldsymbol{f}=\sum_l \hat{\phi}_l \boldsymbol{u}_l \tag{13-2}$$

其中，$\boldsymbol{u}_l$ 是 $\boldsymbol{U}$ 的第 l 个列向量，也是对应特征值 λ_l 的特征向量。如果用这些特征向量替代式（13-1）中的基底，把原来的谱域变为节点上的空域，那么图上的傅里叶变换就变为

$$F(\lambda_l)=\sum_{i=1}^{N} f(i)u_l(i)=\boldsymbol{u}_l^{\mathrm{T}}\boldsymbol{f}=\hat{\phi}_l \tag{13-3}$$

其中，λ_l 表示第 l 个特征值；$f(i)$ 对应第 i 个节点上的特征；$u_l(i)$ 表示特征向量 $\boldsymbol{u}_l$ 的第 i 个元素，表示成矩阵形式就是 $\boldsymbol{U}^{\mathrm{T}}\boldsymbol{f}$ 。

定义 13.1　图信号：定义在图的所有顶点上的信号 $\boldsymbol{\phi}: V \to \mathbb{R}^n$ ，可以将图信号当成一个 n 维的向量 $\boldsymbol{\phi} \in \mathbb{R}^n$ ，其元素 ϕ_i 对应顶点 v_i 上的值。

定义 13.2　图傅里叶变换：对于一个图信号 $\boldsymbol{\phi}$ ，图傅里叶变换定义为 $\hat{\boldsymbol{\phi}}=\boldsymbol{U}^{-1}\boldsymbol{\phi}=\boldsymbol{U}^{\mathrm{T}}\boldsymbol{\phi}$ 。

定义 13.3　图傅里叶逆变换：对于一个谱域上的图信号 $\hat{\boldsymbol{\phi}}$，图傅里叶逆变换定义为 $\boldsymbol{U}\hat{\boldsymbol{\phi}}$ 。

傅里叶变换的本质是将一个向量变换到以拉普拉斯矩阵的特征向量为基底的新空间中，这个空间也就是我们所说的谱域。图傅里叶变换是可逆的，即 $\boldsymbol{U}\hat{\boldsymbol{\phi}}=\boldsymbol{U}\boldsymbol{U}^{-1}\boldsymbol{\phi}=\boldsymbol{\phi}$ 。

定理 13.1　卷积定理：函数卷积的傅里叶变换是函数傅里叶变换的乘积，即

$$F\{\boldsymbol{f}*\boldsymbol{g}\}=F\{\boldsymbol{f}\}\cdot F\{\boldsymbol{g}\}=\hat{\boldsymbol{f}}\cdot\hat{\boldsymbol{g}}$$

其中，$F\{\boldsymbol{f}\}$ 表示 $\boldsymbol{f}$ 的傅里叶变换，得到对应的谱域信号 $\hat{\boldsymbol{f}}$ 。

通过傅里叶逆变换 F^{-1}，可以得到如下卷积形式：

$$\boldsymbol{f}*\boldsymbol{g}=F^{-1}\{F\{\boldsymbol{f}\}\cdot F\{\boldsymbol{g}\}\} \tag{13-4}$$

给定一个有 n 个节点的图 G ，若它的拉普拉斯矩阵 $\boldsymbol{L}$ 可特征分解为 $\boldsymbol{U\Lambda U}^{\mathrm{T}}$ ，则由定义 13.2 和定义 13.3 可知，对于图信号 $\boldsymbol{x}$ ，其图傅里叶变换为 $F(\boldsymbol{x})=\boldsymbol{U}^{\mathrm{T}}\boldsymbol{x}$ ，图傅里叶逆变换为 $F^{-1}(\boldsymbol{x})=\boldsymbol{U}\boldsymbol{x}$ ，将其代入式（13-4）中，就得到了图信号 $\boldsymbol{x}$ 与一个滤波器 $\boldsymbol{g}$ 的卷积操作：

$$\boldsymbol{x}*\boldsymbol{g}=\boldsymbol{U}\left(\boldsymbol{U}^{\mathrm{T}}\boldsymbol{x}\odot\boldsymbol{U}^{\mathrm{T}}\boldsymbol{g}\right) \tag{13-5}$$

其中，$\odot$ 表示元素积（Hadamard Product）。将式（13-5）中 $\boldsymbol{U}^{\mathrm{T}}\boldsymbol{g}$ 整体当作一个可参数化的卷据核 $\boldsymbol{\theta}$ ，有

$$x*f=U\left(U^{\mathrm{T}}x\odot\theta\right)=U\left(\theta\odot U^{\mathrm{T}}x\right)\\=Ug_{\theta}U^{\mathrm{T}}x \tag{13-6}$$

其中，g_θ 是对角线元素为 θ 的对角阵

$$g_\theta=\operatorname{diag}(\theta)=\begin{bmatrix}\theta_1 & & & \\ & \theta_2 & & \\ & & \ddots & \\ & & & \theta_n\end{bmatrix} \tag{13-7}$$

通过以上推理可知，对于图卷积神经网络公式（13-6），可以将它看作一个图信号 x 进行了如下 3 个步骤的变换。

（1）将空域的图信号 x 进行图傅里叶变换，得到 $F(x)=U^{\mathrm{T}}x$。

（2）在谱域上定义可参数化的卷积核 g_θ，对谱域信号进行变换，得到 $g_\theta U^{\mathrm{T}}x$。

（3）将谱域信号进行图傅里叶逆变换，将其转化成空域信号 $F^{-1}\left(g_\theta U^{\mathrm{T}}x\right)=Ug_\theta U^{\mathrm{T}}x$。

最终可得到一个简洁的图卷积的形式：

$$g*x=Ug_\theta U^{\mathrm{T}}x=U\begin{bmatrix}\theta_1 & & & \\ & \theta_2 & & \\ & & \ddots & \\ & & & \theta_n\end{bmatrix}U^{\mathrm{T}}x \tag{13-8}$$

为了将这种谱域图卷积原理应用到图数据中，还需要把上述图卷积的定义从 n 维图信号 x 扩展到 $n\times d$ 维的图节点属性矩阵（Node Feature[①]Matrix）X。假设在第 l 层，节点状态为 X^l，其维度为 $n\times d_l$，那么可以更新节点状态为

$$x_i^{l+1}=\sigma\left(U\sum_{i=1}^{d_l}F_{i,j}^{l}U^{\mathrm{T}}x_i^{l}\right),\ j=1,2,\cdots,d_{l+1} \tag{13-9}$$

其中，x_i^l 是矩阵 X^l 的第 i 列，即第 i 维的图信号；$F_{i,j}^l$ 对应第 l 层第 i 维图信号 x_i^l 的卷积核 g_θ，如果下一层的节点状态有 $n\times d_{l+1}$ 维，那么在这一层就有 $d_l\times d_{l+1}$ 个卷积核。对于式（13-9），如果可以直接把 $F_{i,j}^l$ 当成可学习的参数，就定义了一个早期的谱域图卷积神经网络。

对于图网络，也可以使用这种图卷积，在式（13-9）中，其实 $UF_{i,j}^lU^{\mathrm{T}}$ 就对应

① 这里把 Feature 翻译为属性。

原来卷积神经网络中的一个卷积核。因此，图卷积是可以重构出图网络上的卷积神经网络的。

下面介绍两个更为实用的图网络模型。

13.2.2 切比雪夫网络

为了突破上述早期谱域图卷积神经网络的局限性，Deferrard 等提出了一个新的谱域图卷积神经网络，实现了快速局部化和低复杂度。由于使用了切比雪夫多项式展开近似，所以这个网络被称为切比雪夫网络。

我们知道，谱域图卷积操作为

$$\boldsymbol{g} * \boldsymbol{x} = \boldsymbol{U} \boldsymbol{g}_\theta \boldsymbol{U}^{\mathrm{T}} \boldsymbol{x} \tag{13-10}$$

从图信号分析的角度考虑，我们希望这个过滤函数 $\boldsymbol{g}$ 能够有比较好的局部化，即只影响图节点周围一个小区域的节点。因此，可以把 $\boldsymbol{g}$ 定义成一个拉普拉斯矩阵的函数 $g_\theta(\boldsymbol{L})$；因为作用一次拉普拉斯矩阵，相当于在图上把信息扩散到距离为 1 的邻居节点。信号 $\boldsymbol{x}$ 被这个滤波器过滤后得到的结果可以写为

$$\boldsymbol{y} = g_\theta(\boldsymbol{L})\boldsymbol{x} = g_\theta\left(\boldsymbol{U\Lambda U}^{\mathrm{T}}\right)\boldsymbol{x} \tag{13-11}$$

也就是说，我们可以把谱域图卷积中的卷积核 $\boldsymbol{g}_{\boldsymbol{\theta}}$ 看作拉普拉斯矩阵特征值 $\boldsymbol{\Lambda}$ 的函数 $g_\theta(\boldsymbol{\Lambda})$。一般情况下，可以选择使用一个多项式卷积核来表示，即

$$g_\theta(\boldsymbol{\Lambda}) = \sum_{k=0}^{K} \theta_k \boldsymbol{\Lambda}^k \tag{13-12}$$

其中，参数 θ_k 是多项式的系数。通过这个定义，现在只需 $K+1$ 个参数（$K \ll \boldsymbol{n}$），这样大大降低了参数学习过程的复杂度。在式（13-12）中，相当于定义了 $g_\theta(\boldsymbol{L}) = \sum_{k=0}^{K} \theta_k \boldsymbol{L}^k$，因此信息在每个节点上最多传播 K 步，这样就同时实现了卷积的局部化。

而 ChebyNet 在此基础上提出了进一步的加速方案，把 $g_\theta(\boldsymbol{\Lambda})$ 近似为切比雪夫多项式的 K 阶截断：

$$g_\theta(\boldsymbol{\Lambda}) = \sum_{k=0}^{K} \theta_k T_k\left(\tilde{\boldsymbol{\Lambda}}\right) \tag{13-13}$$

其中，T_k 是 k 阶切比雪夫多项式；$\tilde{\boldsymbol{\Lambda}} = 2\boldsymbol{\Lambda}_n / \lambda_{\max} - \boldsymbol{I}_n$，是一个对角阵，主要为了将特征值对角阵映射到 $[-1,1]$ 区间。切比雪夫多项式具有很好的性质，可以循环递

归求解，其表达式为

$$T_k(x)=2xT_{k-1}(x)-T_{k-2}(x) \tag{13-14}$$

从初始值 $T_0=1$、$T_1=x$ 开始，采用递归公式（13-14）可以轻易求得 k 阶 T_k 的值。

为了避免特征值分解，将式（13-11）写回为 $\boldsymbol{L}$ 的函数，即

$$\boldsymbol{y}=\boldsymbol{U}\sum_{k=0}^{K}\theta_k T_k\left(\tilde{\boldsymbol{\Lambda}}\right)\boldsymbol{U}^{\mathrm{T}}\boldsymbol{x}=\sum_{k=0}^{K}\theta_k T_k\left(\tilde{\boldsymbol{L}}\right)\boldsymbol{x} \tag{13-15}$$

其中，$\tilde{\boldsymbol{L}}=2\boldsymbol{L}/\lambda_{\max}-\boldsymbol{I}_n$。注意：这个式子是拉普拉斯矩阵的 K 次多项式，因此它仍然保持了 K 阶局部化（节点仅受其周围的 K 阶邻居节点的影响）。在实际应用中，经常用对称归一化拉普拉斯矩阵 $\boldsymbol{L}^{\mathrm{sym}}$ 代替原本的 $\boldsymbol{L}$。

13.2.3 图卷积神经网络

Kipf 和 Welling 在切比雪夫网络研究的基础上做了更进一步的简化，提出了经典的图卷积神经网络。他们把切比雪夫网络中的多项式卷积核限定为 1 阶，这样，图卷积公式即式（13-15）就近似成了一个关于 $\tilde{\boldsymbol{L}}$ 的线性函数，可以大大减少计算量。这样，对于一个具有 K 层的图卷积神经网络，就需要一层一层地进行递归计算，即先对节点周围的 1 阶邻居节点进行卷积，然后叠加 K 层这样的图卷积神经网络，就可以把节点的影响力扩展到 K 阶邻居节点。实验表明，叠加多层的 1 阶图卷积效果会更好，并且让节点对 K 阶邻居节点的依赖变得更有弹性。

接下来从切比雪夫网络的公式即式（13-15）出发，对图卷积神经网络进行推导。取拉普拉斯矩阵的对称归一化版本。由于拉普拉斯矩阵的最大特征值可以取 $\lambda_{\max}\approx 2$，所以 1 阶图卷积可以写为

$$\begin{aligned}\boldsymbol{y}&=g_\theta\left(\boldsymbol{L}^{\mathrm{sym}}\right)\boldsymbol{x}\approx\theta_0 T_0\left(\tilde{\boldsymbol{L}}\right)\boldsymbol{x}+\theta_1 T_1\left(\tilde{\boldsymbol{L}}\right)\boldsymbol{x}\\&=\theta_0\boldsymbol{x}+\theta_1\left(\boldsymbol{L}^{\mathrm{sym}}-\boldsymbol{I}_n\right)\boldsymbol{x}\\&=\theta_0\boldsymbol{x}+\theta_1\boldsymbol{D}^{-\frac{1}{2}}\boldsymbol{A}\boldsymbol{D}^{-\frac{1}{2}}\boldsymbol{x}\end{aligned} \tag{13-16}$$

为了进一步减少参数数量，防止过拟合，取 $\theta'=\theta_0=-\theta_1$，因此，式（13-16）就变为

$$\boldsymbol{y}=\theta'\left(\boldsymbol{I}_n+\boldsymbol{D}^{-\frac{1}{2}}\boldsymbol{A}\boldsymbol{D}^{-\frac{1}{2}}\right)\boldsymbol{x} \tag{13-17}$$

观察矩阵 $\boldsymbol{I}_n+\boldsymbol{D}^{-\frac{1}{2}}\boldsymbol{A}\boldsymbol{D}^{-\frac{1}{2}}$，其特征值范围为$[0,2]$。如果进行多次迭代，则有可能造成数值不稳定和梯度消失或梯度爆炸问题。为了缓解这个问题，需要再做一次归一化，让它的特征值落在$[0,1]$区间。定义$\tilde{\boldsymbol{A}}=\boldsymbol{A}+\boldsymbol{I}_n$；对于对角阵$\tilde{\boldsymbol{D}}$，有$\tilde{D}_{ii}=\sum_j\tilde{A}_{ij}$，则归一化后的矩阵变为

$$\boldsymbol{I}_n+\boldsymbol{D}^{-\frac{1}{2}}\boldsymbol{A}\boldsymbol{D}^{-\frac{1}{2}}\rightarrow\tilde{\boldsymbol{D}}^{-\frac{1}{2}}\tilde{\boldsymbol{A}}\tilde{\boldsymbol{D}}^{-\frac{1}{2}} \tag{13-18}$$

现在的卷积操作变成了$\theta'\tilde{\boldsymbol{D}}^{-\frac{1}{2}}\tilde{\boldsymbol{A}}\tilde{\boldsymbol{D}}^{-\frac{1}{2}}\boldsymbol{x}$。将图信号扩展到$\boldsymbol{X}\in\mathbb{R}^{n\times c}$（相当于有$n$个节点，每个节点有$c$维的属性，$\boldsymbol{X}$是所有节点的初始属性矩阵）：

$$\boldsymbol{Z}=\tilde{\boldsymbol{D}}^{-\frac{1}{2}}\tilde{\boldsymbol{A}}\tilde{\boldsymbol{D}}^{-\frac{1}{2}}\boldsymbol{X}\boldsymbol{\Theta} \tag{13-19}$$

其中，$\boldsymbol{\Theta}\in\mathbb{R}^{c\times d}$是参数矩阵；$\boldsymbol{Z}\in\mathbb{R}^{n\times d}$是图卷积之后的输出。

在实际应用中，通常可以叠加多层图卷积，得到一个图卷积神经网络（见图 13-1）。以$\boldsymbol{H}^l$表示第l层的节点向量，$\boldsymbol{W}^l$表示对应层的参数，定义$\hat{\boldsymbol{A}}=\tilde{\boldsymbol{D}}^{-\frac{1}{2}}\tilde{\boldsymbol{A}}\tilde{\boldsymbol{D}}^{-\frac{1}{2}}$，那么每层图卷积可以正式定义为

$$\boldsymbol{H}^{l+1}=f\left(\boldsymbol{H}^l,\boldsymbol{A}\right)=\sigma\left(\hat{\boldsymbol{A}}\boldsymbol{H}^l\boldsymbol{W}^l\right) \tag{13-20}$$

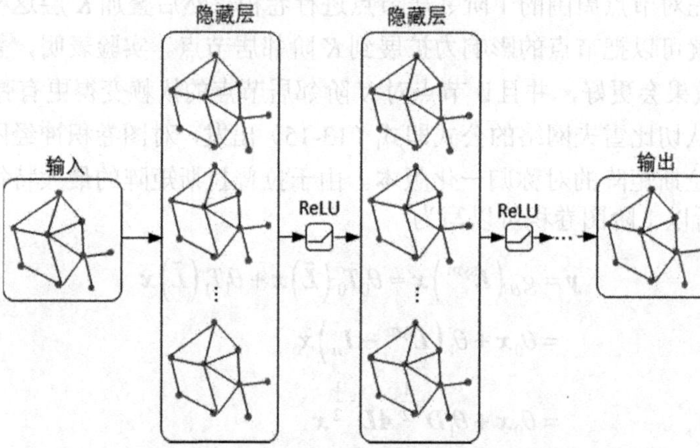

图 13-1　多层图卷积神经网络结构示意图

下面以一个常用的两层图卷积神经网络来解释图卷积神经网络是怎么对节点进行半监督分类的。假设有一个含有n个节点的图$G=\{V,\varepsilon\}$，图中节点属性矩阵为$\boldsymbol{X}\in\mathbb{R}^{n\times d}$，邻接矩阵为$\boldsymbol{A}$，图中每个节点可以被分为$m$类中的一个。采用以下

方法预测节点的标签：

$$\hat{\boldsymbol{Y}} = f\left(\boldsymbol{X}, \boldsymbol{A}\right) = \mathrm{Softmax}\left(\hat{\boldsymbol{A}}\mathrm{ReLU}\left(\hat{\boldsymbol{A}}\boldsymbol{X}\boldsymbol{W}^{0}\right)\boldsymbol{W}^{1}\right) \tag{13-21}$$

首先输入整个图的节点属性矩阵 $\boldsymbol{X}$ 和邻接矩阵 $\boldsymbol{A}$，通过一个两层图卷积网络得到节点嵌入矩阵 $\boldsymbol{Z} = \hat{\boldsymbol{A}}\mathrm{ReLU}\left(\hat{\boldsymbol{A}}\boldsymbol{X}\boldsymbol{W}^{0}\right)\boldsymbol{W}^{1}$；然后用 Softmax 函数输出预测的分类结果；最后在训练集的节点 V_{train} 上比较预测结果 $\hat{\boldsymbol{Y}}$ 和真实标签 $\boldsymbol{Y}$ 的差距，计算它们之间的交叉熵，将其结果作为损失函数：

$$L = -\sum_{l=0}^{m-1}\sum_{i\in V_{\text{train}}} Y_{li}\log\hat{Y}_{li} \tag{13-22}$$

通过随机梯度下降法进行训练，就可以得到这个网络的权重了。

以下为图卷积网络模型构建部分的代码：

```
class GCN(nn.Module):
    def __init__(self,nfeat,nhid, nclass,dropout):
        super(GCN,self).__init__()
        self.gc1 = GraphConvolution(nfeat, nhid, is_sparse_inputs=True)
        self.gc2 = GraphConvolution(nhid, nclass, is_sparse_inputs=False)
        self.dropout = dropout
    def forward(self,x,adj):
        x=F.relu(self.gc1(x,adj))
        x=F.dropout(x, self.dropout, training=self.training)
        x=self.gc2(x,adj)
            return F.log_softmax(x,dim=1)
```

模型的构建其实很简单，就是叠加了两层图卷积网络。先在第一层图卷积网络后面加上非线性激活函数 ReLU，再加一层 dropout 防止过拟合；而对于第二层图卷积网络，则直接加上 Softmax，输出多分类的结果。对于大部分标准数据，两层图卷积网络即可达到很好的效果，叠加更多的层并不一定能提升模型的表现，反而可能导致过平滑问题。

13.3 图循环神经网络

图循环神经网络是一类以序列数据为输入，在序列的演进方向进行递归且所有节点（循环单元）按链式连接的递归神经网络。空域图神经网络出现得更早，并在后期更为流行。它们的核心理念是在空域上直接聚合邻居节点的信息，非常符合人的直觉。如果把欧几里得空间中的卷积扩展到图上，那么显然这些方法需要解决的一个问题是如何定义一个可以在不同邻居数目的节点上进行的操作，而且保持类似卷积神经网络的权值共享的特性。

13.3.1 不动点理论

早期的图神经网络直接从空域（顶点上的信号）的角度出发，其理论依据是不动点理论（Fixed Point Theory）。它的核心算法是通过节点的信息传播达到一个收敛的状态，基于此进行预测（由于它的状态更新方式是循环迭代的，所以一般被认为是图循环神经网络而非图卷积神经网络）。

定理 13.2 巴拿赫不动点定理：设(X,d)是非空的完备度量空间，如果$T:X\to X$是X上的一个压缩映射，即$\exists 0\leqslant q<1$，$d\left(T(x),T(y)\right)\leqslant q\odot d(x,y)$，那么映射$T$在$X$内有且只有一个不动点$x^*$，使得$Tx^*=x^*$。

简单地说，如果有一个压缩映射，就从某一个初始值开始，一直循环迭代，最终到达唯一的收敛点。

Scarselli 等认为，图上的每个节点都有一个隐藏状态，这个隐藏状态需要包含节点的邻居节点的信息，而图神经网络的目标就是学习这些节点的隐藏状态。根据不动点理论，只需合理地在图上定义一个压缩映射来循环迭代各个节点的状态，就可以得到收敛的隐藏状态了。那么，应该如何定义顶点状态的更新，又如何保证这是一个压缩映射呢？

考虑到节点状态的更新应该同时利用邻居节点和边的信息，在$t+1$时刻，节点v的隐藏状态$\boldsymbol{h}_v^{t+1}$可以写成如下形式：

$$\boldsymbol{h}_v^{t+1}=f\left(\boldsymbol{x}_v,x_e(v),h_{ne}^t(v),x_{ne}(v)\right) \tag{13-23}$$

其中，$\boldsymbol{x}_v$是节点原本的属性向量；$x_e(v)$表示与节点v相连的所有边的属性；$h_{ne}^t(v)$表示v的邻居节点在t时刻的状态；$x_{ne}(v)$表示v的邻居节点原本的属性；f可以用一个简单的前馈神经网络来实现。为了保证f是一个压缩映射，只需限制f对状态矩阵$\boldsymbol{H}$的偏导矩阵的大小。通过在最终的损失函数中加入对这个雅可比矩阵范数的惩罚项，就近似实现这个约束条件了。

虽然起初图神经网络提出了一个很好的概念，但是不动点理论也造成了它在表示学习上的局限性。节点的状态最终必须吸收周围邻居节点的信息并收敛到不动点，使每个节点最终共享信息，导致节点过于相似而难以区分，即出现了过平滑问题。在深度学习中，沿着循环神经网络的思路，Li 等提出了门控图神经网络，不再要求图收敛，而采用门控循环神经网络的方式更新节点状态，取得了很大的进步。此后，在谱域上的图卷积神经网络的推动下，空域上的图卷积神经网络出现并迅速流行起来，两者在共同发展的同时走向统一框架。

13.3.2　归纳式图表示学习

在介绍谱域图卷积神经网络时，我们讲到这类图神经网络的一个局限是不能扩展到其他图上。即使在同一个图上，要测试的节点如果不在训练时就加入图结构，也是没有办法得到其嵌入表示的。很多早期的图神经网络和图嵌入方法都有类似的问题，它们大多是在直推式学习的框架下进行的，即假设要测试的节点和训练节点在同一个图中，并且在训练过程中，图结构中的所有节点都已被考虑进去（需要注意的是，虽然图卷积神经网络在提出时只用于半监督/直推式学习，但它其实是可以改造成归纳式学习的）。它们只能得到已经包含在训练过程中的节点的嵌入，而对于训练过程中没有出现过的未知节点则束手无策。由于它们在一个固定的图上直接生成最终的节点嵌入，因此，如果这个图的结构稍后有所改变，就需要重新进行训练。

Hamilton 提出了一个归纳式学习的图神经网络模型——GraphSAGE，其主要观点是节点的嵌入可以通过一个共同的聚合邻居节点信息的函数得到。在训练时，只需得到这个聚合函数，就可以泛化到未知的节点上。显然，接下来的问题是如何定义这个聚合函数，以及怎么用它来定义一个可学习的图神经网络。

1. GraphSAGE 的前向传播过程

算法 13.1 描述了 GraphSAGE 用聚合函数生成节点嵌入的过程。假设有 K 层网络，在每层中，节点状态更新的操作分为两步：先把邻居节点的信息全都用一个聚合函数（Aggregate）聚合到一起，再与节点本身的状态进行整合和状态更新。在每一层的最后，当所有的节点状态都被更新后，对节点的向量表示进行正则化，缩放到单位长度为 1 的向量上。

GraphSAGE 中的 SAGE 在这里是 Sample（采样）和 AggreGatE（聚合）的简写，很好地概括了这个模型的核心内容。算法 13.1 只给出了聚合部分，那为什么需要采样呢？主要是为了便于进行批处理，也是为了降低计算复杂度。为了便于批处理，在给定一批要更新的节点后，要先取出它们的 K 阶邻居节点集合；为了降低计算复杂度，可以只采样固定数量的邻居节点而并不需要采样所有的节点。

算法 13.1　GraphSAGE 用聚合函数生成节点嵌入的算法过程

输入：$G=\{V,\varepsilon\}$，节点的属性矩阵 $\boldsymbol{X}$，每个节点 v 的属性 $\boldsymbol{x}_v$；网络深度 K；每层参数 $\boldsymbol{W}^l$，$l\in[1,K]$

输出：每个节点 v 的嵌入向量 $\boldsymbol{z}_v$

初始化：$\boldsymbol{h}_v^0 \leftarrow \boldsymbol{x}_v$，$\forall v\in V$

for $l=0$ to n do

　for $v\in V$ do

　　$\boldsymbol{h}_{N(v)}^l \leftarrow \text{Aggregate}\left(\left\{\boldsymbol{h}_u^{l-1}, \forall u\in N(v)\right\}\right)$

　　$\boldsymbol{h}_{N(v)}^l \leftarrow \sigma\left(\boldsymbol{W}^k \text{CONCAT}\left(\boldsymbol{h}_v^{l-1}, \boldsymbol{h}_{N(v)}^l\right)\right)$

　end for

end for

$\boldsymbol{h}_v^l \leftarrow \dfrac{\boldsymbol{h}_v^l}{\boldsymbol{h}_{v2}^l}, \forall v\in V$

return $\boldsymbol{z}_v \leftarrow \boldsymbol{h}_v^K, \forall v\in V$

2. GraphSAGE 的邻居采样

如果在生成节点嵌入的过程中使用所有的邻居节点，那么算法的计算复杂度是不可控的，因为我们并不知道这个邻居节点的集合到底有多大[在最差的情况下，甚至会达到 $O(|V|)$]。在 GraphSAGE 的每次迭代过程中，对于每个节点 v，从它的邻居节点集合 $N(v)$ 中均匀采样出固定数量的节点做聚合。如果 GraphSAGE 有 K 层，每个节点在每层采样的邻居节点的数量为 S_l，$l\in[1,K]$，那么复杂度就变为 $O\left(\prod_l S_l\right)$。在实际应用中，一般取 $K=2$，$S_1 S_2 \leqslant 500$。

图 13-2 总结了 GraphSAGE 的运行步骤。

（1）定义邻居节点：对每个节点采样固定数量的邻居节点。

（2）根据算法 13.1 中的聚合函数聚合邻居节点的信息。

（3）得到所有节点的嵌入向量并作为下游任务的输入。

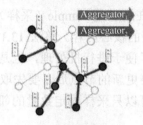

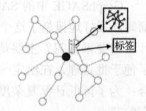

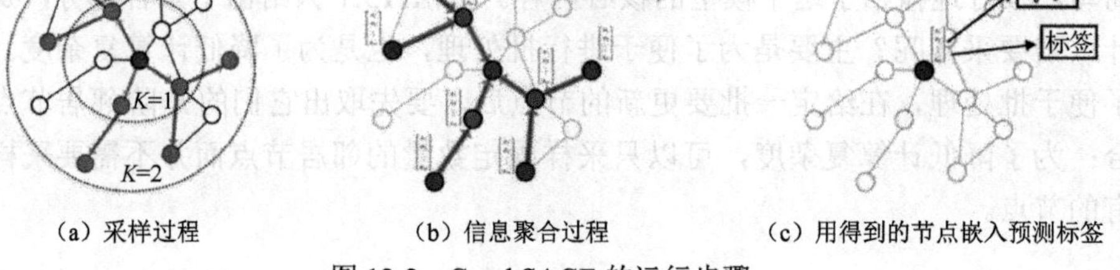

（a）采样过程　　（b）信息聚合过程　　（c）用得到的节点嵌入预测标签

图 13-2　GraphSAGE 的运行步骤

3．GraphSAGE 中聚合函数的选择

图神经网络的一个重要特性是保证不因节点的顺序变化而改变输出，因此选取的聚合函数应该是对称的。GraphSAGE 给出了 3 种可选择的聚合函数。

（1）均值聚合（Mean Aggregate）。均值聚合即对所有邻居节点的每个维度取平均值。这里只需把算法 13.1 中的 Aggregate 函数换成均值函数 Mean 即可。如果合并算法 13.1 中节点更新的两步并稍做调整，则可以把均值聚合的方式改写为

$$\boldsymbol{h}_{N(v)}^{l} \leftarrow \sigma\left(\boldsymbol{W}\text{Mean}\left(\left\{\boldsymbol{h}_{v}^{l-1}\right\} \bigcup \left\{\boldsymbol{h}_{u}^{l-1}, \forall u \in V\right\}\right)\right) \tag{13-24}$$

可以看出，它几乎等价于图卷积神经网络的节点更新方式，只是把图卷积神经网络变成了归纳式学习的方式。

（2）LSTM 聚合。LSTM 聚合显然比均值聚合有更强的表达力，但它的问题是不对称。因此，在应用 LSTM 聚合时，GraphSAGE 使用了一些小技巧，就是在每次迭代时，先随机打乱要聚合的邻居节点的顺序，再使用 LSTM 聚合。

（3）汇聚聚合（Pooling Aggregate）。汇聚聚合先让所有邻居节点通过一个全连接层，然后做最大化汇聚。它的优点是既对称又可训练。汇聚聚合的公式可以写为

$$\text{Aggregate}_{k}^{\text{pool}} = \max\left(\left\{\sigma\left(\boldsymbol{W}_{\text{pool}}\boldsymbol{h}_{u}^{k} + \boldsymbol{b}\right), \forall u \in N(v)\right\}\right) \tag{13-25}$$

13.3.3　图注意力网络

注意力机制（Attention Mechanism）已经成为很多深度学习模型中必需的模块，在计算机视觉和自然语言处理中已经得到广泛的应用，特别是大规模数据集的预训练模型 BERT 所基于的模型，也是一个全注意力结构 Transformer。简单地讲，注意力机制通过赋予输入不同的权重来区分不同元素的重要性，从而抽取更加关键的信息，达到更好的效果。很容易想到，在图结构中，节点和节点的重要性是不同的，于是可以将注意力机制应用在图神经网络上，得到图注意力网络。

下面介绍图注意力网络的每层是如何定义的。假设有 N 个节点，作为输入的每个节点 i 的特征是 $\boldsymbol{h}_i \in \mathbb{R}^F$，通过这一层更新后的节点特征是 $\boldsymbol{h}_i'$。图注意力网络结构示意图如图 13-3 所示。

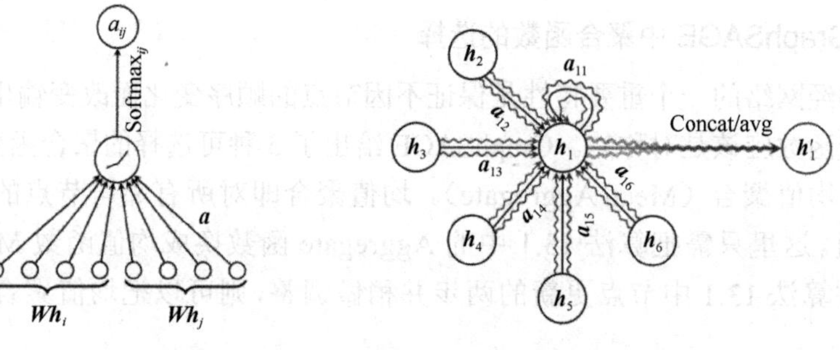

图 13-3　图注意力网络结构示意图

通过一个共享的注意力机制 att 计算节点间的自注意力：

$$e_{ij} = \mathrm{att}\left(\boldsymbol{Wh}_i, \boldsymbol{Wh}_j\right) \tag{13-26}$$

其中，$\boldsymbol{W}$ 是一个共享权重，把原来的节点特征从 F 维转换为 F' 维，通过函数 $\mathrm{att}:\mathbb{R}^{F'} \to \mathbb{R}$ 映射为一个注意力权重。这个权重 e_{ij} 即表示节点 j 相对于节点 i 的重要性。在图注意力网络中，通常选取一个单层前馈神经网络和一个 LeakyReLU 作为非线性激活函数来计算 e_{ij}：

$$e_{ij} = \mathrm{LeakyReLU}\left(\boldsymbol{a}\left[\boldsymbol{Wh}_i \,\|\, \boldsymbol{Wh}_j\right]\right) \tag{13-27}$$

其中，$\|$表示拼接；$\boldsymbol{a}$ 为一个向量参数。

为了保留原来的图结构信息，类似于消息传递神经网络的方式，这里只计算节点 i 的邻居节点 N_i 的注意力，进行归一化和融合。归一化后的注意力权重为

$$a_{ij} = \mathrm{Softmax}\left(e_{ij}\right) = \frac{\exp\left(e_{ij}\right)}{\sum_{k \in N_i} \exp\left(e_{ij}\right)} \tag{13-28}$$

将式（13-27）代入式（13-28），得到

$$a_{ij} = \frac{\exp\left(\mathrm{LeakyReLU}\left(\boldsymbol{a}\left[\boldsymbol{Wh}_i \,\|\, \boldsymbol{Wh}_j\right]\right)\right)}{\sum_{k \in N_i} \exp\left(\mathrm{LeakyReLU}\left(\boldsymbol{a}\left[\boldsymbol{Wh}_i \,\|\, \boldsymbol{Wh}_j\right]\right)\right)} \tag{13-29}$$

基于这个注意力权重，融合所有邻居节点的信息，得到更新后的新节点特征：

$$\boldsymbol{h}_i' = \sigma\left(\sum_{j \in N_i} a_{ij} \boldsymbol{Wh}_j\right) \tag{13-30}$$

为了提升模型的表达能力和训练稳定性，还可以借鉴自然语言处理中常用的 Transformer 模型结构中的多头注意力层对其进行扩展，即先用 K 个 $\boldsymbol{W}^k$ 得到不同

的注意力，再将其拼接在一起或求平均。具体地讲，除最后一层外，在其他层都使用矩阵拼接的方法整合多头注意力：

$$\boldsymbol{h}_i' = \|_{k=1}^{K} \left(\sum_{j \in N_i} a_{ij}^k \boldsymbol{W}^k \boldsymbol{h}_j \right) \tag{13-31}$$

其中，$\|$表示拼接；a_{ij}^k是a_{ij}在K个不同注意力机制间的归一化。而最后一层一般使用求平均的方法求得：

$$\boldsymbol{h}_i' = \sigma \left(\frac{1}{K} \sum_{k=1}^{K} \sum_{j \in N_i} a_{ij}^k \boldsymbol{W}^k \boldsymbol{h}_j \right) \tag{13-32}$$

至此，图注意力网络的模型就介绍完整了。需要注意的是，尽管在实际的模型中只用了图结构本身的结构信息，即只计算了邻居节点的注意力，但是可以将其扩展到更一般的情况，即计算所有节点之间的注意力。这时，即使没有边的信息（或在某些情况下，我们希望完全忽略边的信息），也可以进行注意力机制层的计算。

13.4 消息传递神经网络

可以发现，在图卷积神经网络和 GraphSAGE 的模型中，空域图神经网络都是以某种形式从邻居节点将信息传递到中心节点，以实现节点状态的更新的。事实上，几乎所有的图神经网络都可以被认为是某种形式的消息传递，于是消息传递神经网络作为一种空域卷积的形式化框架被提出。类似于 GraphSAGE 的聚合与更新操作，它将图神经网络消息传播的过程分解为两个步骤：消息传递与状态更新，分别用M函数和U函数表示。

在每一层中，假设一个节点v在时刻t的状态为$\boldsymbol{h}_v^t$，$N(v)$是它的邻居节点的集合，e_{vw}是与之相连的边，则消息传递神经网络对节点隐藏状态的更新可表示为

$$\boldsymbol{m}_v^{t+1} = \sum_{w \in N(v)} M_t \left(\boldsymbol{h}_v^t, \boldsymbol{h}_w^t, e_{vw} \right) \tag{13-33}$$

$$\boldsymbol{h}_v^{t+1} = U \left(\boldsymbol{h}_v^t, \boldsymbol{m}_v^{t+1} \right) \tag{13-34}$$

式（13-34）的意义是：对于每个节点，收到来自每个邻居节点的消息后，通过自己上一时间点的状态$\boldsymbol{h}_v^t$和收到的消息$\boldsymbol{m}_v^{t+1}$共同更新自己的状态。值得注意的是，消息传递神经网络相对于之前讲到的模型有一个很大的不同，即加入了边的

信息。这一方面是由于它在量子化学中的应用需求；另一方面让整个框架容纳了更多的可能性，使得它可以很好地扩展到包含多种边的异构图上。

得到所有节点的最终状态$\left\{\boldsymbol{h}_v^t\right\}$后，用一个读取函数 READOUT 将所有节点的表示整合成整个图的向量和表示：

$$\hat{y}=\text{READOUT}\left(\left\{\boldsymbol{h}_v^t \mid v\in G\right\}\right) \tag{13-35}$$

一个两层消息传递神经网络的前向传播示意图如图 13-4 所示。

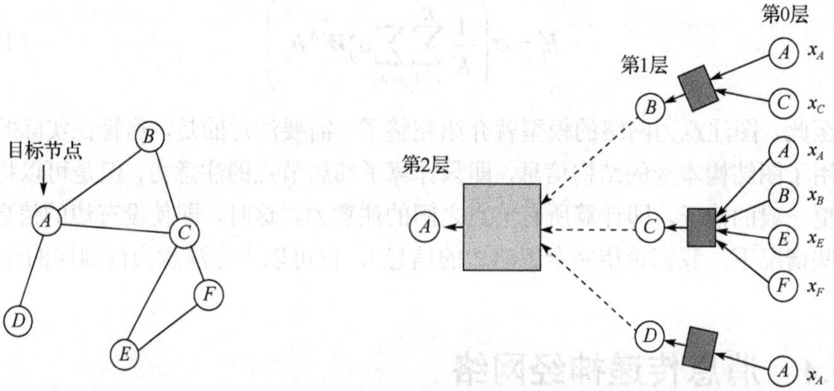

图 13-4　一个两层消息传递神经网络的前向传播示意图

消息传递神经网络这个统一框架几乎可以囊括绝大部分图神经网络的模型，下面用几个例子来介绍经典的图神经网络是怎么用消息传递的方式表示的。

（1）图卷积神经网络：在消息传递神经网络的框架下，消息函数可以写为$M_t\left(\boldsymbol{h}_v^t,\boldsymbol{h}_w^t\right)=c_{vw}\boldsymbol{h}_w^t$，其中$c_{vw}=\left(d\left(v\right)d\left(uw\right)\right)^{-1/2}\left(d\left(v\right)d\left(u\right)\right)-1/\left(2A_{vw}\right)$，而更新函数则是$U_v^t\left(\boldsymbol{h}_v^t,\boldsymbol{m}_v^{t+1}\right)=\text{ReLU}\left(\boldsymbol{W}^t\boldsymbol{m}_v^{t+1}\right)$。

（2）Neural FPs：早期提出的空域图神经网络的一种。它的消息函数是$M_t\left(\boldsymbol{h}_v^t,\boldsymbol{h}_w^t,\boldsymbol{e}_{vw}\right)=\text{CONCAT}\left(\boldsymbol{h}_w,\boldsymbol{e}_{vw}\right)$，而更新函数为$U_t\left(\boldsymbol{h}_v^t,\boldsymbol{m}_v^{t+1}\right)=\sigma\left(\boldsymbol{H}_v^{d(v)},\boldsymbol{m}_v^{t+1}\right)$。它在消息传递的过程中加入了边的信息，如果综合所有的消息$\boldsymbol{m}_v^{t+1}=\text{Concat}\left(\sum\boldsymbol{h}_w^t,\sum\boldsymbol{e}_{vw}\right)$，则会发现节点和边在聚合过程中其实是分开的，使节点和边的相关性不能很好地被识别。

（3）门控图神经网络：作为空域图循环神经网络的一种，也可以写成消息传递神经网络的形式。它的消息函数是$M_t\left(\boldsymbol{h}_v^t,\boldsymbol{h}_w^t,\boldsymbol{e}_{vw}\right)=\boldsymbol{A}_{e_{vw}}\boldsymbol{h}_w^t$，其中$\boldsymbol{A}_{e_{vw}}$是一个可学习的参数矩阵，表示每个不同类型的边对应的矩阵操作；而更新函数为

$U_t = \mathrm{GRU}\left(\boldsymbol{h}_v^t, \boldsymbol{m}_v^{t+1}\right)$。另外，门控图神经网络最后的读取函数比较特殊，是一个带权重的求和函数：$R = \sum_{u \in \mathcal{V}} \sigma\left(i\left(\boldsymbol{H}_v^{(T)}, \boldsymbol{H}_v^0\right)\right) \odot \tanh\left(j\left(\boldsymbol{H}_v^{(T)}\right), \boldsymbol{x}_v\right)$。其中，$T$ 为总的迭代次数，i 和 j 是两个神经网络，$\sum_{u \in \mathcal{V}} \sigma\left(i\left(\boldsymbol{H}_v^{(\mathrm{T})}, \boldsymbol{H}_v^0\right)\right)$ 是通过软注意力机制得到的每个节点的重要性。为了简化，激化函数 tanh 有时是可以省略的。

总之，图神经网络的发展看似是谱域和空域两个角度，但有些时候是一个统一的整体，空域可以把一些谱域图神经网络融合进来，这也是图神经网络发展的最终趋势。以 SpectralGNN 和切比雪夫网络为例来加以说明，它们的消息函数都可以写成 $M_t\left(\boldsymbol{h}_v^t, \boldsymbol{h}_w^t\right) = \boldsymbol{C}_{vw}^t \boldsymbol{h}_w^t$，其中，$\boldsymbol{C}_{vw}^t$ 是基于图拉普拉斯矩阵 $\boldsymbol{L}$ 的特征向量的一个参数化矩阵，而更新函数是 $U_t\left(\boldsymbol{h}_v^t, \boldsymbol{m}_v^{t+1}\right) = \sigma\left(\boldsymbol{m}_v^{t+1}\right)$。

13.5 图神经网络模型的应用

图神经网络的应用非常广泛，这得益于其应用场景丰富。一方面，这方面的研究呈爆发性增长趋势；另一方面，基于图神经网络的相关平台和框架被相继推出（如 Pintest 的 PinSAGE、Facebook 的 PyTorch-BigGraph）。

13.5.1 图分类

图分类任务经常出现在生化领域，如预测分子的化学性质等。在图分类中，这里给定一些已知标签的图 $(G_1, y_1), \cdots, (G_n, y_n)$ 用来训练，目标是预测一些新图的标签。

前面提到，可以通过节点的嵌入表示 $\boldsymbol{Z}$ 得到整个图的向量表示 $z_{\mathrm{g}} = \mathrm{READOUT}(\boldsymbol{Z})$。READOUT 函数可以采用加和函数、均值函数、最大汇聚等实现，也可以像门控图神经网络那样采用更高级的软注意力机制。在得到图的向量表示之后，就可以做图上的分类预测任务了。同节点分类类似，这里也可以使用一个简单的全连接网络对图 G_i 进行分类预测：

$$\hat{\boldsymbol{y}}_i = \mathrm{Softmax}\left(\mathrm{MLP}\left(zG_i\right)\right) \tag{13-36}$$

同样，使用真实标签 $\boldsymbol{y}$ 与预测标签 $\hat{\boldsymbol{y}}$ 的交叉熵作为损失函数来训练图神经网络：

$$L = -\sum_{i=1}^{n} \boldsymbol{y}_i \log \hat{\boldsymbol{y}}_i \tag{13-37}$$

有些图级别的预测任务并不是分类。例如，如果要预测的分子性质不属于某个类别而是一个连续的值，那么此时要采用回归模型，损失函数也要相应地改为平方差：

$$L = \sum_{i=1}^{n} \left\| \boldsymbol{y}_i - \mathrm{MLP}\left(zG_i\right) \right\|_2^2 \tag{13-38}$$

图分类主要用于预测任务，还有预测分子的化学性质和化学反应、图生成模型与药物发现、Graph2Seq 等，都是图分类的典型应用。

13.5.2 知识图谱与注意力模型

知识图谱（Knowledge Graph）旨在描述客观世界的概念、实体、事件及其之间的关系。其中，概念是指人们在认识世界的过程中形成的对客观事物的概念化表示，如法人、法律、组织机构等；实体是客观世界中的具体事物，如篮球运动员姚明、互联网公司腾讯等；事件是客观世界的活动，如地震、股票交易等。关系描述概念、实体、事件之间客观存在的关联关系，运动员和篮球运动员之间的关系是概念和子概念的关系。

知识图谱本质上是语义网络，是一种基于图的数据结构，由节点和边组成。在知识图谱中，节点表示现实世界中存在的实体，边表示实体之间的关系。知识图谱是关系的最有效的表示方式。在知识图谱中，每个实体或概念都有一个唯一的标识符，其属性用来刻画实体的内在特性；而关系则用来连接两个实体，刻画它们之间的关联。

既然已经有了基于图卷积神经网络的模型，那么可以预见，一定有基于图注意力的模型。下面以文献[174]为例介绍知识图谱的图注意力模型，类似于结构感知卷积网络。这个模型也是先用图神经网络作为编码器，然后将一个传统的知识图谱嵌入模型作为解码器的。具体来讲，编码器就是一个图注意力网络的扩展。它与图注意力网络不同的地方在于，在计算边的注意力权重时，除了考虑节点的属性，还加入了边的信息：

$$\alpha_{\mathrm{htr}} = \mathrm{Softmax}_{\mathrm{tr}}\left(\mathrm{LeakyReLU}\left(\boldsymbol{W}_2 \boldsymbol{c}_{\mathrm{htr}}\right)\right) \tag{13-39}$$

其中，$\boldsymbol{c}_{\mathrm{htr}} = \boldsymbol{W}_1\left[\boldsymbol{h} \| \boldsymbol{t} \| \boldsymbol{r}\right]$；$\mathrm{Softmax}_{\mathrm{tr}}$ 表示对 $\boldsymbol{t}$ 和 $\boldsymbol{r}$ 对应的维度进行归一化。类似于图注意力网络，可以加入多头注意力来增强模型的表达能力。假设有 M 个独立的

注意力机制，则节点的更新可以表示为

$$\boldsymbol{h}=\sigma\left(\frac{1}{M}\sum_{m=1}^{M}\sum_{j\in N_i}\sum_{r\in R_{\text{ht}}}\alpha_{\text{htr}}\boldsymbol{c}_{\text{htr}}^{m}\right) \tag{13-40}$$

而解码器用的是一个经典模型 ConvKB。对于每一个三元组$(\boldsymbol{h},\boldsymbol{t},\boldsymbol{r})$，在上述编码器得到它们的向量表示$(\boldsymbol{h},\boldsymbol{t},\boldsymbol{r})$之后，引入 ConvKB 模型的得分函数：

$$f_r(\boldsymbol{h},\boldsymbol{t})=\Vert_{m=1}^{\Omega}\left(\text{ReLU}\left(\left[\boldsymbol{h},\boldsymbol{t},\boldsymbol{r}\right]*\boldsymbol{\omega}^{m}\right)\boldsymbol{W}\right) \tag{13-41}$$

其中，$\boldsymbol{\omega}^m$ 是第 $\boldsymbol{m}$ 个卷积核。

13.5.3 基于图神经网络的推荐系统

推荐系统是与工业界联系最紧密的图神经网络应用。在信息社会，不管是推荐广告还是产品，都不可避免地需要一个可以处理工业级别大数据的推荐系统。推荐系统天然地依托图结构（如用户-产品图），因此，图神经网络在这个领域的应用非常受重视。

PinSAGE 是工业界第一次公开地将图神经网络应用到自己的产品中的体现。PinSAGE 的图嵌入算法主要基于 GraphSAGE，在具体的实现上，充分考虑了训练效率，其训练充满了大量的工程技巧。

PinSAGE 的整个训练过程以批处理的形式进行。对于每个目标节点，先对它周围的邻居进行重要性采样，然后经由图中右上角展示的两层信息聚合（图卷积）得到节点的嵌入表示。

（1）不同于很多图神经网络模型，PinSAGE 不需要运行在整个图上。从图卷积神经网络的公式可知，在原始的图卷积神经网络中，需要存入整个图的邻接矩阵，但是 PinSAGE 采取了批处理的方式，只需从训练数据节点周围随机游走来动态得到需要采样的邻居，这大大减少了计算量。另外，构建批数据的方式采用了生产者消费者模式，用 CPU 进行邻居的采样，用 GPU 进行矩阵的并行运算，最大化地利用了计算资源。

（2）PinSAGE 虽然基于 GraphSAGE，但不同于 GraphSAGE 的完全随机采样，它在采样时考虑了节点的重要性。被采样的邻居的重要性通过随机游走的访问数得到，如此可以提高采样效率。

（3）模型训练完成后，如果直接使用 PinSAGE 的批处理算法，则会有大量的重复计算。因此，在训练完成之后进行 MapReduce 推断，以此来避免节点重复地计入计算过程。

（4）在得到节点嵌入之后，利用局部敏感哈希（Locality Sensitive Hashing，LSH）算法进行高效的 *K*-近邻检索。

PinSAGE 侧重于工业实现，其模型本身做了很大程度的简化。例如，它把所有的节点当成同类型的节点，这样可以直接使用同质图的嵌入方法进行计算。推荐系统的数据本质上是异构图，不仅节点具有不同的类型，节点之间的关系还可能具有不同的特征。区分这些节点的类型和引入边的特征在很多情况下都是必要的，因此，更多推荐系统的策略是采用异构图的图神经网络算法，如 Fan 等就提出了 GraphRec 这种异构网络上的推荐系统。GraphRec 对用户和产品进行了不同的处理，在模型中可以看到 3 种信息的传递和聚合，即从产品到用户、从用户到用户，以及从用户到产品。

13.5.4 计算机视觉

在计算机视觉领域，图神经网络主要应用在语义分割、视觉问答、场景图的表示和生成等方面。在图像上，图结构本身并没有那么明显，但是我们仍然可以找到一些空间关系或语义关系。我们知道，传统的卷积神经网络主要利用的是一个小邻域上的本地信息，对远程的关系处理起来很困难，但是语义分割的任务正好大量存在着可能的远程关联。Liang 等（参见文献[173]）在图像中引入了一种叫作超像素（Superpixel）的节点，这些超像素节点通过空间关系（距离）建立联系，形成一个图，图 LSTM（Graph LSTM）的模型对这些超像素构建的图进行建模，从而更好地利用远程的关联性辅助本来的分割任务（见图 13-5）。

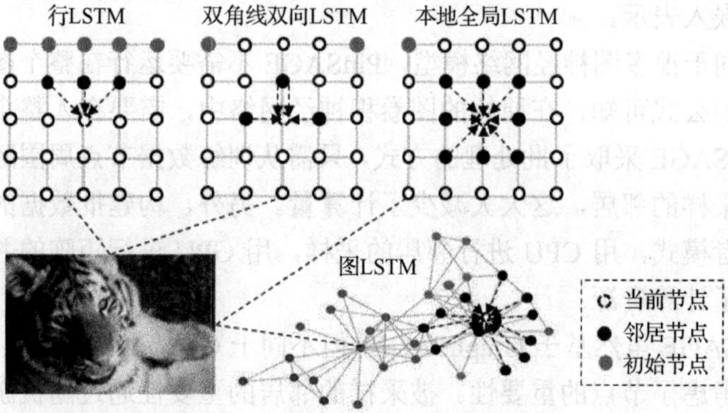

图 13-5　图神经网络用于图像的语义分割

场景理解和场景图的生成是视觉中另一个重要任务。Yang 等（参见文献[174]）提出了一个框架，利用图神经网络更新生成的场景图中目标物体和关系的表示，从而校正场景图的预测。如图 13-6 所示，先识别出图中所有的目标物体，并抽出它们之间所有可能的关系，这样就得到了一个以图像中的目标物体为节点且任意两个节点之间都有关系的稠密图；然后对这个稠密图进行剪枝稀疏化，就得到了一个潜在的场景图表示，但是这个场景图中的每个节点都是由图像直接生成的，这样就少了一些互相的联系和规约，于是可以用一个图神经网络来对这个场景图建模，重新学习节点的表示，这样就可以把节点周围的其他实体的信息也纳入；最后根据图神经网络学到的新的表示重新预测每个节点代表的目标物体及它们之间的关系，这样场景图的预测就变得更加准确。

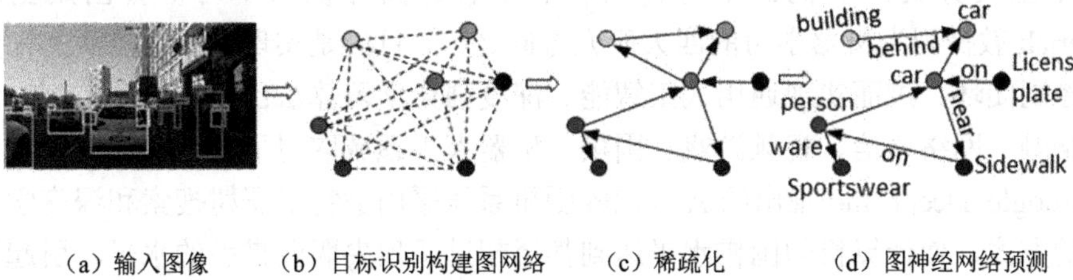

图 13-6　利用图神经网络辅助场景图生成

13.6　本章小结

图是一种重要的数据结构，既可以表示二维表数据，又可以表示自然语言、社交网络和计算机视觉数据。图神经网络是人工智能研究领域针对图结构进行有效计算和学习的一种重要技术，可以有效地对图上的节点数据和图上边表示的关系进行建模与推理。

本章从图神经网络的概念、特点及其发展过程谈起，重点从谱域和空域两个角度阐述了图神经网络的原理和方法。谱域图神经网络的方法以图傅里叶变换为理论基础，定义了图卷积神经网络的实现原理；而空域图神经网络则可以看作图上节点的消息传递和聚合。更为复杂的图神经网络都源于这两种典型框架（谱域卷积和消息传递）。在此理论基础上，主要介绍了几种常用的图神经网络的基本原理和典型应用，如图卷积神经网络、图循环神经网络、消息传递神经网络等；在应用上介绍了图分类、知识图谱、图神经网络的推荐系统及计算机视觉。

第14章

深度强化学习

深度强化学习（Deep Reinforcement Learning，DRL）是近年来深度学习领域的一个重要分支，被机器学习领域著名学者、国际机器学习协会创始主席Dietterich教授列为机器学习的四大研究方向之一，目的是实现人工智能从感知到决策控制闭环，进而实现通用人工智能。深度强化学习算法已经在自动控制、调度、金融、网络通信、视频游戏、围棋、机器人等领域取得了突破性进展。2016年，Google DeepMind推出的AlphaGo围棋系统采用蒙特卡罗树搜索和深度学习结合的方式，使计算机的围棋水平达到甚至超过了顶尖职业棋手的水平，引起了世界性的轰动。AlphaGo的算法核心是深度强化学习，使得计算机在自对弈的过程中不断优化控制策略。深度强化学习算法基于深度神经网络自学习，可实现从感知到决策控制的端到端闭环，是人工智能实现与现实世界交互的关键技术。本章介绍深度强化学习的算法思想与实现过程。

14.1 强化学习概述

深度强化学习将深度学习和强化学习相结合，从而实现从感知到动作的端对端学习的算法。强化学习（Reinforcement Learning，RL）又称再励学习或评价学习，是智能系统从环境到行为进行映射的学习，目的是使强化学习信号（回报函数值）最大。强化学习不同于监督学习，主要体现在“教师信号”上，在强化学习中，由环境提供的强化学习信号会对产生动作的好坏做一种评价（通常为标量信号），而不是告诉强化学习系统（Reinforcement Learning System，RLS）如何产生正确的动作。由于外部环境提供的信息很少，所以RLS必须靠自身的经历进行学习。通过这种方式，RLS在行动-评价的环境中获得知识，并改进行动方案，以适应环境。

深度强化学习的基本模型如图14-1所示，智能体通过与环境的交互进行学习。智能体与环境的交互接口包括动作、回报和状态。交互过程可以表述为如下形式：每一步主体都先根据策略选择一个动作执行，然后感知下一步的状态和回报，通过经验修改自己的策略。智能体的目标就是最大化地积累回报。

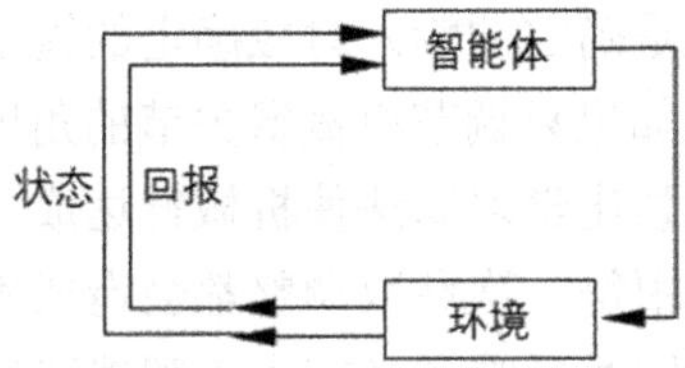

图 14-1 深度强化学习的基本模型

假设输入感知信息为高维原始数据，如视觉图像等，通过深度神经网络的策略规划，直接输出动作控制指令，没有人工策略设计。深度强化学习可通过自主学习掌握一种甚至多种技能。在人工智能领域，定义智能体（Agent）来表示具备行为能力的系统，包括机器人、无人车等。强化学习要实现的是智能体（Agent）与所在环境（Environment）的交互。

智能体与环境交互都包括一系列的动作（Action）、感知（Observation）和反馈值（Reward）。智能体执行了指定动作，与环境交互后，环境参量会发生变化，该变化用反馈值来衡量好坏。感知是对环境状态的测量，智能体智能感知环境的部分信息，如 CCD 智能获得某个特定角度的图像画面。在每个时间点，智能体从动作集合 A 中选择一个优化动作 a_t 来执行。该动作集合可以是连续指令，如机器人的控制；也可以是离散控制，如特殊定义的按键操作。动作集合的大小直接影响整个优化任务的求解难度。目前，深度强化学习算法着重处理离散输出的优化问题。

强化学习的优化目标为输出的控制策略应获得尽可能高的反馈值。反馈值越高，表示控制策略越优化。在每个时刻，智能体根据当前的环境感知结果确定下一步的动作。环境感知结果作为智能体的自身状态（State）评估依据。状态和动作存在映射关系，即每个状态可以对应一个优化动作，或者对应几个动作的概率。通常用概率表征输出策略，动作执行采用概率最大的输出策略。状态与动作的关系可视作输入与输出的对应关系，而基于当前状态 s 给出动作 a 的过程为策略（Policy），用 π 表示，此时决策过程可表示为 $a=\pi(s)$ 或 $\pi(a|s)$。强化学习的任务就是优化策略 π，从而使反馈值最高。初始情况从随机的策略开始进行试验，就可以得到一系列的状态、动作和反馈值：

$$\{s_1,a_1,r_1,s_2,a_2,r_2,\cdots,s_t,a_t,r_t\}$$

上述公式描述了时序的训练样本。强化学习算法需要根据这些样本改进控制策略，从而使得后续得到的样本的反馈值更高。强化学习在经典物理的框架下，将时间分为具有时序的片段，此时强化学习样本可以表示为形如 $\{s_0,a_0,r_0,s_1,a_1,r_1,\cdots,s_t,a_t,r_t\}$ 的状态、动作和反馈值序列。

强化学习的前提假设是确定的输入对应确定的输出。例如，机械臂学习掷骰子，以掷出 6 点为目标。如果只调节机械臂关节的角度及扭矩，则掷出的点数永远是随机的，不可能通过强化学习算法使机械臂达成目标。因此，强化学习算法的有效性建立在强化学习中每一次参数调整都会造成确定性影响的前提下。这些强化学习算法建立的基础同时反映了当前人工智能研究的局限性。因而，在时间和确定性假设基础上，即可采用马尔可夫决策进行深入分析。

深度强化学习在实际问题中的广泛使用还面临诸多挑战，主要包括特征表示、搜索空间、泛化能力等方面的问题。

在经典强化学习的研究中，状态和动作空间均为有限集合，每个状态和动作都被分别处理。许多应用问题（如机械臂控制）具有连续的状态和动作空间，即使对于有限状态空间（如棋盘格局），状态之间也并不是没有联系的。因此，如何将状态赋予合适的特质表示，将极大地影响强化学习的性能。在深度学习技术的应用中，特征可以更有效地从数据中学习，Google DeepMind 的研究者在 *Nature* 上发表了基于深度学习和 Q-Learning 的强化学习方法 Deep Q-Network，Atari 2600 游戏机上的多个游戏取得“人类玩家水平”的成绩。一方面，可以看到特征的改进可以提高强化学习的性能；另一方面，也观察到 Deep Q-Network 在考验反应的游戏中表现良好，而对于需要逻辑知识的游戏，还远不及人类玩家。

14.2 马尔可夫决策过程

马尔可夫决策基于假设：未来系统状态只取决于当前系统状态。也就是说，假定能观测封闭环境内的所有对象的精确状态，则未来这些对象的状态变化只与当前的状态相关，与过去无关。数学描述为：一个状态 s_t 是马尔可夫过程，当且仅当

$$P\left(s_{t+1} \mid s_t\right)=P\left(s_{t+1} \mid s_t, s_{t-1}, \cdots, s_1, s_0\right) \tag{14-1}$$

其中，P 表示概率。这里的状态是完全可观察的全部环境状态。对于策略游戏，如围棋，所有的棋子状态是完全可观测的。式（14-1）可以用概率论的方法来证明。强化学习问题均可以模型化为马尔可夫决策问题。

一个基本的马尔可夫决策可以用 (s,a,P) 表示，其中，s 表示状态；a 表示动作；P 表示状态转移概率，即根据当前的状态 s_t 和动作 a_t 转移到状态 s_{t+1} 的概率。若转移概率 P 的分布，就实现了对象建模。基于该模型可以求解该对象的未来状态，进而获取最优的输出动作。这种通过模型获取最优的输出动作的方法为基于模型的方法。

14.2.1　价值函数

由于状态与动作具有对应关系，所以每个状态都可以用量化的值来描述，并判断该状态的好坏，用以描述未来回报的期望。智能体决策过程如图 14-2 所示。因此，定义回报（Return）表示时刻 t 的状态对应回报：

$$G_t = R_{t+1} + \lambda R_{t+2} + \cdots = \sum_{k=0}^{\infty} \lambda^k R_{t+k+1} \tag{14-2}$$

其中，R 是反馈值；λ 是折扣因子，通常将其设定为小于 1 的值，即当下的反馈是比较重要的，过去时间越久，对未来的影响越小。根据该定义，只有整个过程结束，才能获取所有的反馈值来计算每个状态的回报。因此，引入价值函数的概念，用价值函数 $v(s)$ 表示当前状态在未来的潜在回报价值。价值函数定义为回报的期望：

$$v(s) = E[G_t \mid S_t = s]$$

推导可得

$$v(s) = E\left[R_{t+1} + \lambda v(S_{t+1}) \mid S_t = s\right] \tag{14-3}$$

式（14-3）为 Bellman 方程的基本形态，可以看出，当前状态的价值和下一步动作的价值取决于以往的反馈值。基于 Bellman 方程可迭代计算价值函数。

图 14-2　智能体决策过程

14.2.2　动作价值函数

在价值函数的基础上，考虑到每个状态之后都有多种动作可以选择，每个动作之后的状态也不同，强化学习更关心当前状态与下一步动作组合的价值。如果能够评估特定状态下每个动作的价值，就可以将价值最大的动作作为优化策略。定义动作价值函数 $Q^{\pi}(s,a)$。动作价值函数也可用反馈值来表示。动作价值函数采用的反馈值是执行完特定动作之后得到的反馈值，而价值函数中描述状态对应的反馈值则是多种动作对应的反馈期望值。动作价值函数的数学描述为

$$\begin{aligned} Q^{\pi}(s,a) &= E\left[r_{t+1} + \lambda r_{t+2} + \lambda^2 r_{t+2} + \cdots \mid s,a\right] \\ &= E_{s'}\left[r + \lambda Q^{\pi}(s',a') \mid s,a\right] \end{aligned} \tag{14-4}$$

动作价值函数的定义中包含π，表明是在对应π策略下的动作价值。对于每个动作，都需要根据当前的状态通过策略生成动作以控制输出，与选择的策略是对应的，但价值函数与策略不对应。动作价值函数比价值函数的适用范围更广，因为动作价值函数更直观，更便于应用在算法当中。

14.2.3 最优价值函数

强化学习求解最优策略的方法包括基于价值的方法、基于策略的方法和基于模型的方法。基于策略的方法是直接计算策略函数；基于模型的方法是估计模型，即计算出状态转移函数，从而使整个 MDP（Markov Decision Processes，马尔可夫决策过程）得解。深度强化学习采用的是基于价值的方法，通过求解最优价值函数，进而获取对应的最优策略。最优动作价值函数可用动作价值函数表示：

$$Q^{\pi}(s,a)=\max_{\pi}Q^{\pi}(s,a) \tag{14-5}$$

即最优动作价值函数就是所有策略下的动作价值函数的最大值。基于该定义就可确定最优动作价值的唯一性，进而求解马尔可夫决策问题。基于 14.2.2 节定义的动作价值函数，可得

$$Q^{*}(s,a)=E_{s'}\left[r+\lambda\max_{a'}Q^{*}(s',a')\,|\,s,a\right] \tag{14-6}$$

最优的Q值为最大化，等式右侧为使a'取最大值时对应的Q值。以下介绍基于 Bellman 方程的两种最基本的算法：策略迭代和价值迭代。

14.2.4 策略迭代

策略迭代的目的是通过迭代计算价值函数，使策略π收敛到最优。策略迭代本质上就是直接使用 Bellman 方程得到的：

$$\begin{aligned} v(s)&=E_{\pi}\left[R_{t+1}+\gamma v_k(S_{t+1})\,|\,S_t=s\right] \\ &=\sum_{a}\pi(a|s)\sum_{s',r}p(s',r|s,a)\left[r+\gamma v_k(s')\right] \end{aligned} \tag{14-7}$$

策略迭代一般分成以下两步。

（1）策略评估（Policy Evaluation）：更新价值函数，更好的估计基于当前策略的状态价值。

（2）策略改进（Policy Improvement）：使用贪婪搜索算法产生新的样本，用

于策略评估。

策略迭代首先使用当前策略产生新的样本，使用新的样本更好地估计策略的价值，然后利用策略的价值更新策略，并不断反复。最终策略将收敛到最优已经在理论上得到证明。

策略迭代算法流程如下。

算法 14.1　策略迭代算法

（1）Initialization（初始化）

$V(s)\in\mathbb{R}$ and $\pi(s)\in A(s)$ arbitrarily for all $s\in S$

（2）Policy Evaluation（策略评估）

Repeat

$\Delta\leftarrow 0$

For each $s\in S$

$v\leftarrow V(s)$

$V(s)\leftarrow\sum_{s',r}p(s',r|s,\pi(s))\left[r+\gamma V(s')\right]$

$\Delta\leftarrow\max(\Delta,v-V(s))$

Until $\Delta<\theta$（一个小的正数）

（3）Policy Improvement（策略改进）

Policy -stable←true

For each $s\in S$

$a\leftarrow\pi(s)$

$\pi(s)=\underset{a}{\operatorname{argmax}}\sum_{s',r}p(s',r|s,a)\left[r+\gamma V(s')\right]$

If $a\neq\pi(s)$ then policy-stable←false

If policy-stable then stop and return V and π else goto 2

其中策略评估最为重要。策略迭代的关键是得到状态转移概率 P，即 14.2.3 节建立的马尔可夫模型的概率分布。该模型要反复迭代，直到收敛，模型误差会影响每次的迭代过程。因此，需要对迭代过程进行限制，如设定最大迭代次数或比率。

14.2.5　价值迭代

价值迭代基于 Bellman 最优方程得到：

$$\begin{aligned}v_*(s)&=\max_a E\left[R_{t+1}+\gamma v_*(S_{t+1})\mid S_t=s,A_t=a\right]\\&=\max_a\sum_{s',r}p(s',r|s,a)\left[r+\gamma v_*(s')\right]\end{aligned}\tag{14-8}$$

其迭代形式为

$$\begin{aligned} v_{k+1}(s) &= \max_a E\left[R_{t+1} + \gamma v_k(S_{t+1}) \mid S_t = s, A_t = a\right] \\ &= \max_a \sum_{s',r} p(s',r|s,a)\left[r + \gamma v_k(s')\right] \end{aligned} \tag{14-9}$$

价值迭代的算法流程如下。

算法 14.2　价值迭代算法

Initialize array arbitrarily （e.g.,） $V(s)=0$ for all $s \in S$

　　Repeat

　　　　$\Delta \leftarrow 0$

　　　　For each $s \in S$

　　　　　　$v \leftarrow V(s)$

　　　　　　$V(s) \leftarrow \max_a \sum_{s',r} p(s',r|s,a)\left[r + \gamma V(s')\right]$

　　　　　　$\Delta \leftarrow \max(\Delta, v - V(s))$

　　Until $\Delta < \theta$（一个小的正数，表明状态趋于稳定）

输出一个确定的策略

$$\pi(s) = \max_a \sum_{s',r} p(s',r|s,a)\left[r + \gamma V(s')\right]$$

这两种迭代策略的主要区别在于：策略迭代使用 Bellman 方程更新价值，最后收敛的价值即 v_π，是当前策略下的价值（因此叫作对策略进行评估），目的是使策略更新优化。而价值迭代则是使用 Bellman 最优方程更新价值的，最后收敛得到的价值即 v_*，就是当前状态下的最优价值。因此，只要迭代过程收敛，也可获得最优策略。由于这个方法是基于更新价值的，所以叫作价值迭代。

基于以上分析，价值迭代比策略迭代更直接，但需要知道状态转移函数。两种方法都依赖模型，而且在理想条件下，需要遍历所有的状态，这在现实复杂问题中难以实现。针对动作价值函数进行迭代优化，迭代形式为

$$Q_{i+1}(s,a) = E_{s'}\left[r + \lambda \max_{a'} Q_i(s',a') \mid s,a\right] \tag{14-10}$$

每次根据新得到的反馈值和原来的 Q 值更新现在的 Q 值。理论上可以证明价值迭代能够使 Q 值收敛到最优的动作价值函数。需要注意的是，策略迭代和价值迭代都是在理想化的情况下基于完整环境信息推导出来的算法，在实际复杂问题中不能直接应用，其学习精度依赖建模的精度。

14.3 Q-Learning 算法

Q-Learning 算法由价值迭代方法发展而来。在价值迭代过程中，每次都对所有的 Q 值进行更新，即遍历所有的状态和可能的动作。在实际情况下无法遍历所有的状态和动作时，只能得到有限的系列样本。因此，Q-Learning 提出了一种更新 Q 值的方法，即仅根据有限的样本进行学习：

$$Q(S_t,A_t) \leftarrow Q(S_t,A_t) + \eta\left[R_{t+1} + \lambda \max_a Q(S_{t+1},a) - Q(S_t,A_t)\right] \qquad (14\text{-}11)$$

虽然该过程根据价值迭代计算出了目标 Q 值，但并没有将 Q 值的估计值直接赋值给 Q，而采用渐进的方式执行梯度下降算法，朝最优点迈进，学习率为 η，可减小估计误差造成的影响。通过随机梯度下降，最后收敛到最优的 Q 值。

为了得到最优策略，需要估算每个状态选择每个动作的价值。基于马尔可夫决策过程假设，每个时刻的 $Q(S,A)$ 仅和当前的反馈值及下一时刻的 $Q(S,A)$ 有关。在单次试验中，强化学习只能估算当前的 Q 值，而无法获得下一时刻的 Q 值。而 Q-Learning 算法建立在虚拟环境下多次反复试验的基础上，因此，可将当前反馈值及上次试验中下一时刻的 Q 值作为更新依据。

Q-Learning 训练算法如下。

算法 14.3 Q-Learning 训练算法

初始化 $Q(s,a)$，$\forall s \in S$，$a \in A(s)$（可以是此范围内任意的数值），并且 $Q(\text{terminal} - \text{state},:) = 0$

重复（对每一节片段）：

  初始化状态 S

  重复（片段中的每一步）：

    使用某一个策略，如根据状态 S 选取一个动作执行

    执行完动作后，观察奖励和新的状态 S'

    $$Q(S_t,A_t) \leftarrow Q(S_t,A_t) + \alpha\left[R_{t+1} + \lambda \max_a Q(S_{t+1},a) - Q(S_t,A_t)\right]$$

    $S \leftarrow S'$

  循环直到 S，终止

Q-Learning 算法首先要对 Q 值进行存储。基本方法是采用矩阵，将状态 S、动作与 Q 值进行对应，因此，可以把 Q 值存储为二维表，横列描述状态，纵列描述动作，如表 14-1 所示。

表 14-1　定义 Q 值表

	a_1	a_2	a_3	a_4
s_1	$Q(1,1)$	$Q(1,2)$	$Q(1,3)$	$Q(1,4)$
s_2	$Q(2,1)$	$Q(2,2)$	$Q(2,3)$	$Q(2,4)$
s_3	$Q(3,1)$	$Q(3,2)$	$Q(3,3)$	$Q(3,4)$
s_4	$Q(4,1)$	$Q(4,2)$	$Q(4,3)$	$Q(4,4)$

在重复试验中，对 Q 值表进行更新。

Step1：初始化 Q 值表，可都初始化为 0。

Step2：进行迭代试验。根据当前 Q 矩阵及贪婪搜索算法给出下一个动作。例如，若当前的状态为 s_1，则 s_1 对应的每个 Q 值都是 0，如表 14-2 所示，此时以均匀概率随机选择动作 A。

表 14-2　Q 值初始表

	a_1	a_2	a_3	a_4
s_1	0	0	0	0
s_2	0	0	0	0
s_3	0	0	0	0
s_4	0	0	0	0

若选择动作 a_2 后得到的反馈值为 1，并进入 s_3 状态，则根据

$$Q(s_t,A_t) \leftarrow Q(s_t,A_t)+\alpha\left[R_{t+1}+\lambda \max_a Q(s_{t+1},a)-Q(s_t,a_t)\right] \tag{14-12}$$

更新 Q 值，取 $\alpha=1$，$\lambda=1$，即将目标 Q 值赋给 Q。代入迭代公式，可得

$$Q(s_t,a_t)=R_{t+1}+\max_a Q(s_{t+1},a) \tag{14-13}$$

则在该时刻表示为

$$Q(s_1,a_2)=1+\max_a Q(s_3,a) \tag{14-14}$$

即对应 s_3 状态，最大值为 0，$Q(s_1,a_2)=1+0=1$，Q 值表就变成表 14-3。

表 14-3　Q 值状态表

	a_1	a_2	a_3	a_4
s_1	0	1	0	0
s_2	0	0	0	0
s_3	0	0	0	0
s_4	0	0	0	0

Step3：基于状态 s_3 进行动作估计。若选择动作 a_3 后得到的反馈值为 1，状态变成 s_1，那么同样进行更新：

$$Q(s_3,a_3)=2+\max_a Q(s_1,a)=2+1=3 \tag{14-15}$$

则 Q 值表就变成表 14-4。

表 14-4　Q 值动作表

	a_1	a_2	a_3	a_4
s_1	0	1	0	0
s_2	0	0	0	0
s_3	0	0	3	0
s_4	0	0	0	0

Step4：反复进行上述迭代，直至 Q 值表收敛。

通过上述迭代方式，Q 值在作为输出控制策略的同时反复更新，直到收敛。在现实复杂问题的分析过程中，输入状态维度过高，无法通过二维表方式描述 Q 值。以 Atari 游戏交互为例，人工智能进行 Atari 游戏是纯视觉输入，输入是原始图像数据，是 210×160 的图像，输出为有限按键动作，如图 14-3 所示。在该问题中，每个像素都有 256 种选择，即系统输入状态数量包括 $256^{210\times160}$ 个，远远超过二维表的表示能力。

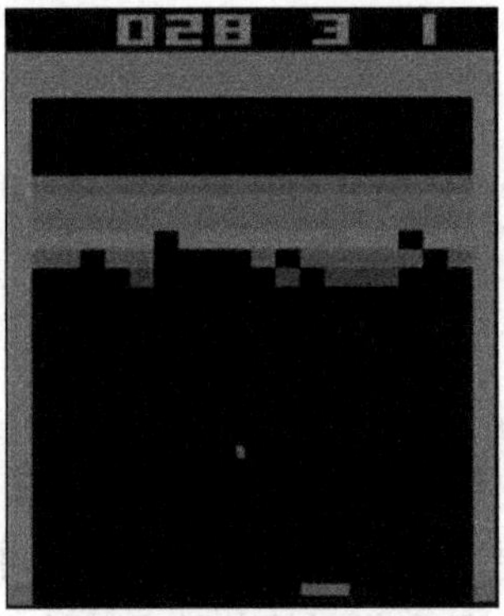

图 14-3　Atari 游戏

高维状态导致维度灾难，需要对状态的维度进行压缩。解决方案是采用价值函数近似，即用函数来表示 $Q(s,a)$：

$$Q(s,a)=f(s,a) \tag{14-16}$$

其中，f 可以是任意类型的函数。例如，采用线性函数 $Q(s,a)=w_1s+w_2a+b$，

其中 w_1、w_2、b 是函数 f 的参数。通过函数表示，状态 s 的具体维度不再重要，最终都能通过矩阵运算降维，输出为单值的 Q 值。这就是价值函数近似的基本思想。若用 w 表示函数 f 的所有参数，则可表示为

$$Q(s,a)=f(s,a,w) \tag{14-17}$$

由于 Q 值的实际分布未知，所以该方法的本质是用一个函数近似 Q 值的分布，即用 $Q(s,a)\approx f(s,a,w)$ 表示高维状态输入、低维动作输出的表示问题。

Atari 游戏是一个高维状态输入（原始图像）、低维状态输出的模型（包括几个离散的按键动作），因此只需对高维状态输入进行降维，而不需要对动作进行处理。此时，可用 $Q(s)\approx f(s,w)$ 进行近似，只把状态 s 作为输入，而输出每个动作 a 的 Q 值，即输出向量 $\left[Q(s,a_1),Q(s,a_2),\cdots,Q(s,a_n)\right]$。也就是说，每次迭代只需输入状态 s，即可得到所有的动作 Q 值，也将更有利于 Q-Learning 中动作的选择与 Q 值的更新。

在实际问题中，价值函数可以根据具体问题构造不同的输入形式。对于图像信息输入，可构造卷积神经网络（Convolutional Neural Network，CNN）作为价值函数进行评估。若要引入历史信息作为输入项，则还可在 CNN 之后加上 LSTM 模型。在采用 Deep Q-Network 训练算法时，先采集历史的输入/输出信息作为样本放在经验池里面，然后通过随机采样的方式采集多个样本进行随机梯度下降训练。

14.4 Deep Q-Network 强化学习

DQN（Deep Q-Network）算法是 Google DeepMind 于 2013 年提出的第一个深度强化学习算法，并在 2015 年得到进一步完善，发表在当年的 *Nature* 上。DeepMind 将 DQN 应用在 Atari 游戏上，仅使用视频信息作为输入，模拟人类玩游戏的情况。基于 DQN 算法的人工智能在多种游戏中取得了不错的成绩，相关研究快速发展。

DQN 算法解决的问题均具有相对简单的离散输出，即输出的动作集合仅包含有限的相互独立的动作。因此，DQN 算法基于 Actor-Critic 框架下的 Critic 评判模块，选择并执行最优动作。将 Q-Learning 算法和深度神经网络相结合，就是用一个深度神经网络表示价值函数的近似函数 f。以视觉输入信号为例，构建卷积神经网络对信号进行处理。首先，输入是经过处理的 4 个连续的 84×84 的图像，然后经过两个卷积层和两个全连接层，最后输出包含每个动作 Q 值的向量。该网络结构可针对不同的输入维度进行微调，用神经网络近似 Q 值可大大提高近似精确

度，将 Q 值转变为 Q 网络（Q-Network）。

DQN 模型取得成功的关键在于其 3 个核心组件，分别是深层卷积神经网络结构、经验回放机制及单独的固定目标 Q 网络。首先介绍其结构，DQN 模型采用了一个 5 层的深度卷积神经网络，如图 14-4 所示。

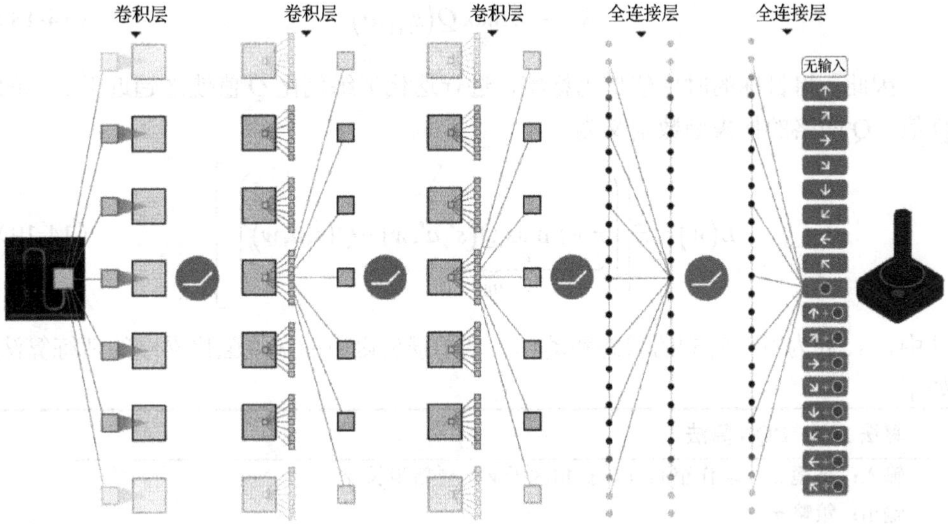

图 14-4　DQN 模型结构

DQN 模型的网络前 3 层为卷积层，后 2 层为全连接层，使用的激活函数均为 ReLU 函数。与常见的卷积神经网络不同的是，这个结构去掉了汇聚层，这样做的原因是汇聚层所具有的平移不变性会导致网络对输入图像中对象位置信息的感知能力下降。这一性质在处理监督学习的分类任务时可以发挥很大的作用，但是在 DQN 所应用到的电子视频游戏中，输入图像中对象位置的变化是十分关键的，这潜在地影响了最终能得到的奖励大小，因此这个网络结构中不需要保留汇聚层。DQN 模型的网络参数如表 14-5 所示。

表 14-5　DQN 模型的网络参数

层	输入/像素	卷积核大小	步　长	卷积核数目	激活函数	输出/像素
Conv1	84×84×4	8×8	4	32	ReLU	20×20×32
Conv2	20×20×32	4×4	2	64	ReLU	9×9×64
Conv3	9×9×64	3×3	1	64	ReLU	7×7×64
FC4	7×7×64	—	—	512	ReLU	512
FC5	512	—	—	18	linear	18

DQN 算法采用神经网络进行训练，其损失函数为标签和网络输出的偏差，学

习目标是最小化损失函数。深度神经网络训练需要巨量的有标签数据，通过反向传播使用梯度下降的方法更新神经网络的参数。同样，训练 Q 网络需要大量基于 Q 值的时序标签样本。

Q 值更新过程基于反馈值和 Q 值估计值计算出目标 Q 值：

$$R_{t+1}+\lambda\max_{a}Q\left(s_{t+1},a\right) \tag{14-18}$$

因此，将目标的时序值作为标签，进行迭代训练优化 Q 值使之趋近于实际的 Q 值。Q 网络的损失函数定义为

$$L\left(w\right)=E\left[\left(\underbrace{r+\gamma\max_{a}Q\left(s',a',w\right)}_{\text{Target}}-Q\left(s,a,w\right)\right)^{2}\right] \tag{14-19}$$

其中，s、a 为下一时刻的状态和动作。基于损失函数的深度强化网络的训练算法如下。

算法 14.4　DQN 算法

输入：环境 E，动作空间 A，折扣因子 γ，更新步长 α

输出：策略 π

初始化经验数据集 D 的容量为 N

随机初始化状态-动作价值函数 Q 的参数 θ

初始化目标状态-动作价值函数 $\hat{Q}$ 的参数 $\theta^{-}=\theta$

for e=1,2,⋯,M **do**

　初始化序列 $s_1=\{x_1\}$ 并进行预处理：$\phi_1=\phi(s_1)$

　for 时间步 t=1,2,⋯, T **do**

　　以概率 ϵ 选择一个随机动作 a_t，或者选择当前最优 $a_t=\max_{a}Q^{*}\left(\phi(s_t),a;\theta\right)$

　　在模拟器中执行动作 a_t 并获得奖励值 r_t 和屏幕截图 x_{t+1}

　　令 $s_{t+1}=s_t,a_t,r_t,x_{t+1}$，$\phi_{t+1}=\phi\left(s_{t+1}\right)$

　　将经验片段 $\left(\phi_t,a_t,r_t,\phi_{t+1}\right)$ 存储到经验数据集 D 中

　　从 D 中小批量地采样多个经验片段 $\left(\phi_j,a_j,r_j,\phi_{j+1}\right)$

　　令 $y_i=\begin{cases} r_j, & \text{在第}j+1\text{步到达片段终点} \\ r_j+\gamma\max_{a'}Q\left(\phi_{j+1},a';\theta^{-}\right), & \text{其他情况} \end{cases}$

　　计算损失函数对网络中每个参数 θ 的梯度并用梯度下降法更新参数

　　每隔 C 个时间步，更新目标值函数的参数 $\theta^{-}=\theta$

　end for

end for

DQN 算法采用经验池存储样本并进行样本采样。基于高维输入的样本组成一个时间序列，样本之间具有连续性。如果每次得到样本就对 Q 值进行更新，则由于邻近样本具有相似性，网络训练效果会变差。因此，为解决样本分布相似的问题，可先通过经验池将样本存储，再通过随机采样进行训练。该思想是模拟人类大脑在回忆中学习的机制。DQN 算法中的强化学习 Q-Learning 算法和深度学习的随机梯度下降训练算法是同步进行的。通过 Q-Learning 获取大量的训练样本，对神经网络进行训练。

14.5　蒙特卡罗算法

在很多应用场景中，马尔可夫决策过程的状态转移概率 $p(s'|s,a)$和奖励函数 $r(s,a,s')$都是未知的。在这种情况下，一般需要智能体和环境进行交互，并收集一些样本，根据这些样本来得到马尔可夫决策过程最优策略。这种模型未知，基于采样的学习算法也称为模型无关的强化学习（Model-Free Reinforcement Learning）算法或无模型的强化学习。

Q 函数 $Q^{\pi}(s,a)$是初始状态为 s，并执行动作 a 后所能得到的期望总回报：

$$Q^{\pi}(s,a)=E_{\tau\sim p(\tau)}\left[G\left(\tau_{s_0=s,a_0=a}\right)\right] \tag{14-20}$$

其中，$\tau_{s_0=s,a_0=a}$ 表示轨迹 τ 的起始状态和动作为 s 与 a。

如果模型未知，则 Q 函数可以通过采样进行计算，这就是蒙特卡罗算法。对于一个策略 π，智能体从状态 s 执行动作 a 开始，通过随机游走的方法探索环境，并计算其得到的总回报。假设进行 N 次试验，得到 N 个轨迹 $\tau^{(1)},\tau^{(2)},\cdots,\tau^{(N)}$，其总回报分别为 $G\left(\tau^{(1)}\right),G\left(\tau^{(2)}\right),\cdots,G\left(\tau^{(N)}\right)$，则 Q 函数可以近似为

$$Q^{\pi}(s,a)\approx\hat{Q}^{\pi}(s,a)=\frac{1}{N}\sum_{n=1}^{N}G\left(\tau^{(n)}_{s_0=s,a_0=a}\right) \tag{14-21}$$

当 $N\to\infty$ 时，$\hat{Q}^{\pi}(s,a)\to Q^{\pi}(s,a)$。

在近似估计出 Q 函数 $\hat{Q}^{\pi}(s,a)$之后，就可以进行策略改进了。在新的策略下重新通过采样来估计 Q 函数，并不断重复，直至收敛。

但在蒙特卡罗算法中，如果采用确定性策略 π，则每次试验得到的轨迹是一样的，只能计算出 $Q^{\pi}(s,\pi(s))$，而无法计算出其他动作 a' 的 Q 函数，因此也无法进一步改进策略。这种情况仅仅是对当前策略的利用，而缺失了对环境的探索，

即试验的轨迹应该尽可能覆盖所有的状态和动作，以找到更好的策略。这也类似多臂赌博机问题。

为了平衡利用和探索，可以采用ϵ-贪心法（ϵ-Greedy Method）。对于一个目标策略π，其对应的ϵ-贪心法策略为

$$\pi^{\epsilon}(s)=\begin{cases}\pi(s), & \text{按概率}1-\epsilon \\ \text{随机选择}A\text{中的动作}, & \text{按概率}\epsilon\end{cases} \tag{14-22}$$

这样，ϵ-贪心法将一个仅利用的策略转为带探索的策略。每次选择动作$\pi(s)$的概率为$1-\epsilon+\frac{\epsilon}{|A|}$，选择其他动作的概率为$\frac{\epsilon}{|A|}$。

在蒙特卡罗算法中，采样策略可以分为以下两种。

（1）同策略。如果采样策略是$\pi^{\epsilon}(s)$，则不断改进策略也是$\pi^{\epsilon}(s)$而不是目标策略$\pi(s)$。这种采样与改进策略相同，即都是$\pi^{\epsilon}(s)$的强化学习方法，叫作同策略（On-Policy）方法。

（2）异策略。如果采样策略是$\pi^{\epsilon}(s)$，而优化目标是策略π，则可以通过重要性采样，引入重要性权重来实现对目标策略π的优化。这种采样与改进分别使用不同策略的强化学习方法叫作异策略（Off-Policy）方法。

14.6 AlphaGo 强化学习

14.6.1 AlphaGo 发展概述

在介绍 AlphaGo 的发展史之前，简单回顾一下计算机围棋的发展历程，可以更加清楚地展现出采用深度强化学习的 AlphaGo 是如何在很短的时间内就取得了震惊世界的成绩的。首先，计算机围棋起源于 20 世纪 60 年代，与国际象棋等游戏相同，围棋属于完全信息博弈游戏，即对局双方都已知晓对方拥有的特征、策略集合及收益函数等方面的准确信息。这类博弈游戏一直以来都被认为是人工智能领域的挑战之一，如何设计一个可以战胜人类专业棋手的计算机程序始终是一个十分困难的问题。不过，相比于在国际象棋领域取得的进展，计算机在围棋领域始终还只是业余水准。对这种棋类游戏来说，计算机是通过在一个约含b^d个落子情况序列的搜索树上计算最优值函数来评估棋局并选择落子的位置的，其中，b是搜索的宽度，d是搜索的深度，对围棋来说，这个搜索空间的大小约为250^{150}。传统方法是采用穷举的方式对这一空间进行暴力搜索，但是目前计算机的运算能

力是无法完成对这样一个庞大的空间的搜索的。对于如何降低搜索过程中的计算强度，早期的计算机围棋通过专家系统和模糊匹配来缩小搜索空间。专家系统的数据获取十分困难，且需要消耗大量的人力和财力，其可靠性也无法估量。模糊匹配的方法从搜索宽度和搜索深度两方面对空间进行约减，采用近似值对真实值进行估计，这种方法在国际象棋中取得了很好的效果，但是在围棋中的效果非常一般。

2006 年，蒙特卡罗树搜索的应用给计算机围棋带来了新的希望。蒙特卡罗树搜索采用蒙特卡罗算法估计搜索树中每个状态的价值，随着模拟的进行，搜索树变得越来越大，相关状态的价值也会越来越精确。通过选择具有较大值的子节点，可以使落子策略的精度不断提升，最终收敛到最优，而价值函数也会随之收敛到最优。Remi Coulom 采用这种方法开发的 CrazyStone 在 2006 年计算机奥运会上首次夺得 9 路（9×9 棋盘大小）围棋的冠军。2008 年，王一早开发的 MoGo 在 9 路围棋中达到段位水平。2012 年，加藤英树开发的 Zen 在 19 路（19×19 棋盘大小，全尺寸）围棋中以 3∶1 的成绩击败二段棋手约翰特朗普。2014 年，职业棋手依田纪基九段让 4 子不敌 CrazyStone，这在围棋界引起了巨大的轰动。赛后，依田纪基表示此时的 CrazyStone 大概有业余六七段的实力，但是他依然认为数年内计算机围棋很难达到职业水准。与此同时，加藤英树也表示计算机围棋需要数十年的时间才能达到职业水准，这与当时围棋领域和人工智能领域的大多数专家持有的观点相符。蒙特卡罗树搜索算法虽然给计算机围棋的发展指明了新方向，但是受限于基于线性组合的输入特征，算法无法得出更为深层的策略和价值函数，因此模型棋力的提升也到达了瓶颈。

随着 2013 年深度 Q 网络的提出和之后不断涌现的新方法，结合深度学习的强化学习方法正处于蓬勃发展的时期。研究者意识到，在电子视频游戏方面达到非凡表现的深度强化学习算法可以被应用到类似的棋类游戏上。因此，结合深度学习、强化学习和蒙特卡罗树搜索算法的方法逐渐成形。2015 年，Facebook 人工智能研究院的田渊栋和朱岩结合深度卷积神经网络与蒙特卡罗树搜索开发出的计算机围棋程序 DarkForest 表现出了不凡的实力，而更令人震惊的消息出现在引领深度强化学习浪潮的谷歌旗下的 DeepMind 团队。在同一年，他们的计算机围棋程序战胜了欧洲职业围棋选手，这一方法于 2016 年 1 月出现在了 *Nature* 上（作为封面文章），这便是令所有人出乎意料的 AlphaGo。

AlphaGo 是在围棋领域第一个能达到人类顶尖棋手水平的计算机围棋程序，在之后短短的时间里，它经过结构和算法层面上的不断优化，已经先后出现了 4 个版本。

（1）AlphaGo Fan。这一版本的 AlphaGo 在 2015 年 10 月以 5∶0 的比分击败欧洲围棋冠军、职业二段选手樊麾，成为第一个无须让子即可在 19 路棋盘上击败围棋职业棋手的计算机围棋程序。AlphaGo 在与其他围棋程序对弈时，取得了高达 99.8%的胜率。

（2）AlphaGo Lee。这一版本的 AlphaGo 在 2016 年 3 月与韩国职业选手、前世界围棋等级分排名第一的李世石进行了举世瞩目的围棋对弈，最终以 4∶1 的比分击败李世石。李世石在第 4 局的 78 手下出了妙手"挖"，被称为"神之一手"，AlphaGo 判断失利，造成之后的落子中出现混乱的局面，从而导致这一局失败。AlphaGo 获得韩国棋院授予的有史以来第一位名誉职业九段的称号，达到人类顶尖棋手的水准。

（3）AlphaGo Master。2016 年 7 月 18 日，AlphaGo 在 GoRatings 网站的排名升至世界第一，之后成绩虽有波动，被中国棋手柯洁反超，但在 2017 年 5 月 23 日，AlphaGo 与当时的世界第一棋手柯洁进行三番棋的对决，还有同两位棋手的配对赛，以及与 5 位顶尖九段中国棋手的团体战，共 5 场比赛。最终，AlphaGo 在与柯洁的对局中获取了 3∶0 的全胜战绩，又一次在人机大战中获胜。中国围棋协会授予 AlphaGo 职业围棋九段的称号。这次比赛结束后，AlphaGo 之父 Hassabis 宣布从此将不会再参加任何比赛，就此退役。

（4）AlphaGo Zero。这一版本的 AlphaGo 取消了人类棋谱作为输入，只给程序输入围棋的基本规则，其余全部由它自己学习，从监督学习方式改为无监督学习方式；训练的方法改为两个相同的 AlphaGo 进行对弈而不断提高棋力。在训练了 72 个小时后，AlphaGo Zero 就超越了 AlphaGo Lee，采用这个训练程度的 Zero 与 Lee 进行对决的结果是 100∶0。在训练了 42 天后，Zero 与 Master 进行对决，并在 100 局中以 89∶11 的巨大优势获胜。

2017 年 12 月，DeepMind 又发表了一篇新论文，这一次他们不再将目光局限在围棋上，而是扩展到了国际象棋和将棋上。这种新的"通用棋类 AI"被称为 AlphaZero。AlphaZero 的强劲实力让之前所有的最强棋类计算机程序黯然失色，经过 4 个小时的训练，击败了此前最强的计算机国际象棋程序 Stockfish；经过 4 个小时的训练，击败了最强计算机将棋程序 Elmo。最终的测试结果是训练了 34 个小时的 AlphaZero 战胜了训练了 72 个小时的 AlphaGo Zero。在短短两年时间内，AlphaZero 成为多个棋类项目的霸主。之后，AlphaZero 又进入了电子游戏领域，试图在星际争霸游戏中训练出一个能和人类顶级电子竞技游戏选手相抗衡的计算机程序。

14.6.2　AlphaGo Fan 算法的原理

1．AlphaGo Fan 模型的基本框架

早期的 AlphaGo 始于 2016 年 DeepMind 团队在 *Nature* 上发表的论文，该论文对应的版本是 AlphaGo Fan。在这个版本中，AlphaGo 模型采用了传统计算机围棋程序中使用的蒙特卡罗树搜索（Monte-Carlo Tree Search，MCTS）方法，并创新性地将深度强化学习的方法与传统方法结合起来应用到了搜索当中。该模型使用了策略网络和价值网络的架构来减小搜索空间。策略网络负责选择落子动作，用来减小搜索的宽度，使得搜索效率大幅提升；价值网络负责评估棋盘各位置的落子价值，用来降低搜索深度。两者相结合构成了整个 AlphaGo Fan 的基本框架，如图 14-5 所示。

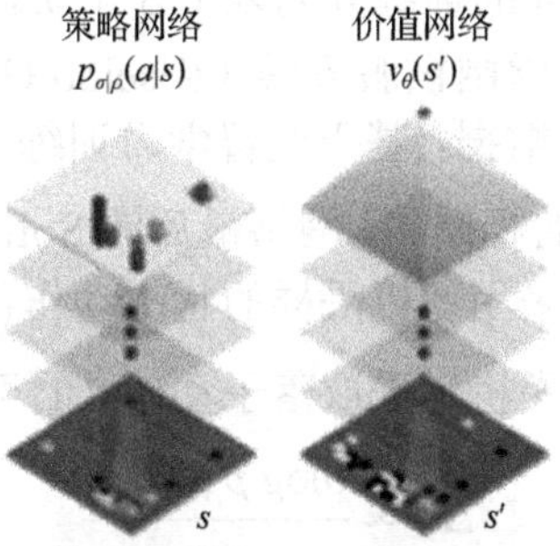

图 14-5　策略网络和价值网络

策略网络和价值网络采用的都是深度卷积神经网络结构，且均以棋局状态 s 作为输入。在策略网络中，输出的是由策略网络参数作用后得到的合法落子 a 的概率分布。在价值网络中，输出的是对当前状态进行预测得到的期望收益。模型训练中包含 4 个基本的网络结构，下面简单介绍它们的作用。

（1）快速落子网络 p_π：用于快速感知当前的盘面状态，获取较优的落子选择，类似于人类观察盘面后产生的第一反应。

（2）监督学习策略网络 p_σ：以人类围棋职业棋手对局的棋谱作为先验知识，采用监督学习的方式学习人类职业棋手的反应。

（3）强化学习策略网络 p_ρ：以监督学习的策略网络为基础，通过不断地进行自我对弈来提高博弈水准。

（4）价值网络 v_θ：对落子后局面进行胜负估计，判断不同落子位置带来的期望收益大小（获胜代表收益为 1，失败代表收益为-1）。

策略网络和价值网络的训练过程如图 14-6 所示。

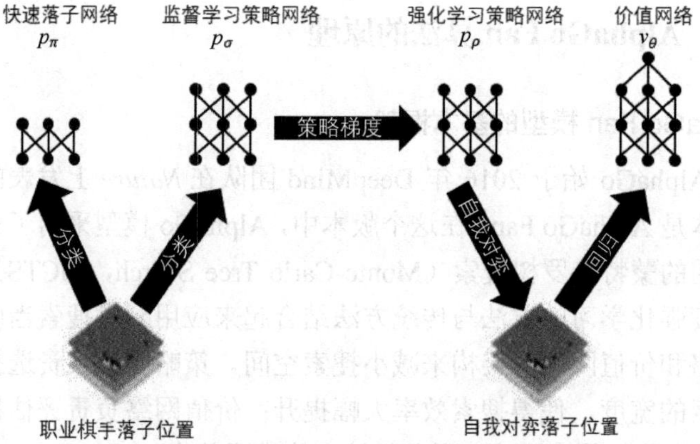

图 14-6　策略网络和价值网络的训练过程

总体来讲，AlphaGo Fan 的训练分为以下 3 个阶段。

（1）第 1 阶段使用棋圣堂围棋服务器（Kiseido Go Server，KGS）上 3000 万个职业棋手对弈棋谱的落子数据，基于监督学习训练得到一个策略网络 p_σ。该策略网络是一个 13 层的深度卷积网络，网络最后的 Softmax 层负责输出所有合理落子动作 a 的概率分布。网络采用随机采样的状态动作 (s,a)，利用随机梯度下降法最大化当前棋盘状态 s 下人类棋手采取落子动作 a 的可能性：

$$\Delta\sigma \propto \frac{\partial \log p_\sigma(a,s)}{\partial\sigma} \tag{14-23}$$

其中，σ 表示监督学习策略网络的参数。

训练效果为所有输入特征预测职业棋手落子动作的准确率为 57.0%；使用棋盘位置和历史落子记录作为输入时的预测值为 55.7%；使用局部特征匹配与线性回归的方式训练快速落子网络 p_π，预测职业棋手落子动作的准确率为 24.2%。

（2）第 2 阶段使用策略梯度方法对强化学习策略网络 p_ρ 进行训练，提高策略网络的走子能力。强化学习策略网络和监督学习策略网络在结构上相同，且在训练的开始，采用的是以监督网络参数 σ 初始化强化网络参数 ρ 的方式。主要的训练方式是：随机选择先前迭代轮的监督学习策略网络 p_σ 和当前的强化学习策略网络 p_ρ 相互对弈，并利用策略梯度方法更新参数。随机的方法可以使训练更加稳定，也有利于防止过拟合。网络的最终目标是最大化整局棋的期望奖励：

$$\Delta\rho \propto \frac{\partial \log p_\rho(a_t,s_t)}{\partial\rho} z_t \tag{14-24}$$

其中，ρ 表示强化学习策略网络的参数；z_t 表示一盘棋最终获得的奖励，胜为+1，负为−1。

训练效果为强化学习策略网络 p_ρ 在对抗监督学习策略网络 p_σ 时的胜率超过了 80%，对抗 Pachi（一个复杂的蒙特卡罗树搜索程序，在 KGS 上排名业余 2 段）时达到了 85%的胜率。而之前最好的使用监督学习策略网络的计算机围棋程序在对抗 Pachi 时也仅仅取得了 11%的胜率。

（3）第 3 阶段是对价值网络 v_θ 进行训练来估计当前棋盘局面的价值，从而评估落子位置对最终期望奖励的影响。价值函数 $v^p(s)$ 用来评估当前棋局状态 s 下使用策略 p 的期望奖励，在理想的情况下，可以得到最优价值函数 $v^*(s)$。这里采用的是先以强化学习策略网络 p_ρ 来估计最优策略得到 $v^{p_\rho}(s)$，再以价值网络 $v_\theta(s)$ 来估计 $v^{p_\rho}(s)$ 的方式得到最优的价值函数的，即 $v_\theta(s)\approx v^{p_\rho}(s)\approx v^*(s)$。价值网络采用的网络结构与策略网络相似，两者的不同之处在于：价值网络在输出层只输出一个标量预测值 $v_\theta(s)$，表示黑棋或白棋获胜的概率；而策略网络的输出则是所有可能落子动作的一个概率分布。具体来说，价值网络采用状态-奖励对 (s,z) 上的回归进行参数训练，通过随机梯度下降算法最小化价值网络输出 $v_\theta(s)$ 和奖励 z 之间的均方误差：

$$\Delta\theta \propto \frac{\partial v_\theta(s)}{\partial\theta}\left(z - v_\theta(s)\right) \tag{14-25}$$

若仅使用这用方法训练价值网络，那么得到的预测结果将会出现过拟合的问题，原因在于之后的一系列落子位置与当前落子位置之间具有强烈的相关性，而且回归的目标函数在整个棋局中是共享的。在使用 KGS 数据进行训练时，价值网络记住了棋局最终的奖励而不能在新的落子位置上泛化，导致训练出的网络在测试集上的均方误差为 0.37，而相比之下，它在训练集上的均方误差为 0.19。为了解决这一问题，AlphaGo Fan 使用了在自我对弈过程中的棋局数据，从中采样不同的位置，生成了 3000 万个新的训练数据，且每个位置都是从不同的棋局中采样的，这些棋局均为强化学习策略网络自我对弈，直到棋局终止。采用这种新生成的数据训练得到的价值网络在训练集上的均方误差为 0.226，在测试集上的均方误差为 0.234，两者之间的差距明显缩小，这表明过拟合问题已经得到了缓解。

2. AlphaGo Fan 对弈的工作流程

AlphaGo Fan 如何在实际的在线对弈中进行落子位置的分析呢？主要利用蒙特卡罗树搜索算法将策略网络与价值网络相结合，通过超前搜索选择落子动作。搜索树中的每条边 (s,a) 都存储了一个状态-动作函数值 $Q(s,a)$、访问次数 $N(s,a)$ 和先验概率 $P(s,a)$。蒙特卡罗树搜索的基本工作流程如图 14-7 所示。

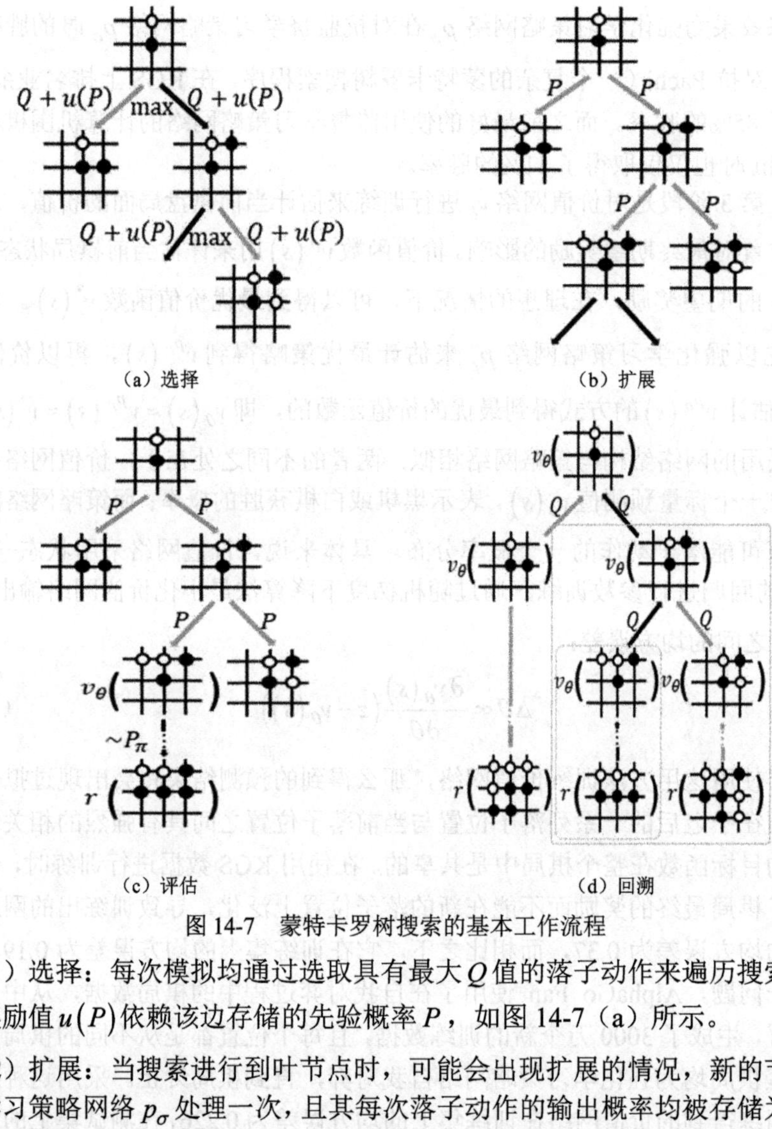

图 14-7　蒙特卡罗树搜索的基本工作流程

（1）选择：每次模拟均通过选取具有最大Q值的落子动作来遍历搜索树，增加的奖励值$u(P)$依赖该边存储的先验概率P，如图 14-7（a）所示。

（2）扩展：当搜索进行到叶节点时，可能会出现扩展的情况，新的节点只被监督学习策略网络p_σ处理一次，且其每次落子动作的输出概率均被存储为先验概率P，如图 14-7（b）所示。

（3）评估：在模拟的最后，采用两种方式对叶节点值进行评估，分别是价值网络v_θ和快速落子网络p_π，模拟到棋局终止后，用来计算最终胜者的函数r，如图 14-7（c）所示。

（4）回溯：状态-动作函数值Q被更新以追踪在该动作下的子树中所有的评估$v_\theta(\cdot)$和$r(\cdot)$的平均值，如图 14-7（d）所示。

对于每个时间步 t，从状态 s_t 中选择一个走子动作 a_t：

$$a_t = \underset{a}{\operatorname{argmax}}\left(Q(s_t,a)+u(s_t,a)\right) \tag{14-26}$$

其中，$u(s_t,a)$ 表示额外的奖励，是为了在鼓励探索的前提下最大化走子动作的值：

$$u(s,a) \propto \frac{P(s,a)}{1+N(s,a)} \tag{14-27}$$

其中，$P(s,a)=p_\sigma(a|s)$，表示用监督学习策略网络的输出作为先验概率；$u(s,a)$ 与先验概率成正比，与访问次数成反比。随后，当遍历 L 步并到达一个叶节点 s_L 时，这一节点有可能被扩展。对于该节点的评估采取两种方式：一是使用价值网络 $v_\theta(s_L)$ 进行评估；二是使用快速落子网络 p_π 模拟棋局直到终止时获得的奖励值 z_L 进行评估。最后，在参数 λ 的控制下综合这两种评估方式获得叶节点的值：

$$V(s_L)=(1-\lambda)v_\theta(s_L)+\lambda z_L \tag{14-28}$$

在模拟的最后，更新状态-动作对的访问次数和对应的状态-动作函数值：

$$N(s,a)=\sum_{i=1}^{N}1(s,a,i) \tag{14-29}$$

$$Q(s,a)=\frac{1}{N(s,a)}\sum_{i=1}^{N}1(s,a,i)V\left(s_L^i\right) \tag{14-30}$$

其中，s_L^i 表示叶节点的第 i 次模拟；$1(s,a,i)$ 表示边 (s,a) 是否在第 i 次模拟中被遍历，若被遍历则设置为 1，若未被遍历则设置为 0。一旦搜索完成，AlphaGo Fan 便从蒙特卡罗树根节点的位置开始选择访问次数最多的落子动作。

值得注意的一点是，在对弈阶段使用监督学习策略网络 p_σ 的效果要比使用强化学习策略网络 p_ρ 的效果更好，原因可能是监督学习策略网络学习到的人类棋手的策略会从多个可选动作中进行选取，而强化学习策略网络只选取最优的落子动作。不过，在价值函数的计算过程中，使用强化学习策略网络计算的 $v^{p_\rho}(s)$ 对 $v_\theta(s)$ 进行估计要比使用监督学习策略网络计算的 $v^{p_\sigma}(s)$ 表现更好。

综合以上内容，可以将 AlphaGo Fan 的工作流程用一张完整的图表达出来，如图 14-8 所示。

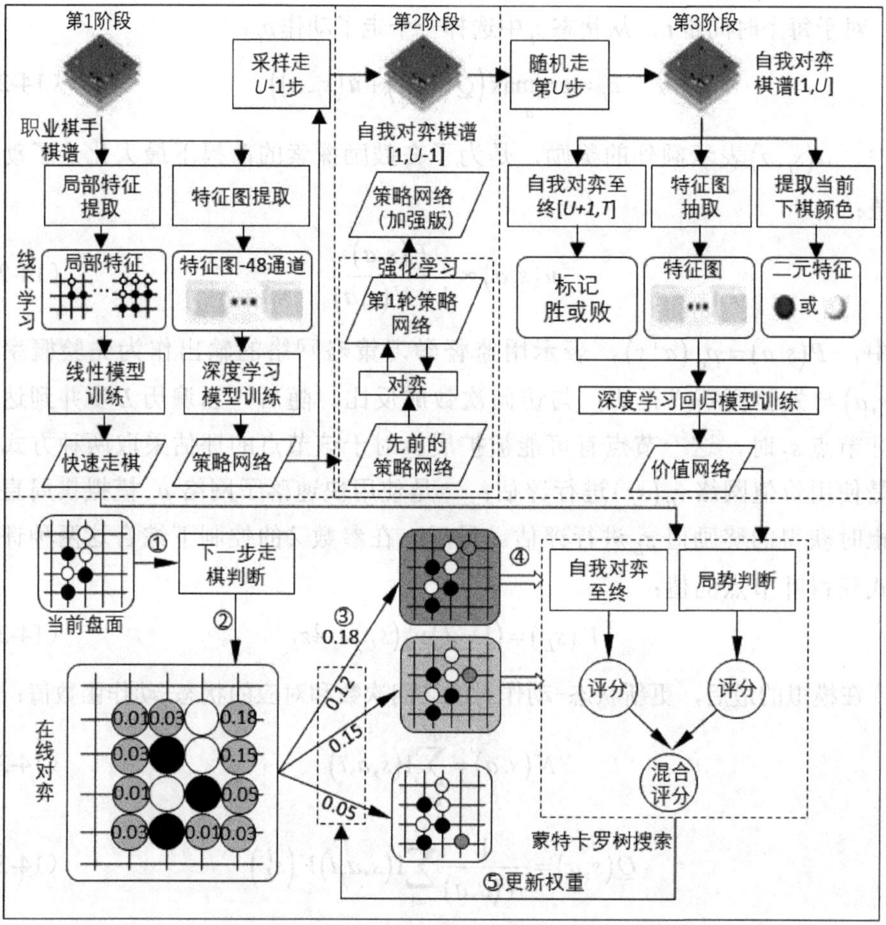

图 14-8　AlphaGo Fan 的工作流程

AlphaGo Fan 采用策略网络和价值网络评估棋局，这样的方法所需的计算量要比传统的启发式搜索算法高出几个数量级。为了将蒙特卡罗树搜索算法和深度神经网络有效地结合起来，AlphaGo Fan 使用了异步多线程搜索，在 CPU 上执行模拟，在 GPU 上并行计算策略网络和价值网络。AlphaGo Fan 使用了 40 个搜索线程、48 个 CPU 和 8 个 GPU。在这样的基础上，使用分布式架构可以进一步提升它的棋力。在分布式架构下，AlphaGo Fan 使用了多台计算机，包括 40 个搜索线程、1202 个 CPU 和 176 个 GPU。

14.6.3　AlphaGo Zero 算法的原理

AlphaGo Zero 是 AlphaGo 的终极版本，这个版本与之前版本最大的不同之处在于它完全舍弃了人类棋谱等监督性信息，仅通过自我对弈的强化学习方式实现棋力的提升。AlphaGo Zero 的出现对质疑强化学习在围棋游戏上有效性的观点给予了强有力的回击，证明了强化学习方法可以突破监督学习的限制，将计算机围棋程序的棋力提升到超越人类的水平。

它主要在以下 5 方面进行了改进。

（1）AlphaGo Zero 采用完全自主训练的机制，脱离了对人类玩家棋谱的需求，直接通过自我对弈就可以完成学习。

（2）AlphaGo Fan 采用大量人工定义的围棋特征作为输入，而 AlphaGo Zero 则可以直接从棋盘状态进行学习，无须人工特征。

（3）AlphaGo Fan 采用的网络结构是深度卷积神经网络，AlphaGo Zero 将它替换为深度残差网络（ResNet），使得网络性能得到了提升。

（4）AlphaGo Fan 采用两个独立的网络分别评价策略和价值，AlphaGo Zero 将它修改为一个网络，可以同时评估落子动作的概率和落子位置对局势的影响。

（5）AlphaGo Zero 放弃了复杂的蒙特卡罗树搜索方法，采用了一个简化版的两阶段树搜索方法来进行落子预测和棋局分析。

具体来讲，AlphaGo Zero 采用当前棋盘状态、历史棋盘状态和当前落子颜色作为输入。围棋棋盘模式为19×19，分别为黑棋和白棋设置单独的特征映射，每种颜色取当前棋盘状态和前 7 步的棋盘状态，共计 16 个状态。作为统一输入，将当前落子颜色也设置为19×19大小的向量，因此，AlphaGo Zero 的输入数据大小维度为$19\times19\times17$。

与之前算法中独立采用策略网络和价值网络的方式不同，在新的网络结构中，只需一个参数为θ的深度神经网络f_θ。这是一个由 20 个残差模块构成的深度残差网络。使用这个结构的 AlphaGo Zero 在自学了 3 天后可以以 100：0 的战绩完胜 AlphaGo Lee。之后，在与棋力更高的 AlphaGo Master 对局时，AlphaGo Zero 将网络深度增加为 40 个残差模块，并将训练周期延长到了 42 天，最终取得了 89：11 的战绩。使用残差网络的好处是减少了网络层数，这样就避免了网络在反向传播过程中出现梯度消失问题，使得在训练初期网络的参数也能得到有效的更新。这一神经网络以棋盘状态 s 作为输入，可以产生两个输出：在棋盘所有位置上进行下一步落子的概率 p 和对当前局面下胜负的评估值 v，即 $f_{\theta(s)}=(p,v)$。在训练过程中，AlphaGo Zero 需要不断地进行自我对弈，而对弈中的落子策略是以网络输出作为指导的。在对弈过程中，选择下一步的落子动作采用的是简化的蒙特卡罗树搜索算法，整个过程可以参考图 14-9。

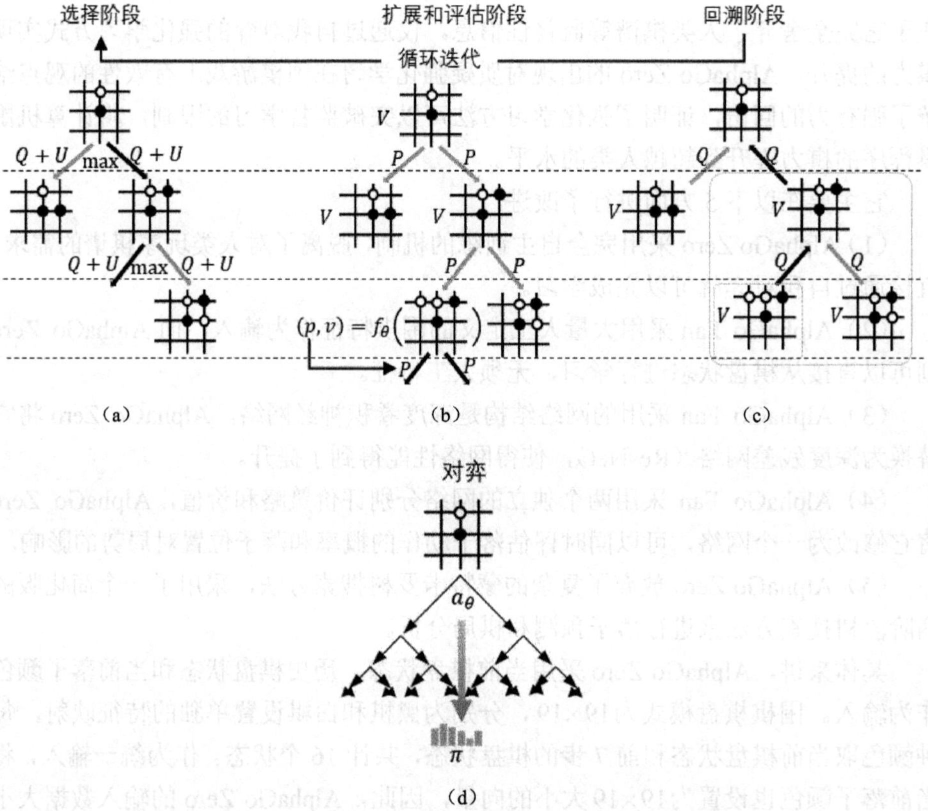

图 14-9　AlphaGo Zero 的搜索过程

在搜索过程中，与 AlphaGo Fan 相比，第一步选择操作相同；第二步扩展和第三步评估被合并到一起，扩展使用网络输出的概率作为先验概率进行随机的落子动作选取，评估过程中舍弃了快速走子网络，仅采用网络输出的价值 V 作为拓展节点的价值估计。在最后一步的回溯阶段，需要对状态-动作函数值 Q 进行更新：

$$Q(s,a)=\frac{1}{N(s,a)}\sum_{s'\setminus s,a\to s'}V(s') \tag{14-31}$$

最终，在完成了多次模拟后，选取访问次数最多的动作作为下一步的落子位置。整个自我对弈反复选取双方的落子动作，直至棋局终止状态 s_T，每一步落子动作都会经过蒙特卡罗树搜索得到一个可能动作的概率分布 π_i。之后使用对强化学习的深度神经网络进行参数更新，在更新的过程中使用的是策略迭代方法而不是之前的策略梯度方法。AlphaGo Zero 的训练过程如图 14-10 所示。

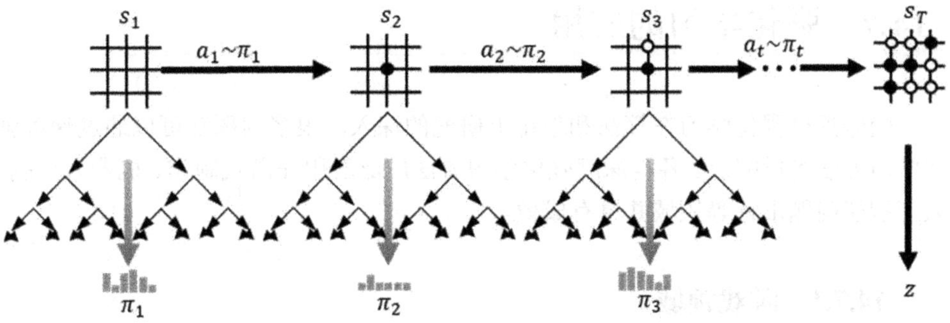

（a）自我对弈

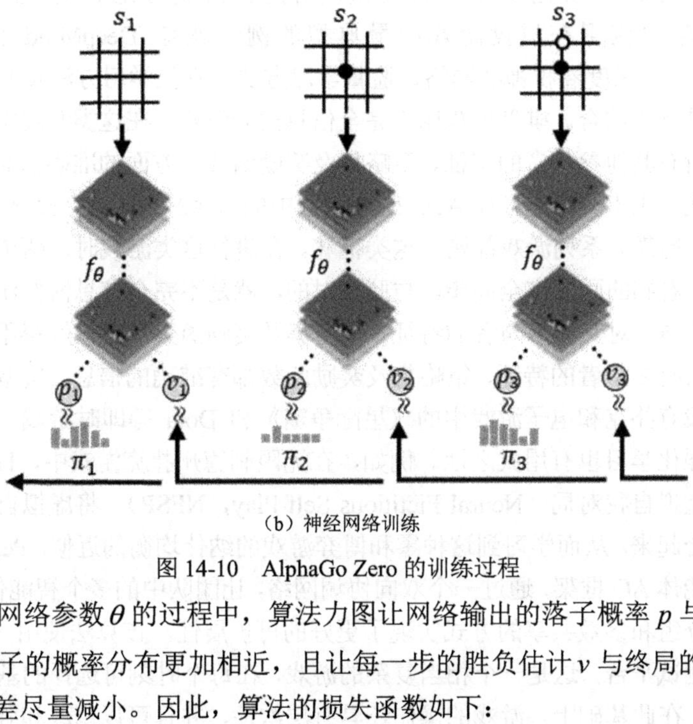

（b）神经网络训练

图 14-10　AlphaGo Zero 的训练过程

在更新网络参数 θ 的过程中，算法力图让网络输出的落子概率 p 与搜索得到的每一步落子的概率分布更加相近，且让每一步的胜负估计 v 与终局的胜负结果 z 之间的误差尽量减小。因此，算法的损失函数如下：

$$l=(z-v)^2-\pi^T\log(p)+c\theta_2 \tag{14-32}$$

其中，c 是 L2 正则化的系数。从空白开始自我对弈，进行至棋局结束，之后逐步对参数进行调整，直到初始状态，这一系列过程称为一轮迭代。通过这种先对弈后调整的方式，AlphaGo Zero 的网络参数在循环迭代的过程中提高了评估的准确性，使得棋力越来越高。

14.7 强化学习的应用

随着深度强化学习在算法和理论上研究的深入，很多问题都可以通过深度强化学习方法得以解决。各类深度强化学习方法广泛应用在游戏制作、机器人控制、人工智能问题求解等领域并卓有成效。

14.7.1 游戏领域

在棋盘游戏上，如西洋双陆棋、围棋、国际象棋都是强化学习的经典应用平台。深度强化学习应用在棋盘游戏中最典型的例子就是 DeepMind 团队设计的 AlphaGo，它将深度卷积神经网络、监督学习方法、强化学习方法及蒙特卡罗树搜索进行了精妙的结合。棋盘游戏属于完全信息博弈游戏，在这类游戏中，每位参与者都拥有所有其他参与者的特征、策略集及奖励函数等方面的准确信息。这类游戏在电子游戏中也十分常见，如 Atari2600 游戏中的《乓》和《太空侵略者》，以及之后出现的《街霸》系列游戏都属于这类范畴。在进行这类游戏时，两个玩家共享同一个屏幕，看到的画面完全同步。与此相对的，就是不完全信息博弈游戏。在这类游戏中，参与者对其他参与者的特征、策略集及奖励函数信息了解得不够准确，或者不是对所有参与者的特征、策略集及奖励函数都有准确的信息。典型的不完全信息博弈游戏有扑克和电子游戏中的《星际争霸》和 Dota 等即时游戏。在这类游戏中，深度强化学习也有用武之地。例如，在无限制德州扑克游戏中，Heinrich 等提出了神经虚拟自我对局（Neural Fictitious Self-Play，NFSP），将虚拟自我对局和强化学习结合起来，从而学习到这种零和博弈游戏的纳什均衡的近似。Peng 等提出了一个多智能体 AC 框架，通过一个双向协调网络，让团队中的多个智能体互相协调，采用动态分组和参数共享的方式实现了更好的可扩展性。该算法使用《星际争霸》游戏作为测试平台，这是一个相当复杂的游戏，在每个时刻可选择的基础操作超过了 300 种。在此基础上，游戏的操作还具有层次性，并且可以修改和强化。其中许多操作都需要在屏幕上进行点击及拖曳，就算只是在一个 84 像素×84 像素大小的尺度上，所有可能的操作加起来也会高达上亿种。在这种严苛的测试环境中，该方法在没有人类示范或标记数据作为监督信息的条件下学习到了类似于经验丰富的人类玩家的协调策略，如在移动过程中不发生碰撞、一边移动一边攻击、掩护攻击和集中射击等操作。不过，就目前公布的进度来看，该算法训练出的智能体虽然可以在特定的小任务中取得不错的表现，但是如果进行整场游戏的话，智能体连游戏内置的难度最低的“简单”AI 都无法战胜。

14.7.2 机器人控制领域

Levine 等将感知和控制系统进行端到端的联合，从而将原始图像的观察值直接映射到机器人的电机转矩上，这被称为引导策略搜索（Guided Policy Search，GPS）方法。该方法有两个模块，分别是监督学习模块和最优控制器模块。监督学习模块使用卷积神经网络作为策略的表示，从而将策略搜索转化为监督学习，而监督学习的数据和标签则由最优控制器模块提供。最优控制器模块首先运行当前策略得到轨迹，再利用动态规划方法求解最优控制率，轨迹和最优控制率就作为监督学习模块输入的数据与标签。基于模型的最优控制器模块起到了指导监督学习模块的作用，两个模块不断地进行交互，从而完成最优策略的搜索。GPS 方法在需要本地化、视觉跟踪和处理复杂接触动态的一系列真实世界的操作任务中取得了良好的性能。

14.7.3 自然语言处理领域

第一是在对话系统方面。在使用对话智能体或聊天机器人时，人与计算机是通过自然语言进行交互的。Jurafsky 等将对话系统分为任务导向的对话智能体和聊天机器人两种类型。前者用简短对话的方式帮助完成特定的任务，后者模仿人与人之间的交流互动，有时还具有娱乐值。Deng 将对话系统分为 4 类：社交聊天机器人、信息机器人（互动问答）、任务完成机器人（任务导向或目标导向）和个人助理机器人。之前的研究构建了第一代对话系统（基于符号规则/模板）和第二代对话系统（用浅层学习驱动数据）。而现在，通过深度学习驱动数据的第三代对话系统正在完善，深度强化学习方法在其中起到了十分重要的作用。Li 等提出了一个端到端的任务完成度神经对话系统，采用监督学习和强化学习共同学习参数。这一模型包括用户模拟器和神经对话系统。其中，用户模拟器由用户建模和自然语言生成组成，神经对话系统由语言理解和对话管理（对话状态跟踪和策略学习）组成。模型使用了具有经验回放机制和目标 Q 网络的 DQN 架构来学习对话策略，并使用基于规则的智能体以监督学习的方式使系统热启动。

第二是在机器翻译方面。He 等发现从原过程（A 语言翻译成 B 语言）和逆过程（B 语言翻译成 A 语言）中产生的信息反馈对这两种模型均有提升作用，由此提出了双重学习机制来解决机器翻译中的数据饥饿问题。该方法将语言模型的似然作为奖励值，并采用策略梯度方法进行学习。实验表明，在普通翻译任务中，双重学习机制的表现与以前的神经机器翻译方法的表现相当。在具有双重形式（如语音识别和文本到语音、图像标题和图像生成、问题回答和问题生成、搜索和关键字提取等）的任务中，双重学习机制可以发挥更好的效果。

第三是在文本生成方面。文本生成是许多自然语言处理问题的基础，如会话响应生成、机器翻译、抽象汇总等。文本生成模型通常基于 N-gram、前馈神经网络或递归神经网络模型，给定真实标签作为输入来训练模型预测下一个词的能力。在测试中，使用产生的词作为输入，让训练好的模型逐词地产生一个序列。Ranzato 等针对序列预测问题提出了混合增量交叉熵强化（Mixed Incremental Cross-Entropy Reinforce，MIXER）模型，构造了一个融合了交叉熵和强化算法的损失函数，并采用增量学习的方式进行更新。

14.7.4 其他领域

在神经网络结构设计方面，Baker 等提出了一种元学习方法，使用经验回放的 Q 学习与 ϵ-贪心法为给定的学习任务自动生成卷积神经网络结构。在企业管理方面，Theocharous 等将一个个性化的广告推荐系统描述为一个最大化终身价值（Lift-Time Value，LTV）的强化学习问题。由于模型很难学习，所以该算法采用了免模型方法来计算策略能取得的预期奖励值的下限，以解决异策略的评估问题。在智能交通系统中，自动驾驶是目前研究的一个热点问题，谷歌、特斯拉、百度等公司均已成立专门的研发部门并已经开始了常态化路测。Bojarski 等解释了如何利用深度神经网络实现从视频输入到车辆控制的端到端自动驾驶系统。在计算机系统方面，Mao 等采用深度强化学习方法对系统和网络中的资源管理进行研究，使用策略梯度方法解决在线的多资源集群调度问题，对任务完成时间等方面进行了优化。

综上所述，深度强化学习方法已经在诸多领域取得了令人欣喜的成果。而作为目前非常有希望实现人工智能的研究方向，深度强化学习还有更多未知的可能性等待研究者去探索。

14.8 本章小结

强化学习是机器学习中的一种重要方法，通过智能体不断与环境进行交互，并根据经验调整其策略来最大化其长远的所有奖励的累积值。相比于其他机器学习方法，强化学习更接近生物学习的本质，可以应对多种复杂的场景，从而更接近通用人工智能系统的目标。强化学习和监督学习的区别在于：①强化学习的样本通过不断与环境进行交互产生，即试错学习，而监督学习的样本则由人工收集并标注；②强化学习的反馈信息只有奖励，并且是延迟的，而监督学习则需要明确指导信息（每个状态对应的动作）。现代强化学习可以追溯到两个来源：一个是心理学中的行为主义理论，即有机体如何在环境给予的奖励或惩罚的刺激下逐步形成对刺激的预期，产生能获得最大利益的习惯性行为；另一个是控制论领域的最优控制问题，即在满足一定的约束条件下寻求最优控制策略，使得性能指标取极大值或极小值。强化学习的算法非常多，本章主要介绍了马尔可夫决策过程、Q-Learning、Deep Q-Network、蒙特卡罗、AlphaGo 算法及其在相关领域的应用。

第 15 章 深度学习的可解释性

深度学习自 2006 年诞生以来，一直延续着蓬勃发展的态势，成为一系列人工智能任务的引领技术。它在目标检测和认知、文本理解和翻译、智能问答等很多领域取得了当前最高水平。这一领域蕴含的巨大潜力将促使研究者不断地对网络模型进行创新与调整，同时，许多关于模型训练参数和架构微调的技巧也被不断提出。随着模型的不断成熟，深度学习方法在许多任务中的表现上已经达到了接近人类的水准，因此，越来越多深度学习技术在人类的实际生活当中得到应用。从最初的目标识别和行为检测等低层次任务，逐步过渡到医疗诊断、司法仲裁和军事决策等高层次任务。不过令人担忧的是，虽然深度学习方法经过不断发展，在性能上已经达到了十分强大的水准，但是关于深度模型背后理论支持的研究依旧停留在初始阶段。对理论研究的缺乏导致的后果就是虽然可以通过各种训练方法让模型得到满意的输出，但是没有人知道模型内部究竟是如何工作才得到对应的结果的。深度学习本身是黑盒系统，在它究竟为什么那样做、何时有效或无效、如何修正一个错误等方面没有答案。但是，人们不仅需要表现优异的模型，更需要一个能被人类理解、信任和可解释的模型。提供一个决策的解释，知道其优点和弱点，理解系统未来如何工作，传递如何修正系统错误的信息，这些方面的认知对理论者和实践者都是十分重要的。这一问题的迫切性需求，一方面来自自身科学研究，另一方面源于诸如安全性、非歧视性、可靠性等这类标准很难满足，还有一个重要原因就是政策和法规的要求。例如，欧盟已经立法，自 2018 年 5 月起，欧盟将会要求所有算法解释其输出原理。这一法规实际上代表了人们的普遍态度，我们不可能把重大事务交由一个我们不理解的系统做决策。基于以上原因，一部分研究者开始对深度学习的理论支持进行探索，其中一个重要的方面就是对模型可解释性的研究，即认为如果模型可以解释其推理，那么人们就可以验证这个推理是否满足这些辅助标准。2016 年以来，关于深度学习可解释性的研究逐渐受到更多人的关注，研究者希望从这一角度揭示深度学习模型黑盒的秘密，从而将深度学习更好地应用到现实生活的各类任务中。不过，从现在的研究进展来看，许多研究成果尚缺乏完整的理论论证和充分的实验验证。因此，打开深度学习黑盒的任务仍然任重而道远。

15.1　可解释性的定义

目前，关于可解释性并没有一个十分明确的定义，原因在于人类理解标准的不同。解释的主观性意味着可解释性并不是一个单一的概念，而是由多个维度共同构成的。通常认为，一个模型具有可解释性，表示使用该模型的用户应该有能力对模型的输出进行理解和推理。对于“解释”一词，韦氏词典给出的定义是：“说明或以可理解的方式呈现”。在深度学习的背景下，可解释性可以定义为一种对人类说明或以可理解的方式呈现给人类的能力。

Lipton 在经过大量的总结后指出，在深度学习模型中，与人类思维过程相对应的部分常被称为可解释性。Lipton 发现，虽然许多研究者都建议通过对可解释性的研究来解释深度学习模型的黑盒，但是很少有人明确地阐述出什么是可解释性或为什么可解释性十分重要。在缺乏明确定义的情况下，许多论文都对可解释性进行了不同的解读，而这些解读往往表现出准科学的性质。Lou 等将可解释性等同于可理解性或清晰度，即人类可以掌握的模型的工作方式。一些论文提出将可解释性作为产生信任的手段，而其他论文则提出了可解释模型与揭示数据中因果关系的结构之间的联系。以下主要从目前研究的可解释性方法及其分类方面来介绍。

15.2　可解释性方法

关于模型可解释性的研究方法，主要分为两个方向：①模型的透明度，即解释模型是如何工作的；②模型的功能性，又被称为事后解释性，即在模型完成学习后能挖掘出什么解释性的信息。这种划分方式也不是绝对的，因为它们之间有相互重叠的部分。

15.2.1　模型透明度

对于模型的透明度，从非正式的度来说，它是与黑盒性相反的一个概念，包含了对模型运行机制的理解。深度学习模型具有的特殊性质使研究者无法对它输出的结果进行良好的解释，因此，在一些论文中，这类不可理解模型被称为黑盒，而可理解的模型被称为透明模型。透明度是从模型内部来分析其工作机理的，相比于事后解释性，它可以更直接地揭露模型本质上的特殊性质，不过分析的难度也更大。具体来说，构成透明度的角度有以下 3 个。

（1）可模拟性：人们是否可以使用输入数据与模型参数再现模型进行预测时所需的每个计算步骤，这使得人们可以了解由训练数据引起的模型参数的变化。

（2）可分解性：是否对模型的每一部分（输入、参数和计算）都有直观的解释。

（3）算法透明度：适用于学习算法本身，是对其所做工作进行解释的一种能力。

考虑到深度学习模型的大小和复杂度，其算法透明度通常是极低的。因此，大多数研究针对的是透明度的前两个角度。Erhan 等开发了第一种方法，用于可视化深度置信网络中单个神经元的反应。该方法可以对网络中任何层的神经元进行分析，而之前的方法仅可以观察输入层的神经元。Zeiler 等将这种想法扩展到 CNN 中，由于 CNN 的特征图是经过卷积层映射得到的，所以无法直接进行可视化。因此，他们采用反卷积网络将特征图映射到输入图像的空间，之后进行可视化，从而对高层的神经元进行分析。实验表明，得到的可视化结果可以用来指导对网络结构的修改，以提高其准确性。这说明增加透明度不仅对理解模型的行为至关重要，还可以指导研究者对模型进行修改，从而建立更好的模型。

此后，有更多关于理解深度模型中高层表示的工作都集中在了 CNN 上。Mahendran 等研究了 CNN 不同层的特征图中包含的信息，发现随着层数的加深，特征图对原始图像内容的表示更加抽象，使得它对输入图像发生变化所产生响应的不变性加强。Yosinski 等在这项工作的基础上改进了特征图的表现形式，并发布了一个可以实时可视化网络中正在被训练的神经元对输入图像响应的交互式软件工具，旨在揭示每个神经元在网络中执行的功能。使用类似的方法，Nguyen 等表明，CNN 学习的是对象的全局结构和细节，而不是少数用于区分的局部特征。

Li 的方法从另一个角度来理解深度网络模型，他关注不同的网络是否学习到相似的特征。这种方法首先要训练多个网络，之后分析每个网络中每个神经元或神经元组学习到的表示。实验表明，个体神经元和神经元组都可以学习到特征的表示，并且多个网络学习到的核心特征是相同的，而其他特征则是各不相同的。这表明，虽然不同的深度网络能表现出相似的表示水平，但它们从训练数据中学习到的内容实际上是不同的。Koh 等提出了一种从训练数据的角度对模型进行分析的方法，通过设定某个数据点在训练过程中发生改变或缺失来观察模型输出的变化。为了避免每次改变都需要重新对模型进行训练，他们使用了统计影响函数的派生函数来近似每个训练数据点发生改变的效果。这种方法提供了一种评估特定训练点对测试点分类重要性的方法，允许模型构建者找到对分类错误贡献最大的训练点，从而揭示异常值是怎样对模型学习到的参数产生影响的，并且可能发现某些训练数据的类标签错误。

Shwartz-Ziv 等使用信息论的方法对深度网络模型进行分析，给出了相比于其他方法更深层次的分析。他们利用信息瓶颈框架计算网络在每层输入和输出的信息的保存方式，从而去除了与数据无关的信息，保留与数据相关的特征。这种方法表明，用于学习权重的随机梯度下降方法在训练期间将会经历两个单独的阶段：初期阶段，称为漂移阶段，此时权重梯度的方差远小于梯度的均值，这表明信噪比很高；后期阶段，称为扩散阶段，此时权重梯度的方差大于梯度的均值，表明信噪比很低。在扩散阶段，随机梯度下降方法处于波动状态，误差也逐渐趋近饱和。这些结果表明，随机梯度下降方法在扩散阶段进行压缩可以产生有效的内部表示，从而对网络进行优化。

15.2.2 模型功能

模型功能考虑的是模型的事后解释性，提供了一种从学到的模型中提取信息的独特方法。如果将人类视为可解释的，即人类可以说明自己做出决策的具体原因，那么人类具有的可解释性就是这种事后解释性。尽管事后解释通常不能精确地阐明模型的工作原理，但它可能会为从业者和终端用户提供有用的信息。这种可解释性概念的一个优点是可以在不牺牲预测性能的情况下事后解释不透明模型。

具体来说，事后解释性可以从以下 4 个角度来进行分析。

（1）文本：模型以文字或口语化的形式给出其输出的理由，提供了模型输出在语义上有意义的描述。

（2）可视化：模型通过某种可视化方法对其输出给出证明，可以定性地确定模型究竟学到了什么。

（3）局部：解释模型学习到的完整映射十分困难，因此，关注模型在其输入周围的局部特征空间依赖的是什么。

（4）举例说明：通过分析与模型输出相似的示例的性质来解释其输出。

首先介绍文本解释方面的工作。Hendricks 等提出了一个特殊的模型，在完成图像分类任务的同时，可以提供准确的文字来解释为什么输入图像属于模型输出的特定类别。这种生成描述的模型是受到自动字幕技术的启发，旨在为图像或视频提供恰当的文字解释的。实验表明，这种模型在一个十分困难的鸟类区分任务中可以对图像和分类结果做出很好的解释。不过，该模型并不能保证它所学到的特征是与人类解释图像时所提取的视觉特征相对应的。Xu 等的字幕生成方法可以显示模型在生成描述的每个单词时其注意力集中在图像的哪个位置，但是这种方法并不针对分类任务。

15.3 可视化方法分类

在深度学习领域，为了更好地理解深度神经网络，研究者通常关心模型如何工作及如何改进现有的模型。因此，一些可视化工作着眼于可视化网络中的神经元提取哪些特征及它们如何相互关联，这有助于理解模型学习到的内容，以及内在的工作机制；而另一些可视化的工作则集中在可视化整个训练过程和训练信息当中，这有助于设计和训练一个更好的模型。因此，可视化方法分为 3 类：特征可视化、关系可视化和过程可视化。

15.3.1 特征可视化

特征可视化指的是对某些特定的神经元学习到的特征进行可视化。Zeiler 等根据他们以前的工作提出了一个多层反卷积网络，通过该网络将激活值从原来特征空间投影到输入空间。此外，他们还提出了一种用灰色小方块遮挡输入图像的方法，从而通过修改输入图像找出图像的哪一部分对分类结果有重要的影响。随后，Girshick 等提出了一种新方法，该方法使用图像的不同区域作为输入而不修改原始图像，通过观察特征变化进行可视化。Karpathy 等提出通过热图显示文本输入时隐藏层的激活值，通过该方法展示了隐藏层捕捉到的输入文本的结构。Dosovitskiv 等提出了通过使用生成网络，从不同层次的特征表示重构输入图像的方法。Olah 等提供了一种可以利用现有技术的工具箱，将一个经过预训练的 CNN 进行可视化，发现不同卷积层中的编码模式。

15.3.2 关系可视化

关系可视化指的是对模型学习到的特征之间的关系，以及神经元之间的关系进行可视化。该类可视化技术通常需要借助一些降维和聚类算法，如将降维后的数据绘制成散点图来可视化和将神经元转换成有向无环图（DAG）来可视化。Cho等使用 t-SNE 对 RNN 自编码器模型学习到的短语特征表示之间的关系进行可视化处理，而 Karpathy 使用 t-SNE 可视化 CNN 学习到的图像特征表示之间的关系。同样，Rauber 等也使用了 t-SNE 降维技术，将多层感知机学习到的特征表示之间的关系向量投影到二维平面上的散点图来显示，从而实现对特征表示关系的可视化。Liu 等提出了名为 CNNVis 的分析系统，旨在更好地分析深度卷积神经网络，在 CNNVis 中，将 CNN 定义为有向无环图，并提出了一种混合可视化来揭示神经元学习到的特征及其相互作用，目的是揭示 CNN 的内部工作机制。

15.3.3 过程可视化

过程可视化指的是对神经网络结构和训练信息进行可视化。该类可视化技术的目的是捕捉深度学习模型的整个工作机制。过程可视化通常需要借助可视化系统来实现，主要有两个常见系统，一个是 Karpathy 提出的 ConvNetJS。例如，Chung等就利用 ConvNetJS 系统，通过对神经元进行动态的调整，以及层数的添加和删除等操作来实时引导网络的训练过程。另一个常见系统是由 Yosinski 等提出的深度可视化工具箱，可以实时地、交互式地可视化网络中正在被训练的神经元对输入图像或视频的响应。此外，利用张量流场也可以将训练信息进行可视化，显示了训练过程中神经元的状态和网络的损失函数值。

15.4 神经网络特征可视化

Zeiler 等在 2011 年提出了多层反卷积网络，通过该网络将卷积神经网络的输出特征图进行可视化。该模型的主要思想是通过使用多个反卷积操作计算网络特征值汇聚层，以交替的方式分解图像，最终的目的是最小化输入图像的重构误差。接下来通过可视化的方式来解释，假设对卷积网络第 l 层的第 k 个特征图 $z_{k,l}$ 进行重构，其损失函数为 $L_l\left(y\right)$，由两部分组成：一个是概率项，表示当输入图像 y 后，重构的 $\hat{y}_l$ 和原始输入 y 之间的误差；另一个是 L1 正则项，指的是用来重构 $\hat{y}_l$ 的特征图 $z_{k,l}$ 的 L1 范数，两项的权值由 λ_l 控制，则 $L_l\left(y\right)$ 的表达式为

$$L_l\left(y\right)=\frac{\lambda_l}{2}\hat{y}_l-y_2^2+\sum_{k=1}^{K_l}\left|z_{k,l}\right|_1 \tag{15-1}$$

下面对重构过程的操作进行详细说明，如图 15-1 所示。

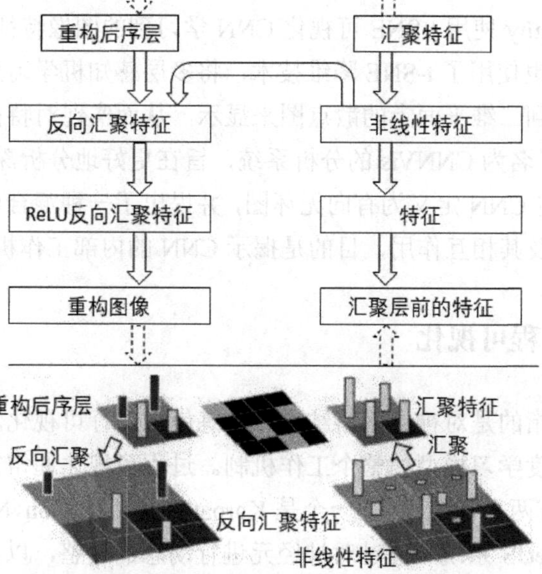

图 15-1　卷积与反卷积可视化结构图

1．反卷积层

从模型的第一层开始，重构图像 $\hat{y}_l$ 有 c 个颜色（色彩）通道，分别由二维特征图 $z_{k,l}$ 和反卷积核 $f_{k,l}^c$ 经过卷积运算并求和得到：

$$\hat{y}_l^c = \sum_{k=1}^{K_l} z_{k,l} * f_{k,l}^c \tag{15-2}$$

其中，*表示二维卷积操作。反卷积核的参数对输入模型的所有样本都是共享的。如果将第 l 层的全部反卷积核求和操作变成一个反卷积矩阵 $\boldsymbol{F}_l$，将多个二维特征图 $z_{k,l}$ 转换成一个 z_l 向量，则重构图像 $\hat{y}_l$ 可表示为

$$\hat{y}_l = \boldsymbol{F}_l z_l \tag{15-3}$$

2．汇聚层

每个汇聚层都在每个反卷积层后面，对每个特征图 z 进行三维最大汇聚操作。三维最大汇聚指的是每个特征图要在空间上（特征图内部）与相邻的特征图进行汇聚操作，分别用汇聚后的图 $\boldsymbol{p}$ 和记录矩阵 $\boldsymbol{s}$ 记录下每个区域的绝对值最大的值和位置，如图 15-2 所示。在模型中对特征图 $\boldsymbol{z}$ 采用两种形式的汇聚操作，分别是

汇聚和反汇聚。在汇聚操作中，首先将记录矩阵 $\boldsymbol{s}$ 视为输出，记录哪些元素被复制到了 $\boldsymbol{p}$ 中，表达为 $[\boldsymbol{p},\boldsymbol{s}]=P(\boldsymbol{z})$；然后将记录矩阵 $\boldsymbol{s}$ 作为输入，得到汇聚后的图 $\boldsymbol{p}$，假设 $\boldsymbol{s}$ 是固定的，则可以写为 $\boldsymbol{p}=\boldsymbol{P}_s z$，其中 $\boldsymbol{P}_s$ 是由 $\boldsymbol{s}$ 决定的二元选择矩阵，也代表了汇聚操作。

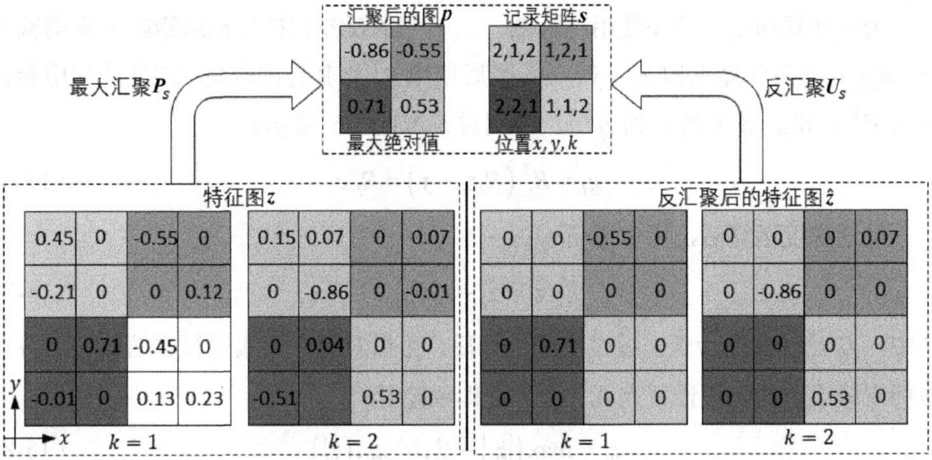

图 15-2 汇聚与反汇聚过程

对应的反汇聚操作 $\boldsymbol{U}_s$ 如图 15-2 所示，将 $\boldsymbol{p}$ 中的全部元素放在 $\boldsymbol{z}$ 中的指定位置，其余元素设置为 0，$\hat{\boldsymbol{z}}=\boldsymbol{U}_s\boldsymbol{p}$，这同样可看作线性运算 $\boldsymbol{U}_s=\boldsymbol{P}_s^{\mathrm{T}}$。

3. 多层计算

当模型层数增加时，整体架构是不变的，但特征图的数量 K_l 会有所不同。在每层中都是通过下层的多个反卷积核和多个记录矩阵重构输入的，可以定义一个重构算子 $\boldsymbol{R}_l$。从第 l 层中获取特征图后，交替采用反卷积和反汇聚得到重构后的输入图像：

$$\hat{y}_l=\boldsymbol{F}_1\boldsymbol{U}_{s_1}\boldsymbol{F}_2\boldsymbol{U}_{s_2}\cdots\boldsymbol{F}_l\boldsymbol{z}_l=\boldsymbol{R}_l\boldsymbol{z}_l \tag{15-4}$$

从式（15-4）中可以看出，$\hat{y}_l$ 值取决于当前层的特征图 $\boldsymbol{z}_l$，而重构算子 $\boldsymbol{R}_l$ 取决于中间汇聚层记录矩阵 $(\boldsymbol{s}_{l-1},\boldsymbol{s}_{l-2},\cdots,\boldsymbol{s}_1)$，因为这些矩阵决定了反汇聚操作 $(\boldsymbol{U}_{s_{l-1}},\boldsymbol{U}_{s_{l-2}},\cdots,\boldsymbol{U}_{s_1})$。

类似地，还可以定义一个投影算子 $\boldsymbol{R}_l^{\mathrm{T}}$，该投影算子在输入端接受一个信号并将其投射到第 l 层的特征图中，当给定先前确定的记录矩阵时，则有

$$\boldsymbol{R}_l^{\mathrm{T}}=\boldsymbol{F}_l^{\mathrm{T}}\boldsymbol{P}_{s_{l-1}}\boldsymbol{F}_{l-1}^{\mathrm{T}}\boldsymbol{P}_{s_{l-2}}\cdots\boldsymbol{P}_{s_1}\boldsymbol{F}_1^{\mathrm{T}} \tag{15-5}$$

4. 迭代过程

当给定层数 l、输入图像 y 和反卷积核 f 时，优化过程就是找到特征图 z 的损失 $L_l(y)$。对于每一层，通过修改的迭代收缩阈值算法（Iterative Shrinkage-Thresholding Algorithm，ISTA），使用梯度、收缩及汇聚或反汇聚操作来迭代框架。

为了计算梯度，首先使用特征图 z_l、下层的反卷积核和记录矩阵来重构输入 $\hat{y}=\boldsymbol{R}_l z_l$；然后计算重构误差 $\hat{y}-y$，最后使用 $\boldsymbol{R}_l^{\mathrm{T}}$ 将其传回网络，即交替使用卷积核（$\boldsymbol{F}^{\mathrm{T}}$）和汇聚（$\boldsymbol{P}_s$）到 $\boldsymbol{e}_l$ 层，得到对 z_l 方向的梯度 g_l：

$$g_l=\boldsymbol{R}_l^{\mathrm{T}}\left(\boldsymbol{R}_l z_l-y\right)=\boldsymbol{R}_l^{\mathrm{T}}\boldsymbol{e}_l \tag{15-6}$$

经过梯度运算后，可以更新 z_l：

$$z_l=z_l-\lambda_l\beta_l g_l \tag{15-7}$$

其中，β_l 是梯度的步长。经过梯度运算后，可以对每个元素进行收缩操作，将 z_l 中拥有较小值的元素设置为 0，以增加其稀疏度：

$$z_l=\max\left(\left|z_l\right|-\beta_l,0\right)\operatorname{sgn}\left(z_l\right) \tag{15-8}$$

通过汇聚操作，就是如图 15-2 所示的汇聚形式 $[\boldsymbol{p},\boldsymbol{s}]=\boldsymbol{P}(z)$ 更新当前层的记录矩阵 $\boldsymbol{s}_l$，随后接一个反汇聚操作 $z_l=\boldsymbol{U}_{s_l}p_l$。这部分有两个功能，一个是在顶部构建额外层以确保通过汇聚操作能够精确地重构输入图像，另一个是它会更新记录矩阵来反映特征图的更新。一旦优先收敛，记录矩阵将变得固定，可以为训练上一层做准备，因此，优化的另一个目标是确定当前图中最佳的记录矩阵。

单次的 ISTA 包含 3 个步骤：计算梯度、收缩和汇聚或反汇聚。最终的学习目标是通过训练所有的图像 $Y=\left\{y^1,y^2,\cdots,y^i,\cdots,y^N\right\}$，得到共享的卷积核 f。对于给定层数 l，可以利用上述优化计算 z_l^i。如果取式（15-8）相对于 f_l 的导数并设置为 0，则可以得到关于 f_l 的线性方程：

$$\sum_{i=1}^{N}\left(z_l^{i\mathrm{T}}\boldsymbol{P}_{s_{l-1}}^i\boldsymbol{R}_{l-1}^{i\mathrm{T}}\right)\hat{y}^i=\sum_{i=1}^{N}\left(z_l^{i\mathrm{T}}\boldsymbol{P}_{s_{l-1}}^i\boldsymbol{R}_{l-1}^{i\mathrm{T}}\right)y^i \tag{15-9}$$

这里的 $\hat{y}^i$ 是通过 f_l 进行重构的，可以使用线性共轭梯度来示解这个方程，具体学习过程算法如下。

算法 15.1 反卷积算法

输入：训练集 Y，层数 L，数据集迭代数 E，ISTA 步数 T，正则化权重 λ_l，特征图数量 K_l，参数 β_l

输出：卷积核 f，特征图 $\boldsymbol{z}$，记录矩阵 $\boldsymbol{s}$

for $l=1:L$ **do**

初始化特征图和卷积核：$z_l^i \sim N(0,\varepsilon)$，$f_l \sim N(0,\varepsilon)$

for epoch=1:E do

for i=1:N do

for t=1:T do

重构输入：$\hat{y}_l^i = \boldsymbol{R}_l z_l^i$

计算重构误差：$e = \hat{y}_l^i - y^i$

经过 l 层传播误差：$g_l = \boldsymbol{R}_l^{\mathrm{T}} e$

计算梯度：$z_l^i = z_l^i - \lambda_l \beta_l g_l$

执行收缩：$z_l^i = \max\left(\left|z_l^i\right| - \beta_l, 0\right)\operatorname{sgn}\left(z_l^i\right)$

汇聚 z_l^i，更新记录矩阵 $\boldsymbol{s}_l^i$：$\left[p_l^i, \boldsymbol{s}_l^i\right] = P\left(z_l^i\right)$

反汇聚 $\boldsymbol{p}_l^i$，用 $\boldsymbol{s}_l^i$ 得到 z_l^i：$z_l^i = \boldsymbol{U}_{s_l^i} \boldsymbol{p}_l^i$

end

end

用共轭梯度法计算更新 f_l

end

end

15.5 本章小结

本章主要围绕深度学习可解释性的定义、研究意义和分类方法展开论述。由于深度学习模型在人工智能领域发挥着越来越重要的作用，模型的可解释性成为人们能否信任这些模型的关键因素，也使我们对深度学习能够准确预测和决策寄予厚望。

深度学习作为一个黑盒系统，需要能够被人们理解、信任和解释。如果能够通过溯因推理的方式恢复出模型计算和输出结果的过程，就可以实现较强的模型可解释性。而当前认识和深入研究深度学习模型的可解释性可以从可解释性和完整性两个方面来考虑。可解释性是指通过一种人类能够理解的方式描述系统的内部结构，这符合人类的认知过程。而完整性则是指通过一种精确的方式来描述系统的各个操作步骤，包括网络模型的选择和参数运算。2016 年以来，专家致力于揭示深度学习模型黑盒的奥秘，期间进展并不是一帆风顺的，许多研究成果尚缺乏完整的理论论证和充分的实验验证。

本章进一步对卷积神经网络的特征可视化等进行了原理分析。当然，循环神经网络、注意力机制网络模型等都可以通过可视化的方法来进行可解释性原理分析。

第16章

多模态预训练模型

人类在感知和认识事物的过程中，是通过多种器官来获取信息的，如用眼睛观察事物的形状、色彩、大小，阅读文字信息等；用耳朵识别对方的声音。在深度学习中，以赋能计算机使其具有从多模态预训练模型中学习输入特征信息的能力。目前，在通过视觉和语言训练（Vision-Language Pretraining，VLP）解决多模态学习方面已取得了一些长足的进步。在传统的 NLP 单模态领域，表示学习的发展已经较为完善；而在多模态领域，由于高质量有标注多模态数据较少，因此人们希望能使用少量样本学习甚至零样本进行学习。本章主要介绍基于 Transformer 结构的多模态预训练模型，通过海量无标注数据进行预训练，并使用少量有标注数据进行微调。

多模态预训练模型被广泛认为是从限定领域的弱人工智能迈向通用人工智能的路径探索，具有在无监督情况下自动学习不同任务，并快速迁移到不同领域数据的强大能力。

目前，已有的多模态预训练模型通常仅考虑两个模态（如图像和文本，或者视频和文本），忽视了周围环境中普遍存在的语音信息，并且模型极少兼具理解与生成能力，难以在生成任务与理解类任务中同时取得良好的表现。

针对这些问题，中国科学院自动化研究所科研团队提出图文音三模态预训练模型，将文本、语音、图像、视频等多模态内容联合起来进行学习。

多模态预训练模型根据信息融合的方式可分为两大类，分别是 Cross-Stream 类和 Single-Stream 类。

（1）Cross-Stream 类模型是指将不同模态的输入分别处理之后进行交叉融合。2019 年，Lu Jiasen 等将输入的文本经过文本 Embedding 层后输入 Transformer 编码器中提取上下文信息。使用预训练 Faster R-CNN 生成图像候选区域提取特征并送入图像 Embedding 层；将获取的文本和图像表示通过 Co-Attention-Transformer 模块进行交叉融合，得到最后的表征。

（2）Single-Stream 类模型将图像、文本等不同模态的输入一视同仁，在同一个模型中进行融合。2020 年，Su 等提出了 VL-BERT，采用 Transformer 作为主干，将视觉和语言嵌入特征，同时输入模型。

16.1 预训练

预训练是以自监督的方式在海量“图像–文本”（Image-Text Pair，或者叫作“图文对”）数据上训练大型的基于 Transformer 的模型（如根据上下文预测被掩盖的语言或图像的元素）。预训练语言模型为自然语言处理打开了新的篇章，模型结构和训练方法不断创新，从单语言到多语言，再到多模态，几乎支持所有自然语言处理任务，并可扩展到视觉、语音等领域，大大降低了自然语言处理研究和应用的门槛。

预训练成为自然语言处理发展的一种新趋势，如图 16-1 所示，从 1948 年到 2018 年，基于神经网络的自然语言处理出现了包括神经概率语言模型和预训练语言模型等一系列具有重要影响与代表性的里程碑式的成果。

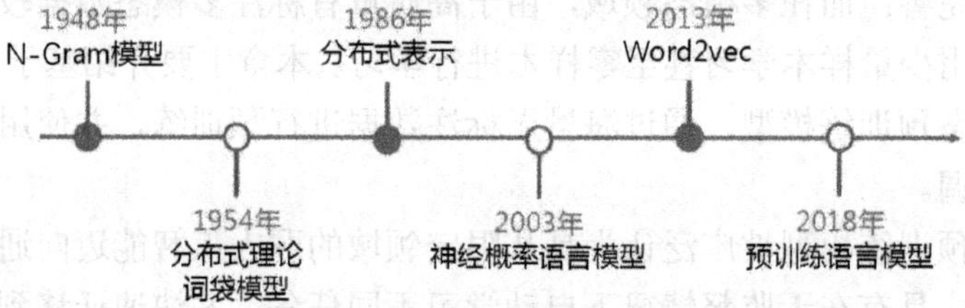

图 16-1　自然语言处理的发展历程

2013 年，Word2vec 开启了自然语言预训练的序章。随后，Attention 的出现使得模型可以关注更重要的信息，之后的几年，使用 Self-Attention 机制的特征提取器 Transformer，以及基于上下文的动态词向量表示 ELMo 的提出，将预训练语言模型的效果提升到了新的高度，如图 16-2 所示。

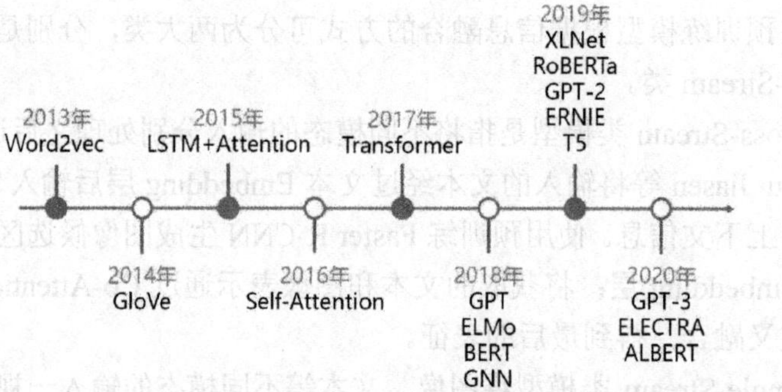

图 16-2　预训练模型的发展

16.2 多模态数据的特征表示

中国科学院自动化研究所科研团队提出的图文音三模态预训练模型由单模态编码器、跨模态编码器和跨模态解码器构成，采用分别基于词条级别、模态级别，以及样本级别的多层次、多任务三级预训练自监督学习方式，更关注图文音三模态数据之间的关联特性及跨模态转换问题，为更广泛、更多样的下游任务提供模型基础支撑。

该模型不仅可实现跨模态理解（如图像识别、语音识别等任务），还能实现跨模态生成（如从文本生成图像、从图像生成文本、语音生成图像等任务）。

2021 年 7 月 8 日，从中国科学院自动化研究所获悉，该所科研团队成功构建了全球首个图文音（视觉-文本-语音）三模态预训练模型，将解锁更多智能之美，让人工智能（AI）更接近人类想象力。

引入语音模态后的多模态预训练模型可以突破性地直接实现三模态的统一表示。此外，该科研团队首次提出了视觉-文本-语音三模态预训练模型，实现了三模态间的相互转换和生成。

在实际应用中，数据的类型多种多样，如文本、音频、图像、视频、属性等多种信息的融合。属性信息既包括一些社会属性，如地理位置、话题等；又包括不同用户属性，如用户年龄、性别等。不同类型的数据的原始特征（Raw Feature）的空间也不相同。例如，一幅灰度图像（像素数量为 D）的特征空间为 $[0,255]^D$，一个自然语言句子（长度为 L）的特征空间为 $|V|^L$，其中 V 为词表集合。而很多机器学习算法要求输入的样本特征是数学上可计算的，因此，在机器学习之前，需要将这些不同类型的数据转换为向量表示。

16.2.1 文本特征

语言模型（Language Model）是很多自然语言处理的重要组成部分，被广泛应用于机器翻译、文本生成、语音识别等多个任务场景。从统计语言模型到神经网络语言模型，有关语言模型的研究对整个自然语言处理领域的发展产生了重要影响。

除了语言模型，词向量表示也早已成为基于深度学习的自然语言处理的标配和基础。几乎所有的任务都首先从词向量表示学习开始。由于神经网络模型严重依赖海量数据并缺乏可解释性，因此，如何将多样化的外部知识（如世界知识、语言学知识等）引入先进的模型算法，形成由数据驱动和知识驱动相结合的模型是未来重要的研究方向。知识图谱是知识表示的重要手段，具有广泛的应用前景，较好地实现了技术落地。

语言模型通常构建为字符串 s 的概率分布 $p(s)$，反映字符串 s 作为一个句子出现的频率。语言模型可以帮助机器翻译系统选出更符合人类习惯的翻译候选，帮助语音识别系统选出可能性最高的候选词等，在自然语言处理领域有着广泛的应用和重要的地位。

本节主要介绍目前使用较广泛的两种语言模型：①基于统计方法的 N-Gram 语言模型；②神经网络语言模型。

1. N-Gram 语言模型

N-Gram 语言模型是对于给定序列中的 n 个连续元素（序列可以是语音或文本，元素可以是发音、字、词等），统计每个元素在序列中出现的频率的算法模型。

定理 16.1　齐夫定律（Zipf's Law）：在自然语言的语料库中，一个单词出现的频率与其在频率表里的排名成反比。这个定律是由哈佛大学语言学家 George Kingsley Zipf 于 1949 年发表的实验定理。

由于训练数据的不完整、有限等形成的数据稀疏问题，当 t 比较大时，依然很难估计条件概率 $p(x_t \mid \boldsymbol{x}_{1:(t-1)})$。一个简化的方法是 N-Gram 语言模型，假设每个词 x_t 只依赖其前面的 $N-1$ 个词（N 阶马尔可夫性质），即

$$p\left(x_t | \boldsymbol{x}_{1:(t-1)}\right) = p\left(x_t | \boldsymbol{x}_{(t-N+1):(t-1)}\right) \tag{16-1}$$

当 $N=1$ 时，称为一元（Unigram）模型；当 $N=2$ 时，称为二元（Bigram）模型；当 $N=3$ 时，称为三元（Trigram）模型，依次类推。

（1）一元模型。当 $N=1$ 时，序列 $\boldsymbol{x}_{1:T}$ 中的每个词都与其他词独立，即与它的上下文无关。每个位置上的词都是从多项分布独立生成的。在多项分布中，$\theta = \left[\theta_1, \cdots, \theta_{|V|}\right]$ 为词表中每个词被抽取的概率。

在一元模型中，序列 $\boldsymbol{x}_{1:T}$ 的概率可以写为

$$p\left(\boldsymbol{x}_{1:T}; \theta\right) = \prod_{t=1}^{\mathrm{T}} p\left(x_t\right) = \prod_{t=1}^{|V|} \theta_k^{m_k} \tag{16-2}$$

其中，m_k 为词表中第k个词 v_k 在序列中出现的次数。式（16-2）和标准多项分布的区别是没有多项式系数，因为这里词的顺序是给定的。

给定一组训练集$\left\{x_{1:T}^{(n)}\right\}_{n=1}^{N'}$，其对数似然函数为

$$\log\prod_{n=1}^{N'}p\left(x_{1:T}^{(n)};\theta\right)=\log\prod_{k=1}^{|V|}\theta_k^{m_k} \\ =\sum_{k=1}^{|V|}m_k\log\theta_k \tag{16-3}$$

其中，m_k为第k个词在整个训练集中出现的次数。

这样，一元模型的最大似然估计可以转化为约束优化问题：

$$\max_{\theta}\ \sum_{k=1}^{|V|}m_k\log\theta_k$$

$$\text{s.t.}\sum_{k=1}^{|V|}\theta_k=1$$

引入拉格朗日乘子λ，定义拉格朗日函数$\Lambda(\theta,\lambda)$为

$$\Lambda(\theta,\lambda)=\sum_{k=1}^{|V|}m_k\log\theta_k+\lambda\left(\sum_{k=1}^{|V|}\theta_k-1\right) \tag{16-4}$$

令

$$\frac{\partial\Lambda(\theta,\lambda)}{\partial\theta_k}=\frac{m_k}{\theta_k}+\lambda=0,\ \ k=1,2,\cdots,|V|$$

$$\frac{\partial\Lambda(\theta,\lambda)}{\partial\theta_k}=\sum_{k=1}^{|V|}\theta_k-1=0$$

求解上述方程，得到$\lambda=\sum_{k=1}^{|V|}m_k$，进一步可得

$$\theta_k=\frac{m_k}{\sum_{k'=1}^{|V|}m_{k'}}=\frac{m_k}{\bar{m}}$$

其中，$\bar{m}=\sum_{k'=1}^{|V|}m_{k'}$为文档集合的长度。因此，最大似然估计等价于频率估计。

（2）N元模型。同理，在N元模型中，条件概率$p\left(x_t|\boldsymbol{x}_{(t-N+1):(t-1)}\right)$也可以通过最大似然函数得到，即

$$p\left(x_t|\boldsymbol{x}_{(t-N+1):(t-1)}\right)=\frac{m\left(\boldsymbol{x}_{(t-N+1):t}\right)}{m\left(\boldsymbol{x}_{(t-N+1):(t-1)}\right)} \tag{16-5}$$

其中，$m\left(\boldsymbol{x}_{(t-N+1):t}\right)$为$\boldsymbol{x}_{(t-N+1):t}$在数据集中出现的次数。

N-Gram 语言模型广泛应用于各种自然语言处理问题中，如语音识别、机器翻译、拼音输入法、字符识别等。通过该模型，可以计算一个序列的概率，从而判断该序列是否符合自然语言的语法和语义规则。该模型的一个主要问题是数据稀疏问题。数据稀疏问题在基于统计的机器学习中是一个常见的问题，主要由于训练样本不足而使密度估计不准确。在一元模型中，如果一个词 v 在训练数据集中不存在，就会导致任何包含 v 的句子的概率都为 0。同样，在 N 元模型中，当一个 N 元组合在训练数据集中不存在时，包含这个组合的句子的概率为 0。数据稀疏问题最直接的解决方法就是增大训练数据集的规模，但其边际效益会随着数据集规模的增大而递减。以自然语言为例，大多数自然语言都服从齐夫定律，出现频率最高的单词的出现频率大约是出现频率第二位的 2 倍，大约是出现频率第三位的 3 倍。因此，在自然语言中，大部分的词都是低频词，很难通过增大数据集规模来避免数据稀疏问题。数据稀疏问题的一种解决方法是平滑技术，即给一些没有出现的词组合赋予一定的先验概率。平滑技术是 N 元模型中一项必不可少的技术，如加法平滑的计算公式为

$$p\left(x_t|\boldsymbol{x}_{(t-N+1):(t-1)}\right)=\frac{m\left(\boldsymbol{x}_{(t-N+1):t}\right)+\delta}{m\left(\boldsymbol{x}_{(t-N+1):(t-1)}\right)+\delta|V|} \tag{16-6}$$

其中，$\delta\in\left(0,1\right]$为常数，当$\delta$=1 时，称为加 1 平滑。

除了加法平滑，还有很多平滑技术，如 Good-Turing 平滑、Kneser-Ney 平滑等，其基本思想都是提升低频词的频率、降低高频词的频率。

2. 词向量

基于预测任务的 Word Embedding 构造方法通常将语料建模为窗口形式，依据实际预测任务设定学习目标，在优化过程中学习 Word Embedding。常见的预测任务包括语言模型中的下文预测。基于预测任务的 Word Embedding 构造方法具有两个特点：一是语料建模生成窗口信息通常选择句子或目标词前后几个词作为上下文，是一种利用局部信息的语义特征学习方法；二是神经网络结构对模型的发展具有决定性的作用，Word Embedding 通常是作为神经网络的副产品被训练获得的。

1）神经网络的语言模型

Bengio 等于 2003 年提出了神经网络语言模型（Neural Network Language Model，NNLM)。该模型是基于 N-Gram 语言模型预测任务的 Word Embedding 构造方法。在语料建模过程中，NNLM 将语料中固定长度为 n 的词序构建为一个窗口，使用前 $n-1$ 个词预测第 n 个词，即任务目标是最大化文本的生成概率，特征学习的结构是多层神经网络。NNLM 的基本结构如图 16-3 所示。

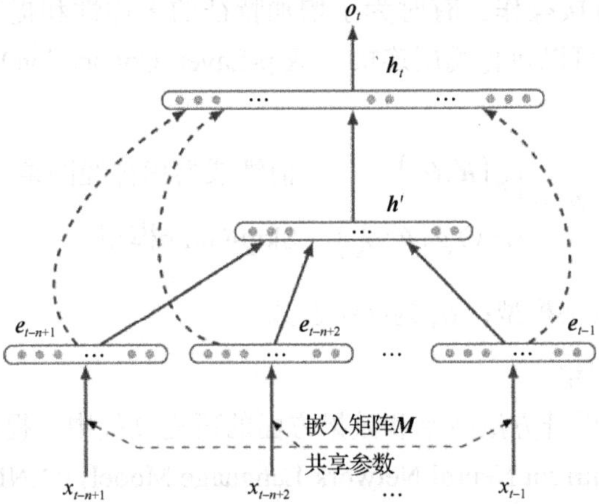

图 16-3 NNLM 的基本结构

NNLM 的基本原理可以描述为：在语料库中存在词序 $w=\{w_1,w_2,\cdots,w_{n-1},w_n\}$，在当前 $n-1$ 个词 $\tilde{h}_t=x_{1:(t-1)}$ 出现的情况下，最大化第 n 个词出现的概率。目标函数 f 可以表示为

$$f=\max P\left(w_n \mid w_1,w_2,\cdots,w_{n-1}\right)$$

NNLM 特征学习的过程要借助神经网络，包括嵌入层、特征层和输出层。

（1）嵌入层。

由于神经网络模型一般要求输入形式为实数向量，因此，为了使神经网络模型能处理符号数据，需要将这些符号转换为向量形式。一种简单的转换方法是通过一个嵌入表（Embedding Lookup Table）将每个符号直接映射成向量表示。嵌入表也称为嵌入矩阵或查询表。

设 $\boldsymbol{M}\in\mathbb{R}^{D_x\times|V|}$ 为嵌入矩阵，其中第 k 列向量 $\boldsymbol{m}_k\in\mathbb{R}^{D_x}$，表示词表中第 k 个词对应的向量表示。如果词 x_t 对应词表中的索引为 k，则其 one-hot 向量表示为 $\boldsymbol{\delta}_t\in\{0,1\}^{|V|}$，即第 k 维为 1，其余为 0 的 $|V|$ 维向量。词 x_t 对应的向量 $\boldsymbol{e}_t=\boldsymbol{M}\boldsymbol{\delta}_t=\boldsymbol{m}_k$。通过上面的映射可以得到序列 $\boldsymbol{x}_{1:(t-1)}$ 对应的向量序列 $\boldsymbol{e}_1,\cdots,\boldsymbol{e}_{t-1}$。

（2）特征层。

特征层用于从输入向量序列 $\boldsymbol{e}_1,\cdots,\boldsymbol{e}_{t-1}$ 中提取特征，输出为当前 $n-1$ 个词的向量 $\boldsymbol{h}_t$。特征层在不同类型的神经网络中，特征向量会有所不同。

① 前馈神经网络。

在前馈神经网络中，由于输入的大小是固定的，因此与 N-Gram 模型类似，将前面 $n-1$ 个词向量 $\boldsymbol{e}_1,\cdots,\boldsymbol{e}_{t-1}$ 拼接成一个 $D_x\times(n-1)$ 维的向量 $\boldsymbol{h}'=\boldsymbol{e}_1\oplus\cdots\oplus\boldsymbol{e}_{t-1}$，其中 $\oplus$ 表示向量拼接操作。有时为了增加特征的多样性和提高网络模型训练效率，神经网络中也可以包含跳层连接（Skip-Layer Connection）。这样，最后一层隐藏层输出 $\boldsymbol{h}_t$ 为

$$\boldsymbol{h}_t=\begin{cases} g\left(\boldsymbol{h}';\theta_g\right), & \text{前馈或卷积神经网络} \\ \boldsymbol{h}'\oplus g\left(\boldsymbol{h}';\theta_g\right), & \text{Skip-Gram模型} \end{cases}$$

其中，$g\left(\cdot;\theta_g\right)$ 为网络模型；θ_g 为网络参数。

② 循环神经网络。

Mikolov 等在提升方法效率和效果方面的研究过程中，提出了基于循环神经网络语言模型（Recurrent Neural Network Language Model，RNNLM）方法。RNNLM 与 NNLM 任务类似，都是基于语言模型预测任务的 Word Embedding 构造方法，但循环神经网络的隐藏层是一个自我相连的网络，可同时接受来自 n 词的输入和 $n-1$ 词的输出并将其作为输入，是可变长的输入序列，依次接受 $t-1$ 时刻前的输入 $\boldsymbol{e}_1,\cdots,\boldsymbol{e}_{t-1}$，时刻 t 的隐藏状态为

$$\boldsymbol{h}_t=g\left(\boldsymbol{h}_{t-1},\boldsymbol{e}_t;\theta_g\right)$$

其中，$g(\cdot)$ 为一个非线性函数；θ_g 为循环神经网络的参数；$\boldsymbol{h}_0=0$。

RNNLM 方法通过循环迭代使每个隐藏层实际上包含了此前所有上文的信息。因此 RNNLM 包含了更丰富的上文信息，有效提升了 Word Embedding 的质量。

（3）输出层。

输出层一般使用 Softmax 分类器，其输入向量为 $\boldsymbol{h}_t\in\mathbb{R}^{D_h}$，输出为词表中每个词的后验概率，输出大小为 $|V|$：

$$\begin{aligned}\boldsymbol{o}_t&=\text{Softmax}\left(\hat{\boldsymbol{o}}_t\right)\\&=\text{Softmax}\left(\boldsymbol{W}\boldsymbol{h}_t+\boldsymbol{b}\right)\end{aligned}$$

其中，输出向量 $\boldsymbol{o}_t\in\{0,1\}^{|V|}$，为预测的概率分布，第 k 维是词表中第 k 个词出现

的条件概率；$\hat{\boldsymbol{o}}_t$ 是未归一化的得分向量；$\boldsymbol{W} \in \mathbb{R}^{|V| \times D_h}$ 是最后一层隐藏层到输出层直接的权重矩阵，$\boldsymbol{b} \in \mathbb{R}^{|V|}$ 为偏置。

2）Word2vec 模型

目前，基于预测任务 Word Embedding 构造方法中最为流行的方法是 2013 年由 Mikolov 提出的 Word2vec 方法。Word2vec 方法引起了业界的高度重视，是 Word Embedding 构造方法发展过程中的里程碑式的研究成果，包含 CBOW 模型和 Skip-Gram 模型。两个模型在语料建模过程中都选取固定长度为 n 的词序作为窗口，窗口中心词设定为目标词，其余词为目标词的上下文。预测任务也基于语言模型：CBOW 模型的预测任务是使用上下文预测目标词；Skip-Gram 模型的预测任务是使用目标词预测上下文。Word2vec 方法在学习结构上做了多方面的改进，用于高效、高质量地训练大规模的 Word Embedding。

Word2vec 方法的原理与 NNLM 的原理相似，都是利用固定长度的窗口信息最大化文本生成概率。Word2vec 方法在窗口信息处理、神经网络结构、方法优化等方面进行了如下改进。

（1）Word2vec 方法利用固定长度为 n 的窗口作为模型输入信息。与 NNLM 将前 $n-1$ 个词拼接的方法不同，Word2vec 方法选取窗口的中心词作为目标词，对其余 $n-1$ 个词求平均值。因此，Word2vec 方法不再保存词的顺序信息。CBOW 模型使用目标词上下文预测目标词，映射层的信息是输入层的向量平均值；Skip-Gram 模型利用目标词预测上下文，映射层的信息是目标词的向量。

（2）为了进一步提升学习率，Word2vec 方法移除了 NNLM 中计算最复杂的非线性层，仅使用单层神经网络。

（3）Word2vec 方法为降低预测下一个词出现概率过程的计算复杂度，采用两种优化方法：基于哈夫曼树的层次（Hierarchical Softmax，HS）方法和负采样（Negative Sampling，NS）方法。HS 虽然利用了 HLBL（Hierarchical Log-Bilinear Language）方法中的层次加速方法，但与 HLBL 方法不同。HS 将词典中所有的词构造成一棵哈夫曼树，树的每个叶节点均代表一个词，每个词都对应一个哈夫曼编码，保证词频高的词对应短的哈夫曼编码，从而减少了预测高频词的参数，提升了模型的效率。为了进一步简化模型，NS 不再使用复杂的哈夫曼树，而是使用随机负采样的方式进一步加快训练速度，改善词向量的质量。

3. 词的位置

在 Transformer 模型中，词典库中的每个词都使用一个向量表示。另外，在实际的语言环境中，还需要表示每个词在句子中的位置向量，但词语的位置表示方法需要处理成模型可以接受的形式。具体的计算方法表示公式如下：

$$\mathrm{PE}(\mathrm{pos},i)=f(x)=\begin{cases}\sin\left(\dfrac{\mathrm{pos}}{10000^{i}/\dim_h}\right), & i\%2==0\\ \cos\left(\dfrac{\mathrm{pos}}{10000^{(i-1)}/\dim_h}\right), & i\%2==1\end{cases}$$

最终生成的位置特征的维度和词嵌入特征的维度相同，其中，pos 表示词在句子中所在的位置，对于一个长度为 L 的句子，其取值为 $0\sim(L-1)$；i 表示特征维度的序号，特征维度的总长度为 $\dim_h$，也是嵌入的特征维度，因此，i 的取值为 $0\sim(\dim_h-1)$。这样，最终得到的位置特征的维度为 $[L,\dim_h]$。例如，一个句子中几个词的位置组成的向量为 $[1,2,0]$，长度为 3，嵌入特征的维度为 4，其中每一行表示一个词的特征，那么对应的位置特征表示如下：

$$\begin{bmatrix}\mathrm{PE}(1,0) & \mathrm{PE}(1,1) & \mathrm{PE}(1,2) & \mathrm{PE}(1,3)\\ \mathrm{PE}(2,0) & \mathrm{PE}(2,1) & \mathrm{PE}(2,2) & \mathrm{PE}(2,3)\\ \mathrm{PE}(0,0) & \mathrm{PE}(0,1) & \mathrm{PE}(0,2) & \mathrm{PE}(0,3)\end{bmatrix}$$

$$=\begin{bmatrix}\sin(\dfrac{1}{10000^0/4}) & \cos(\dfrac{1}{10000^0/4}) & \sin(\dfrac{1}{10000^2/4}) & \cos(\dfrac{1}{10000^2/4})\\ \sin(\dfrac{2}{10000^0/4}) & \cos(\dfrac{2}{10000^0/4}) & \sin(\dfrac{2}{10000^2/4}) & \cos(\dfrac{2}{10000^2/4})\\ \sin(\dfrac{0}{10000^0/4}) & \cos(\dfrac{0}{10000^0/4}) & \sin(\dfrac{0}{10000^2/4}) & \cos(\dfrac{0}{10000^2/4})\end{bmatrix}$$

通常情况下，每个词的位置对应的特征值可以事先计算得出，这样可以形成一个特征计算表。在日常应用中，可以直接查表使用。如果将词嵌入特征和词的位置特征直接相加，就可以得到完整的模型输入特征。

```
class PositionalEncoding(nn.Module):
    def __init__(self, d_hid, n_position=200):
        super(PositionalEncoding, self).__init__()
        # 不是一个参数
        self.register_buffer('pos_table', self._get_sinusoid_encoding_
table(n_position, d_hid))
    def _get_sinusoid_encoding_table(self, n_position, d_hid):
        # 获取正弦位置编码表
        def get_position_angle_vec(position):
            return [position / np.power(10000, 2 * (hid_j // 2) / d_hid)
for hid_j in range(d_hid)]
        sinusoid_table = np.array([get_position_angle_vec(pos_i)
for pos_i in range(n_position)])
```

```
        # dim 2i
        sinusoid_table[:, 0::2] = np.sin(sinusoid_table[:, 0::2])
        # dim 2i+1
        sinusoid_table[:, 1::2] = np.cos(sinusoid_table[:, 1::2])
        return torch.FloatTensor(sinusoid_table).unsqueeze(0)  #(1,N,d)
    def forward(self, x):
        # x(B,N,d)
        return x + self.pos_table[:, :x.size(1)].clone().detach()
```

16.2.2　图像特征

在手写体数字识别任务中，样本 x 为待识别的图像。为了识别 x 是什么数字，可以从图像中抽取一些特征。如果是一幅大小为 $M \times N$ 的图像，则其特征向量可以简单地表示为 $M \times N$ 维的向量，每一维的值为图像中对应像素的灰度值。为了提高模型准确率，也会经常加入一个额外的特征，如直方图、宽高比、笔画数、纹理特征、边缘特征等。假设总共抽取了 D 个特征，那么这些特征可以表示为一个向量 $\boldsymbol{x} \in \mathbb{R}^D$。

对于一幅复杂图像，往往由一些基本的结构组成。图 16-4 可以通过 64 种正交的 edges（正交的基本结构）来线性表示。样本 $\boldsymbol{x} = [x_1, x_2, \cdots, x_{64}]$ 表示图 16-4 中的 64 个 edges，图中标识的 3 个 edges 按照 0.8、0.3、0.5 的权重来设置，而将其他没有贡献的 edges 都设置为 0。

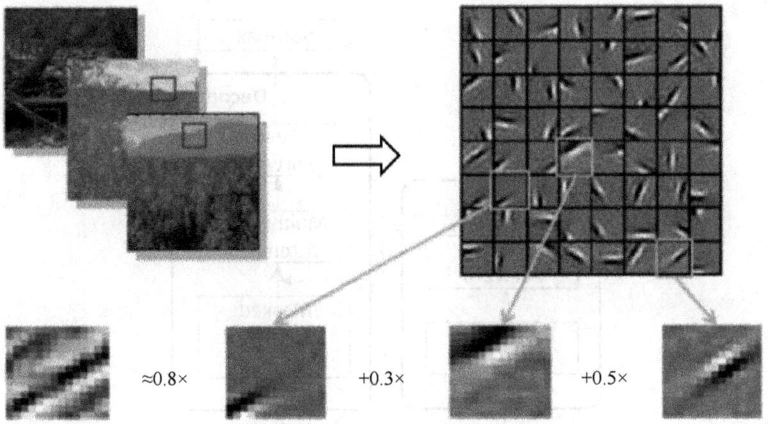

图 16-4　图像特征的表示方式

图 16-4 的特征表示为 $[x_1, x_2, \cdots, x_{64}] = [0,0,\cdots,0,0.8,0,\cdots,0,0.3,0,\cdots,0,0.5,0]$。

16.3 Transformer 模型

Transformer 已经成为当前预训练模型中比较流行的模型。由论文 *Attention is All You Need* 在 2017 年提出，是谷歌云 TUP 推荐的参考模型。著名的 Bert 模型也是由基本的 Transformer 模型构成的。

16.3.1 模型的基本结构

Transformer 是一种具有较强竞争力的模型，其核心网络采用编码器-解码器（Encoder-Decoder）的结构形式，如图 16-5 所示。模型的左边部分为编码器（Encoder），映射为符号表示的输入序列$\left(x_1,x_2,\cdots,x_n\right)$到一个连续表示的序列$z=\left(z_1,z_2,\cdots,z_n\right)$。在自然语言处理中，输入某种语言的句子后，相当于转化为一种中间语言的特征表示。模型的右边部分为解码器（Decoder），将 z 序列通过模型转化成一个输出序列$\left(y_1,y_2,\cdots,y_n\right)$，每次只转化一个词。也就是将编码器部分的中间语言转化为目标语言的概率分布，形成具有最大概率值对应的词。在每个步骤中，模型都是自动回归的，在执行下一个步骤时，将之前生成的向量作为额外的输入。Transformer 模型这种架构模式由堆叠的自注意力机制层和点式的完全连接层组成。以下详细介绍编码器-解码器各部分的功能。

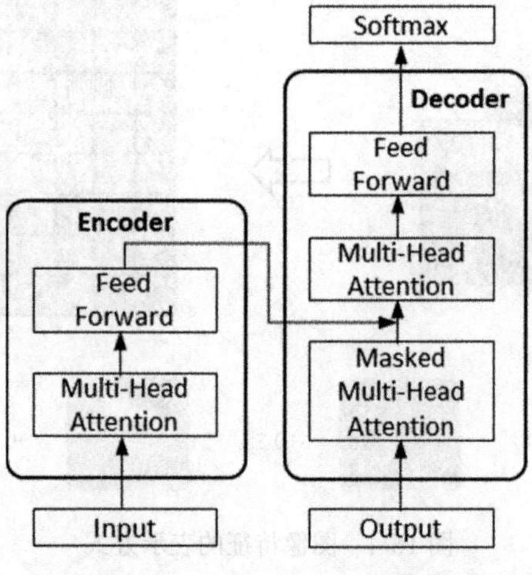

图 16-5 Transformer 模型的基本架构

16.3.2 编码模型

编码模型主要由一个多头 Self-Attention 模块和一个位置前馈神经网络（Position-Wise Feed Forward Neural Network）模块组成。

1. Scaled Dot-Product Attention

缩放内积注意力（Scaled Dot-Product Attention）属于多头注意力（Multi-Head Attention）的组成部分，其输入有 3 个维数相同的矩阵，包括 Queries（$\boldsymbol{Q}$）、Keys（$\boldsymbol{K}$）、Values（$\boldsymbol{V}$）；计算输出矩阵为

$$\text{Attention}(\boldsymbol{Q},\boldsymbol{K},\boldsymbol{V})=\text{Softmax}\left(\frac{\boldsymbol{QK}^{\text{T}}}{\sqrt{d_k}}\right)\boldsymbol{V}$$

其中，d_k 表示矩阵 $\boldsymbol{Q}$、$\boldsymbol{K}$ 和 $\boldsymbol{V}$ 的维度；$\boldsymbol{QK}^{\text{T}}$ 矩阵内积通过 Softmax 得到每个位置对应的权重，每一行运算后的特征的总和为 1，相当于表示不同位置之间的特征转换概率；$1/\sqrt{d_k}$ 因子主要是为了使网络达到稳定状态，因为当 d_k 很大时，$\boldsymbol{QK}^{\text{T}}$ 点积就会变大，通过 Softmax 层运算后，梯度会变得特别小，不利于模型的计算。Softmax 层运算后与矩阵 $\boldsymbol{V}$ 相乘，相当于对矩阵 $\boldsymbol{V}$ 的加权求和，得到维数为 d_k 的 $\text{Attention}(\boldsymbol{Q},\boldsymbol{K},\boldsymbol{V})$ 矩阵。Scaled Dot-Product Attention 如图 16-6 所示。

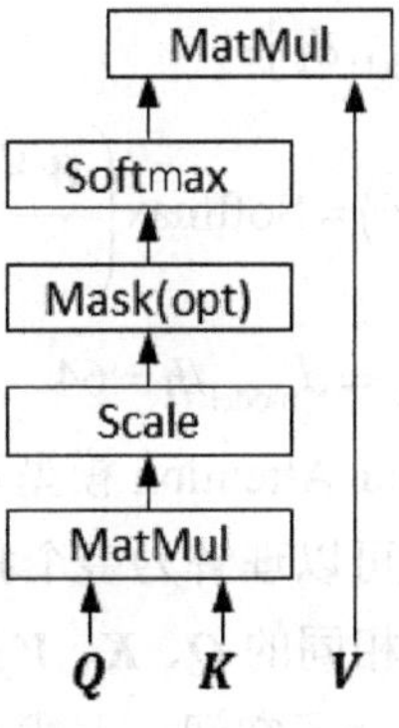

图 16-6 Scaled Dot-Product Attention

2. Multi-Head Attention

我们知道，Scaled Dot-Product Attention 使用同一维度的 $\boldsymbol{Q}$、$\boldsymbol{K}$、$\boldsymbol{V}$，造成输入向量数据比较单一。Multi-Head Attention 就是指将 $\text{Attention}(\boldsymbol{Q},\boldsymbol{K},\boldsymbol{V})$ 经过 h 次不同的线性变换，使得并行的 3 组输入各不相同，同时使所提取的特征具有一定的意义。因此，在输入后加入不同的线性变换模块，如图 16-7 所示。具体计算过程分为以

下几个步骤。

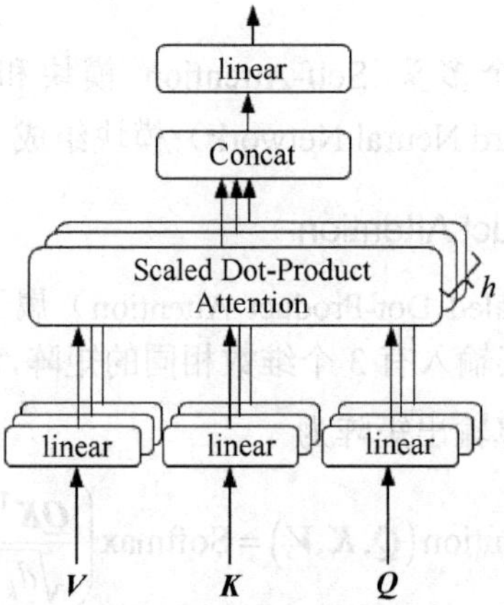

图 16-7 Multi-Head Attention

（1）线性变换。首先将输入矩阵 $\boldsymbol{Q}$、$\boldsymbol{K}$、$\boldsymbol{V}$ 分别进行 h 次不同的线性变换，形成 3 组线性组合矩阵，完成多路径的特征映射。计算过程表示为

$$\text{linear}_i\left(\boldsymbol{Q},\boldsymbol{K},\boldsymbol{V}\right) \leftarrow \boldsymbol{W}_i^Q\boldsymbol{Q},\boldsymbol{W}_i^K\boldsymbol{K},\boldsymbol{W}_i^V\boldsymbol{V}$$

其中，参数矩阵 $\boldsymbol{W}_i^Q \in \mathbb{R}^{d_{\text{model}} \times d_k}$；$\boldsymbol{W}_i^K \in \mathbb{R}^{d_{\text{model}} \times d_k}$；$\boldsymbol{W}_i^V \in \mathbb{R}^{d_{\text{model}} \times d_v}$ 且$1 \leqslant i \leqslant h$。

（2）内积注意力。使用 Scaled Dot-Product Attention 进行计算，由于是 h 次并行计算，所以输出特征为$\left[h, d_{\text{model}}, d_k\right]$：

$$\text{Attention}_i\left(\boldsymbol{Q},\boldsymbol{K},\boldsymbol{V}\right) = \text{Softmax}\left(\frac{\boldsymbol{W}_i^Q\boldsymbol{Q}\boldsymbol{W}_i^{K^{\text{T}}}\boldsymbol{K}^{\text{T}}}{\sqrt{d_k}}\right)\boldsymbol{W}_i^V\boldsymbol{V}$$

当 h=8 时，即 8 路并行，$d_k = d_v = d_{\text{model}}/h = 64$。

（3）多头注意力。Multi-Head Attention 模型可以对来自不同子空间的信息在不同位置进行共享。多头注意力可以理解为多个独立的 Attention 计算，起到并行集成计算的作用，防止过拟合。相同的 $\boldsymbol{Q}$、$\boldsymbol{K}$、$\boldsymbol{V}$ 通过线性变换，每个注意力机制函数只负责最终输出序列中的一个子空间。上述 8 路经过合并后最终变成 512 维空间，通过 $\boldsymbol{W}^O$ 进行线性变换输出多头注意力值。

多头注意力利用多个查询$=\left[\boldsymbol{q}_1,\cdots,\boldsymbol{q}_M\right]$并行地从输入信息中选取多组信息。每个注意力关注输入信息的不同部分：

$$\text{att}\left(\left(\boldsymbol{K},\boldsymbol{V}\right),\boldsymbol{Q}\right) = \text{att}\left(\left(\boldsymbol{K},\boldsymbol{V}\right),\boldsymbol{q}_1\right) \oplus \cdots \oplus \text{att}\left(\left(\boldsymbol{K},\boldsymbol{V}\right),\boldsymbol{q}_M\right)$$

其中，$\oplus$ 表示向量拼接。

$$\text{MultiHead}(\boldsymbol{Q},\boldsymbol{K},\boldsymbol{V}) = \text{Concat}(\text{head}_1,\cdots,\text{head}_h)\boldsymbol{W}^O$$

且有

$$\text{head}_i = \text{Attention}\left(\boldsymbol{W}_i^Q\boldsymbol{Q},\boldsymbol{W}_i^K\boldsymbol{K},\boldsymbol{W}_i^V\boldsymbol{V}\right),\quad 1\leqslant i\leqslant h$$

其中，参数矩阵 $\boldsymbol{W}_i^Q \in \mathbb{R}^{d_{\text{model}}\times d_k}$；$\boldsymbol{W}_i^K \in \mathbb{R}^{d_{\text{model}}\times d_k}$；$\boldsymbol{W}_i^V \in \mathbb{R}^{d_{\text{model}}\times d_v}$；$\boldsymbol{W}^O \in \mathbb{R}^{hd_{\text{model}}\times d_k}$。

```
class MultiHeadedAttention(nn.Module):
    def __init__(self, h, d_model, dropout=0.1):
        # 传入参数多头的数量和模型的大小，其中h=8, d_model=512
        super(MultiHeadedAttention, self).__init__()
        assert d_model % h == 0
        # 假设d_v=d_k=512//8=64
        self.d_k = d_model // h
        self.h = h
        self.linears = clones(nn.Linear(d_model, d_model), 4)
        self.attn = None
        self.dropout = nn.Dropout(p=dropout)
    def forward(self, query, key, value, mask=None):
        # 参见图16-7
        if mask is not None:
            # 将多头设置为相同的mask
            mask = mask.unsqueeze(1)
        nbatches = query.size(0)
        # (1)做批量线性预测d_model => h x d_k
        query, key, value = \
            [l(x).view(nbatches, -1, self.h, self.d_k).transpose(1, 2)
             for l, x in zip(self.linears, (query, key, value))]
        # (2)将注意力机制集中在批处理中的所有预测向量上
        x, self.attn = attention(query, key, value, mask=mask,
                                 dropout=self.dropout)
        # (3)调用视图并返回线性函数
        x = x.transpose(1, 2).contiguous() \
            .view(nbatches, -1, self.h * self.d_k)
        return self.linears[-1](x)
```

3. Position-Wise Feed Forward Network

位置前馈神经网络（Position-Wise Feed-Forward Network）主要用于处理每个位置自身的信息。前面介绍的模块主要是为了处理不同位置向量之间的关联关系的。对于一个维度为$[d_k,d_v]$的序列信息，位置前馈神经网络主要完成以下功能。

前馈神经网络的计算过程为

$$\mathrm{FFN}(x)=\max(0,xW_1+b_1)W_2+b_2$$

（1）对两个维度进行转换，将成为$[d_v,d_k]$。

（2）使用一维卷积操作进行计算，特征转换为$[d_{\mathrm{hid}},d_k]$维度。

（3）先使用 ReLU 层作为非线性层，进行一维卷积操作，特征转换为$[d_v,d_k]$维度，再将特征转化为$[d_k,d_v]$维度。

（4）加入 Skip Connection 结构，先将输入和输出相加，再使用归一化层 Layer Norm 控制数值范围。

位置前馈神经网络模块程序实现代码如下：

```
class PositionwiseFeedForward(nn.Module):
    #位置前馈神经网络层模块
    def __init__(self, d_in, d_hid, dropout=0.1):
        super().__init__()
        # 两个 FC 层，对最后的 512 维度进行转换
        self.w_1 = nn.Linear(d_in, d_hid) # position-wise
        self.w_2 = nn.Linear(d_hid, d_in) # position-wise
        self.layer_norm = nn.LayerNorm(d_in, eps=1e-6)
        self.dropout = nn.Dropout(dropout)
    def forward(self, x):
        residual = x
        x = self.w_2(F.relu(self.w_1(x)))
        x = self.dropout(x)
        x += residual
        x = self.layer_norm(x)
        return x
```

以上介绍的 3 个模块是构成编码模型的核心模块。这个组合结构称为编码层，由两步计算过程完成。

（1）多头注意力和内积注意力从多个维度计算 Self-Attention 的特征变换。

（2）位置前馈神经网络将每个位置的独立信息嵌入特征中。

如图 16-8 所示，在实际的编码模型中，共有 6 个堆叠的编码层，这样，经过 6 层的编码计算后，就得到了作为中间状态的特征向量。另外，在模型训练中还需要使用 Batch 训练方式，如果同一个句子 Batch 内的句子长度各不相同，就需要使用补齐的方式将同一个 Batch 内的句子填充到相同的长度，一般情况下，用 0 来补充。在编码模型的计算过程中，还需要将两个 Mask 传入网络中，分别为 Pad Mask 和 Non-Pad Mask。

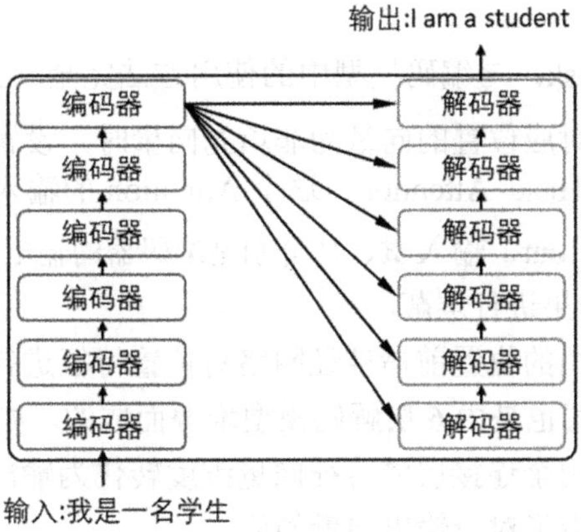

图 16-8 编码-解码模型

这两个 Mask 分别应用于不同的计算过程。在计算 Scaled Dot-Product Attention 时，要将 Pad Mask 中为 1 的位置设为最小值，这样，在计算 Softmax 时，这些位置的转移概率值就接近 0 了。Pad Mask 的维度正好与 $\boldsymbol{QK}^{\mathrm{T}}$ 的维度相同，这样，将对应位置的数值设为最小值就可以达到期望值。每当编码层计算完一个位置的词语特征后，都需要将填充的特征设为 0，用 Non-Pad Mask 直接与输出值按元素相乘，就得到编码层计算结果。

16.3.3 解码模型

由图 16-5 可知，编码模型与解码模型有些模块比较相近，在编码模型中已经介绍过，这里只介绍有差异的部分。我们知道，编码模型的输入是原始的句子结构或图像信息的特征信息，输出是中间状态；而解码模型的输入包括两部分：当前已经翻译得到的输入和编码模型的输出，每次计算完成后都会得到下一个位置输出的子空间概率。虽然解码模型同样使用了两个 Multi-Head Attention，但另一个为 Mask Multi-Head Attention，还有一个 Position-Wise Feed-Forward Network 模块。

下面先了解一下这两个 Multi-Head Attention 的区别，主要在于前缀 Mask。解码模型中有 3 个 Mask，比编码模型多一个。

（1）Self-Attention Mask：用于输出目标语言的编码特征，维度为$\left[d_k,d_k\right]$。在解码模型中，计算方法有些复杂，因为解码模型的信息是一步步得到的，后一个位置的向量是无法给前面位置的向量提供信息的。因此，在计算过程中，要将这种相关关系表示出来。用 $\boldsymbol{QK}^{\mathrm{T}}$ 表示不同位置之间的关系，这样可以使用一个上三角矩阵作为 Mask 来表示输出位置之间的关系。此外，还要考虑将填充位置的权重清零。

（2）Non-Pad Mask：与编码模型中的使用方法完全一致，维度为$[d_k,1]$，其中 1 为填充维度，当对应位置的向量为非填充向量时，设置为 1，否则设置为 0。

（3）Mask Multi-Head Attention：这个 Attention 的输入 $\boldsymbol{Q}$ 为前一个 Attention 的输出，称为 decode_out，输入 $\boldsymbol{K}$、$\boldsymbol{V}$ 分别是编码器的输出，计算完成后，同样使用 Non-Pad Mask 对结果进行屏蔽。

接着使用前面介绍的位置前馈神经网络对位置特征进行处理，就完成了解码层的计算过程。解码层也是由 6 层解码模型堆叠而成的，如图 16-9 所示。在解码模型输出结果时，使用全连接层将特征向量维度转化为输出向量维度。这样，每个维度的输出值就代表了对应输出向量的值。

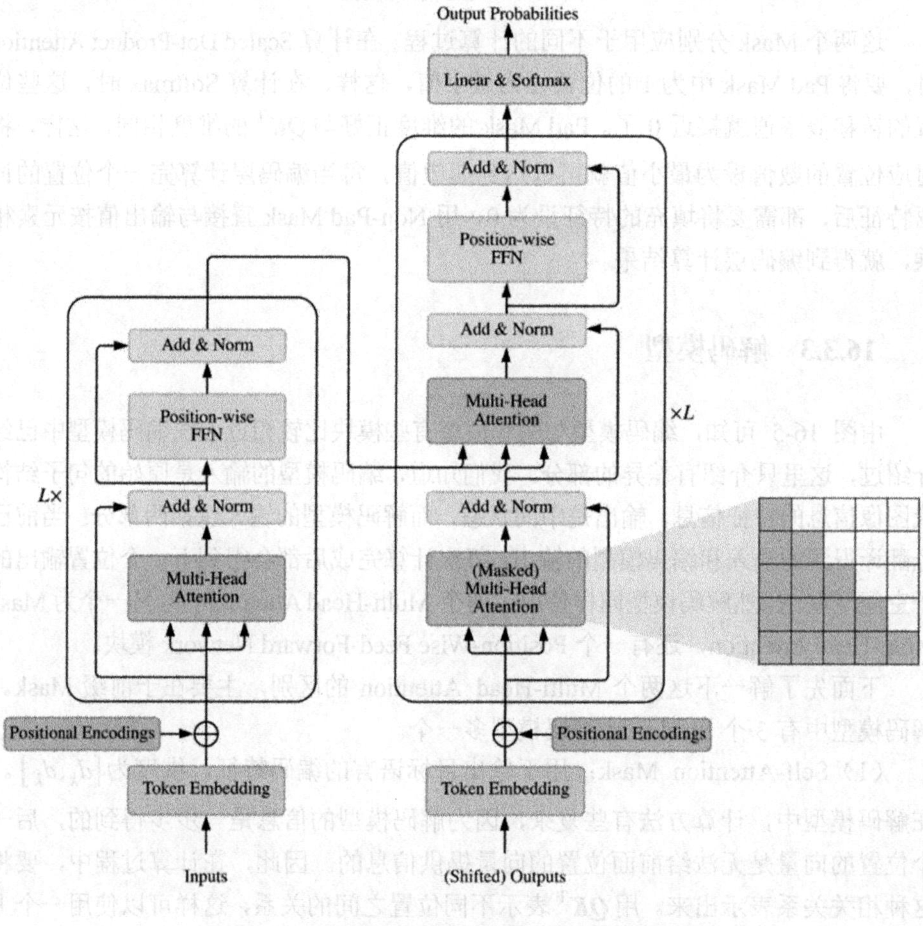

图 16-9　编码模型和解码模型关系的结构图解

16.3.4 基于 Transformer 模型的扩展

Transformer 模型作为自然语言处理发展的新起点，2018 年年初，AllenNLP 发布了一个新模型 ELMo。ELMo 是一种比 Word2vec 更好的训练词向量的模型。而之后的 BERT、RoBERTa、XLNet、T5、ALBERT、GPT-3 等模型从自然语言理解及自然语言生成等角度，不断刷新自然语言处理领域任务的 SotA（State of the Art）表现，如图 16-10 所示。

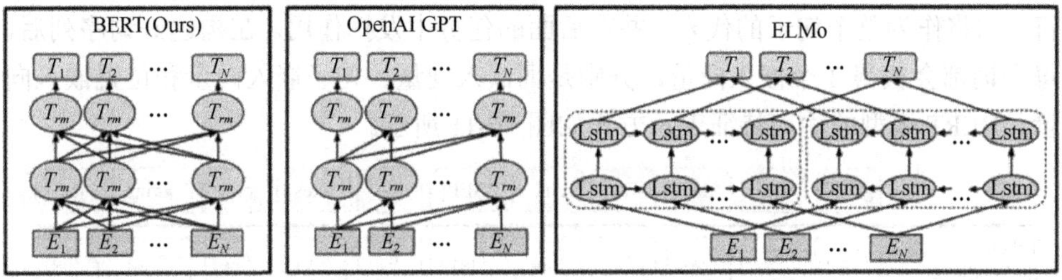

图 16-10 基于 Transformer 的模型

Word2vec 使用了 Skip-Gram 模型和 Negative Sampling 训练方法，很好地刻画了词语的特性及词语之间的关系，也体现了词向量学习到的一些成果。但它的不足如下。

（1）Word2vec 采用了分布式表征的方法，对词语语义的刻画并不充分。我们只知道与这个词搭配的一些词，对词与不同词组合时发挥的语义功能却刻画得不充分。因此，我们希望在对词向量进行训练时，可以使用更好的方法训练每个词，将词的基本语法和一些高级语义都刻画出来。

（2）Word2vec 得到的词向量更像是一个预训练的结果。对于自然语言处理的其他任务，Word2vec 的词向量并不能被直接应用到其中，而需要经过进一步的计算，只有使用额外的模型对特征进行转换，才能真正将其应用于特定任务中。它与图像算法不同，图像算法在使用 ImageNet 数据集进行预训练之后，只需替换最前面的几层，就可以进行新任务的训练。这样，很大一部分的预训练模型得以保存，并用于后续的任务中。因此，我们希望自然语言处理的模型也能像视觉领域那样充分利用预训练模型进行进一步的调优。

BERT 模型改进了以上的不足并结合了自己的创新，成为预训练模型的最佳选择。下面主要介绍几种模型的基本结构。

1. BERT 模型的基本结构

BERT（Bidirectional Encoder Representations from Transformers）模型来自论文

BERT：Pre-training of Deep Bidirectional Transformers for Language Understanding。BERT 模型采用了多层 Transformer 结构构建语言模型进行学习，在构建时，每个词的特征都会使用 Multi-Head Attention 结构，通过与相关词的交互进行特征转换。Transformer 结构不会像 RNN 那样顺序地处理模型，因此，每个词都会得到前后两个方向的特征信息，这样，词的上下文将会学习得更为充分。

BERT 模型的输入模式有两种：一种是只输入一个句子；另一种是输入两个句子，句子之间有一个分隔符。在每个输入的开始都会填充一个含义为 CLS 的字符，它将作为整个句子的代表，并在后面的任务中发挥作用。在构建好词序列后，每个词都会获得 3 个嵌入向量，分别是词嵌入向量、句子嵌入向量和位置嵌入向量。BERT 模型的输入特征表示方式如图 16-11 所示。

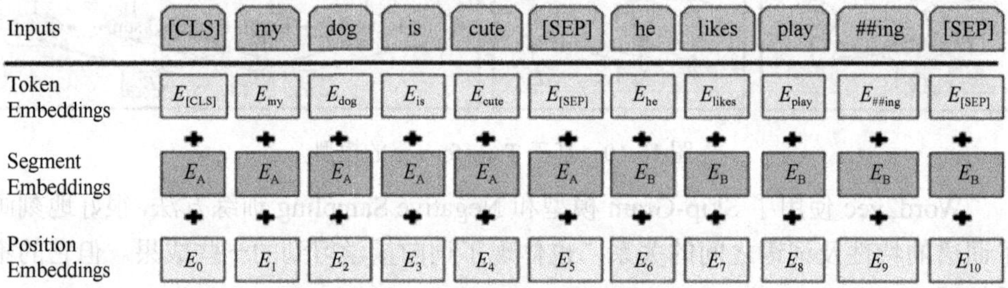

图 16-11 BERT 模型的输入特征表示

在确定了输入特征的表示方式后，就可以使用多层 Transformer 对输入进行计算，并对输入进行编码得到转换后的特征。BERT 模型有 Base 和 Large 两个版本。其中，Base 版本拥有 12 层 Attention 模块，每层的特征维度为 768，Head 数量为 12；Large 版本拥有 24 层 Attention 模块，每层的特征维度为 1024，Head 数量为 24。

BERT 模型的训练方式有两种，其中一种是“Mask Language Model”，这是 BERT 模型独有的训练语言模型的方式。在训练语言模型时，为了使模型有更好的效果，可以使用双向语言模型，但是在使用双向语言模型时，很难保证模型不会看到不该看到的词，这个问题也被称为“See itself”。如果选择使用单向语言模型，那么虽然可以解决 See itself 问题，但是单向语言模型的能力要比双向语言模型弱，毕竟每个词除了与前向的词相关，还与反向的词相关。

下面以两个同样有一定影响力的模型为例介绍上面提到的两个问题。第一个问题对应着 ELMo（Embeddings from Language Models）。它来自论文 *Deep contextualized word representations*。ELMo 的结构如图 16-10 所示。ELMo 采用多层双向 LSTM 构建语言模型。RNN 模型可以使用语料库构建语言模型，模型的主要功能是计算给定前序词时后序词的条件概率，如图 16-12 所示。

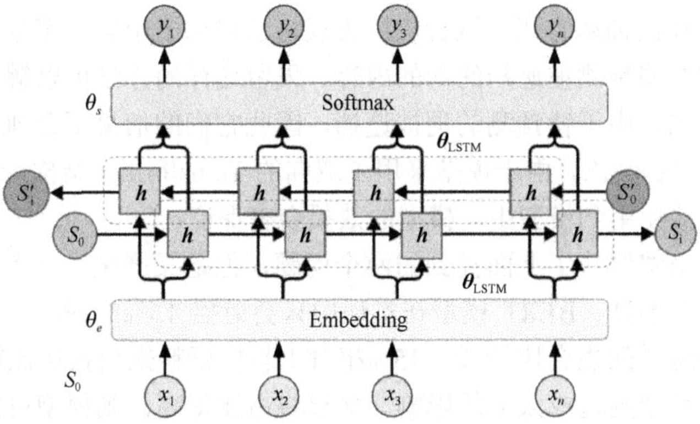

图 16-12　双向语言模型

2．GPT 模型的基本结构

OpenAI GPT（Generative Pre-Training）采用单向的 Transformer 结构，起初的 GPT-2 参数只有 15 亿个，改进的 GPT-3 参数达到了 1750 亿个，更适合于大规模模型的预训练。GPT-3 能够解决当前 BERT 等模型的两个不足之处：对领域内有标记数据的过分依赖，以及对领域数据分布的过拟合。GPT-3 致力于能够使用更少的特定领域，不通过 fine-tuning 解决问题。GPT 模型的结构如图 16-13 所示。

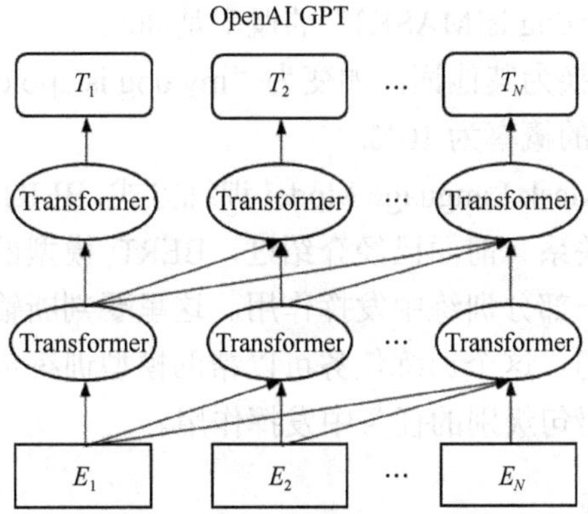

图 16-13　GPT 模型的结构

GPT-3 的模型体量使用最大数据集，在处理前容量达到了 45TB。根据 OpenAI 的算力统计单位 pfs-day，训练 AlphaGo Zero 需要 1800～2000pfs-day，而 OpenAI 刚刚提出的 GPT-3 用了 3640pfs-day。

在语句中，前面的词无法看到后面的词的情况，即使模型采用了多层 Transformer 结构，也不会泄露词语的信息。由于采用了单向模型，所以模型的表现能力相对于双向模型会弱一些。在上面的问题中，BERT 模型采用了 Mask

Language Model 的训练方式。这种训练方式将遮挡句子中的一部分词，我们的目标就是用已知的词预测被遮挡的词的内容。采用这样的方法可以解决前面提到的两个问题：首先，由于待预测的词被遮挡，因此它们的信息不会泄露，See itself 问题就不会发生；其次，由于模型采用了双向的 Transformer 结构，词语的前向和反向信息都会被使用到模型中，模型的效果会有保证。

这种方法虽然解决了上面提到的两个问题，但是又产生了一个新的问题——模型的训练效率不高。BERT 模型在实现中只会遮挡 15%的词，导致模型的训练效率不高，训练时间也会比较长。15%相对于整体语料来说占比比较小，因此不会对整体的语言规则造成太大的影响。如果将占比提高，则模型可能会学习到错误的语言规则。但是当训练资源充足时，这种方法就会展现出它的实力。BERT 模型在 Mask Language Model 上的具体训练策略如下。

（1）对于每个词，都有 15%的概率会被选出来用于预测内容。在这个概率中，有 80%的词会被替换为一个特殊的 Mask 词；有 10%的词会被随机替换为任意一个词；而最后的 10%会保持原样。

（2）每个词有 85%的概率保持不变，但是在预测的过程中，不会预测这个词的内容。下面以一个句子“my dog is hairy”为例，展示随机改变句子的几种结果。当 hairy 被选择为需要替换的词时，有以下几种情况。

① 句子变为“my dog is[MASK]”的概率是 80%。

② 句子被随机替换为其他词，如变为“my dog is apple”的概率为 10%。

③ 句子维持原状的概率为 10%。

除了前面介绍的 Mask Language Model 训练方式，BERT 模型的另一种训练方式就是设定句子间的关系。前面已经介绍过，BERT 模型的输入可以包含两个句子，这个设定将在这一部分训练中发挥作用。这里要判断输入的第二个句子是不是第一个句子的下一句。这个训练任务可以帮助模型训练语句级别的特征表示，而这个能力会在很多语句级别的任务中发挥作用。

3. OPT 模型架构

OPT（Omni-Perception pre-Trainer）多模态预训练模型是中国科学院自动化研究所提出的，具有跨模态理解与跨模态生成能力，取得了预训练模型的突破性进展。OPT 模型是继 GPT/BERT 模型后的又一热点预训练模型，具有在无监督情况下自动学习不同任务并快速迁移到不同领域数据的能力。

OpenAI 联合创始人、首席科学家 Ilya Sutskever 表示人工智能的长期目标是构建多模态神经网络，即 AI 能够学习不同模态之间的概念，从而更好地理解世界。为实现更加通用的人工智能模型，预训练模型必然由单模态向多模态方向发展，将文本、语音、图像、视频等多模态内容联合起来进行学习。

OPT 模型是连接文本、视觉和语音 3 种模式的预训练模型，实现 3 个模态相互转化和生成，其主要原理是首先利用视觉、文本、语音单模态的表示，通过各自编码器映射到统一语义空间；然后通过基于 Transformer 的多头自注意力机制学习模态之间的语义关联及特征对齐，形成多模态统一知识表示；最后利用编码后的多模态特征，在多头自注意力机制的作用下，通过跨模态解码器分别生成文本、图像和语音，如图 16-14 所示。

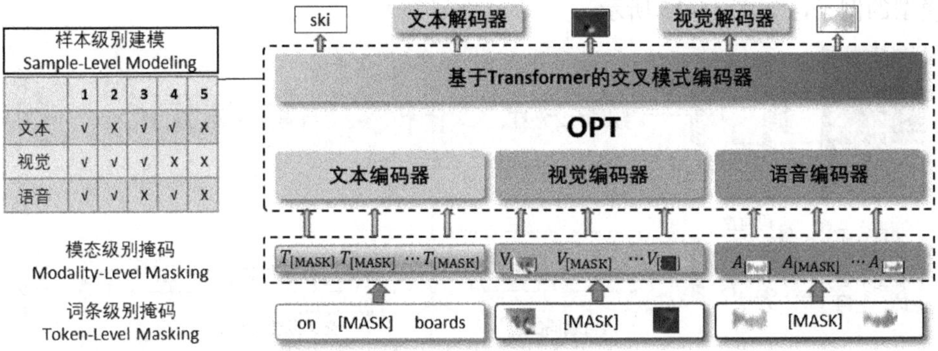

图 16-14　OPT 模型架构

OPT 模型由单模态编码器、跨模态编码器和跨模态解码器构成。根据文本-视觉-语音三模态数据，形成三级预训练自监督学习方式：词条级别（Token-Level）、模态级别（Modality-Level）及样本级别（Sample-Level）。

（1）词条级别学习。

① 文本掩码建模（Masked Language Modeling）：随机掩盖一些文本单词，需要模型根据上下文预测被掩盖的单词是什么。

② 视觉掩码建模（Masked Vision Modeling）：随机掩盖一些图像区域，让模型预测被掩盖的区域。

③ 语音掩码建模（Masked Audio Modeling）：随机掩盖一些语音词条，模型需要预测被掩盖的词条是什么。

（2）模态级别学习。

模态级别学习包括文本重构和图像重构两个任务，分别学习重构输入文本和图像。引入模态级别掩码（Modality-Level Masking）机制，随机地掩盖一个模态信息，使得模型需要根据其他模态信息对当前模态进行重构，从而能够进行下游的跨模态生成任务。这个机制也带来另一个好处——使模型不仅能够处理三模态输入，还能够处理两模态输入，从而适应下游的两模态任务。

（3）样本级别学习。

样本级别学习预训练任务是通过对每个样本随机地替换 3 种模态信息中的一种或两种，让模型来预测替换哪些模态。

三模态预训练模型的提出将改变当前单一模型对应单一任务的人工智能研发范式，三模态图文音的统一语义表达将大幅提升文本、语音、图像和视频等领域的基础任务性能，并在多模态内容的理解、搜索、推荐和问答，语音识别和合成，人机交互和无人驾驶等商业应用中具有潜力巨大的市场价值。下面介绍一个混合模型的例子，如图 16-15 所示。

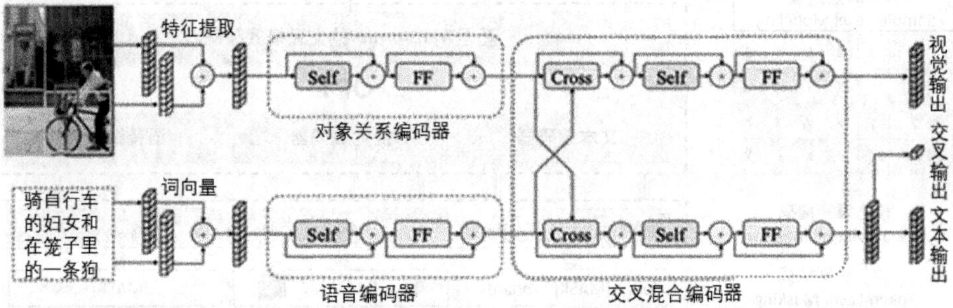

图 16-15　图像-文本混合模型

16.4 预训练模型学习

16.4.1 预训练模型的学习方式

1. 多任务学习

多任务学习（Multi-Task Learning）是指同时学习多个相关任务，让这些任务在学习过程中共享知识，利用多个任务之间的相关性来改进模型在每个任务上的性能和泛化能力。多任务学习可以看作一种归纳迁移学习（Inductive Transfer Learning），即通过利用包含在相关任务中的信息作为归纳偏置（Inductive Bias）来提高泛化能力。

多任务学习的主要挑战在于如何设计多任务之间的共享机制。在传统的机器学习算法中，引入共享的信息是比较困难的，通常会导致模型变得复杂。但是在神经网络模型中，模型共享变得相对比较容易。深度神经网络模型提供了一种很方便的信息共享方式，可以很容易地进行多任务学习。多任务学习的共享机制比较灵活，有很多种共享模式。

多任务学习通常可以获得比单任务学习更好的泛化能力，主要有以下几个原因。

（1）多任务学习在多个任务的数据集上进行训练，比单任务学习的训练集更大。由于多个任务之间有一定的相关性，因此，多任务学习相当于一种隐式的数据增强，可以提高模型的泛化能力。

（2）多任务学习中的共享模块需要兼顾所有任务，这在一定程度上避免了模型过拟合到单个任务的训练集，可以看作一种正则化。

（3）既然一个好的表示通常需要适用于多个不同的任务，那么多任务学习的机制使得它会比单任务学习获得更好的表示。

（4）在多任务学习中，每个任务都可以“选择性”地利用其他任务学习到的隐藏特征，从而提高自身的能力。

2. 迁移学习

标准机器学习的前提是假设训练数据和测试数据的分布是相同的。如果不满足这个假设，那么在训练集上学习到的模型在测试集上的表现会比较差。而在很多实际场景中，经常碰到的问题是标注数据的成本十分高，无法为一个目标任务准备足够多相同分布的训练数据。因此，如果有一个相关任务已经有了大量的训练数据，虽然这些训练数据的分布和目标任务不同，但是由于训练数据的规模比较大，所以假设可以从中学习某些可以泛化的知识，那么这些知识对目标任务会有一定的帮助。如何将相关任务的训练数据中的可泛化知识迁移到目标任务上就是迁移学习（Transfer Learning）要解决的问题。

迁移学习是指两个不同领域的知识迁移过程，利用从源领域（Source Domain）中学到的知识来帮助目标领域（Target Domain）中的学习任务。源领域的训练样本数量一般远大于目标领域的训练样本数量。

迁移学习根据不同的迁移方式又分为两种类型：归纳迁移学习（Inductive Transfer Learning）和转导迁移学习（Transductive Transfer Learning）。这两种类型分别对应两个机器学习的范式：归纳学习（Inductive Learning）和转导学习（Transductive Learning）。一般的机器学习都是指归纳学习，即希望在训练数据集上学习到使期望风险（真实数据分布上的错误率）最低的模型。而转导学习的目标则是学习一种在给定测试集上错误率最低的模型，在训练阶段可以利用测试集的信息。归纳迁移学习是指首先在源领域和任务吕学习到一般的规律，然后将这个规律迁移到目标领域和任务中；而转导迁移学习是一种从样本到样本的迁移，直接利用源领域和目标领域的样本进行迁移学习。

3. 终身学习

虽然深度学习在很多任务中取得了成功，但是其前提是训练数据和测试数据的分布要相同，一旦训练结束，模型就保持固定，不再进行迭代更新。并且，要想一个模型同时在很多不同任务中都取得成功依然是一件十分困难的事情。例如，在围棋任务上训练的AlphaGo只会下围棋，对象棋一窍不通。如果让AlphaGo学习下象棋，则可能损害其下围棋的能力，这显然不符合人类的学习过程。人们在学会了下围棋之后去学下象棋，并不会忘记下围棋的方法。人类的学习是一直持续的，人脑可以通过记忆不断地累积学习到的知识，这些知识累积可以在不同的任务中持续进行。在大脑的海马系统上，新的知识在以往知识的基础上被快速建立起来；之后经过长时间的处理，在大脑皮质区形成较难遗忘的长时记忆。由于不断的知识累积，人脑在学习新的任务时，一般不需要太多的标注数据。终身学习（Lifelong Learning）也叫持续学习（Continuous Learning），是指像人类一样具有持续不断的学习能力，根据在历史任务中学到的经验和知识来帮助学习不断出现的新任务，并且这些经验和知识是持续累积的，不会因为新的任务而忘记旧的知识。在终身学习中，假设一个终身学习算法已经在历史任务$T_1,T_2,\cdots,T_m$中学习到了一个模型，当出现一个新任务T_{m+1}时，这个算法可以根据过去在m个任务中学习到的知识来帮助学习第$m+1$个任务，同时累积所有的在$m+1$个任务中学习到的知识。这个设定与归纳迁移学习十分类似，但归纳迁移学习的目标是优化目标任务的性能，而不关心知识的累积。而终身学习的目标则是持续地学习和累积知识。另外，终身学习与多任务学习也十分类似，不同之处在于终身学习并不在所有任务中同时学习。多任务学习是使用所有任务的数据进行联合学习，并不是持续地逐个学习。在终身学习中，一个关键的问题是如何避免灾难性遗忘（Catastrophic Forgetting），即在按照一定的顺序学习多个任务时，在学习新任务的同时不忘记先前学会的历史任务。例如，在神经网络模型中，一些参数对任务T_A非常重要，如果在学习任务T_B时被改变了，就可能给任务T_A造成不好的影响。

在网络容量有限时，学习一个新的任务一般需要遗忘一些历史任务的知识。而目前的神经网络往往都是过参数化的，对于任务T_A，有很多参数组合都可以达到最好的性能。这样，在学习任务T_B时，可以找到一组不影响任务T_A而又能使得任务T_B最优的参数。解决灾难性遗忘问题的方法有很多，其中典型的一种是弹性权重巩固（Elastic Weight Consolidation）方法。

4. 元学习

根据没有免费午餐定理，没有一种通用的学习算法可以在所有任务中都有效。

因此，当使用深度学习算法实现某个任务时，通常需要“就事论事”，根据任务的特点选择合适的模型、损失函数、优化算法及超参数。那么，是否可以有一套自动方法，根据不同任务来动态地选择合适的模型或调整超参数呢？事实上，人脑中的学习机制就具备这种能力。在面对不同的任务时，人脑的学习机制并不相同。即使面对一个新的任务，人们往往也可以很快找到其学习方式。这种可以动态调整学习方式的能力称为元学习（Meta-Learning），也称学习的学习（Learning to Learn）。

元学习的目的是从已有的任务中学习一种学习方法或元知识，可以加速新任务的学习。从这个角度来说，元学习十分类似于归纳迁移学习，但元学习更侧重从多种不同（甚至不相关）的任务中归纳出一种学习方法。

元学习有两种最典型的学习方法，分别为基于优化器的元学习和模型无关的元学习。在不同的任务中，需要选择不同的学习率及优化方法，如动量法、Adam 等，这些选择对具体一个学习目标的影响非常大。对于一个新的任务，往往通过经验或超参数搜索来选择一个合适的设置。不同的优化算法的区别在于更新参数的规则不同，因此，一种很自然的元学习就是自动学习一种更新参数的规则，即通过另一个神经网络（如循环神经网络）建模梯度下降的过程。在每步训练时，随机初始化模型参数，计算每一步的 $L(\theta_t)$，以及元学习的损失函数 $L(\phi)$，并使用梯度下降方法更新参数。由于神经网络的参数非常多，导致 LSTM 网络的输入和输出都是非常高维的，训练这样一个巨大的网络是不可行的。因此，一种简化的方法是对每个参数都使用一个共享的 LSTM 网络来进行更新，这样可以使用一个非常小的共享 LSTM 网络更新参数。

模型无关的元学习（Model-Agnostic Meta-Learning，MAML）是一种简单的模型无关、任务无关的元学习算法。假设所有的任务都来自一个任务空间，其分布为 $p(T)$，则可以在这个任务空间的所有任务中学习一种通用的表示，这种表示可以经过梯度下降方法在一个特定的单任务中进行精调。

5．元预训练

元预训练（Meta-Pretraining）也可以理解为预训练的预训练，用以提升模型各阶段的泛化能力。通常跨语言预训练模型成功的关键依赖两个基本的能力，即在源语言中学习下游任务的泛化能力，以及将任务知识转移到其他语言的跨语言迁移能力。预训练模型通常为下游任务提供良好的初始化。当然，元预训练模型也为下一个模型预训练阶段提供初始化。在元预训练阶段，模型在大规模单语料库中进行预训练学习泛化能力的过程。根据 Liu 等预训练的实验结果，在使用 Transformer 编码器作为主要网络，并使用掩码语言建模（MLM）任务对模型进行预训练时，将文本序列的句子通过掩码建模来预测输入文本序列的掩码词。RoBERTa 等预训练单语模型也可以直接用作元预训练模型。

16.4.2 预训练迁移学习

除了图像目标识别和语义分割这类主要用于图像识别与分类问题的计算机视觉应用，人们还发现了一些比较有意思的应用场景，如图像风格迁移（Neural Style）。我们知道，深度学习方法能够提取图像的重要特征，因此，可以将提取的这些特征迁移到其他图像中进行融合，达到图像风格迁移的目的。这样，混合了其他图像风格的新图像就诞生了。

其实，在现实生活中，有很多人都在使用与图像风格迁移技术相关的 App。例如，在一些 App 中，我们可以先选择一张自己喜欢的照片，然后与一些其他风格的图像进行融合，对原始照片的风格进行转变，如图 16-16 所示。总体来说，图像风格迁移算法的实现逻辑并不复杂，即首先选取一幅图像作为基准图像，也可将其叫作内容图像；然后选取另一幅或多幅图像作为希望获取相应风格的图像，也可将其叫作风格图像。图像风格迁移算法就是在保证内容图像的内容完整性的前提下，将风格图像的风格融入内容图像中，使得内容图像的原始风格发生转变，最终的输出图像呈现的是输入的内容图像的内容和风格图像的风格之间的理想融合。当然，如果选取的风格图像的风格非常突出，那么最后得到的合成图像的风格和原始图像相比会有明显的差异。

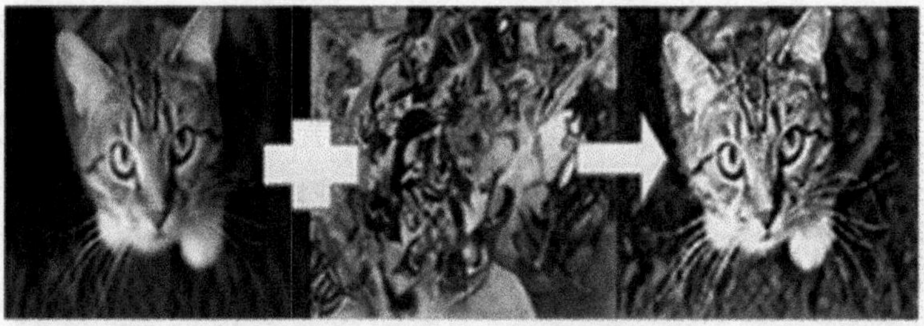

图 16-16 图像风格迁移示意图

因此，图像风格迁移实现的难点就是如何有效地提取一幅图像的风格。与传统的图像风格提取方法不同，在基于神经网络的图像风格迁移算法中使用卷积神经网络来完成对图像风格的提取。我们已经在之前的实践中知晓了卷积神经网络的强大：通过卷积神经网络中的卷积方法获取输入图像的重要特征，对提取到的特征进行组合，实现对图像的分类。

其实，图像风格迁移成功与否对不同的人而言，其评判标准也存在很大的差异，因此，在数学上也并没有对怎样才算完成了图像风格迁移做出严格的定义。图像的风格包含了丰富的内容，如图像的颜色、纹理、线条、图像本身想要表达的内在含义等。对普通人而言，若他们觉得两种图像在某些特征上看起来很相似，就会认为它们属于同一个风格体系；但是对专业人士而言，他们更关注图像深层次的境界是否相同。因此，图像风格是否完成了迁移也与每个人的认知相关，我们在实例中更注重图像在视觉的展现上是否完成了风格迁移。 其实早在 20 世纪初就有很多学者开始研究图像风格迁移了，当时更多的是通过获取风格图像的纹理、颜色、边角之类的特征来完成风格迁移的，更高级的是通过结合数学中各种图像变换的统计方法来完成风格迁移的，不过最后的效果都不理想。直到 2015 年以后，受到深度神经网络在计算机视觉领域的优异表现的启发，人们借助卷积神经网络中强大的图像特征提取功能，让图像风格迁移的问题得到了看似更好的解决。

首先我们需要获取一幅内容图像和一幅风格图像；然后定义两个度量值，一个度量叫作内容度量值，另一个度量叫作风格度量值，其中的内容度量值用于衡量图像之间的内容差异程度，风格度量值用于衡量图像之间的风格差异程度；最后建立神经网络模型，对内容图像中的内容和风格图像的风格进行提取，以内容图像为基准将其输入建立的模型中，并不断调整内容度量值和风格度量值，让它们趋近于最小，最终输出的图像就是内容与风格融合的图像。

内容度量值可以使用均方误差作为损失函数，在代码中定义的图像内容损失如下：

```
import torch
from torch.autograd import Variable
class Content_loss():
  def _init_(self,weight,target):
      super(Content_loss,self)._init_()
      self.weight=weight
      self.target=targer.detach()*weight
    x=Variable(torch.randn(100,100))
      y= Variable(torch.randn(100,100))
      self.loss= loss_f (x,y)
  def forward(self,input):
      self.loss=self.loss_f(input*self.weight,self.target)
        return input
  def backward(self):
    self.loss.backward(retain_graph=True)
    return self.loss
```

以上代码中的 target 是通过卷积获取的输入图像中的内容；weight 是我们设置的一个权重参数，用来控制内容和风格对最后合成图像的影响程度；input 代表输入图像，target.detach 用于对提取的内容进行锁定，不需要进行梯度计算；forward 函数用于计算输入图像和内容图像之间的损失值；backward 函数根据计算得到的损失值进行后向传播，并返回损失值。

16.5 大模型的训练与预测

16.5.1 大模型的共享模式和组合方式

1. 大模型的共享方式

大模型的共享方式比较灵活，下面给出 4 种常见的共享模式。

（1）硬共享模式：首先让不同任务的神经网络模型共同使用一些共享模块（一般为低层），提取一些通用特征；然后针对每个不同的任务设置一些私有模块（一般为高层），提取一些任务特定的特征。

（2）软共享模式：不显式地设置共享模块，但每个任务都可以从其他任务中“窃取”一些信息来提高自己的能力。窃取的方式包括直接复制使用其他任务的隐状态，或者使用注意力机制主动选取有用的信息。

（3）层次共享模式：一般神经网络中不同层抽取的特征类型不同，低层一般抽取一些低级的局部特征，高层一般抽取一些高级的抽象语义特征。因此，如果多任务学习中的不同任务也有级别高低之分，那么一个合理的共享模式是让低级任务在低层输出、高级任务在高层输出。

（4）共享-私有模式：一个更加分工明确的方式是将共享模块和任务特定（私有）模块的责任分开。共享模块捕捉一些跨任务的共享特征，而私有模块只捕捉与特定任务相关的特征。最终的表示由共享特征和私有特征共同构成。学习步骤在多任务学习中，每个任务都可以有自己单独的训练集。为了让所有任务同时学习，通常会使用交替训练的方式来“近似”地实现同时学习。

2. 大模型的组合方式

图 16-17 所示为基本模型的组合单元。大模型可以由多台服务器（每台机器可以有多个 CPU 或 GPU）组合而成，也可以由几个独立的子模型并行或相互作用形成。在此基础上，还可以组合并行成更大规模的模型，如图 16-18 所示。

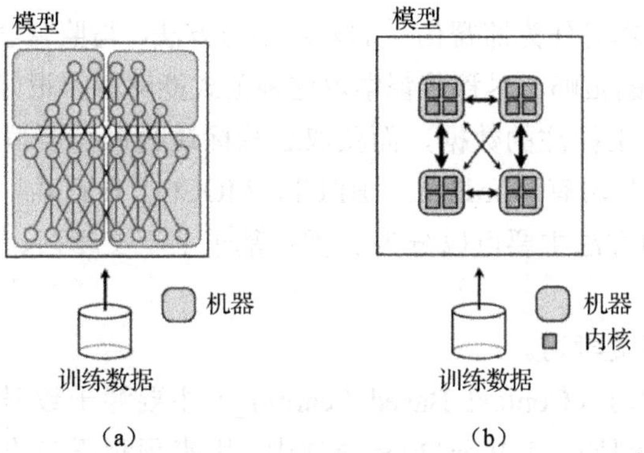

图 16-17　基本模型的组合单元

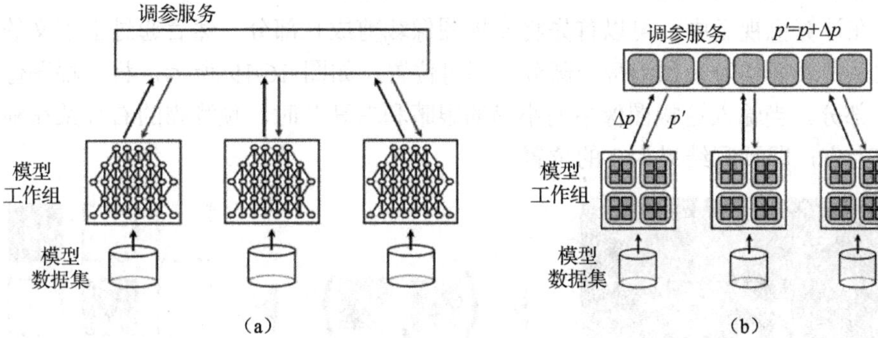

图 16-18　模型的组合并行结构

16.5.2　多模态预训练方法

多模态学习的技术方向包括表示学习、翻译、对齐、融合及协同学习。多模态表示学习旨在通过各模态的信息找到某种对多模态信息的统一表示；模态间的翻译即给出实体的一个模态生成该实体的另一个模态；对齐是指从两个甚至多个模态中寻找事物子成分之间的关系和联系；多模态融合负责联合多个模态的信息，进行目标预测；协同学习是指使用一个资源丰富的模态信息来辅助另一个资源相对贫瘠的模态进行学习。

1. 自监督学习的主要方法

自监督学习（Self-Supervised Learning）主要利用辅助任务从大规模的无监督数据中挖掘自身的监督信息，通过这种构造的监督信息对网络进行训练，从而可以学习到对下游任务有价值的表征。因此，自监督学习的监督信息不是人工标注的，而是算法在大规模无监督数据中自动构的，以此来进行监督学习或训练。自监督学习是一种将输入数据本身作为监督信号的表示学习方法，与监督学习、无监督学习一样，属于表示学习的范畴。尽管监督学习这种范式能够取得很好的效果，但它的优越性能依赖大量手工标注的数据，而获取这些标注数据需要消耗大量的人力和物力。常用的自监督学习有 Word2vec、BERT、MOCO、BYOL、PIRL 等。

自监督学习的方法主要可以分为 3 类：基于上下文学习、基于时序学习和基于对比学习。

（1）基于上下文学习。

基于上下文学习（Context Based Learning）主要源于数据本身的上下文信息来构造学习任务。例如，在 Word2vec 算法中，用来预测语句的顺序，其中 CBOW 通过前后的词预测中间的词，而 Skip-Gram 则通过中间的词预测前后的词。

在计算机视觉中，可以首先将一幅图像裁剪成几部分，然后通过上下文的语义关系做表征学习来预测每一部分的相对位置。如图 16-19 所示，将一幅图像分成 9 部分，当输入这幅图像中的小猫的眼睛和右耳朵时，预测猫的右耳朵在猫脸的右上方，即预测结果为 3 的位置。

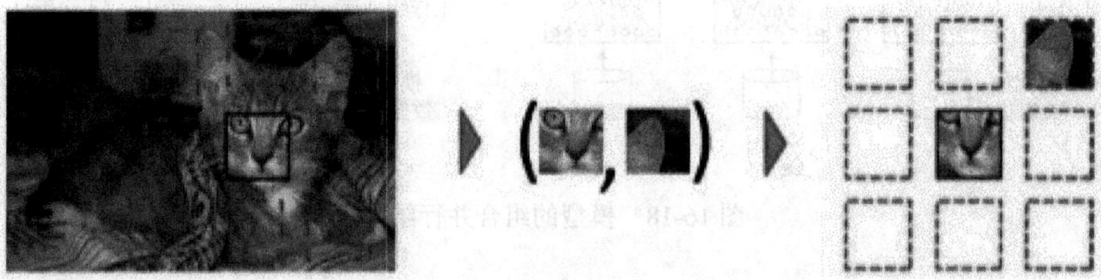

图 16-19　模型的组合并行结构

在计算机视觉的其他任务中，还可以将分成多个部分的图像顺序打乱或屏蔽部分图像，定义为更多的排列方式，采用数据增强的方式，辅助任务设计越复杂，自监督信息就会越多，最后的性能就会越好。另外，通过对图像颜色语义的学习，根据灰度图还可以预测输入图像的色彩。自监督通过上下文学习的应用还有许多，也可以和半监督学习联合起来使用。

（2）基于时序学习。

基于时序学习就是利用时序约束进行自监督学习的方法。在计算机视觉中，最能体现时序的数据类型就是视频，如图 16-20 所示。由于视频中相邻帧之间存在着特征相似性，而相隔较远的视频帧是不相似的，所以可以通过构建这种相似和不相似的样本特征进行自监督约束学习。对大量的无标签视频进行无监督追踪，同一物体追踪框在不同帧的特征被认为是相似的，而不同物体的追踪框的特征被认为是不相似的。除了基本的特征，视频的先后顺序也是一种自监督信息。基于顺序约束的方法就是指首先从视频中采样出正确的视频序列和不正确的视频序列，然后构造出正负样本对进行训练。这一方法也被应用到智能客服的对话系统中。而在 BERT 模型中训练 Next Sentence Prediction 也可以看作基于顺序的约束，通过构造大量的上下文样本来预测两个句子之间的联系。

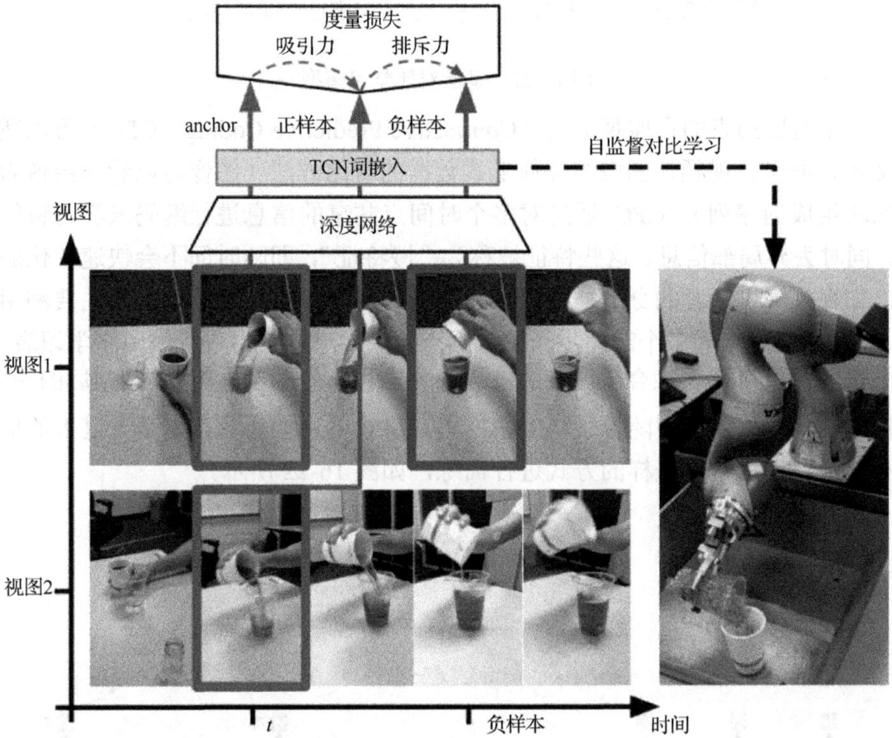

图 16-20 时序学习视频

（3）基于对比学习。

基于对比学习（Contrastive Based Learning）的主要思想是“learning by comparison”，通过学习对两个事物的相似或不相似进行编码来构建表征，即首先构建正负样本，然后度量正负样本的距离来实现自监督学习，如图 16-21 所示。它的核心思想是样本和正样本之间的相似度远远大于和负样本之间的相似度（类似于 Triplet 模式），其表示公式为

$$\text{score}\left(f\left(x\right),f\left(x^{+}\right)\right)\gg\text{score}\left(f\left(x\right),f\left(x^{-}\right)\right)$$

其中，score 是度量函数，用来评价两个特征间的相似性；x 通常称为“anchor”数据。为了优化 anchor 数据和其正负样本的关系，可以首先使用点积的方式构造距离函数，然后构造一个 Softmax 分类器，以正确分类正样本和负样本。这应该鼓励相似性度量函数（点积）将较大的值分配给正例，将较小的值分配给负例。

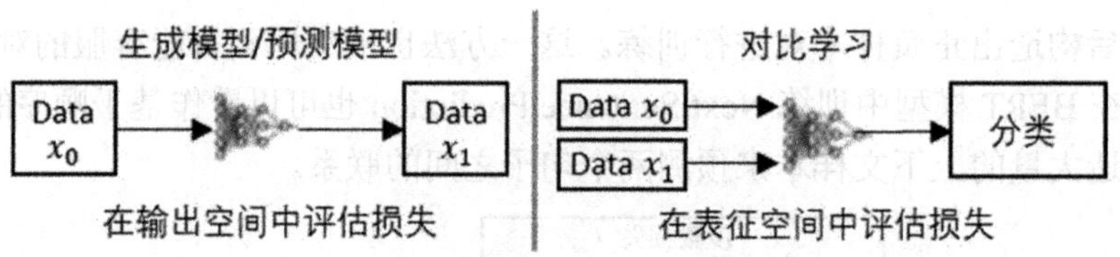

图 16-21　基于对比学习模型

基于对比约束的自监督框架（Contrastive Predictive Coding，CPC）可以适用于文本、语音、视频、图像等任何形式数据的对比方法（图像可以看作由像素或图像块组成的序列）。CPC 通过对多个时间点共享的信息进行编码来学习特征表示，同时丢弃局部信息。这些特征被称为“慢特征”，即随时间不会快速变化的特征，如视频中讲话者的身份、视频中的活动、图像中的对象等。CPC 主要利用自回归的想法，对相隔多个时间步长的数据点之间共享的信息进行编码来学习表示，这个表示 c_t 可以代表融合了过去的信息，而正样本就是这段序列 t 时刻后的输入，负样本是从其他序列中随机采样出的样本。CPC 的主要思想就是基于过去的信息预测未来数据，通过采样的方式进行训练，如图 16-22 所示。

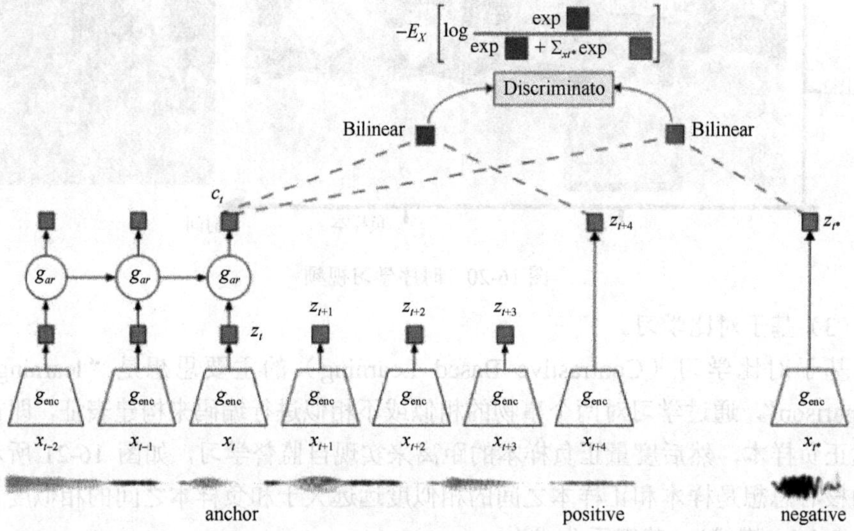

图 16-22　CPC 学习模型

2. 多模态自监督学习

下面以悟道语言大模型围绕多模态自监督学习应用场景及实现原理展开论述。

场景图预测（Scene Graph Prediction）根据给定的一段文本解析出场景图结构，根据解析出的场景图设计了 3 个子任务，分别是目标预测、属性预测、关系预测，通过掩蔽图像和文本中场景图解析出来的目标、属性及关系，使用模型进行预测，以让模型学习到跨模态之间的细粒度语义对齐信息。

另外，模型还使用了传统的预训练任务，分别是掩蔽文本预测（Masked Cross-Modality LM）、掩蔽图像类别预测（Detected-Label Classification），以及图像-文本对齐（Cross-Modality Matching）。

在下游多个子任务中进行检测都取得了比较大的提升，具体有视觉常识推理（Visual Commonsense Reasoning）、视觉问答（Visual Question Answering）、图像检索（Image Retrieval）、文本检索（Text Retrieval）、指示表达定位（Grounding Referring Expressions）等。

如图 16-23 所示，模型的输入主要由以下 4 部分 Embedding 组成。

（1）Token Embedding 层：对于文本内容，使用原始 BERT 的设定，但是添加了一个特殊符[IMG]，作为图像的 Token。

（2）Visual Feature Embedding 层：为了嵌入视觉信息新添加的层。该层由视觉外部特征及视觉几何特征拼接而成，具体而言，非视觉部分的输入是整幅图像的特征提取，视觉部分的输入即图像经过预训练之后的 Faster R-CNN 提取的 ROI 区域图像的相应视觉特征。

（3）Segment Embedding 层：模型定义了 A、B、C 3 种类型的标记，为了指示输入来自不同的来源，A、B 指示来自文本，分别指示输入的第一个句子和第二个句子，更进一步，可以用于指示 QA 任务中的问题和答案；C 指示来自图像。

（4）Sequence Position Embedding 层：与 BERT 类似，对文本添加一个可学习的序列位置特征来表示输入文本的顺序和相对位置。对于图像，由于图像没有相对位置的概念，所以图像的 ROI 特征的位置特征都是相同的。

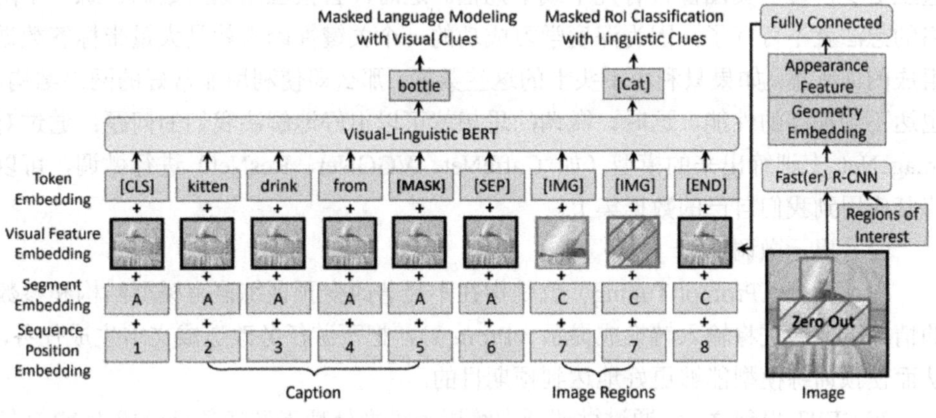

图 16-23 模型架构与 BERT 相似

主要采用维基百科、科学文献、智能问答，以及视觉-语言及纯语言等数据集进行大规模的预训练，使用概念标题数据库数据集作为视觉-语言语料库，该数据集包含了大约 330 万幅带有标题注释的图像，图像来自互联网。其中的视频数据采用如图 16-24 所示的模型训练。

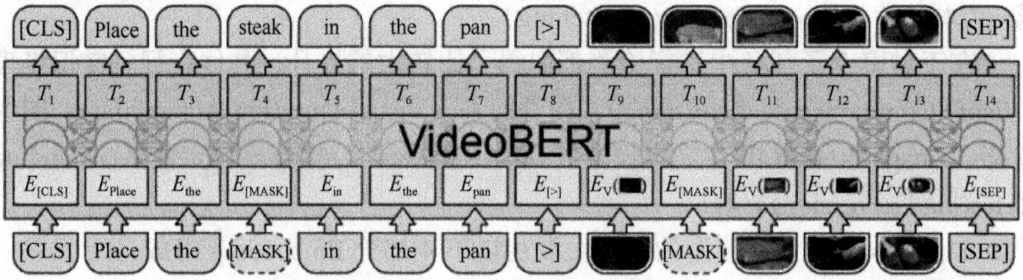

图 16-24　VideoBERT 模型架构

3．预训练模型的微调

微调主要是用已经训练好模型的参数、修改后的网络和自己的测试数据进行训练的过程，使得参数能够适应当前训练的数据。例如，对于分类问题，首先在语言模型基础上加一层 Softmax 网络，然后在新的语料上重新训练来进行微调。

（1）预训练微调。

预训练微调将预训练好的语言模型迁移到具体的下游任务中，并在下游任务中微调。这种范式减小了对标记数据集的依赖，但是微调可能会导致语言模型丧失原本的预测能力，这种现象被称为灾难性遗忘。

在计算机视觉领域，如何将 CNN 模型应用到我们自己的数据集上呢？这时通常就会面临一个问题：通常的 DataSet 都不会特别大，一般不会超过 1 万幅，甚至更少，每一类图像只有几十或十几幅。这时，直接应用这些数据训练一个网络的想法就不可行了，因为深度学习成功的一个关键性因素就是大量带标签数据组成的训练集。如果只利用手头上的这些数据，那么即使利用非常好的网络结构，也达不到很高的性能。这时，微调的思想就可以很好地解决我们的问题：通过对 ImageNet 上训练出来的模型（如 CaffeNet、VGGNet、ResNet）进行微调，可以将其应用到我们自己的数据集上。

（2）提示微调。

提示微调（Prompt Tuning）就是指在不显著改变预训练语言模型结构和参数的情况下，通过将输入转换成提示（Prompt），把下游任务改造成文本生成任务，从而使预训练模型能够更好地达到预期目的。

在 BERT 出现之后，通过微调预训练语言模型处理下游任务已经成为 NLP 领域的通用做法。2020 年出现的 GPT-3 模型是使用提示信息和任务示例来改造下游任务，以此来适应预训练语言模型的。这种做法在很多任务中都取得了很好的效果，提示微调逐渐受到越来越多研究者的关注。从 2021 年开始，GPT-3 相关论文数量激增，主要任务是针对文本分类和事实探索（Factual Probing）方面，采用模板设计较多，并且逐步从离散模板设计向连续模板设计过渡。比较好的连续模板设计如图 16-25 所示，可以采用软硬结合（Hard-Soft Prompt Hybrid Tuning）的方式，在保留锚定词的基础上，将一些可调的向量插入离散模板中，其他的实词都用虚拟词替换并随机初始化。

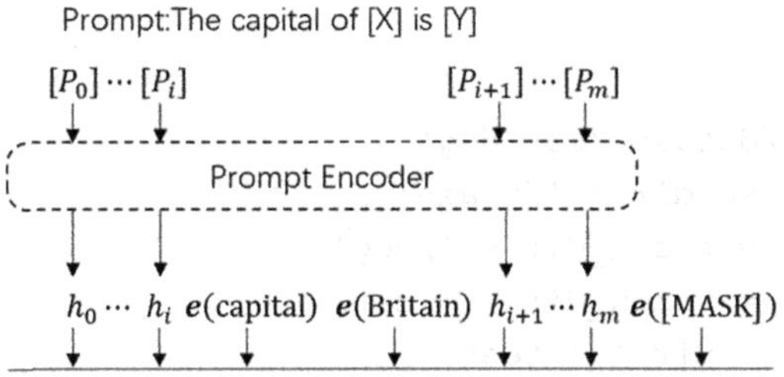

图 16-25　Prompt Tuning 的文本预测推理

提示微调包括 3 个主要步骤，分别为添加提示（Prompt Addition）、搜索答案（Answer Search）、答案映射（Answer Mapping）。

① 添加提示。

通过提示函数将输入文本变成一个提示。即使用一个模板，将输入文本填入其中，也可以把输入变成提示。例如，输入文本为“I love this movie”，模板为“[X] Overall, it was a [Z] movie.”，将输入文本填入模板后，即可得到提示“I love this movie. Overall, it was a [Z] movie.”。

② 搜索答案。

使用语言模型，根据提示自身的内容，寻找一个填入后使得提示“最合理”或概率最大的答案。答案的所有可能值组成一个答案空间，如 Z={'excellent', 'good', 'OK', 'bad', 'horrible'}。

③ 答案映射。

将填入提示中的答案映射为下游任务的最终输出，如将“excellent”映射为“++”。

预训练微调的做法可以是首先将输出层去掉，然后将剩下的整个网络作为特征提取来处理；也可以是使模型起始的一些层的权重保持不变，重新训练后面的层，得到新的权重。要不断找到 frozen layers 和 retrain layers 之间的最佳分配。预训练模型的好坏主要取决于数据集的大小和前后训练数据的相似度。

16.5.3 预训练模型实例

```
import tensorflow as tf
import keras
from keras.applications.vgg16 import VGG16
from keras.preprocessing import image
from keras.applications.vgg16 import preprocess_input
from keras import layers
import numpy as np
import os
import shutil
base_dir = './dataset/cat_dog'
train_dir = base_dir + '/train'
train_dog_dir = train_dir + '/dog'
train_cat_dir = train_dir + '/cat'
test_dir = base_dir + '/test'
test_dog_dir = test_dir + '/dog'
test_cat_dir = test_dir + '/cat'
dc_dir = './dataset/dc/train'
if not os.path.exists(base_dir):
    os.mkdir(base_dir)
    os.mkdir(train_dir)
    os.mkdir(train_dog_dir)
    os.mkdir(train_cat_dir)
    os.mkdir(test_dir)
    os.mkdir(test_dog_dir)
    os.mkdir(test_cat_dir)
    fnames = ['cat.{}.jpg'.format(i) for i in range(1000)]
    for fname in fnames:
        src = os.path.join(dc_dir, fname)
        dst = os.path.join(train_cat_dir, fname)
        shutil.copyfile(src, dst)
    fnames = ['cat.{}.jpg'.format(i) for i in range(1000, 1500)]
    for fname in fnames:
        src = os.path.join(dc_dir, fname)
        dst = os.path.join(test_cat_dir, fname)
        shutil.copyfile(src, dst)
    fnames = ['dog.{}.jpg'.format(i) for i in range(1000)]
    for fname in fnames:
        src = os.path.join(dc_dir, fname)
        dst = os.path.join(train_dog_dir, fname)
```

```
        shutil.copyfile(src, dst)
    fnames = ['dog.{}.jpg'.format(i) for i in range(1000, 1500)]
    for fname in fnames:
        src = os.path.join(dc_dir, fname)
        dst = os.path.join(test_dog_dir, fname)
        shutil.copyfile(src, dst)
from keras.preprocessing.image import ImageDataGenerator
train_datagen = ImageDataGenerator(rescale=1./255)
test_datagen = ImageDataGenerator(rescale=1./255)
train_generator = train_datagen.flow_from_directory(
    train_dir,
    target_size=(200, 200),
    batch_size=20,
    class_mode='binary'
)

test_generator = test_datagen.flow_from_directory(
    test_dir,
    target_size=(200, 200),
    batch_size=20,
    class_mode='binary'
)
covn_base = VGG16(weights=None, include_top=False)
covn_base.summary()
model.summary()
covn_base.trainable = False #设置权重不可变，卷积基不可变
model.summary()
model.compile(optimizer=keras.optimizers.Adam(lr=0.001),
              loss='binary_crossentropy',
              metrics=['acc'])
history = model.fit_generator(
    train_generator,
    steps_per_epoch=100,
    epochs=15,
    validation_data=test_generator,
validation_steps=50)
model = keras.Sequential()
model.add(covn_base)
model.add(layers.GlobalAveragePooling2D())
model.add(layers.Dense(512, activation='relu'))
model.add(layers.Dense(1, activation='sigmoid'))
import matplotlib.pyplot as plt
```

```
%matplotlib inline
plt.plot(history.epoch, history.history['loss'], 'r', label='loss')
plt.plot(history.epoch, history.history['val_loss'], 'b--', label=
'val_loss')
plt.legend()
```

运行程序，结果如图 16-26 所示。

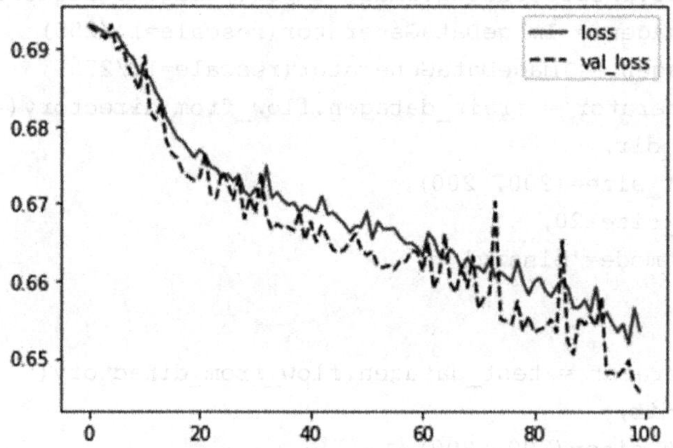

图 16-26　预训练模型损失对比结果

```
plt.plot(history.epoch, history.history['acc'], 'r')
plt.plot(history.epoch, history.history['val_acc'], 'b--')
```

运行程序，结果如图 16-27 所示。

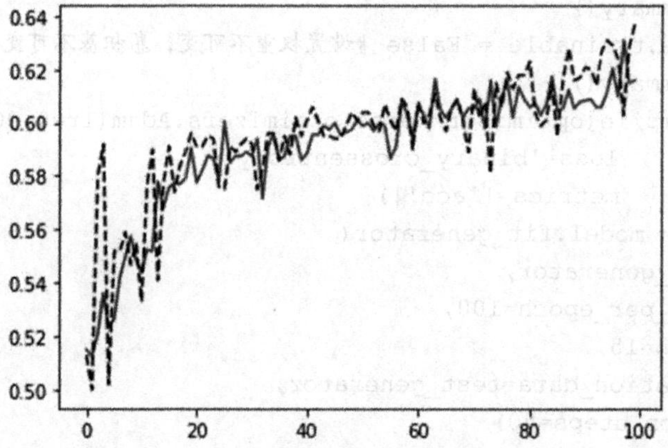

图 16-27　预训练模型迭代次数与模型精度

预训练过程的结果代码如图 16-28 所示。

```
Epoch 93/100
100/100 [==============================] - 30s 296ms/step - loss: 0.6540 - acc: 0.6108 - val_loss: 0.6580 - val_acc: 0.6140
Epoch 94/100
100/100 [==============================] - 30s 297ms/step - loss: 0.6482 - acc: 0.6310 - val_loss: 0.6481 - val_acc: 0.6270
Epoch 95/100
100/100 [==============================] - 30s 296ms/step - loss: 0.6503 - acc: 0.6263 - val_loss: 0.6481 - val_acc: 0.6310
Epoch 96/100
100/100 [==============================] - 30s 298ms/step - loss: 0.6630 - acc: 0.5986 - val_loss: 0.6476 - val_acc: 0.6290
Epoch 97/100
100/100 [==============================] - 30s 301ms/step - loss: 0.6615 - acc: 0.5951 - val_loss: 0.6484 - val_acc: 0.6240
Epoch 98/100
100/100 [==============================] - 30s 302ms/step - loss: 0.6466 - acc: 0.6488 - val_loss: 0.6496 - val_acc: 0.6030
Epoch 99/100
100/100 [==============================] - 30s 299ms/step - loss: 0.6648 - acc: 0.6012 - val_loss: 0.6467 - val_acc: 0.6290
Epoch 100/100
100/100 [==============================] - 31s 307ms/step - loss: 0.6558 - acc: 0.6123 - val_loss: 0.6456 - val_acc: 0.6370
```

图 16-28 预训练过程的结果代码

16.6 本章小结

多模态预训练属于近年来人工智能研究的大模型、大数据、大算力等重要突破口。2021 年下半年，各国推出了多个大模型。本章梳理了多模态预训练的理论基础和模型特征，主要基于 Transformer 的模型架构基础，以及扩展的模型类型，对图像、文本、视频等的预训练模型架构进行了简要的阐述，设计了预训练任务，以及衡量模型性能的下游任务。

通过对多模态预训练任务的梳理可以发现，现有预训练任务主要有两大类。第一类是主要针对单个模态数据设计的，如掩蔽文本预测、掩蔽图像预测、掩蔽帧预测。其中，掩蔽文本预测仍然沿用 BERT 的设计；掩蔽图像预测和掩蔽帧预测一般都不会直接预测原始的物体对象/帧图像，而是预测特征。由于视频具有时序性，有些模型还设计了视频帧顺序建模任务，所以该类任务可以使用多模态数据，也可以只使用单模态数据进行训练。在使用多模态数据时，模型预测时不仅可以使用该模态内部的信息，还可以使用其他模态的信息。第二类主要是针对多模态数据设计的。该类任务挖掘不同模态数据中的对应关系，预训练目标主要围绕视频-文本对齐、图像-文本对齐、视频字幕对齐等任务。

目前的多模态预训练模型相关工作取得了很大的进展，在多个下游任务中实现了比较趋于人类的智能。未来的工作需要从以下几个方向取得新的突破。

（1）在单模态下游任务中能否取得提升。现在大部分多模态预训练模型都是在多模态的下游任务中进行测试的，少有工作在单模态任务中的，如自然语言处理任务与单模态预训练模型进行全面的比较。如果认为模型在多模态数据上通过预训练能够更加充分地理解语义，那么从直觉上看，多模态预训练模型与单模态预训练模型在相近的实验设置下（如语料规模相似）应当取得更好的成绩。

（2）更加精细地挖掘不同模态数据间的相关信息并设计更巧妙的预训练任务。例如，挖掘图像与文本之间、名词与物体对象之间的相关性，使得模型建立词语与物体对象之间的相关性。

（3）设计更高效的模型架构、挖掘更大规模的高质量多模态数据。

目前，神经网络的学习机制主要以监督学习为主，这种学习方式得到的模型往往是任务定向的，也是孤立的，每个任务的模型都是从零开始训练的，一切知识都需要从训练数据中得到，导致每个任务都需要大量的训练数据。这种学习方式和人脑的学习方式是不同的，人脑的学习一般不需要太多的标注数据，并且是一种持续性的学习，可以通过记忆不断地累积学习到的知识。预训练的学习方式还与以下学习方式有关。

多任务学习是一种利用多个相关任务来提高模型泛化能力的方法，可以参考文献[160]。迁移学习研究如何将在一个领域上训练的模型迁移到新的领域，使得新模型不用从零开始学习。但在迁移学习中，需要避免将领域相关的特征迁移到新的领域。迁移学习的一个主要研究问题是领域适应。终身学习是一种持续学习方式，学习系统可以不断累积在先前任务中学到的知识，并在未来新的任务中利用这些知识。元学习主要关注如何在多个不同任务中学习一种可泛化的快速学习能力。

附录A

主要符号

主要符号如表 A-1～表 A-7 所示。

表 A-1　数相关符号

符　　号	含　　义
x	标量
$\boldsymbol{x} \in R^D$	D 维列向量
$\boldsymbol{x}^{\mathrm{T}}$	向量 $\boldsymbol{x}$ 的转置
$\boldsymbol{X}$或$\boldsymbol{A}$	矩阵
$\boldsymbol{I}$	单位矩阵
$\boldsymbol{X}$	张量

表 A-2　集合相关符号

符　　号	含　　义
X	集合
$\mathcal{D}$	概率分布
D	数据样本（数据集）
$\mathcal{H}$	假设空间
H	假设集
$\mathcal{L}$	学习算法
$(\cdot,\cdot,\cdot)$	行向量
$(\cdot;\cdot;\cdot)$	列向量
$\{\cdots\}$	集合
$\lvert\{\cdots\}\rvert$	集合 $\{\cdots\}$ 中的元素个数
$\mathbb{R}$	实数集合
$\mathbb{R}^n$	n 维实数向量集合
$\mathbb{R}^{x \times y}$	x 行 y 列的实数矩阵集合

表 A-3　操作符相关符号

符　号	含　义
$(\cdot)^{\mathrm{T}}$	向量或矩阵的转置
$\odot$	按元素相乘，即哈达玛（Hadamard）积
$\lvert X\rvert$	集合 X 中的元素个数
$\lVert\cdot\rVert_p$	L_p 范数
$\lVert\cdot\rVert$	L_2 范数
$\sup(\cdot)$	上确界
$I(\cdot)$	指示函数，在 $\cdot$ 为真和假时分别取值为 1 和 0
$\mathrm{sign}(\cdot)$	符号函数，在 $\cdot$ <0、=0、>0 时分别取值为-1、0、1
$\sum$	连加
$\prod$	连乘

表 A-4　函数相关符号

符　号	含　义
$f(\cdot)$	函数
$\log(\cdot)$	自然对数函数
$\exp(\cdot)$	指数函数

表 A-5　导数和梯度相关符号

符　号	含　义
$\frac{\mathrm{d}y}{\mathrm{d}x}$	y 关于 x 的导数
$\frac{\partial y}{\partial x}$	y 关于 x 的偏导数
$\nabla_{\cdot} y$	y 关于 $\cdot$ 的梯度

表 A-6　概率和统计相关符号

符　号	含　义
$P(\cdot)$，$P(\cdot\vert\cdot)$	概率分布，条件概率分布
$p(\cdot)$，$p(\cdot\vert\cdot)$	概率密度函数，条件概述密度函数
$E_{\cdot\sim\mathcal{D}}[f(\cdot)]$	函数 $f(\cdot)$ 对 $\cdot$ 在分布 $\mathcal{D}$ 下的数学期望；意义明确时将省略 $\mathcal{D}$ 和（或）“$\cdot$”

表 A-7　复杂度相关符号

符　号	含　义
$\triangleq$	定义符号
O	渐进符号

参考文献

[1] 林尧瑞，郭木河．人类智慧与人工智能[M]．北京：清华大学出版社，2001.

[2] 盛晓明，项后军．从人工智能看科学哲学的创新[J]．自然辩证法研究，2002.

[3] 马文·明斯基．情感机器[M]．王文革，程玉婷，李小刚，译．杭州：浙江人民出版社，2016.

[4] 中国计算机学会学术工作委员会．中国计算机科学技术发展报告 2006[M]．北京：清华大学出版社.

[5] Lecun Y, Bengio Y, Hinton G. Deep Learning[J]. Nature, 2015, 521(7553):436.

[6] 艾哈迈德·法齐·迦得．深度学习 计算机视觉实战[M]．林赐，译．北京：清华大学出版社，2020.

[7] 李航．统计学习方法[M]. 2 版．北京：清华大学出版社，2019.

[8] Duda R O,Hart P E, Stork D G. Pattern Classification[M]. 2nd ed. Wiley-Interscience, 2001.

[9] Bishop C M. Pattern recognition and machine learning[M]. 5th ed. Berlin: Springer, 2007.

[10] Minsky M. Steps toward artificial intelligence[J]. Proceedings of the IRE, 1961, 49(1):8-30.

[11] Rosenblatt F. The perceptron:a probabilistic model for information storage and organization in the brain[J]. Psychological review, 1958, 65(6):386-408.

[12] Schmidhuber J. Learning complex, extended sequences using the principle of history com-pression[J]. Neural Computation, 1992, 4(2):234－242.

[13] MacKey D J C. Information theory, inference, and learning algorithms[M]. Cambridge University Press, 2003.

[14] Stuart J R, Norvig P. 人工智能：一种现代的方法[M]. 3 版．殷建平，祝恩，刘越，等，译．北京：清华大学出版社，2013.

[15] 史忠植．知识发现[M]．北京：清华大学出版社，2002.

[16] 冯超．人工智能．深度学习核心算法[M]．北京：电子工业出版社，2020.

[17] 敖志刚．人工智能与专家系统导论[M]．合肥：中国科技大学出版社，2002.

[18] 蔡自兴．人工智能及其应用[M]. 5 版．北京：清华大学出版社，2016.

[19] 覃秉丰．深度学习从 0 到 1[M]．北京：电子工业出版社，2021.

[20] 丁永生. 计算智能——理论、技术与应用[M]. 北京：科学出版社，2004.
[21] 冯天瑾. 智能学简史[M]. 北京：科学出版社. 2007.
[22] 李侃. 人工智能. 机器学习理论与方法[M]. 北京：电子工业出版社，2020.
[23] Edward A, Feigenbaum. Some Challenges and Grand Challenges for Computational Intelligence[J]. Journal of the ACM, 2003, 50(1):32-40.
[24] Grty J. What Next? A Dozen Information-Technology Research Goals[J]. Journal of the ACM, 1999.
[25] Mccarthy J. Problems and Projections in CS for the Next 49 Years[J]. Journal of the ACM, 2003, 50(1):73-79.
[26] Simon H. Neural Network and Learning Machines[M]. 3rd ed. New Jersey: Pearson Education, Inc, 2009.
[27] Watanable S. Knowing and guessing:A quantitative study of inference and information[M]. New York:Wiley Chichester, 1969.
[29] Bengio Y, Courville A, Vincent P. Representation learning:A review and new perspectives[J]. IEEE transactions on pattern analysis and machine intelligence, 2013, 35(8):1798-1828.
[30] Mcclelland J L, Rumelhart D E, Group P R. Parallel distributed processing: Explorations in the microstructure of cognition&volume i:foundations & volume ii:Psychological and biological models[M]. Cambridge:MIT Press, 1986.
[31] Werbos P. Beyond regression:New tools for prediction and analysis in the behavioral sciences[D]. Cambridge:Harvard University, 1974.
[32] Fukushima K. Neocognitron:A self-organizing neural network model for a mechanism of pattern recognition unaffected by shift in position[J]. Biological cybernetics, 1980.
[33] Lecun Y, Bottou L, Bengio Y, et al. Gradient-based learning applied to document recognition[J]. Proceedings of the IEEE, 1998, 86(11):2278-2324.
[34] Nair V, Hinton G E. Rectified linear units improve restricted boltzmann machines[C]// Proceedings of the International Conference on Machine Learning, 2010.
[35] Fischer A, Igel C. Training restricted Boltzmann machines:An introduction[J]. Pattern Recognition, 2014, 47:25-39.
[36] Glorot X, Bordes A, Bengio Y. Deep sparse rectifier neural networks[C]// Proceedings of In-ternational Conference on Artificial Intelligence and Statistics, 2011.

[37] He K, Zhang X, Ren S, et al. Delving deepinto rectifiers:Surpassing human-level performance on imagenet classification[C]//Proceedings of the IEEE International Conference on Computer Vision, 2015.

[38] Gomes L. Machine-Learning Maesiro Michael Jordan on the delusions of big data and other huge engineering efforts[J]. Communications of the ACM, 2011.

[39] Maas A L, Hannun A Y, Ng A Y. Rectifier nonlinearities improve neural network acoustic models[C]//Proceedings of the International Conference on Machine Learning, 2013.

[40] Hinton G E. Deep belief networks[J]. Scholarpedia, 2009, 4(5) :5947.

[41] Huang G B, Chen L. Enhanced random search based incremental extreme learning machine[J]. Neurocomputing, 2008, 71:3460-3468.

[42] Mitchell T M. Machine learning[M]. New York:McGraw-Hill, 1997.

[43] Prechelt L. Early stopping-but when?[M]. Neural Networks:Tricks of the trade.Springer, 1998.

[44] Hanson S J, Pratt L Y. Comparing biases for minimal network construction with back-propagation[C]//Advances in neural information processing systems, 1989.

[45] Srivastava N, Hinton G, Krizhevsky A, et al. Dropout:A simple way to prevent neural net-works from overfitting[J]. The Journal of Machine Learning Research, 2014, 15(1):1929-1958.

[46] Wan L, Zeiler M, Zhang S, et al. Regularization of neural networks using dropconnect[C]//International Conference on Machine Learning, 2013.

[47] Szegedy C, Vanhoucke V, Ioffe S, et al. Rethinking the inception architecture for computer vision[C]//Proceedings of the IEEE Conference on Computer Vision and Pattern Recognition, 2016.

[48] Lecun Y, Bengio Y, Hinton G. Deep learning[J]. Nature, 2015, 521:436-444.

[49] Hinton G, Vinyals O, Dean J. Distilling the knowledge in a neural network[J]. arXiv preprint, 2015.

[50] Haykin S. Neural networks and learning Machines[M]. 3rd ed. New York:Pearson, 2009.

[51] Szegedy C, Liu W, Jia Y, et al. Going deeper with convolutions[C]//Proceedings of the IEEE Conference on Computer Vision and Pattern Recognition, 2015.

[52] Szegedy C, Vanhoucke V, Ioffe S, et al. Rethinking the inception architecture for computer vision[C]//Proceedings of the IEEE Conference on Computer Vision and Pattern Recognition, 2016.

[53] Szegedy C, Ioffe S, Vanhoucke V, et al. Inception-v4, inception-resnet and the impact ofresidual connections on learning[C]//AAAI, 2017.
[54] Hubel D H, Wiesel T N. Receptive fields of single neurones in the cat' s striate cortex[J]. The Journal of Physiology, 1959, 148(3):574 - 591.
[55] Hubel D H, Wiesel T N. Receptive fields, binocular interaction and functional architecture in the cat's visual cortex[J]. The Journal of physiology, 1962, 160(1):106-154.
[56] Krizhevsky A, Sutskever I, Hinton G E. ImageNet classification with deep convolutional neural networks[C]//Advances in Neural Information Processing Systems, 2012.
[57] Simard P Y, Steinkraus D, Platt J C. Best practices for convolutional neural networks applied to visual document analysis[C]//Seventh International Conference on Document Analysis and Recognition, 2003:958-962.
[58] Lecun Y, Boser B, Denker J S, et al. Backpropagation applied to handwritten zip code recog-nition[J]. Neural computation, 1989, 1(4):541-551.
[59] Lecun Y, Bottou L, Bengio Y, et al. Gradient-based learning applied to document recognition[J]. Proceedings of the IEEE, 1998, 86(11):2278-2324.
[60] Szeliski R. Computer vision:algorithms and applications[M]. Berlin:Springer-Verlag, 2011.
[61] Werbos P J. Backpropagation through time:what it does and how to do it[J]. Proceedings ofthe IEEE, 1990, 78(10):1550-1560.
[62] Cho K, Van Merriënboer B, Gulcehre C, et al. Learning phrase representations using RNNencoder-decoder for statistical machine translation[J]. arXiv preprint arXiv:1406, 2014
[63] Parlos A, Atiya A, Chong K, et al. Recurrent multilayer perceptron for nonlinear system identification[C]//International Joint Conference on Neural Networks: volume 2. IEEE, 1991.
[64] Williams R J, Peng J. An efficient gradient-based algorithm for on-line training of recurrent network trajectories[J]. Neural computation, 1990, 2(4):490-501.
[65] Williams R J, Zipser D. Gradient-based learning algorithms for recurrent networks and their computational complexity[J]. Backpropagation:Theory, architectures, and applications, 1995, 1:433-486.
[66] Lang K J, Waibel A H, Hinton G E. A time-delay neural network architecture for isolated word recognition[J]. Neural networks, 1990, 3(1):23-43.

[67] 史忠植. 智能科学[M]. 3 版. 北京：清华大学出版社，2019.
[68] 贲可荣，张彦铎. 人工智能[M]. 3 版. 北京：清华大学出版社，2018.
[69] 王万良. 人工智能及其应用[M]. 北京：高等教育出版社，2005.
[70] 王雪. 人工智能与信息感知[M]. 北京：清华大学出版社，2018.
[71] 周志华. 机器学习[M]. 北京：清华大学出版社，2016.
[72] Mitchell T M. 机器学习[M]. 曾华军，张银奎，译. 北京：机械工业出版社，2008.
[73] 张宪超. 深度学习[M]. 北京：科学出版社，2019. 7.
[74] 劝力，俞栋. 深度学习方法与应用[M]. 谢话，译. 北京：机械工业出版社，2016.
[75] 海金. 神经网络原理[M]. 叶世民，史忠植，译. 北京：机械工业出版社，2004.
[76] 加卢什会. 神经网络理论[M]. 阎平凡，译. 北京：清华大学出版社，2002.
[77] 焦李成. 神经网络系统理论[M]. 西安：西安电子科技大学出版社，1990.
[78] 刘小冬. 自然语言理解综述[J]. 统计与信息论坛，2007, 22(2):5-12.
[79] 陆汝钤. 人工智能（上册）[M]. 北京：科学出版社，1989.
[80] 陆汝钤. 世纪之交的知识工程与知识科学[M]. 北京：清华大学出版社，2001.
[81] 马少平，朱小燕. 人工智能[M]. 北京：清华大学出版社，2004.
[82] Yang Z, Yang D, Dyer C, et al. Hierarchical attention networks for document classification[C]//HLT-NAACL, 2016.
[83] Kim Y, Denton C, Hoang L, et al. Structured attention networks[C]//Proceedings of 5th In-ternational Conference on Learning Representations, 2017.
[84] Vaswani A, Shazeer N, Parmar N, et al. Attention is all you need[C]//Advances in Neural Information Processing Systems, 2017.
[85] Mnih V, Heess N, Graves A, et al. Recurrent models of visual attention[C]// Advances in Neural Information Processing Systems, 2014.
[86] Bahdanau D, Cho K, Bengio Y. Neural machine translation by jointly learning to align and translate[J]. ArXive preprint, 2014.
[87] Hopfield J J. Neurons with graded response have collective computational properties like those of two-state neurons[J]. Proceedings of the national academy of sciences, 1984, 81(10):3088-3092.
[88] Ba J, Hinton G E, Mnih V, et al. Using fast weights to attend to the recent past[C]//AdvancesIn Neural Information Processing Systems, 2016.
[89] Danihelka I, Wayne G, Uria B, et al. Associative long short-term memory[C]// Proceedings of the 33nd International Conference on Machine Learning, 2016.

[90] Glorot X, Bengio Y. Understanding the difficulty of training deep feedforward neural networks[C]//Proceedings of International conference on artificial intelligence and statistics, 2010.

[91] He K, Zhang X, Ren S, et al. Delving deep into rectifiers:Surpassing human-level performance on imagenet classification[C]//Proceedings of the IEEE International Conference on Computer Vision, 2015.

[92] Saxe A M, Mcclelland J L, Ganguli S. Exact solutions to the nonlinear dynamics of learning in deep linear neural network[C]//International Conference on Learning Representations, 2014.

[93] Ioffe S, Szegedy C. Batch normalization:Accelerating deep network training by reducing internal covariate shift[C]//Proceedinas of the 32nd International Conference on Machine Learning, 2015.

[94] Bjorck N, Gomes C P, Selman B, et al. Understanding batch normalization[C]// Advances in Neural Information Processing Systems, 2018.

[95] Luo P, Wang X, Shao W, et al. Towards understanding regularization in batch normalization[J]. arXiv preprint arXiv:1809.00846, 2018.

[96] Salimans T, Kingma D P. Weight normalization:A simple reparameterization to accelerate training of deep neural networks[C]//Advances in Neural Information Processing Systems, 2016.

[97] Snoek J, Larochelle H, Adams R P. Practical bayesian optimization of machine learning algo-rithms[C]//Advances in neural information processing systems, 2012.

[98] Bergstra J, Bengio Y. Random search for hyper-parameter optimization[J]. Journal of MachineLearning Research, 2012,13(2):281-305.

[99] Bergstra J S, Bardenet R, Bengio Y, et al. Algorithms for hyper-parameter optimization[C]//Advances in neural information processing systems, 2011.

[100] Hutter F, Hoos H H, Leyton-Brown K. Sequential model-based optimization for general a.gorithm configuration[C]//International Conference on Learning and Intelligent OptimizationSpringer, 2011.

[101] Jamieson K, Talwalkar A. Non-stochastic best arm identification and hyperparameter opti-mization[C]//Artificial Intelligence and Statistics, 2016.

[102] Li H, Xu Z, Taylor G, et al. Visualizing the loss landscape of neural nets[J]. arXiv preprint, 2017.

[103] Li L, Jamieson K, DeSalvo G, et al. Hyperband:Bandit-based configuration evaluation for hyperparameter optimization[C]//Proceedings of 5th International Conference on Learning Rep-resentations, 2017.
[104] Zoph B, Le Q V. Neural architecture search with reinforcement learning[C]//Proceedings of5th International Conference on Learning Representations, 2017.
[105] Vapnik V. Statistical learning theory[M]. New York：Wiley, 1998.
[106] Zhang C, Bengio S, Hardt M, et al. Understanding deep learning requires rethinking gener-alization[J]. arXiv preprint arXiv:1611.03530, 2016.
[107] Bengio Y. Lamblin P, Popovici D, et al. Greedy layer-wise training of deep networks[C]//Advances in neural information processing systems, 2007.
[108] Carreira-Perpinan M A, Hinton G E. On contrastive divergence learning[C]//Aistats:vol-ume, 2005.
[109] Bengio Y, Lamblin P, Popovici D, et al. Greedy layer-wise training of deep networks[C]//Advances in neural information processing systems, 2007.
[110] Dahl G E, Yu D, Deng L, et al. Context-dependent pre-trained deep neural networks for large-vocabulary speech recognition[J]. IEEE Transactions on audio, speech, and language processing, 2012, 20(1):30-42.
[111] Hinton G E. Training products of experts by minimizing contrastive divergence[J]. Neural computation, 2002, 14(8):1771-1800.
[112] Hinton G E, Sejnowski T J, Ackley D H. Boltzmann machines:Constraint satisfaction net-works that learn[M]. Carnegie-Mellon University, Department of Computer Science Pittsburgh, PA, 1984.
[113] Hinton G E, Osindero S, Teh Y W. A fast learning algorithm for deep belief nets[J]. Neural computation, 2006, 18(7):1527-1554.
[114] Hinton G E, Deng L, Yu D, et al. Deep neural networks for acoustic modeling in speech recognition:The shared views of four research groups[J]. IEEE Signal Processing Magazine, 2012, 29(6):82-97.
[115] 阎平凡，张长水. 人工神经网络与模拟进化计算[M]. 北京：清华大学出版社，2000.
[116] 杨行峻，郑君里. 人工神经网络与盲信号处理[M]. 北京：清华大学出版社，2003.
[117] 王灿辉，张敏，马少平. 自然语言处理在信息检索中的应用综述[J]. 中文信息学报，2007, 21(2):35-45.
[118] 石纯一，廖士中. 定理推理方法[M]. 北京：清华大学出版社，2002.

[119] 王宏生. 人工智能及其应用[M]. 北京：国防工业出版社，2006.
[120] 余玉梅，段鹏. 人工智能及其应用[M]. 上海：上海交通大学出版社，2007.
[121] Jurafsky D, Martin J H. 自然语言处理综论[M]. 冯志伟，孙乐，译. 北京：电子工业出版社，2005.
[122] 宗成庆. 统计自然语言处理[M]. 2 版. 北京：清华大学出版社，2013.
[123] 徐昕. 增强学习及其在机器人导航与控制中的应用与研究[D]. 长沙：国防科技大学，2002.
[124] 付年钧，彭昌水，王慰. 中文分词技术及其实现[J]. 软件导刊，2011, 10(1):18-20.
[125] 张启宇，朱玲，张雅萍. 中文分词算法研究综述[J]. 情报探索，2008, 11:53-56.
[126] 邱锡鹏. 神经网络与深度学习[M]. 北京：机械工业出版社，2020.
[127] Salakhutdinov R. Learning deep generative models[J]. Annual Review of Statistics and Its Application, 2015, 2:361-385.
[128] Salakhutdinov R, Larochelle H. Efficient learning of deep boltzmann machines[C]//Proceedings of the thirteenth international conference on artificial intelligence and statistics, 2010.
[129] Welling M, Rosen-Zvi M, Hinton G E. Exponential family harmoniums with an application to information retrieval[C]//Advances in neural information processing systems, 2005.
[130] Lee H, Grosse R, Ranganath R, et al. Convolutional deep belief networks for scalable unsuper-vised learning of hierarchical representations[C]//Proceedings of the 26th annual internationalconference on machine learning, 2009.
[131] Ranzato M, Poultney C, Chopra S, et al. Efficient learning of sparse representations with an energy-based model[C]//Proceedings of the 19th International Conference on Neural Informa-tion Processing Systems, 2006.
[132] Vincent P, Larochelle H, Bengio Y, et al. Extracting and composing robust features with denoising autoencoders[C]//Proceedings of the International Conference on Machine Learning, 2008.
[133] Devroye L, Gyorfi L. Nonparametric density estimation:The L1 view[M]. New York:Wiley, 1985.
[134] Kingma D P, Welling M. Auto-encoding variational bayes[C/OL]//Proceedings of 2nd Inter-national Conference on Learning Representations, 2014.
[135] Goodfellow I, Pouget-Abadie J, Mirza M, et al. Generative adversarial nets[C]//Advances in Neural Information Processing Systems, 2014.

[136] Jang E, Gu S, Poole B. Categorical reparameterization with gumbel-softmax[C/OL]// Proceedings of 5th International Conference on Learning Representations, 2017.
[137] Barto A G, Mahadevan S. Recent advances in hierarchical reinforcement learning[J]. Discrete Event Dynamic Systems, 2003, 13(4):341-379.
[138] Lillicrap T P, Hunt J J, Pritzel A, et al. Continuous control with deep reinforcement learning[J]. arXiv preprint arXiv:1509.02971, 2015.
[139] Mnih V, Kavukcuoglu K, Silver D, et al. Human-level control through deep reinforcement learning[J]. Nature, 2015, 518(7540):529-533.
[140] Rummery G A, Niranjan M. On-line q-learning using connectionist systems[R]. Department of Engineering, University of Cambridge, 1994.
[141] Van Hasselt H, Guez A, Silver D. Deep reinforcement learning with double q-learning[C]//AAAI, 2016.
[142] Wang Z, Schaul T, Hessel M, et al. Dueling network architectures for deep reinforcement learning[J]. arXiv preprint arXiv:1511.06581, 2015.
[143] Yu L, Zhang W, Wang J, et al. SeqGAN:Sequence generative adversarial nets with policy gradient[C]//Proceedings of Thirty-First AAAI Conference on Artificial Intelligence, 2017.
[144] Wan X, Yang J. Improved affinity graph based multi-document summa-rization [C]//Proceedings of the human language technology conference of the NAACL, Companion volume:Short papers. Association for Computational Linguistics, 2006.
[145] Allamanis M, Brockschmidt M, Khademi M. Learning to represent programs with graphs[C]//2017.
[146] Kipf T, Fetaya E, Wang K C, et al. Neural relational inference for interact-ing systems[C]//International Conference on Machine Learning, 2018.
[147] Scarselli F, Gori M, Tsoi A C, et al. The graph neural network model[J]. IEEE Transactions on Neural Networks, 2009.
[148] Henaff M, Bruna J, Lecun Y. Deep convolutional networks on graph-structured data[J]. arXiv preprint arXiv:1506.05163, 2015.
[149] Hamilton W, Ying Z, Leskovec J. Inductive representation learning on large graphs[C]//Advances in Neural Information Processing Systems, 2017.
[150] Li Y, Yu R, Shahabi C, et al. Diffusion convolutional recurrent neural net-work: Data-driven traffic forecasting[J]. International Conference on Learning Representations, 2018.

[151] Lemos H, Prates M, Avelar P, et al. Graph colouring meets deep learn-ing: Effective graph neural network models for combinatorial problems[J]. arXiv preprint arXiv:1903.04598, 2019.
[152] Liao R, Zhao Z, Urtasun R, et al. Lanczosnet:Multi-scale deep graph convolutional networks[C]//International Conference on Learning Representa-tions, 2019.
[153] Prates M O, Avelar P H, Lemos H, et al. Learning to solve np-comp-lete problems-a graph neural network for the decision tsp[J]. arXiv preprint arXiv:1809.02721, 2018.
[154] Caruana R. Multi-task learning[J]. Machine Learning, 1997, 28(1):41-75.
[155] Chen Z, Liu B. Lifelong machine learning[J]. Synthesis Lectures on Artificial Intelligence and Machine Learning, 2016, 10(3):1-145.
[156] Thrun S. Lifelong learning algorithms[C]//Learning to leam. Kluwer Academic Publishers, 1998.
[157] Thrun S, Pratt L. Learning to learn[M]. Springer Science & Business Media, 2012.
[158] French R M. Catastrophic forgetting in connectionist networks[J]. Trends in cognitive sci-ences, 1999, 3(4):128-135.
[159] Kirkpatrick J, Pascanu R, Rabinowitz N, et al. Overcoming catastrophic forgetting in neural networks[J]. Proceedings of the national academy of sciences, 2017, 25:1106-1114.
[160] Andrychowicz M, Denil M, Gomez S, et al. Learning to learn by gradient descent by gradient descent[C]//Advances in Neural Information Processing Systems, 2016.
[161] Schmidhuber J. Learning to control fast-weight memories:An alternative to dynamic recur-rent networks[J]. Neural Computation, 1992, 4(1):131-139.
[162] Younger A S, Hochreiter S, Conwell P R. Meta-learning with backpropagation[C]//Proceedings of International Joint Conference on Neural Networks, 2001.
[163] Finn C, Abbeel P, Levine S. Model-agnostic meta-learning for fast adaptation ofdeep networks[C]//Proceedings of the 34th International Conference on Machine Learning-Volume 70. JMLR. org:1126-1135, 2017.
[164] Devlin J, Chang M W, Lee K, et al. BERT:Pre-training of deep bidirectional transformers for language understanding[J]. arXiv preprint arXiv:1810.04805, 2018.
[165] Yarowsky D. Unsupervised word sense disambiguation rivaling supervised methods[C]//Proceedings of the 33rd annual meeting on Association for Computational Linguistics, 1995.

[166] Ben-David S, Blitzer J, Crammer K, et al. A theory of learning from different domains[J]. Machine learning, 2010.
[167] Pan S J, Yang Q. A survey on transfer learning[J]. IEEE Transactions on knowledge and data engineering, 2010, 22(10):1345-1359.
[168] Zeiler M D, Taylor G W, Fergus R. Adaptive deconvolutional networks for mid and highlevel feature learning[C]//Proceedings of the IEEE International Conference on Computer Vi-sion. IEEE:2018-2025, 2011.
[169] Karpathy A, Johnson J, Fei-Fei L. Visualizing and understanding recurrent networks[J]. arXiv preprint arXiv:1506.02078, 2015.
[170] Zhang Y, Yang Q. A survey on multi-task learning[J]. arXiv preprint arXiv: 1707.8114, 2017.
[171] Yu L, Zhang W, Wang J, et al. SeqGAN:Sequence generative adversarial nets with policy gradient[C]//Proceedings of Thirty-First AAAI Conference on Artificial Intelligence, 2017.
[172] Nathani D, Chauhan J, Sharma C, et al. Learning attention-based em-beddings for relation prediction in knowledge graphs[C]//Proceedings of the57th Annual Meeting of the Association for Computational Linguistics, 2019:4710-4723.
[173] Liang X, Shen X, Feng J, et al. Semantic object parsing with graph Istm[C]// European Conference on Computer Vision. Springer, 2016:125-143.
[174] Yang J, Lu J, Lee S, et al. Graph r-cnn for scene graph generation[C]//Pro-ceedings of the European conference on computer vision (ECCV), 2018:670-685.
[175] 陆汝钤. 人工智能（下册）[M]. 北京：科学出版社，1996.
[176] 王文杰，叶世伟. 人工智能原理与应用[M]. 北京：人民邮电出版社，2004.
[177] 阎平凡，张长水. 人工神经网络与模拟进化计算[M]. 北京：清华大学出版社，2000.
[178] 高隽. 人工神经网络原理及仿真实例[M]. 北京：机械工业出版社，2003.
[179] 刘贞报. 基于机器学习的物体自动理解技术[M]. 北京：科学出版社，2016.
[180] 刘树杰，董力，张家俊，等. 深度学习在自然语言处理中的应用[J]. 中国计算机学会通讯，2015, 11(3):9-15.
[181] 姚天顺，朱靖波，张琍，等. 一种让机器懂得人类语言的研究[M]. 北京：清华大学出版社，2002.
[182] 王海峰，李莹，吴甜，等. 大规模知识图谱研究及应用[J]. 中国计算机学会通讯，2018, (001):47-53.
[183] 山世光，阚美娜，李绍欣，等. 深度学习在人脸分析与识别中的应用[J]. 中国计算机学会通讯，2015, 11(4).

[184] 赵眸光，赵勇. 大数据. 数据管理与数据工程[M]. 北京：清华大学出版社，2017.
[185] 黄学东. 语音识别和人工智能进展回顾[J]. 中国人工智能学会通讯，2017, 7(6):1-7.
[186] 韦康博. 智能机器人——从深蓝到 AlphaGo[M]北京：人民邮电出版社，2017.
[187] 何向南. 深度学习与推荐系统[J]. 中国人工智能学会通讯，2017, 7(7):2-12.
[188] 刘挺. 自然语言处理的十个发展趋势[J]. 中国人工智能学会通讯，2017, 7(8):64-67.
[189] 张志华. 机器学习的发展历程及启示[J]. 中国计算机学会通讯，2016, 12(11):55-60.
[190] 梁家恩，刘升平. 智能语音技术与产业应用展望[J]. 中国人工智能学会通讯，2017, 7(7):33-36.
[191] 章毅，郭泉，张蕾，等. 深度网络和认知计算[J]. 中国计算机学会通讯，2014, 10(2):26-32.
[192] 马少平. AlphaGo Zero：将革命进行到底[J]. 中国计算机学会通讯，2017, 13(11):76-77.
[193] 应行仁. 机器学习的认知模式[J]. 中国计算机学会通讯，2017, 13(6):46-49.
[194] 李飞飞. 追求视觉智能：对超越目标识别的探索[J]. 中国计算机学会通讯，2017, 13(12):27-32.
[195] 周明，赵东岩. 多智能自然语言处理[J]. 中国计算机学会通讯，2015, 11(3):6-8.
[196] 邓亚峰. 计算机视觉大规模应用的必经之路[J]. 中国计算机学会通讯，2017, 13(4):46-50.
[197] 刘挺，车万翔. 自然语言处理中的知识获取问题[J]. 中国计算机学会通讯，2017.
[198] 车万翔，张宇. 任务型与问答型对话系统中的语言理解技术[J]. 中国计算机学会通讯，2017, 13(9).
[199] 黄民烈，朱小燕. 人机对话中的情绪感知与表达[J]. 中国计算机学会通讯，2017, 13(9):20-24.
[200] 胡云华. 对话式交互与个性化推荐[J]. 中国计算机学会通讯，2017, 13(9):25-29.
[201] 邹磊. 知识图谱的数据应用和研究动态[J]. 中国计算机学会通讯，2017, 13(8):49-54.
[202] 王涛，查红彬. 计算机视觉前沿与深度学习[J]. 中国计算机学会通讯，2015, 11(4):6-7.